中国科学技术信息研究所研究生系列教材

本书列入中国科学技术信息研究所学术著作出版计划

知识管理理论与技术

韩红旗　编著

科学技术文献出版社

SCIENTIFIC AND TECHNICAL DOCUMENTATION PRESS

·北京·

图书在版编目（CIP）数据

知识管理理论与技术 / 韩红旗编著. —北京：科学技术文献出版社，2023.12
ISBN 978-7-5235-1118-3

Ⅰ.①知…　Ⅱ.①韩…　Ⅲ.①知识管理　Ⅳ.① G302

中国国家版本馆 CIP 数据核字（2023）第 226269 号

知识管理理论与技术

策划编辑：周国臻　责任编辑：刘　硕　责任校对：王瑞瑞　责任出版：张志平

出　版　者　科学技术文献出版社

地　　　址　北京市复兴路15号　邮编 100038

编　务　部　（010）58882938，58882087（传真）

发　行　部　（010）58882868，58882870（传真）

邮　购　部　（010）58882873

官　方　网　址　www.stdp.com.cn

发　行　者　科学技术文献出版社发行　全国各地新华书店经销

印　刷　者　北京厚诚则铭印刷科技有限公司

版　　　次　2023 年 12 月第 1 版　2023 年 12 月第 1 次印刷

开　　　本　787×1092　1/16

字　　　数　543千

印　　　张　24

书　　　号　ISBN 978-7-5235-1118-3

定　　　价　82.00元

作者简介

韩红旗，中国科学技术信息研究所研究员，硕士生导师、博士后合作导师。主要研究领域包括数据挖掘、知识工程、复杂网络分析、知识管理、跨媒体计算等。现任中国科学技术情报学会知识组织专业委员会委员、中国系统工程学会数据科学与知识系统工程专业委员会委员。现已发表学术论文70余篇，参编专业图书10部（独著1部），申请发明专利8件（授权5件）、软件著作权10余件，主持国家自然科学基金和其他各类项目10余项，参加国家级科研项目20余项，获省部级奖1项。指导的研究生获得中国人工智能学会组织的2018年开放学术数据挖掘大赛第一名。

前 言

> 有道无术，术尚可求也；有术无道，止于术。　　　　　　　　　　——《天道》
> 有术无道，不可救药；有道无术，可待时日。　　　　　　——王德峰（复旦大学）

"知识管理"一词最早由霍顿（Horton）于 1979 年使用，距今已经 40 多年了。现在，知识管理并不是一个很时髦的词汇，它几乎成为很多人常常挂在嘴边的常用词，然而真正认真思考过知识管理的真谛、认清它在现代社会和组织的重要性的人并不多。知识管理从小了说，它能影响一个人一生的成长和成就；往大了说，它能影响一个组织、国家，甚至人类的发展和命运。

当前，知识管理的研究者众多，大家对知识管理的理解和认识不尽相同。有的研究者从管理学角度出发，把"知识"作为管理的一个要素；有的研究者从技术角度出发，把"知识"看作一类特殊的数据。其实，如何理解并不是最重要的事情，如何能将认识上升到"道"的层面才是最重要的。"道"的层面指追求规律性的东西，追求其内在的本质。只有解决了"道"的认知问题，才能深刻地把握知识管理"术"层面的问题，因为这些只不过是"道"的一个侧面而已。

互联网的出现使得人们在网上获取各类知识变得特别容易，在传统农业经济和工业经济时代不可能发生的事情竟然在知识经济时代发生了。仿佛一夜之间，互联网就可以回答人们的各种问题，而且重要的是，这些知识还是免费的。除了知识是免费的，人们现在每天还在免费享受着互联网企业花费大量金钱打造的信息产品，如百度搜索、高德地图、微信、淘宝、滴滴快车、Github、知乎、Bilibili 等，解决人们在信息、交通、娱乐、购物、旅游等方面的需求。这些产品本质上是知识产品，凝聚了大量工程师、管理人员、用户的知识和智慧。为何互联网会出现大量免费的知识资源？难道知识真的不值钱了，要进入一个免费的时代？为何互联网企业花费巨资开发和大量人工成本维护的知识产品免费提供给人们使用？这些问题都是知识管理需要解答的问题。

知识管理的对象——知识并非一种物质产品，而是一种精神产品，它具有很多不同于物质的特性，并产生了种种效应，这是知识经济能起作用、比传统经济有优势的重要原因，也是我们学习知识管理、实践知识管理需要特别重视的地方。例如，知识的累积效应和指数效应等效应是一个个体、团队或组织长期积累、积蓄力量而形成竞争优势的重要原因，也是他们能够以难以想象的速度成长的重要原因。然而，很多人没有认识到这些效应的重要性。指数曲线的一个典型特点是，最初有一个时间周期很长、增长特别缓慢的阶段，直到一个拐点出现，然后出现爆发性、剧烈的快速增长。在现实中经常看到的现象是，一个个体、团队或组织经常追着热点走，往往在一个领域积累了很多知识后，还没有等到拐点出现，或者等不及拐点出现，就转到一个新的领域重新开始漫长的积累，如此反复，最后一事无成。如何避免出现这些问题，让知识更有效地发挥作用，这也是知识管理需要解答的重要问题。

知识管理是一种"知易行难"的工作。"知易"表现在几乎每一个人都认识到它的重要性。"行难"在于人性或组织利益的原因，很多人和很多机构不愿意将知识共享，造成知识没有得到充分利用。而知识只有通过分享才能扩大其效应和价值，只有通过利用才能实现从理论到实践的转化，实现从知识到价值的飞跃。如何破解这个问题，建立适应知识管理的组织文化和激励机制，推动知识在组织中和社会上的共享，让知识在利用中创造更大的价值，这是知识管理需要解决的一个难点问题。

知识管理的另一个"知易行难"的问题是很多人都认识到知识管理和业务融合的重要性，但如何将知识管理与业务整合起来，让知识管理真正落地并更好地支持组织运营是一个艰难的实践问题。知识管理如果不能够和业务融合，则是很难产生实际价值的，也很难获得组织中的大多数知识型员工的支持。大量的实践证明，现代企业开展知识管理只有将业务流程和知识管理整合起来，才能起到好的作用，而整合起来的重要手段就是借助于现代信息技术，核心是构建知识库这一基础设施，做好知识的定义、生产、存储、共享、利用和创新。构建知识库需要用到多种信息技术，对最新的信息技术进行研究和应用，也是知识管理需要关注的重要问题。

本书较系统地介绍了知识管理的理论和技术，全书共3篇，共13章。

第1篇为理论篇，包括第1章至第6章。主要介绍了知识和知识管理的概念、知识管理理论的分类，从组织行为、知识资本、管理流程和知识创新4个视角介绍了相关的知识管理理论。其中第1章主要介绍了知识的概念及类别，知识的特点和效应，并对数据、信息、知识与智慧4个概念进行了辨析。第2章主要介绍了知识管理的概念与类别，知识管理的必要性和目标，知识管理理论的主要分野，以及知识管理理论的主要视角，后续的章节从不同的视角介绍了知识管理的主要理论、方法和技术。第3章从知识管理的行为视角出发，重点介绍了知识型员工、知识管理与组织文化管理、知识管理与领导管理、知识管理与激励管理、学习型组织理论。第4章从知识管理的资本视角出发，介绍了知识产品、知识资产与知识资本、知识资产到知识资本的转化因素、知识资本的评估、组织知识资本的管理和运行。第 5 章从知识管理的流程视角出发，介绍了知识定义、生产、加工与存储、共享与知识转移、知识利用等流程中的主要知识管理内容。第 6 章从知识管理的创新视角出发，介绍了创新与知识创新、达克效应、创新思维、创新机制、TRIZ 的创新原理等内容。

第 2 篇为技术篇，包括第 7 章至第 12 章。从知识管理的技术视角出发，主要介绍了与现代企业知识管理最重要的基础设施——知识库相关的信息技术。其中，第 7 章介绍了信息抽取技术，第 8 章介绍了信息组织技术，第 9 章介绍了知识图谱技术，第 10 章介绍了复杂网络技术，第 11 章介绍了神经网络技术，第 12 章介绍了推荐系统。

第 3 篇为展望篇，即第 13 章。主要对未来的知识管理环境进行了展望，对个人和组织在面临不确定时做好知识管理提出了一些应对之策。

本书在编写过程中参考了大量国内外出版物和网上资料，在此谨向各位作者表示由衷的敬意和感谢。我们尽可能地遵循学术规范要求，将有关观点、文字、图表的引用出处列入参考文献中，如有疏漏，也请谅解，并来信告知（bithhq@163.com），我们将在未来的修订版中加以声明。

本书的编写得到了中国科学技术信息研究所情报理论与方法研究中心领导、研究生部同事的指导、支持和帮助，所在研究组的同事也为编写此书承担了更多的工作，为我们提供了相对充足的编写时间。此外，一些领导、同事、专家和出版社的编辑为本书的完善提出了非常宝贵的意见和建议。作者在此一并表示深深的感谢和致敬！

本书是团队工作的结晶。参与编写的研究人员主要有韩红旗、李琳娜、王力，研究生付媛、于永胜、李仲、翟晓瑞、冉亚鑫、翁梦娟、丁楷、易梦琳、徐紫燕，博士后薛陕、卢铁林、石磊。其中，李琳娜主要负责"推荐系统"内容的整理，王力主要负责"神经网络技术"内容的整理；付媛、于永胜、李仲、翟晓瑞、冉亚鑫、翁梦娟、丁楷、易梦琳、徐紫燕、薛陕、卢铁林、石磊等参与了前期的资料收集和整理及文字内容的检查、修订工作，付出了辛勤的劳动，在此表示最诚挚的感谢。韩红旗对全书进行了统稿。

目　　录

理论篇

理论是行动的指南。

本篇主要介绍知识和知识管理的概念、知识管理的理论分野，从组织行为、知识资本、管理流程和知识创新 4 个视角介绍了知识管理理论主要涉及的内容。

第1章　知识概论

> 知识是经过证实为真的信念。　　　　　　　　　　　　　　　　　　——柏拉图
>
> 知识中蕴藏着力量（In the knowledge lies the power）。　　　　　——费根鲍姆

> 　知识是知识管理的对象。知识可以分为隐性知识和显性知识，隐性知识比显性知识更完善、更能创造价值。隐性知识的挖掘和利用能力，将成为组织成功的关键。理解知识的特点和效应是做好知识管理的基础。

　　20世纪90年代后期，经济合作与发展组织（Organization for Economic Co-operation and Development，OECD）发表了题为"以知识为基础的经济"的报告，标志着知识经济时代的到来，人们对知识和技术在经济增长中的作用有了更充分的认识（王众托，2016）。知识经济是建立在知识的生产、分配和使用（消费）基础上的经济，信息和知识成为经济和社会发展的关键要素。知识经济是继农业经济、工业经济之后的新的经济发展阶段，它将引起生产方式、生活方式、交往方式及思维方式的重大变革。

　　知识作为一种可重复使用的社会资源，在人类社会的各个阶段都是经济运行的基础之一。在游牧社会和农业社会，经验为主的知识使得人们了解哪里可以找到食物、何时种植农作物才能得到好的产量、如何躲避洪水和猛兽等。在工业社会阶段，人们利用的知识有了科学色彩，知识的应用使得以机器取代人力、以大规模工厂化生产取代个体工场手工生产，人类生产力得到了很大的提升，但知识的重要性并没有得到普遍的重视。随着科学技术的进一步发展，尤其是以信息技术为核心的高新技术产业的发展，各类产品和服务中的知识含量越来越高，有些知识已经成为独立的商品进入市场，知识在社会

生产中发挥着越来越重要的作用，知识已成为促进经济增长的关键要素，知识密集型产业成为国民经济的支柱性产业和经济增长的源泉。在这种情况下，知识被认为是企业、区域，甚至国家的核心竞争力，知识的管理也变得愈发重要。由于知识的特殊性，知识的组织、利用和创造等会遇到新的问题和挑战，需要加以专门研究。

1.1 知识的重要性

人类在远古时代就有知识管理的概念和行为，只是这时的知识管理只是一种对经验自发的认识。早在 3.5 万年以前，克罗马侬人（Cromagnons）就有了历法的记载，他们从过去的经验中发现时令与野牛、大角鹿和赤鹿的迁徙模式相关的知识，并把这种知识刻画在洞窟的岩壁上，共有 28 种组合。这样，他们及其后代就可以利用这种知识在适当的时令捕杀对应的猎物（汪国风，2010）。从知识的利用上看，人类区别于动物的重要标志之一是动物只能依靠本能的记忆和行为传播，而人类则可以有目的地将知识记录下来，对经验知识进行归纳、总结并形成系统性的知识，进行跨时间和跨空间的传播。

让我们先回望历史，从以下几个问题来了解知识的重要性或价值：人类并没有尖牙利齿，从非洲出发后怎么征服了全世界；人类在长期的发展过程中，不断面对饥饿、瘟疫、战争等困扰，现代人是如何一步步将其克服的；人类在生活中面临着飓风、地震、海啸等自然灾害，现代人究竟是如何降低损失的。

1.1.1 人类是如何从非洲出发征服全世界的

美国华盛顿大学生物学家 Alan Templeton 的研究显示，人类的祖先曾 3 次走出非洲（Alan，2002）。最早的一次是 190 万年前，第二次是 42 万 ~ 84 万年前，第三次是 8 万 ~ 15 万年前。虽然 Alan Templeton 的研究还有待更多的化石证据加以证实，但现代科学研究的诸多成果让人们相信，人类的祖先——智人曾先后两次走出非洲，然后再征服地球上其他地方。智人第一次走出非洲大约是 60 万年前，但他们在欧洲大陆遇到了强劲的对手——强悍的尼安德特人，被打败后不得不退回非洲。6 万年前，智人第二次走出非洲、进入欧洲，但这时尼安德特人曾经的手下败将不知道获得了什么"超能力"，竟然让尼安德特人一败涂地并消失在历史的尘埃中。在第二次走出非洲后，智人从非洲索马里进入阿拉伯，到欧亚大陆，然后从北非进入欧洲，从欧亚大陆进入亚洲，从亚洲南部进入澳洲，从欧亚大陆穿过阿拉斯加进入北美，从北美再进入南美，足迹踏遍地球上的每一块土地（李录，2020）。

从表面上看，尼安德特人和智人相比是占有绝对优势的。一是尼安德特人的脑容量要比智人大。尼安德特人的脑容量为 1700 mL 左右，智人的脑容量只有 1400 mL 左右。二是尼安德特人的体型占有优势，骨骼粗壮，肌肉发达，身高和身体素质都比智人强。那么，为什么智人在第一次走出非洲时被打败，而在第二次走出非洲后就轻松击败了身体比自己强壮的尼安德特人呢？一种合理的解释是，这时的智人已发明了复杂的语言，能够进行更有效的交流和组织，还发明了可远距离攻击敌人的武器即弓箭，而尼安德特人虽然脑容量大，但大脑大部分都被感官区域和运动区域占据，用于交流、思考等的区域占据空间较小，所以尼安德特人的语言能力、想象能力、逻辑思维能力都远远无法和智人相比，他们没有形成特定的语言系统，很难组建队伍来抵御其他人类种群甚至动物的侵略。

人类在走出非洲后，一路上都留下了文明的痕迹。在人类走遍全球的这一路上的考古发现，无不体现了人类的创造性和智慧。无论从绘画和石器的制作风格，还是妇女的装饰，都可见一斑。虽然人类诞生之初也只是采集和狩猎（李录称之为"1.0 文明"），看起来和动物祖先并没有太多区别，但是他们表现出了强烈的进取心和创造力，尤其是知识和经验可以一代代积累和传承，让人类逐渐摆脱了愚昧，走向更高的文明。

人类进入农业畜牧业文明（李录称之为"2.0 文明"）时代后，面临的灾难主要有以下 5 个原因：饥荒、人口流动引起的战争、瘟疫、气候变化、政权失败。直到工业革命到来之前，农业文明社会的发展轨迹始终遵循着"上升、冲顶、衰落"的循环规律，社会每经过一段时间的发展就会达到一个峰值，同时触及难以逾越的天花板，之后不可避免地衰落、后退，再上升、触顶、衰落，如此循环往复。于是，许多思想和先知认为饥荒、瘟疫和战争一定是上帝整个宇宙计划的一部分，抑或是出自人类天生的不完美，除非走到时间尽头，否则永远不可能摆脱（尤瓦尔·赫拉利，2017）。所以，英国经济学家马尔萨斯的人口论认为，在传统的农业社会，人口按照几何级数增长，而生活资料按照算术级数增长，当人口的增长超过食物的供给时，人类只有通过战争、疾病和饥荒来减少人口，回到平衡点（国务院发展研究中心课题组，2022）。这是人类社会发展的宿命。

过去，饥荒、瘟疫、战争常常造成人口大量减少（尤瓦尔·赫拉利，2017）。一场饥荒常常使得 5% ~ 30% 的人口死去。例如，1692—1694 年，法国 15% 的人口饿死；1695 年，爱沙尼亚因饥荒损失 1/5 的人口；1696 年，芬兰饿死了 1/4 ~ 1/3 的人口；1695—1698 年，苏格兰部分地区 20% 的人口饿死。一场瘟疫也常常造成人口大量损失。例如，14 世纪，横跨欧亚大陆的黑死病造成 1/4 的人口死亡。1520 年，西班牙人带到墨西哥的天花、流感、麻疹病毒造成大量人口死亡；1520 年 3 月，墨西哥人口有 2200 万，然而到了 12 月，仅余 1400 万，到了 1580 年，已经不足 200 万。1778 年，库克船长及后续欧洲人带到夏威夷的流感、肺结核、梅毒、伤寒、天花病毒，使得人口从 50 万锐减到 7 万。战争是造成人口大量损失的第三个因素。在远古农业社会，人类暴力导致的死亡人数一般占死亡总数的 15%。

然而，以工业革命为先导的科技文明（李录称之为"3.0 文明"）出现之后，这一状况出现了很大的改变。过去几十年间，人们已经成功地遏制了饥荒、瘟疫和战争。事实上，现在大多数国家真正严重的并不是饥荒，而是饮食过量。预计到 2030 年，人类会有半数超重。瘟疫对人类死亡的灾难性影响正在下降。2002—2003 年，SARS 病毒带来的瘟疫造成中国内地累计感染病例 5327 例，死亡 349 人。战争带来的人口死亡比例也在下降。20 世纪，战争致死人口比例降至 5%；21 世纪初期，则下降到了 1%。2012 年，全球 5600 万人死亡，其中战争致死 12 万人，犯罪致死 50 万人，自杀 80 万人，死于糖尿病的有 150 万人（尤瓦尔·赫拉利，2017）。21 世纪早期，平均来说，人类死于干旱、埃博拉病毒或基地组织恐怖袭击的可能性，还远不及死于暴饮暴食麦当劳食品的比率。因此，尤瓦尔·赫拉利在其著作《未来简史》中说："鉴于人类在 20 世纪的成就，如果以后人类仍然遭受饥荒、瘟疫和战争之苦，就不要再怪在自然或上帝的头上了。……我们已经达到前所未有的繁荣、健康与和谐，而由人类过去的记录和现有的价值观来看，接下来的目标很可能是长生不老、幸福快乐、化身为神。"

在现代 3.0 科技文明阶段，经济可持续累进增长，这是人类文明史上从来没有过的现象（李录，2020）。由分工交换产生的增量又进一步被放大，这是因为人的知识是可以积累的。单纯的商品、服务的积累不太容易，但人的知识积累比较容易。知识思想交换时出现的情况是 "1+1>4"。不同的思想在交换的时候，交换双方不仅保留了自己的思想，获得了对方的思想，还在交流中碰撞火花，创造出全新的思想。3.0 文明的最大特点是科技知识与产品的无缝对接，知识本身的积累性质使得当现代科学技术在和自由市场结合时，无论效率的增加、财富增量、还是规模效应，都成倍放大。知识增长的程度几乎无限，且一直处在一个爆发的状态。在过去的 100 多年里，人类知识大约每 10 年就会翻倍。由于知识近乎无限的爆炸性增长，最新科技能够提供的产品几乎是无限的，能够降低的成本几乎也是无限的，这就和人的需求无限完美地结合在一起，形成了一个不断累进增长的现代化经济。

1.1.2　人类在面临自然灾害时是如何降低损失的

人类在生存发展中经常面临种种自然灾害，如地震、飓风、海啸、洪水、山火等。可以说，人类的历史是一部自然灾害与发展共存的历史，也是一部人类与自然灾害斗争的历史。这些自然灾害会严重威胁人们的生命财产，对民生、农业、经济等造成极大的危害。然而，在过去，由于科技不发达，因此，当这些灾害出现时，常常造成人员的重大伤亡和财产的重大损失。

随着人类科技进步及对这些自然灾害的了解，人类抵抗自然灾害的能力大大增强。尤其是近年来，随着观测数据的积累，人类开发了一些预报或预测模型，能够进行较为准确的天气预报和自然灾害预警。虽然说，对于某些天灾，如地震和近海海啸，人类基本上还是无能为力的，但对于大多数自然灾害，现在已经有了一些预报系统来帮助人们提前预防、降低自然灾害的损失。这里以飓风和台风为例来说明有预报和没有预报情况下的重大不同。

"飓风（Hurricane）"一词来源于加勒比印第安词 HuraKan，这是一种凶恶的鬼怪的名称（卞毓麟，2006）。飓风和台风都是指风速达到 119 千米 / 小时以上的热带气旋，只是因发生的地域不同，才有了不同名称。一般来说，飓风只限于大西洋，而发生在西太平洋的、与之相似的酷热气旋风暴则称为"台风"（Typhoon）。飓风共分为五级，级别越高，破坏力越大。五级为最高级别，时速大于 248 千米，会摧毁大多数的建筑物（方妍，2012）。美国历史上的十大飓风共造成超过 5 万人死亡、100 多亿美元的损失。

来对比一下历史上发生在美国得克萨斯州的两次飓风带来的灾害和损失情况。一次飓风是 1900 年 9 月 8 日发生在美国得克萨斯州的加尔维斯顿（靠近墨西哥湾），飓风风速最高达到 225 千米 / 小时，为四级飓风。该飓风共毁掉建筑 3600 座，造成占城市 3/4 的 12 个街区彻底消失，死亡人数在 8000 ~ 10 000 人，当时加尔维斯顿人口有 37 000 人，即有 1/4 的人口遇难。另一次飓风发生在 2017 年 8 月 25 日，同样的四级飓风哈维抵达美国，给得克萨斯州南部带来强降雨，令当地近 600 万人口受灾；地面和空中交通瘫痪，数十万户居民断电，学校停课；许多炼油厂关闭，导致成品油价格飙升（彭敏瑞，2017）。截至 2017 年 9 月 1 日，飓风哈维共造成 10 万户住宅损毁、44 人死亡、3.2 万人被迫进入避难所、130 万人受灾。虽然两次飓风都带来了严重的损失，但飓风哈维显然造成了很少的人口死亡。

我们再从发生在中国的一次台风来说明为何在面对相同级别的飓风或台风时，后人为何能够更好地降低损失，尤其是人口损失（胡玉龙，2016）。2016 年 8 月 2 日，台风妮坦从我国南方沿海登陆，风力为 14 级，最高风速为 151.2 千米 / 小时，过境广东、广西、湖南、贵州、云南 5 个省（区、市），造成 79.9 万人受灾、1 人失踪、7.6 万人紧急转移安置、2900 余人需紧急生活救助；800 余间房屋倒塌，4900 余间受到不同程度的损坏；农作物受灾面积达 39.1 千公顷，其中绝收 3.7 千公顷；直接经济损失为 8.2 亿元。台风妮坦影响的大多数区域是中国南方经济发达地区，虽然经济损失巨大，但仅造成 1 人失踪，人口损失几乎为零。台风路径实时发布系统揭秘了现在的人类为何能做到有效降低受灾损失。和前人相比，我们现在有较好的手段和技术获取实时气象资料和历史数据。有了大数据和台风路径预测模型，人类就能够较准确地预测台风登陆的时间、地点及经过的路线，并将信息快速地发布出去，这样台风经过地区的政府和人民群众就可以提前进行防范，从而可以将灾害降到最低，避免人员的重大伤亡。例如，中国科学院深圳先进院数字所高性能计算中心李晴岚博士带领团队研发的"登陆台风引发风雨影响预估模块"可以帮助人们把台风登陆预报精度提高到 24 小时之内、登陆地点误差不超过 80 千米，并可发布实时的台风路径，供人民群众查询（刘炳荣，2018）。

1.1.3　价值百万英镑的诀窍知识

18 世纪，法国的一位钟表匠发明了一项生产高级光学玻璃的技术。利用这种技术生产出的光学玻璃产品不含丝毫气泡和瑕疵。光学玻璃是用于制造光学仪器或机械系统的透镜、棱镜、反射镜、窗口等的玻璃材料。战争年代，光学玻璃是一种非常重要的战略物资，照相机、望远镜、放大镜、显微镜、潜望镜、测量器的镜头都离不开它。没有它，潜水艇、飞机、坦克等装载的光学仪器都无法得到有效运用，而普通玻璃根本无法替代它。

直到第一次世界大战，能生产高级光学玻璃的国家，全世界只有英、法、德三国，他们垄断了市场，其他国家只能被动地接受他们的要求。当时的俄国并没有掌握制造光学玻璃的核心技术，一切都依赖进口，由于受战场影响，进口通道受到很大限制，有时甚至因此而断货。俄国想自己生产，只有向英、法、德三国购买光学玻璃生产技术。当时，德国与俄国是敌对国，俄国是不可能从德国学来技术的，他们只有向身为盟友的英、法两国求助。由于当时法国正与德国交战，因此俄国决定派遣技术人员去英国学习该项技术。

1916 年，一只来自俄国的小船悄悄驶进英国港口。几名俄国学者一下船就拜访了英国大臣，要求其传授光学玻璃制造技术。英国大臣不肯将技术转让给俄国，就让他们去法国学习。于是，俄国学者来到法国，法国政府非常渴望得到俄国在军事上的帮助，同意转让技术，然而法国制造商曼杜阿却坚决不同意出售技术。俄国学者费尽口舌，即使出价到 100 万法郎，曼杜阿也不肯公开秘密。无奈之下，俄国学者只好重返英国，苦苦哀求英国转让技术诀窍。考虑到俄国一旦战败将给英国带来巨大的压力和严重的后果，英国政府最后决定帮助盟友，同意将技术出售给俄国，但要求俄国厂商必须给英国光学玻璃生产商谦斯兄弟 25 年的利润分成特权和其他优惠权，并立即付给谦斯兄弟 100 万英镑的技术秘密转让费。俄国学者千辛万苦、历经周折，终于获得了制造光学玻璃的技术秘密，这个诀窍核心只有两个字，即"搅拌"。原来，在生产玻璃的时候，必须时刻对融化的玻璃溶液不断进行搅拌，除了可以让材料更加均匀，还要将其中所含有的气泡不断挤出，以让玻璃在成品之后的品质更加纯净。俄国学者没有想到花了百万英镑换来的"尖端技术"竟然如此简单。即便这样，俄国学者觉得这笔买卖对俄国来说是很值得的，因为生产技术掌握在手中，再也不怕外国的制约，这对于国家的建设和强大是十分必要的。

1.2　知识的概念与类别

1.2.1　知识的概念

顾名思义，知识管理就是对知识的管理。那么什么是知识呢？不同时代、不同学科、不同领域对知识的理解是不同的。以下列出一些有代表性的定义（廖开际，2014；王众托，2016；陈文伟，2016）。

希腊"三贤"之一柏拉图（Plato）（公元前 427—前 347 年）认为知识是"Justified true belief"，即"经过证实为真的信念"。这一定义明确了知识是人类认识世界的结果。因此，一条陈述能称得上是知识，必须满足 3 个条件：它一定是被验证过的，是正确的，而且是被人们相信的，这也是科学与非科学的区分标准。例如，柏拉图的学生、古希腊的科学家亚里士多德（公元前 384—前 322）曾提出：物体下落的快慢是由物体本身的重量决定的，物体越重，下落得越快；反之，则下落得越慢。亚里士多德的理论影响了其后 2000 多年的人，直到物理学家伽利略（1564—1642 年）提出了相反的意见，指出了亚里士多德理论的逻辑错误。伽利略在 1636 年所著的《两种新科学的对话》中写道："如果依照亚里士多德的理论，假设有两块石头，大的重量为 8 千克，小的为 4 千克，则大的下落速度要比小的下落速度快。当把两块石头被绑在一起的时候，下落快的会因为下落慢的而被拖慢。所以整个体系和下落速度在 4 ~ 8。但是，两块绑在一起的石头的整体重量为 12 千克，下落速度也就应该更大，这就陷入了一个自相矛盾的境界。"伽利略由此推断，物体下落的速度应该不是由其重量决定的，并在后面通过比萨斜塔实验证明了亚里士多德的错误。柏拉图对知识和文化的关系也进行了解释："由此看来，知识属于文化，而文化是感性与知识上的升华，这就是知识与文化之间的关系。"

《韦伯字典》中对知识的 4 种解释分别是：①从研究、调查、观察或经验中获取的事实或想法；②有关人类本质的知识十分丰富；③学问，特别是指通过正规学校教育，经常是通过高等教育获得的知识；④包含有大量学问的书籍。

达文波特（Thomas Davenport）和普鲁萨克（Laurence Prusak）给出的定义是："知识是一种包含了结构化的经验、价值观、语境信息、专家见解和直觉等要素的动态的混合体，它为评估和利用新经验与信息提供了环境和框架。它源于知者（Knower）的头脑，并为知者所用。在组织中，知识不仅常常内嵌在文件或数据库中，还存在于日常活动、流程和规范中。"

《现代汉语词典》（第 7 版）认为，知识是"人们在社会实践中所获得的认识和经验的总和"。具体地说，知识是人们对客观世界的规律性的认识。

我国知识管理国家标准给出的定义是，知识是通过学习、实践或探索所获得的认识、判断和技能。

也有人通过分别解释"知"和"识"来说明"知识"的概念。所谓"知"，就是个人或组织知道的事实，可以表达或记录下来的。所谓"识"，就是"见识和胆识"，是个人或组织在实践中培养起来的、难以言表的直觉、能力和信仰等。

知识工程提出者爱德华·费根鲍姆（Edward Albert Feigenbaum）提出，知识是信息经过加工整理、解释、挑选和改造而形成的（陈文伟，2016）。在知识工程领域，知识是人们通过观察、学习、思考有关客观世界的各种现象而获得并总结出的所有事实（Fact）、概念（Concept）、规则（Rule）或原则（Principle）的集合。

廖开际（2014）认为，知识管理中主要强调知识的资源和价值等经济属性，而达文波特和普鲁萨克的定义很好地抓住了知识最有价值、最难管理的特征，并认为知识是可用于行动的信息。"可用于行动"是指在恰当的地点、恰当的时间和恰当的背景下以恰当的方式获得相关的信息，任何人可以在任何时候用它来帮助决策。知识是决策、预测、设计、规划、诊断、分析、评估和直觉判断的关键资源。它形成于个人和集体的头脑，并为之共享。它无法从数据库中产生，而是随着时间的推移从经验、成功、失败和学习中产生。

王众托（2016）提出不必刻意地追求一种统一的定义，可以从 3 个方面理解知识的本质：①知识是人类在实践中获得的有关自然、社会、思维现象与本质的认识的总结；②知识是具有客观性的意识现象，是人类最重要的意识成果。一般来说，信息是知识的载体，其中一部分需要借助物质载体才能保存和流通；③从静态来讲，知识表现为有一定结构的知识产品；从动态来讲，知识是在不断的流动中产生、传递和使用的。

这些定义从不同侧面、层面说明了知识的概念。需要说明的是，随着人工智能和知识工程技术的发展，通过计算机实现知识发现、知识挖掘早已成为共识，也就是说，"知识"可以由计算机创造出来、可以从数据库中产生，因此在现代的知识管理中不能过于强调"知识形成于个人和集体的头脑"。此外，现代的知识范畴得到了很大的扩展，也并非仅包括人们从书本上学习到的知识。例如，一些计算机软件、模型也被称为知识；在知识图谱中，一个三元组就被称为一条知识。

1.2.2 知识的类别

知识的分类可以让人们从不同侧面加深对知识的本质、来源及用途的理解。需要说明的是，以下介绍的知识分类并没有涵盖全部的分类法，只是众多分类法中的几种。知识分类没有唯一的标准，选择什么样的视角进行分类取决于面临的问题场景和时代特征。例如，比较有名且有争议的波普尔的 3 个世界知识分类理论，其中"世界 1"是物理客体或物理状态的世界；"世界 2"是意识状态或精神状态的世界，或者关于活动的行为意识的世界；"世界 3"是思想的客观内容的世界，尤其是科学思想、诗的思想及艺术作品的世界（王雪松，2011）。3 个世界之间各自独立存在，又相互作用。"世界 1"是"世界 2"的认识对象，是"世界 3"的材料库。"世界 3"通过"世界 2"感知和把握"世界 1"，"世界 2"联系着"世界 1"和"世界 3"，是"世界 1"和"世界 3"之间的桥梁。除此之外，《辞海》按照科学研究的对象对知识进行分类，将知识分为自然科学知识、社会科学知识、思维科学知识（或精神科学知识）；奥地利裔美籍经济学家弗里兹·马克卢普按照知识的实用价值将知识分为实用知识、学术知识、闲谈与消遣知识、精神知识、不需要的知识（或多余的知识）；德国哲学家马克斯·舍勒将知识划分为应用知识、学术知识和精神知识；等等（甄翌，2003）。

1.2.2.1 隐性知识与显性知识

按知识可呈现的程度，或者知识能否被清晰地表述和有效地转移进行分类，知识被分为显性知识（Explicit Knowledge）和隐性知识（Tacit Knowledge）两大类（黄荣怀，2004；李方方，2021）。显性知识是指可以采用文字、数字、图形或其他符号明确表达的知识，即知识中的"知"的部分，包括写在书本和杂志上的知识，以及知识库系统中记录的知识；隐性知识是指高度个性化，只可意会，难以形式化和被记录、可编码或可表达的知识，其组成要素包括直觉、经验、真理、判断、价值、假设、信仰和智能等。隐性知识是一种非常重要的知识类型，它支配着人的整个认识活动，为人类的认识活动提供最终的解释性框架和知识信念，对于知识的创新和价值的创造发挥着重要的作用。相比而言，显性知识的概念较易理解，隐性知识的概念较难理解。人类只有 20% 的知识属于显性知识，而 80% 的知识是难以道明的隐性知识。如果将显性知识比喻为冰山露出水面的部分的话，那么隐性知识则是隐藏在水面以下的大部分，它们虽然比显性知识难发觉，但却是社会财富的主要源泉。

隐性知识的概念最早是由英国物理化学家和哲学家迈克尔·波兰尼（Michael Polanyi）提出的，他认为："隐性知识就是存在于个人头脑中的、存在于某个特定环境下的、难以正规化、难以沟通的知识，是知识创新的关键部分。"（Polanyi, 1966）。从认识论的角度来看，波兰尼有句经典的话说明了隐性知识的特点："我们所认识的多于我们所能告诉的。"即人类通过认识活动获得的知识除了以言语、文字或者符号的方式表达出来，还存在其他类型的知识，这些知识就是隐性知识。波兰尼认为隐性知识是人类所有显性知识的"向导"和"主人"，可见隐性知识的重要性。

从"个人"而不是从"组织"视角出发，管理大师彼得·德鲁克认为，隐性知识主要来源于经验和技能，它是不可以通过语言来解释的，只能被演示证明它的存在，学习的唯一方法是领悟和练习。知识创造理论的提出者、日本著名学者野中郁次郎认为，隐性知识很难被规范化且不易传递给其他人，它主要隐含在个人经验中，是高度个性化的知识，同时也涉及个人信念、世界观和价值体系等因素。

美国著名心理学家罗伯特·斯腾伯格（Robert Stemberg）认为："所谓隐性知识，是指以行动为导向的知识，是程序性的，它的获得一般不需要他人的帮助，它能促使个人实现自己所追求的价值目标。"隐性知识必须具备的 3 个关键特征为：①隐性知识的获得主要通过个人的经验来获得，很少需要别人的帮助或者环境的支持；②隐性知识是程序性的，是与行动紧密联系的、关于如何行动、以行动为导向的知识；③隐性知识对个人有实际的价值，在现实生活中非常有用。1987 年，斯腾伯格等通过实验将隐性知识分为自我管理、他人管理和任务管理 3 种类型。其中，自我管理是关于取得管理绩效的自我激发和自我组织的知识，即提高自己在工作中的表现的知识；他人管理是如何管理下属和同事交流的知识，即如何指导他人工作，以及如何形成有效人际关系与上下级关系的能力的知识；任务管理是关于管理和完成任务的正确方法的知识，即如何处理工作中面临的日常事务的知识。

从企业管理的角度来看，显性知识是系统的知识，可在组织内和组织间传递，并能得到法律保护；隐性知识则是指存在于员工个体和企业内各级组织（团队、部门和企业层次等），难以规范化、难以言明和模仿、不易交流与共享、也不易被复制或窃取、尚未编码和显性化的各种内隐性知识，还包括通过流动与共享等方式从企业外部有效获取的隐性知识。对于个人来说，隐性知识与个人经验有很大的关系，而且它对一个人价值目标的实现起着至关重要的作用，因此具有实际的价值。对于企业来说，隐性知识比显性知识更完善、更能创造价值，它是企业创新的源泉，能够为企业不断带来利益，因此，隐性知识的挖掘和利用能力将成为组织成功的关键。

隐性知识和显性知识的划分将未系统化处理的经验知识纳入知识管理的范畴。现有文献对隐性知识的认定有 3 种标准：不可表述、不易表述、尚未表述（王众托，2016）。从不同的标准出发，就有不同的解释。虽然不同学科对隐性知识的认识不尽相同，但基本的共识是：隐性知识是存在于个人头脑中的、在特定情景下的、难以明确表述的知识，它的获得一般很少通过他人的帮助或者环境的支持来习得，必须通过个人的体验、实践和领悟来获得；隐性知识是个人主观的经验或体会的知识，不容易运用结构性概念加以描述或表现，而显性知识则可以运用概念加以捕捉或呈现。

隐性知识和显性知识在本质、正式化程度、形成过程、存储地点、媒介需求、重要运用上的对比如表 1-1 所示。

表 1-1　隐性知识与显性知识的对比

特性	隐性知识	显性知识
本质	自觉、想象力、创意或者技巧，无法清楚说明，相当主观	可编码呈现，可清楚说明，较客观
正式化程度	不容易文件化、被记录、被传递和说明	能通过编码利用正式的文字、图表等有系统地进行传播
形成过程	由实践经验、身体力行及不断试验中学习和积累	对于信息的研读、了解、推理与分析
存储地点	人类的大脑	文件、资料库、图表和网页等地方
媒介需求	需要丰富的沟通媒介，如面对面沟通或通过视频会议传递	可以利用电子文件传送，如 E-mail、FTP，不需要太丰富、复杂的人际互动
重要运用	对于突发性、新问题的预测、解决并创新	可以有效地完成结构化的工作，如工作手册的制定

资料来源：廖开际（2014）。

此外，需要特别注意的是，在现实中，隐性知识和显性知识并非像二分法那样很容易区分开来。实际上，完全的显性知识或完全的隐性知识都是极少的，很多知识同时具有隐性和显性两部分，只不过隐性知识所占的程度不同罢了。人们往往认为能用文字写出来的知识都是显性知识，虽然这种说法有一定的道理，但我们也要注意到文字背后"隐藏"的知识。除了文字中的隐喻，文字背后还往往存在结构、生活或做人的道理等隐性知识。例如，杜甫著名的诗作《望岳》就隐藏了结构，即"望岳"的角度。第一句"岱宗夫如何？齐鲁青未了"是"远望"，第二句"造化钟神秀，阴阳割昏晓"是"近望"，第三句"荡胸生曾云，决眦入归鸟"是"仰望"，第四句"会当凌绝顶，一览众山小"是"俯望"。又如，西游记中唐僧师徒经历的最后一难"再过通天河师徒落水"里面就包含了做人道理的知识。这一难说的是唐僧师徒第一次过通天河时，答应帮助驮他们过河的老鼋做一件事情，就是在面见佛祖时请教如何能让老鼋修成人身的法门，然而唐僧师徒忘记了这件事情。等唐僧师徒取经后再过通天河时，老鼋驮他们过河时得知唐僧师徒没有问佛祖，就把他们全部掀入水中，连取得的经书也被水浸湿了。这一难显然是对唐僧师徒的考验，提醒我们要记住对别人的承诺，但这何尝不是对河中老鼋的考验。如果老鼋有一颗宽容理解之心，能够原谅唐僧师徒，恐怕它真的就会修成正果，立刻化为人形。由此我们可以悟到这个故事中所蕴含的一个道理：当别人犯错误的时候，正是我们自己修功德的时候，修到了也就提升了、成就了。正因为图书中存在的隐性知识，所以清代文学家张潮才会在《幽梦影》中写道："少年读书如隙中窥月，中年读书如庭中望月，老年读书如台上玩月，皆以阅历之浅深，为所得之浅深耳。"

现实世界几乎不存在完全的显性知识或完全的隐性知识，知识从隐性到显性是一个连续谱系，如图1-1所示。显性知识可以独立于个人之外，形成文件、图形等，因此是客观的；而隐性知识由于不能和具有知识的个人分离，因此是主观的。主客观之间也是一个连续的谱系。

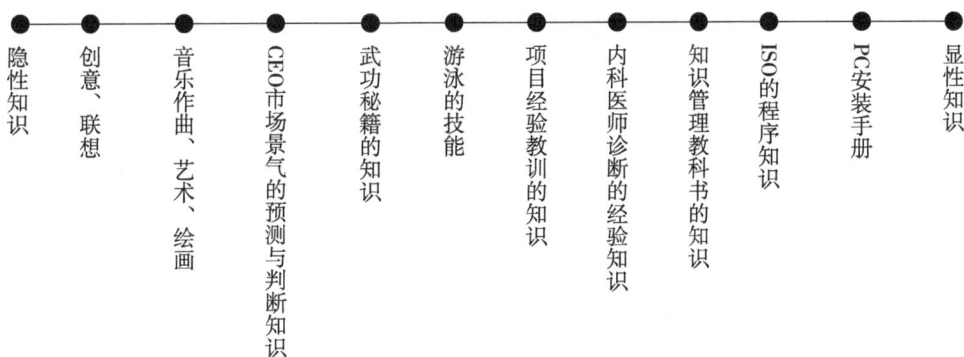

图 1-1　知识从隐性到显性的连续谱系

[资料来源：廖开际（2014）]

由图1-1可见，越靠近"隐性知识"标签的知识，如"创意""联想""音乐作曲""绘画"等，其包含的隐性知识越多；反之，越靠近"显性知识"标签的知识，如"PC安装手册""ISO的程序知识"，其包含的显性知识越多。

显性知识和隐性知识的区别并不一定表示知识本身的难度或复杂性，而只是表示"表达这种知识"的难度。布莱克（Blacker）提出了更为细致的5种隐性知识类型（乔·蒂德，2020）。

（1）观念型知识（Embrained knowledge）。依赖于概念技巧和认知能力，强调抽象知识的价值。

（2）经验型知识（Embodied knowledge）。以行动为导向，一般来说只是部分显性，例如解决问题的能力和实践学习，并且是高度情景化的。

（3）文化型知识（Encultured knowledge）。需要共享价值观，包括社会性建构、对话协商及社会化和文化互渗等范畴。

（4）嵌入型知识（Embeded knowledge）。存在于系统化的惯例和流程中，包括资源及角色、规程和技术之间的关系，并与组织能力的概念相关。

（5）编码型知识（Encoded knowledge）。表现为符号和标志，包括设计、蓝图、手册和电子媒介。

1.2.2.2 个人知识与组织知识

从本体论维度来看，知识可以分为个人知识和组织知识两类（王众托，2016）。个人知识的一部分是通过学习从社会知识中获得的，另一部分是对已有的知识和实践经验经过加工后获得的。组织知识一般是指企业、科研院所等机构所拥有的知识。组织类型也可以扩展到更大的范围，如国家、民族等，甚至全人类，这样的知识被称为社会知识，它反映了一个国家、民族或全体人类的文明程度和科技水平。

一般认为，知识的产生离不开个人的实践和认识。个人在一定的社会环境中工作和生活时，不断积累经验、拓宽视野、增长能力，形成个人知识。在组织环境中的个人知识，既是个人的，也是集体的。这是因为个人知识的形成与积累离不开一定的组织环境，吉尔伯特的行为工程模型指出，组织环境对个人工作绩效的影响超过了70%。组织或企业由人组成，个人知识是组织知识的基础，企业的价值与知识来源都是由人创造出来的，离开了个人，组织无法产生知识。个人知识又可以分为生活中的知识和工作中的知识。其中，生活中的知识一般是与组织不相干的，但"不相干"的知识有可能成为思想、价值观、灵感和解决方案的来源。

组织在经济活动中，常需要将多方面的人才汇集起来、综合各种知识完成特定的研发、生产或市场等活动，这个过程中组织所掌握的技术、专利、生产和管理规程、市场渠道等就是组织知识。因此，组织知识来源于个人知识，又超出个人知识，组织可以通过整合信息为知识，将其嵌入业务生产和管理中，实现知识的价值产生和增值。组织知识和个人知识一样存在显性知识和隐性知识。组织的显性知识有文件、图纸、规程等，隐性知识包括存在于个人记忆和已形成的人与人之间的默契之中。

组织知识管理是为了增强组织绩效而进行的创造、获取和使用知识的过程，在这个过程中离不开个人知识组织化。所谓个人知识组织化，是将个体知识转化为组织知识的一个动态过程，是个人知识从个体、局部向整体逐步渗透的过程。个体通过知识共享和交流互动将知识转移给组织的其他个体，而组织把个人知识通过整理或加工存入组织知识库或发布到知识分享平台，供组织内成员使用，就使个人知识达到了团队或组织层面，知识价值在此过程中得到了体现和提升。个人知识在向组织转化过程中，其能力也将向组织转化，个人的思想、思维，获取、处理及应用知识与信息的能力将一同向组织转化。同时，个人在其讨论、共享、反复推敲表达的同时，也创造出含有新观点的概念，并进一步提高自身的能力。

1.2.2.3 OECD 的知识分类

经合组织于 1996 年发布的《以知识为基础的经济》报告从知识的使用角度，根据组织知识的内容将知识分为以下 4 种类型（OECD，1998）。

（1）事实知识（Know what）。知道是什么的知识，即关于事实方面的知识，它是我们在社会实践过程中观察和收集的大量事实结果的表示。例如，中国的首都是哪座城市，世界第一高峰是哪座山峰，天然气的主要组成成分有哪些等。事实性知识是构成许多复杂领域知识的基本材料，如律师、医生，常需要大量的事实性知识来做出判断或决策。事实性知识在 DIKW 层次模型中可以归属"信息"和"数据"的层面。

（2）原理知识（Know why）。知道为什么的知识，是指自然原理和规律方面的科学理论，一般产生于学术机构及学术圈人士。例如，在数学、物理学、化学等自然科学中的各种定理、公式；在经济学、管理学、法学等社会科学中的各种假设模型等。原理和规律性知识一般具有较高的抽象性，所以它们可应用到大量不同的领域，以支撑产品及服务的制造、设计、创新。因为这类知识可以揭示事物发生、发展的演变规律，所以"解释和预测"是科学理论知识的两大核心能力。

（3）技能知识（Know how）。知道怎么做的知识，是指做某些事情的技艺和能力。例如，各行各业的企业、员工在从事自身领域的生产、经营、管理活动过程中形成的诀窍、技能、技巧、操作规范等。技能知识属于程序性知识，要达成某个目标，只需要按一定的程序流程进行操作即可。英国哲学家弗朗西斯·培根有一句名言："知识就是力量。"然而很多人却忽视了它的下半句："但更重要的是运用知识的技能。"知识管理正是"运用知识的技能"的重要体现之一。

（4）人力知识（Know who）。知道是谁的知识，是指关于谁知道什么和怎么做的知识，它包含了特定社会关系的形成，即有可能接触有关专家并有效利用他们的知识。由于大量高级的、隐性的知识存在于人的头脑中，在当今知识和信息大爆炸的情况下，在面临海量信息无法处理的时候，知道谁是专家、知道知识的源头可以有效降低知识焦虑感，因此人力知识和过去相比，变得更为重要。

从知识的显性和隐性来看，事实知识和原理知识一般被认为是隐性知识，而技能知识和人力知识被认为是显性知识。

1.2.2.4 人工智能中的知识分类

在人工智能初创的第一个 10 年中，人们着重的是问题求解和推理的过程，并没有把知识作为实现智能行为的手段。美国人工智能专家爱德华·费根鲍姆通过实验和研究，证明了实现智能行为的主要手段在于知识，在多数实际情况下是特定领域的知识，并提出了知识工程（Knowledge engineering）这一概念。费根鲍姆有一句名言："知识中蕴藏着力量（In the knowledge lies the power）"。这句话和培根的名言"知识就是力量"意义相近，但似乎更确切些：知识只有在被人发掘和掌握时，才能生成力量。

知识工程是在计算机上建立专家系统的技术，其研究内容主要包括知识的获取、知识的表示及知识的运用与处理 3 个方面。在人工智能中，知识被分为事实、过程、规则、启发式知识、实例及元知识等（陈文伟，2016）。具体说明如下。

（1）事实性知识。它是指人类对客观事物属性的值或状态的描述，例如，"北京是中国的首都"。在知识工程中，事实是求解问题的已知条件、中间结果或结论。

（2）过程性知识。它是描述做某件事情的过程，使人或计算机可以按过程依次去做。例如，标准程序库就是常见的过程性知识。

（3）规则性知识。它也称为产生式规则（Production rule），是表示因果关系的知识，可描述为：IF< 前提 > THEN < 结果 >，即规则通常由两部分组成：一部分是前提；另一部分是结论。

（4）启发式知识。它是指对指导整个问题求解过程很有帮助的经验法则、技术或者知识。启发式知识如同诸葛亮的锦囊，在遇到某种情况时，打开锦囊就知道下一步该怎么做。

（5）实例性知识。只给出一些实例，关于事物的知识即隐藏在这些实例之中，如案例、观察数据等。实例性数据与事实性数据的主要区别在于：人们感兴趣的一般不是实例本身，而是在大批实例后隐藏的规律性知识。

（6）元知识。它也称为关于知识的知识，利用元知识来描述系统并指导系统运行。元知识经常以说明和控制知识的形式出现。在专家系统中，元知识告诉用户系统能解决什么问题、不能解决什么问题。

1.2.2.5　静态知识与动态知识

根据知识的静态和动态属性，将知识分为陈述性知识和过程性知识（图 1-2）（赵军，2018）。

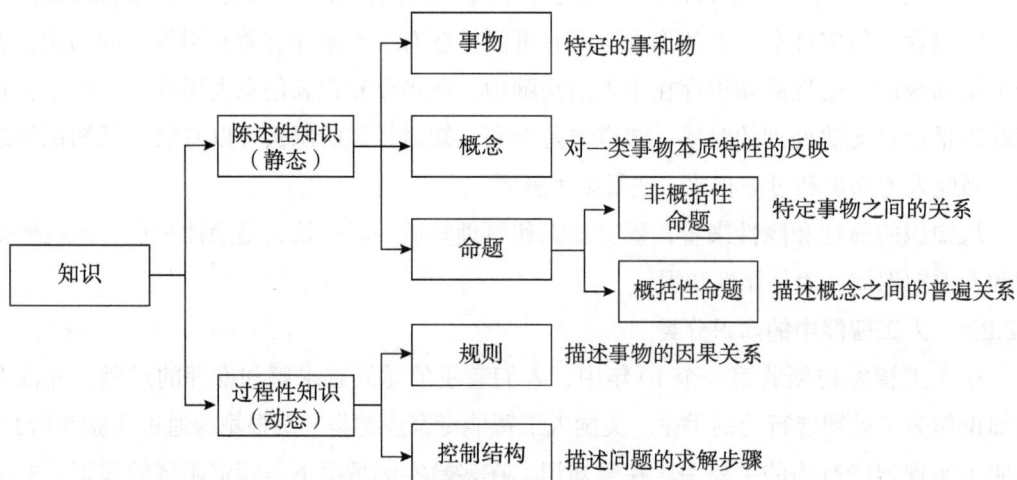

图 1-2　静态知识和动态知识

其中，静态知识又称为陈述性知识，动态知识又称为过程性知识。陈述性知识包括事物（特定的事或物）、概念（对事物的抽象和归纳，是对一类事物本质特性的反映）和命题（事物间关系的陈述）。其中，命题又可以分为非概括性命题和概括性命题。非概括性命题是指特定事物之间的关系，而概括性命题是描述概念之间的普遍关系。过程性知识包括规则（描述事物的因果关系）和控制结构（描述问题的求解步骤）。

1.2.2.6　道、法、术、器

知识也可以按照中国人常说的道、法、术、器来分类。

"道"的知识是关于自然规律类或"天道"的知识。人类的活动如果按照"道"来做的话，则往往会取得成功或很好地达到目的。例如，春种、夏长、秋收、冬藏就是一般农作物生产的过程，若按照这种规律进行农作物生产，则往往能有好的收成，但若一定要违背这个规律，在冬天播种、在夏天收获，则往往会颗粒无收。

"法"的知识是关于法则、规则、规定、制度类的知识。自然规律或天道往往隐藏在现象的背后，难以被人深刻地认识。所以，前人在大量的经验或教训基础上总结出很多法则、规则或制度，希望人们及后世能够遵循。例如，《黄帝内经·素问》中说："上古之人，其知道者，法于阴阳，和于术数，食饮有节，起居有常，不妄作劳，故能形与神俱，而尽终其天年，度百岁乃去。"就是教导人们遵循天道的生活法则。又如，大人常常教导青少年时期的孩子不要熬夜，晚上一定要在 11 点前上床睡觉。虽然很多人未必知道为什么一定这么做，但知道这样做就是对身体好。现代科学已经证实，人体在晚上 11 点左右分泌的褪黑素不但能让人快速入睡，而且对人体健康有很大的好处。因此，如果一个人晚上长时间在 11 点后睡觉，褪黑素的分泌机能将受到影响，他的身体健康就会受到威胁。

"术"的知识是关于技术、方法类的知识。这类知识是帮助人类解决实际问题的实践类知识，因此常常让人觉得"特别有用"。这也是过去中国人追求一技之长的重要原因之一，认为"家有千金，不如薄技随身"。国外也有类似的谚语，例如，德国有"手艺是黄金的园地"，荷兰有"手艺精巧者，即如黄金的源泉"，俄罗斯有"手艺胜于一切珠宝"，日本有"精一技者通百路"等。但要注意的是，现在很多人在学习或生活中片面地追求"术"，而忘记"道"。其实，符合"道"的"术"才能长久、才能有价值。例如，古人的"炼丹术"本来是想让人长生不老，但由于并不符合"道"，因此最终并没有实现。

"器"的知识是关于物质、工具作用或功能的知识。这类知识是人类借助外部的物体和工具达成解决问题的手段，重要的是了解物体的特性或工具的功能。器在古代是专指器具的，例如，锅、碗、瓢、盆都属于器，是有形的东西。器一般是有特殊、单独用途的，例如，酒器就只能用来喝酒，不能用作他途，这也是器的主要特点。与"器"不同，道是无形的，可以"用"在多个方面，所以有"形而上者谓之道，形而下者谓之器"。《论语·为政》中讲："君子不器"，意思是君子不应拘泥于手段而不思考其背后的目的，其实就是让人们思考背后的道理。也就是说，如果一个人只懂本专业的知识，而不懂其

上的大道理，在本专业领域能做好，换了领域就不行了，那么他和器具有什么不同呢？

　　道、法、术、器类知识各有各的用途，都是人类知识的重要组成部分，但同时要注意到它们的层级和关系，以及在生产、生活、实践中的应用办法。相对而言，"道"和"术"属于隐性知识，而"法"和"器"属于显性知识。所以，道以法求、术以器成。"道"类知识因为常常难以描述和获取，所以常常要用"法"类的知识指导人类的活动，以使人类的活动能够符合自然规律，达到理想的效果。"术"类的知识常常是无形的、难以掌握的，所以人们常常需要借助"器"的知识，利用外物或工具达到解决实际问题的目的。

1.3　知识的特点与效应

1.3.1　知识的特点

　　和物质、能源等实物型产品相比，知识具有一些显著的特点。正是因为知识具有一些独特的特点，才有了知识管理的必要性，知识管理才有了与其他管理相比的特殊之处。知识因存在这些特点而产生了特殊的效应，成为知识在经济中发挥作用的重要原因。理解知识的特点和效应是做好知识管理的基础和关键。

　　基于对前人研究的总结和思考，归纳出知识的 7 个主要特点如下。

　　（1）可分享性。这种可分享性体现在，一个人或机构分享了知识后，并没有失去拥有的知识，即同一个知识可以被不同的两个人或机构同时拥有，还可以通过知识分享实现知识作用或价值的放大，而物质产品一般不具备这一特征。例如，一个苹果被 10 个人分享，每一个人只能得到原有苹果的一小部分，而一个知识被分享，每一个人得到的是全部的知识。

　　（2）可重复使用性。知识可以被重复使用，而不会产生损耗或折旧，不会降低其原有价值，而物质性产品在使用后往往会出现变形、损耗或消失。

　　（3）可再生性。知识具有无限复制扩散的能力。例如，一部小说被作者创作出来后，可以不断地被印刷，也可能被改编为电影、电视剧；一个软件被开发出来后，可以不断地复制，应用在相同需要的地方。

　　（4）价值性。知识具有使用价值和交换价值，应用于物质产品和精神产品的生产中会产生经济价值。人在获得知识、产生知识、转化知识、传递知识和应用知识的过程中都需要付出劳动。如同在政治经济学中，商品的价值量取决于生产商品的平均社会必要劳动时间，知识因为凝聚人类"心智"劳动的时间而产生价值。知识的价值性是知识资本形成的基础。

　　（5）多媒介传播性。知识往往可以采用多种方式存储和传播。例如，物理学第二定律既可以印刷在书本中，又可以存储在电子 PDF 文件中；既可以通过文字传播，也可以通过视频传播。

（6）阶层性。阶层性存在 3 个视角：第一个视角是从知识创造和产生的过程来看，从数据、到信息，再到知识、智慧，形成了阶层关系，上层常是下层的加值产品。第二个视角是从知识拥有者的规模来看，存在个体、团队、组织、国家、民族等阶层性，往往上层知识是下层普遍认同的知识。第三个视角是从知识粒度来看，例如，数学知识可以分为初等数学、高等数学，初等数学可以进一步分为代数、几何等，高等数学又可以分为微积分、线性代数、概率论、数理统计等。

（7）民族性。知识的民族性是指知识具有一定的文化属性，或者具有一定范围内的适用性。例如，菊花在中国被称为花中"四君子"[①]之一，是咏物诗和文人画中常见的题材，可以形容一个人的品质凌霜飘逸、特立独行、不趋炎势。因此，中国很多机构在大门前摆放菊花，中国人也可以将菊花作为礼物赠送，然而菊花在西方则常常与葬礼联系在一起。

1.3.2　知识的效应

知识由于不同于普通实物型产品的特点，形成了多种知识效应，这给组织管理知识带来了不同于一般产品的挑战和机会。主要的知识效应有：累积效应、指数效应、不可磨损效应、杂交效应、老化效应、跨时空传播效应（易分享效应）、边际成本为零效应。

1.3.2.1　累积效应

知识的累积效应是指知识可以不断累积。因此，后人可以在前人知识的基础上，通过知识创造产生新的知识，或者对相关技术进行改进、革新，产生新的知识，从而使得科学技术和人类文明不断进步。累积效应不仅体现在前人知识的不断累积，让后人可以创造新知识，还体现在个人一生的知识累积上。对于个人来说，可以通过不断地积累知识，创造新的个人知识。新知识的产生是建立在知识积累的基础上的。没有知识积累，就不可能产生创新的知识，而创新的知识又会增加知识的积累。

理解知识累积效应的一个例子是开普勒（Johannes Kepler，1571—1630 年）提出的行星运动的椭圆轨道模型。开普勒之前出现了以托勒密为代表的地心说和以哥白尼为代表的日心说。托勒密建立了天体运动的模型，是为了让行星的运动与前人观测数据相吻合，为此，他使用了 40 ~ 60 个大小不一、相互嵌套的圆构建了非常复杂的模型（吴军，2019），从而能预测未来日月星辰的位置。托勒密的模型虽然精度非常高，但是存在较大的误差，以其为基础制定的儒略历在经过 1300 年后已经和地球围绕太阳运动的实际情况出现了 10 天左右的误差。哥白尼提出的日心说的模型比地心说的模型简单，只需 8 ~ 10 个圆就能计算出一个行星的运动轨迹（吴军，2021）。我们现在知道日心说是正

---

① 花中"四君子"是梅花、兰花、竹、菊花，品质分别为傲、幽、坚、淡。

确的，然而它的精确度并没有托勒密的模型准确，效果比较差，所以不能让人们心服口服地接受。开普勒在天文学家中并不是特别聪明，理论水平也不高，然而幸运的是，他从他的老师第谷（Tycho Brahe，1546—1601 年）那里继承了大量宝贵的、在当时最精确的观测数据，在将哥白尼的很多圆相互嵌套模型改成了椭圆轨道模型后，可以很好地拟合观测数据，从而提出了著名的开普勒三定律，用一根曲线清楚地描述了行星围绕恒星运动的规律（吴军，2019）。

体现知识累积效应的另一个例子是飞机的发明。飞机的发明需要实现可控制的飞行，必须解决 3 个难题：升力的来源、动力的来源和可操作性。这些问题的解决经历了三代发明家的共同努力，并不是莱特兄弟一下子全部解决的（吴军，2019）。第一代发明家以空气动力学之父、英国的乔治·凯利（George Cayley，1773—1857 年）为代表，他撰写的论文《论空中航行》提出，人类飞行器不应单纯模仿鸟类，应该将升力机制与动力机制分开，为飞机发明指明了正确方向。第二代发明家以德国的奥托·李林塔尔（Otto Lilienthal，1848—1896 年）为代表，解决了自带动力滑翔飞行和重复飞行的问题。第三代发明家以莱特兄弟为代表，即弟弟奥维尔·莱特（Orville Wright，1871—1948 年）和哥哥威尔伯·莱特（Wilbur Wright，1867—1912 年），基于第一代发明家和第二代发明家的成果，以及德国奥托内燃机技术，从根本上解决了飞行控制问题，实现了自带动力的载人飞行。

知识的累积效应还体现在不断提升知识的深度、广度、性能或效率上，让后人可以在前人工作的基础上进行完善和进步。例如，在集成电路领域存在的摩尔定律就说明了知识累积效应发挥的作用，即集成电路上可以容纳的晶体管数目在大约每经过 18 个月便会增加一倍，或者性能提升一倍，而价格会降低一半。很多时候，一种技术或理论在刚开始诞生的时候，并不能达到很好的效果或效果不是特别理想，然而经历一代代人的完善和改进后，会变得越来越完美，背后就是知识累积效应的作用。该效应为个人和企业的专业化发展、创新提供了依据。

1.3.2.2　指数效应

知识的指数效应是指随着知识的累积，知识量随着时间进展呈现出一种指数变化的趋势。指数效应是每年知识累积的数量，而不是每年新的知识量。早在 1944 年，美国学者 F. 赖德对图书馆藏书做了调查统计，发现全美主要图书馆的藏书平均每 16 年递增一倍（马费成，2014），存在指数效应。后来，科学计量学奠基人和情报科学创始人之一，美国科学家普赖斯（Derek John de Solla Price）对信息的爆炸式增长做了深入研究，发现文献量增长与时间成指数函数关系，并提出了著名的普赖斯曲线（Price's Curve），如图 1-3 所示。普赖斯曲线是以年份为横轴、以文献量为纵轴的，把各个不同年代的文献量在坐标图上逐点描绘出来，并把这些点采用一条平滑的曲线连接起来，就可近似地表征文献量随时间增长的规律。

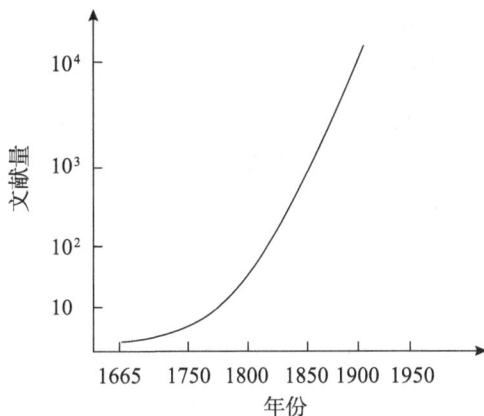

图 1-3　普赖斯曲线

科技发展的加速更进一步带来了知识指数效应的加强。人类从轴心时代[①]开始，到工业革命之前，科技的进步大致是匀速的，发展相对缓慢，但是到了工业革命之后，科技进步的速度明显加快，重要科技成果出现的密度越来越高，这也被称为科学技术发展的加速度规律。对比 19 世纪和 20 世纪之后的人类社会发展就可发现，信息无论在产生、传输方面还是在利用方面，都呈现出指数级暴涨态势，这是因为 20 世纪开始以信息为中心，尤其是在计算机和互联网出现之后（吴军，2019）。

知识的指数效应是知识一项非常重要的效应，它类似于资金的"复利效应"。知识累积不断创造出新的知识，新知识增加又造成更多的新知识被创造出来，造成知识的总量呈现出指数级增长现象。这既为现代企业和个人知识管理带来了挑战性的课题，使得那些不能适应信息时代发展的个人终生碌碌无为、企业在商业竞争中频繁失败，也为知识创新和企业快速扩张带来了很大的可能。例如，拼多多于 2015 年 4 月上线，2016 年 2 月单月成交额突破 1000 万元、付费用户突破 2000 万；2016 年 10 月 10 日，拼多多周年庆单日交易额超 1 亿元；2018 年 7 月，拼多多正式登陆美国资本市场，创造了成立 3 年、用户超 3 亿、市值近 300 亿美元的奇迹。

1.3.2.3　不可磨损效应

知识在被发明或创造出来后，常常很容易被复制或分享，一般情况下不会消失，不会随着时间的进展而减少或磨损，不会因为反复使用而降低知识的价值。不同于普通的实体商品，知识在使用中可以反复被使用而不会出现损耗，甚至可能随着知识的反复使用而增加知识的内涵和新的作用。古往今来，无数的知识被创造出来，泽被其所在的年代及后人，就是得益于知识可以反复使用而不会磨损的效应。也正是因为知识的不可磨损效应，才使得知识改变了人类的命运或发展，使得人类能够摆脱动物性。虽然很多时候，知识需

---

① 公元前 500 年前后，同时出现在中国、西方和印度等地区的人类文化突破现象称为轴心时代。

要依托于实物之上，实物会随着时间而磨损甚至消失，但知识往往不会消失，如音乐和电影存放到光盘上，可能光盘受到损坏，但创造出的音乐和电影会以相同媒介或其他形式继续存在。但需要注意的是，知识在传播过程中，尤其是隐性知识，可能存在失真或丢失的问题，如一些民间技艺等，所以还是要做好知识的显性化和长期保存工作。

知识的不可磨损性效应使得一个人创造出来的知识可以被其他人反复使用，在知识反复被使用的过程中创造出巨大的经济价值。橡胶的发明和使用体现了这一现象。橡胶是今天广泛使用的商品。然而天然橡胶既不结实，也缺乏弹性，如果不经过处理，则它基本上是无法使用的。1839 年，美国发明家查尔斯·固特异（Charles Goodyear，1800—1860 年）发明了天然橡胶加工处理方法。他将橡胶和硫磺一起加热，生成硫化橡胶，让橡胶得以实用化。然而，固特异并没有采用专利保护自己的发明，所以很多人利用他的发明挣到了钱，而他自己却负债累累。对此，固特异并不后悔，他说："生活不应仅仅由美元和美分来衡量，我不会抱怨他人收获我种植的成果。相反，如果一个人播种之后，却没有人收获，才是让人遗憾的事情。"（吴军，2019）。今天，世界著名的固特异轮胎橡胶公司就是为了纪念他而命名的，但该公司与他本人及其家人没有任何关系。

知识的不可磨损性效应还表现在：花费巨资形成的知识在短期内经济效益或社会效益上是不合算的，但从长期看，是合算的，因为它可以在未来的反复使用中不断摊销成本、创造价值。青霉素的发明和使用过程可帮助理解这一现象。青霉素又称为盘尼西林（Penicillin），曾被称为"万灵药"，它是一种抗生素药物，有着抑菌或杀菌作用，对于防止伤口发炎和感染有着很好的效果，可以有效地降低伤口感染的死亡率。青霉素现在价格非常便宜，但在第二次世界大战时它的价格比黄金还要贵，这是因为当时人类还没有掌握大量提纯青霉素的技术。青霉素的发明人英国医生亚历山大·弗莱明（Alexander Fleming）在第一次世界大战中目睹大量的士兵因细菌感染而死且医生束手无策的情况，很多士兵其实并没有死在战斗中，而是死在了病床上。弗莱明感到非常痛心，便在第一次世界大战后开始了抗生素的研究工作，于 1928 年首先发现了青霉素。这是一种可高效治疗细菌性感染且副作用小的药物，但因为青霉素的化学性质不稳定，分离和提纯非常困难，他自己无法发明一种提纯的技术，致使此药十几年一直未得以使用。1939 年，住在英国的澳大利亚人瓦尔特·弗洛里（1898—1968 年）和在德国出生的鲍利斯·钱恩（1906—1979 年）重复了弗莱明的工作，证实了弗莱明的结果，然后提纯了青霉素，并于 1941 年给病人使用并挽救了病人。但即便如此，青霉素的产量依然不高，到 1943 年，全世界一共只生产了 13 千克。直至美国政府认识到其中的惊人疗效，召集数百位生化学家和数千位工程师联合攻关。1944 年，青霉素才得以商业化生产，并在英、美两国医疗中公开使用（吴军，2019）。1945 年后，青霉素遍及全世界。毋庸置疑的是，青霉素已挽救了数以百万计人的生命，并且将来还将挽救更多的人。从这个案例中，我们可以看出，人类创造一个新知识的投入有时是巨大的，需要耗费大量的人力、物力和金钱。然而，因为知识在创造出来后可以反复使用，便可以在未来产生巨大的经济价值或社会价值，这些价值要远远高于当时的投入。

1.3.2.4　杂交效应

杂交是生物学上的概念，是指不同种、属或品种的动物、植物进行交配，产生新品种的技术。杂交产生的后代称为杂种。杂交能扩大遗传变异范围，使后代群体的基因杂合程度增加，主要表现在两方面的效应：一是使基因重组和性状重新结合，从而提高杂种某一性状或某些性状的表型值；二是产生杂种优势，即杂种群体在抗逆性、繁殖力、生长速度等方面一般比纯种双亲均值有所提高。这里借用这个概念，表示不同知识的交流会碰撞出新的知识。例如，信息技术与脑神经医学知识杂交，产生了人工神经网络系统的知识。有研究表明，异质性越高的知识越可能产生出新的知识。知识杂交效应体现在以下两点。

一是某领域借鉴或引入其他领域的知识来实现本领域的技术。例如，中国古代的四大发明之一——活字印刷术，来源于唐朝的雕版印刷术，就是借鉴了印章和碑刻知识而形成的。雕版印刷术是在版料上雕刻图文进行印刷的技术，它在中国的发展经历了由印章、墨拓石碑到雕版，再到活字版的几个阶段。雕版印刷的版料一般选用纹质细密坚实的木材，如枣木、梨木等。然后把木材锯成一块块木板，把要印的字写在薄纸上，反贴在木板上，再根据每个字的笔画，用刀雕刻成阳文，使每个字的笔画突出在板上。木板雕好以后，就可以印书了。

二是将不同来源的知识组合在一起，形成一个新的产品或新的技术。例如，在第二次世界大战时期，英国的科学家提出了研发近炸引信炸弹的设想，但由于英国不具备研发条件，便将该设想告知了美国。美国政府随后将这个任务安排给美国国家标准化局和约翰斯·霍普金斯大学应用物理实验室，前者负责炸弹设计，后者负责近炸引信研发，并于 1942 年获得成功。美国政府后来动员了 100 多家公司参与生产，生产出的近炸引信炸弹为同盟军的胜利立下了汗马功劳。在第二次世界大战期间，美国总共投入 10 亿美元研发、生产近炸引信，花费是曼哈顿计划的一半（吴军，2020）。因此，可以说近炸引信炸弹是一种知识杂交的结果。

认识和利用知识的杂交效应是创造新知识、新技术或新产品的关键，也是创新的一种重要方法。例如，松下自动面包机的设计团队就是整合了电饭锅部门（具有计算机控制专长的知识）、烤面包机部门（具有电暖炉经验的知识）和咖啡机部门（具有螺旋马达知识）3 个不同背景的成员，以及大阪国际饭店首席面包师的知识，在多种知识杂交的效应下，共同集思广益，设计出了简单好用的自动面包机（野中郁次郎，2007）。

1.3.2.5　老化效应

知识虽然不会磨损，不会因为反复使用而消失，但知识可能存在老化问题。知识的老化效应是指知识在被创造出来后，随着时间的推移和环境的变化，知识的价值会逐渐衰减甚至失效的现象。在时间轴上，那些不重要的知识（数据、论文和著作等），就会因为不值得保存、无人使用或后继无人而容易被剔除，从而消失在人类历史的长河中，只有那些具有长久价值的知识才得以积淀和传承。但这种消失的知识并不是由"磨损"造成的。知识的老化效应与知识的不可磨损效应并不矛盾。知识虽然老化而过时、无人使用，但并不会对知识本身带来磨损。需要注意的是，古代人民创造的许多传统技艺和文化因为社会现代化发展而日渐消失，造成人类文明记忆的丢失，需要整个社会加以保护、传承和创新。

文献曾经是人类保存知识的最重要途径，也存在信息老化现象。文献信息的老化一般指以下 4 种情况：文献中所含知识仍然有用，但现在已被包含在更新的其他论著中；文献中所包含的知识仍然有用，但现在人们对其兴趣出现下降；文献中的信息虽然有用，但被后来的著作超越，即新的知识比旧的知识能得到更好的性能或效果；知识不再有用。现有的文献信息，10 年后可能有 1/3 是被剔除的，20 年后可能就有一半是过时的（马费成，2014）。文献老化既是一种客观的社会现象，又是一个复杂的动态过程。文献老化速度一般用半衰期进行衡量，"引用（引文）半衰期"被定义为某期刊或学科现时引用的全部文献（参考文献）中，较新的一半是在多长时间内发表的。通过科学文献老化问题的研究，可以揭示文献传播的动态规律，指导文献采购、剔旧、排架等；还能对未来文献的利用情况做出预测，进而对整个文献情报的组织管理具有一定指导意义；还能为科学学及科技史的研究提供定量依据和途径。

1.3.2.6　跨时空传播效应

知识的跨时空传播效应表现在知识可以通过某种媒介方便地从一个地方传播到另一个地方，从一个时间向后一个时间传播，甚至跨越数代实现代际传播。在人类历史上，一个新的知识被创造出来后，往往能很快地通过分享而传播到其他地方，被很多人了解和掌握，就是这个效应的具体体现。跨时空传播效应的另一个具体表现是，父辈获得的经验和教训、观察的现象、创造的文化和技术等可以通过语言、文字或其他媒介传递给后代，让后代可以在前辈的基础上不断进步。从长的时间维度上看，知识的传播是单向的，即只能从前一代人到后一代人，但在同一代人内部，则存在双向的传播。自远古以来，欧亚大陆由于陆地相连，使得知识可以很容易地在不同种族和地区之间传播，促进了东西方的相互学习，因此欧亚大陆得以长期成为世界文明的中心，这是知识跨时空传播带来的结果。

造纸术的传播能很好地说明知识的跨时空传播效应。中国历史上战乱不断，而中华文明能源源不断地传承到今天，得益于造纸术的发明，使得先人的知识能够通过书籍记录和流传下来。中国人发明的造纸术还深刻地影响了世界文明的发展。8 世纪的唐朝时期，造纸术传入阿拉伯，又通过阿拉伯传播到欧洲。此后，阿拉伯人开启了伊斯兰帝国的黄金时代——阿拔斯王朝（Abbasid Dynasty，750—1258 年），科技和文化都极为发达。阿拉伯地区出现了很多以抄书为生的抄书人，将来自学者翻译的欧洲典籍保存了下来，保留了欧洲的古典文明，成为欧洲文艺复兴的重要前提。而彼时的欧洲正处于有名的中世纪黑暗时代，欧洲大陆上战乱不断，焚毁了很多藏书，很多知识和技艺都失传了，以至于到了文艺复兴时期，欧洲人不得不从阿拉伯将失传的著作翻译回来，因此，可以说没有造纸术，就没有文艺复兴（吴军，2019）。造纸术甚至影响了今天人们不正确的认知，例如，印度人发明的计数系统被阿拉伯人传到欧洲，至今仍被称为"阿拉伯数字"。

跨时空传播效应为后人利用前人的聪明才智提供了可能，这也是人类文明得以不断进步的重要因素。例如，摄影术的提出者是法国人路易·达盖尔，他发明的摄影术基于针孔成像原理，这个原理最早是由我国墨子提出的。法国人约瑟夫·涅普斯根据这个原理于 1826 年拍摄形成永久性照片，但这个照片利用沥青受热融化的原理，需要曝光时间很长。达盖尔在一个偶然的机会了解到，100 多年前的化学家所发明的银盐具有感光的特点，于是他将银镀在铜版上，然后在碘蒸汽中形成一层碘化银，碘化银在感光后就会在铜版上留下影像。这和后来胶卷上涂溴化银的原理是一样的。达盖尔采用这种方法将照相曝光的过程缩短了几分钟，后来又缩短到几分钟，有效地解决了曝光时间的问题（吴军，2020）。

一个从反面说明知识跨时空传播效应的例子是，农耕文明在欧亚大陆得以繁荣昌盛，而在美洲大陆却长期止步不前。人类最早在从事农业生产时发明了农具"挖掘棒"，其实它就是一根一头被削尖了的木棍。在挖掘棒基础上发展起来的木犁及发明的其他农具、畜力使用等在欧亚大陆上迅速扩展开来，带来了农耕文明，较好地解决了人类的粮食生产和吃饭问题。然而，由于美洲大陆与欧亚大陆的天然隔离阻止了农业知识向美洲大陆的传播，当地的原住民并没有出现高度发达的农耕文明。直到大航海时代开始后，当欧洲人进入美洲时，发现在墨西哥建造了日月大金字塔的阿兹特克人（Aztecs）依然在使用挖掘棒这种比较落后的农具（吴军，2019）。

知识的跨时空传播在历史上与语言、文字、纸张等的发明紧密相连，到近现代之后，则与印刷机器和信息设备息息相关。工业革命后，印刷机器的广泛使用加快了知识在全球的传播。信息时代后，计算机和全球互联的网络更是将知识的跨时空传播效率提升到前所未有的高度。

1.3.2.7　边际成本为零效应

边际成本是经济学上的概念，是指每一单位新增生产的产品（或购买的产品）带来的总成本的增量。边际成本为零效应是指知识在被创造出来后，每一次进行生产、分享所增加的成本几乎为零，而与知识分发的数量无关。这个效应使得知识可以做到"一本万利"，这是当代很多主营知识产品的企业能够得以快速扩张和发展的重要条件。

传统的农业经济和工业经济，新增一个单位产品的成本往往很难下降，尤其是在产量较少时，所以传统产业中的企业必须追求规模效应，以降低单个产品的平均成本，进而获得市场竞争的优势。因为个性化的生产方式往往成本很高，传统产业的企业很难向市场提供个性化的产品，不得不面向一批具有典型特征的客户提供细分领域的产品，生产方式也只能采用批量方式，在产量达到一定规模后才能保证在盈亏平衡点上生产。

知识型产品边际成本为零，所以知识型企业基本上不存在传统企业面临的困境，完全可以面向单个用户提供产品或服务。然而，他们仍需面临传统企业面临的另外一个困境，就是研发成本高的问题。现实中，很多知识的创造成本很高，如一个新药或某项新技术的研发，可能需要数亿甚至数十亿美元。但与传统企业不同之处在于，一旦一个新药或某项新技术研发完成，随着产量或销量的提升，在完全弥补研发成本后，生产成本开始趋向于零。从收益的角度来看，则正好相反。随着产量或销量的提升，其收益几乎是不受成本影响的。这就是为什么现在很多新药研发企业、互联网企业敢于在前期投入大量研发费用的重要原因。虽然，知识类产品也需要达到一定规模才能弥补已投入的研发成本，但由于研发完成后单个产品生产的成本几乎为零，往往可以采用小规模、个性化的生产方式。

边际成本为零效应常对有些传统产业或行业带来致命的打击。例如，电影在发明后严重挤压了其他娱乐方式的生存空间，包括音乐会和戏剧等。最重要的原因是，电影和后来出现的电视这两种娱乐方式对人们来讲更具真实感，能够更好地再现生活；同时，由于影视信息可以廉价、近乎无成本地复制，其他娱乐方式在成本上很难与它们竞争（吴军，2020）。

1.4 数据、信息、知识与智慧

数据的概念基本上不存在异议，而信息和知识的定义常常存在不同的认识。对这3个概念的辨析和认识它们之间的转化关系，不但对知识管理研究有着重要的理论和现实意义，而且对于知识工作的成功非常重要（郭华，2016）。通过数据的收集、信息的分析、知识的运用，往往会给企业带来意想不到的收获。

一般认为，数据是对客观事物的记录或对某一事件的统计性描述，可以是数字、图像、文字、音频、视频等符号的集合。在组织中，数据通常是关于事项的结构化的记录。数据是原始的记录，未被加工和解释，没有回答特定的问题，不能说明自己的重要性和相关性。

对信息的认识则存在较大的差别。例如，"信息论"创始人克劳德·艾尔伍德·香农（Claude Elwood Shannon）认为"信息是用以消除随机不确定性的东西"。管理大师彼得·德鲁克认为"信息是赋予了背景和目标的数据"。《哲学大辞典》认为"信息是客观世界中各种事物状态和特征的具体反映，能通过媒介进行传输"。与数据不同，信息具有具体含义。信息是有意义的数据，主要回答 Who/What/When/Where 的问题。简而言之，信息 = 数据 + 背景，即信息是一定背景下的数据。数据通过加工转换成信息，而信息以数据的形式存储、传递。

对知识和信息关系的认识也存在不同的认识。王众托（2016）认为："知识是对信息进行深加工，经过逻辑或非逻辑思维，认识事物的本质而形成的经验与理论。"廖开际（2014）认为："信息本身并非知识，只有当人们通过体验、解释和沟通等方式对信息进行积累和加工时，才可以得到知识。"成甲（2017）认为，只有能够改变行动的信息才是知识。知识是有用的信息，主要回答 How/Why 的问题。简而言之，知识 = 信息 + 经验，即信息和人的经验结合产生了知识，或者说数据、信息通过人的思考、整理转化为知识。知识以数据的形式存储、传递。如果把数据比作石油，那么知识就好比石油的提取物。

以下案例较好地说明了数据、信息和知识的区别。

案例：数据、信息、知识的区别

数据： 37.5

数据只是一个记录，如果没有背景，则其含义是不明确的。

信息：

姓名：陈XX，年龄：1岁半，性别：女，地址：广东省广州市XX区。

时间：2006年6月8日13点20分，腋下体温：37.5℃。

家长自述：孩子在楼下玩，回来后脸特别红，测量其体温为37.5℃。

有了背景，数据转化为信息，37.5成为一个有明确意义的信息。

知识：

小儿正常的基础体温为36.9～37.5℃，一般当体温超过基础体温1℃以上时，可认为发热。其中，低热是指体温波动于38℃左右，高热时体温在39℃以上。连续发热两个星期以上称为长期发热。

上述基础体温是指直肠温度，即从肛门所测得，一般口腔温度较其低0.3～0.5℃，腋下温度又较口腔温度低0.3～0.5℃；若37.5℃是从口腔测得的，则直肠温度在37.8～38℃，刚刚有一点儿发烧。

信息与经验结合成为知识，这时37.5℃就成为判断孩子低热的依据。

有关三者关系的分析：

（1）如果一个医生拥有了医学知识，但没有人找他看病，因为无法获得信息的输入，就会导致他的知识无法得到发挥，即没有信息，知识就无法发挥作用。

（2）如果只有数据和信息，没有知识来参与判断，那么信息毫无作用。

（3）数据和信息的获取相对比较简单。在本案例中，一般体温的测量都是家长自测或者护士就可以完成的工作，而医生的诊断则需要知识。

资料来源：田志刚（2010）

针对这个案例，需要额外说明的一点是，发热对小孩来说很常见，但家长千万不可掉以轻心。笔者的孩子所在的幼儿园里，班上有一个小女孩因为晚上发热，同时她的爸爸、妈妈睡着了而没有照顾到她，造成了她永久性的耳聋。

智慧常常被认为是更高级的知识。知识偏向解决特定问题的法则、方法及程序，具有显性和可操作性，而智慧则偏向较为隐性、自觉的判断，具有更深、更广和更稳定的特性。虽然现在的人工智能技术高度发达，不少机器拥有的知识很轻松地超越人类，但在智慧方面，机器还是甘拜下风的。也许未来的机器能更先进、更智能、更有知识，但是否能真正地产生智慧还是需要质疑的。厦门大学某教授在一次演讲中提出"知识是靠传授的，方法是靠示范的，智慧是靠启迪的"，较深刻地说明了智慧是更"隐性"的知识。智慧如企业中的董事长，董事长可能是企业中"最不干事"的人，但却很重要。当然，企业也可以不设董事长，这些没有董事长的企业是没有"智慧"和"灵魂"的。图1-4较形象地说明了信息、知识和智慧的区别。

图1-4 信息、知识和智慧的区别
［资料来源：廖开际（2014）］

图1-4展示了人智慧形成的过程。农夫观察到了地上长着草、兔子吃地上的草、天上云彩降落的雨落到地上、狼吃了兔子等信息，在大脑中形成了以下知识：兔子吃草、草长在地上、狼吃兔子，进一步形成了智慧：若我把所有的狼杀了，兔子就可以把地上的草吃掉，地里就没有草了。虽然这张图揭示了农夫的智慧，但要注意这个智慧不一定高级，或者说，若农夫真这么做了，则很可能造成其他问题。

DIKW模型（Data-to-Information-to-Knowledge-to-Wisdom Model）是一个可以很好地帮助人们理解数据、信息、知识和智慧之间的关系的模型，它向人们展现了数据是如何一步步转化为信息、知识和智慧的（Martin Fricke，2019）（图1-5）。

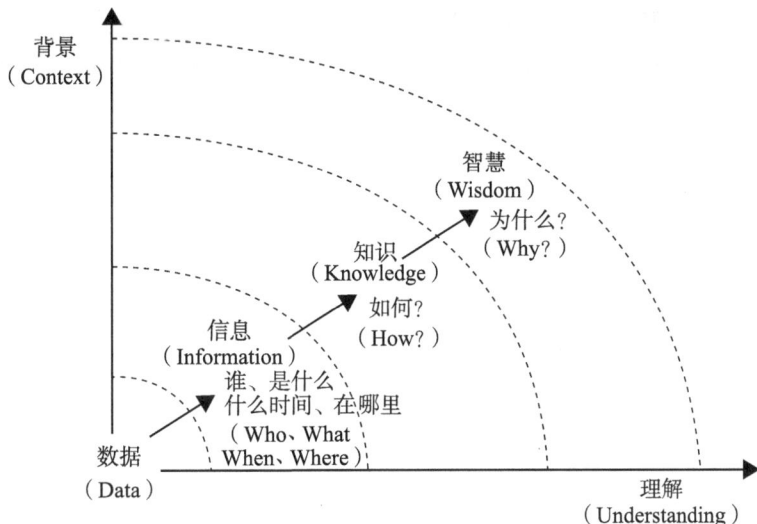

图 1-5　DIKW 模型

（资料来源：网络）

在 DIKW 模型中，数据并不包含任何潜在的意义。通过某种方式组织和处理数据，分析数据间的关系，数据就有了意义并转化为信息。信息可以回答一些相对简单的问题，例如，谁、是什么、在哪里、什么时间。所以，信息可以看成是被理解了的消息。知识是从相关信息中过滤、提炼和加工而得到的有用资料。知识是对信息的应用，是一个对信息判断和确认的过程，这个过程结合了经验、上下文、诠释和反省。知识可以回答"如何"的问题，可以帮助人们建模和仿真。知识是在特殊背景或语境下，将数据与信息、信息与信息在行动中的应用之间建立有意义的联系的，它体现了信息的本质、原则和经验。此外，知识基于推理的分析，还可能产生新的知识。智慧是一种外推的、非确定性的、非必然论的过程。随着数据向信息、知识和智慧的发展，理解的深度在不断增加，需要考虑的范围也在扩大。智慧关注的是未来，是哲学探索的本质。智慧可以简单地归纳为做正确判断和决定的能力，包括对知识的最佳使用。智慧可以回答"为什么"的问题，也是人类特有的，是唯一不能用工具实现的。

人都是信息的"奴隶"。每个人能够成为现在的自己，有自己对世界的看法和不同的价值观和方法论，都是因为从出生后接受的各种信息塑造的结果，甚至人类社会也是人类出现后所接触的信息塑造的结果。在信息大爆炸时代，随着智能推荐技术的广泛应用，人们总是乐于接受自己感兴趣的内容，甚至会被各类不真实、不全面的信息误导，"信息茧房"现象变得异常突出。"信息茧房"是指人们关注的信息领域会习惯性地被自己的兴趣引导，从而将自己的生活桎梏于像蚕茧一般的"茧房"中的现象。如何避免"信息茧房"问题、如何避免成为信息的奴隶是当代人的一个使命。这就要求人们认识到数据、信息、知识和智慧的区别，不断学习各种知识、培养自己的智慧，提高对信息的真假识别能力和加工利用能力，而不是把数据、信息不加分辨地当作知识来利用。

在数据、信息和知识的关系中，也有人认为存在与显性知识和隐性知识类似的连续谱系，数据在底层，信息在中间，知识在顶层。从数据到信息再到知识的转化过程存在局部的渐变（廖开际，2014）。

本章思考题

1. 简述对数据、信息、知识、智慧概念的认识。

2. 简述对显性知识和隐性知识的理解。

3. 列举知识的特性。

4. 列举知识的效应并举例说明。

第 2 章　知识管理及其主要理论

> 价值创造是企业实施知识管理的终极目标。知识创新是驱动知识管理成功的关键因素。
> 理论是指导行动的指南。

知识管理的研究者分布的学科领域大致在经济、管理、图书馆、情报、档案、信息科学等领域。不同学科的研究人员因为学科特点的不同而存在关注点和方法上的较大差异，并提出了各种不同的理论。因此，理解知识管理的概念、知识管理理论的分野是一件重要的事情。知识管理对于企业而言是一种观念革新，如何以知识为杠杆，推动知识型员工或整个组织创造价值、获取优势、实现成长是知识管理重要的目标。

2.1　知识管理发展的基本过程

"知识管理"一词最早由霍顿（Horton）于 1979 年使用。他是站在资源管理演化的角度提出这一概念的（马费成，2014）。20 世纪 70 年代，美国的彼得·德鲁克（Peter Drucker）、彼得·圣吉（Peter Senge）、查尔斯·阿基里斯（Chris Argyris）、埃弗雷特·罗杰斯（Everett Rogers）、托马斯·艾伦（Thomas Allen）等学者对知识管理的产生发挥了重要的促进和推动作用。德鲁克强调了信息和隐含知识作为组织资源的不断增长的重要性，圣吉则将重点放在"学习型组织"这一管理知识的文化因素上，其他学者从其他侧面强调了知识管理的重要性。

20 世纪 80 年代，人工智能和专家系统的发展大大地扩展了知识管理研究的深度和广度。伴随着对组织日益增长的知识重要性的认识，如何处理指数增长的数据和知识变得非常必要。在各个领域，有效处理冗余信息的计算机技术开始成为解决方案中的一部分。出现了知识获取、知识工程、数据挖掘、知识发现、以知识为基础的系统等技术或观点，至今还在影响着知识管理的理论研究或技术应用。

1989 年，知识管理（Knowledge Management）的概念被正式提出。20 世纪 90 年代中期，知识管理成为一门独立的科学体系，在随后的几年里，知识管理学科就取得了突飞猛进的发展。《斯隆管理评论》《组织科学》《哈佛商业评论》等学术刊物开始出现知识管理方面的文章，《第五项修炼》《知识价值的革命》等第一批专著开始出版。国际著名咨询公司 Gartner Group 曾预言，到 2003 年，通过知识管理和信息管理传递的智力资本将成为衡量企业价值的主要方式（倪捷，2002）。

1990 年后，一些管理咨询公司开始在内部推行知识管理，美国、欧洲和日本等大企业开始实施知识管理实践。麦肯锡公司、安永会计师事务所、惠普公司等许多大型跨国公司纷纷实施知识管理并取得了巨大的成就，知识管理一时成为热潮。1991 年，当 Tom Stewart 在《财富》杂志发表了"智囊"后，知识管理进入畅销书行列。其中得到广泛关注的是 1995 年日本的野中郁次郎和竹内弘高出版的《知识创造公司：日本如何建立创新动力机制》，这也标志着知识管理的产生。

20 世纪 90 年代中期，互联网的蓬勃发展促使知识管理理论迅猛发展，知识管理受到广泛关注并成为浪潮。内容管理、专家系统、企业业务集成、数据仓库、数据挖掘、工作流自动化等信息技术在企业知识管理的应用过程中逐渐提出。Lotus、Microsoft、SAP、Oracle、TelTech 等公司先后推出了自己的知识管理概念和产品。在激烈的市场竞争下，企业必须不断运用各种先进的管理思想，才能不断提高效率、获得竞争优势。根据英国知识管理杂志统计，知识管理能为组织带来的效益情况是：决策效果提高 89%，应对顾客的能力提高 84%，员工及业务效率提高 82%，创新能力提高 73%，产品服务质量提高 73%（陈文伟，2016）。

2.2 知识管理的概念与类别

一般认为，知识管理是一种以知识为核心的管理模式。如果仅以为知识管理是以知识为核心，那么知识管理不过是为了知识而管理，这很容易使人局限于围绕知识的生产、组织、传播、利用等一系列过程的表层次的理解。知识管理作为一个新概念，不是停留在对知识本身的认识上，而是激活知识，使之发挥效用。它要达到这个目标，一方面，需要人们利用先进的技术和科学的方法，通过创造知识和利用知识的活动来实现；另一方面，要满足人们对知识的需求，要运用集体的智慧，只有将知识与人的智慧相结合，才能把"死"的知识激活。这样看来，人的重要性在知识管理中显现出来（柯平，2001）。

研究者从各自的出发点和观察角度提出了知识管理的各种定义，这些定义对知识管理概念的认识上存在深浅不一的层次性差距和不完备性，有些侧重知识管理的目的，有些侧重知识管理对象的划分和确认，有些侧重知识管理的手段和过程等。理解知识管理的概念和类别是认识知识管理的基础。

2.2.1　知识管理的概念

目前，对知识管理存在"宽"和"窄"两种理解（王众托，2016）。"宽"的理解认为，知识管理是一种新的管理理念；在知识经济时代的现代企业管理中，一切管理都应该以知识为基础。"窄"的理解认为，知识管理就像财务管理一样，只是企业管理的一个领域；知识管理仅是对企业的知识生成与应用加以管理。前者可以说是"用知识进行管理"，后者则可以说是"对知识进行管理"。基于对这两种理解的不同认识，国内外机构或研究者给出了多种知识管理的定义。

美国生产和质量委员会（APQC）对知识管理的定义为"知识管理应该是组织有意识采取的一种战略，它保证能够在最需要的时间将最需要的知识传送给最需要的人。这样可以帮助人们共享知识，进而通过不同的方式付诸实践，最终达到提高组织业绩的目的。"

美国管理大师彼得·德鲁克认为："知识管理是提供知识，有效地发现现有的知识怎样能最好地应用于产生效果，这是我们所指的知识管理。"

我国知识管理国家标准给出的定义是："知识管理是对知识、知识的创造过程和知识的应用进行规划和管理的活动。"

李海生（2012）则把个人计算机里的知识也纳入知识管理，认为"知识管理的根本在于把存在于员工脑海中、个人计算机里，存在于企业中的混沌、分散的文档、经验等信息，固化并且有序地管理起来达到共享和重用，提高企业效率，推动企业发展"。

安达信咨询公司（Arthur Andersen）将知识管理表达为一个公式（梁春华，2019），提出 $KM = (P+K)^S$。其中，P 是组织成员（People），表达了组织内部员工本身拥有技能和知识的程度；K 是指组织知识（Knowledge），表达了整个组织内存储的信息和知识的丰富程度；"+"是指信息技术（Technology），表达了组织内支持知识创造、存储、传递的信息技术结构品质的优良程度；S 是分享（Share），表达了员工之间的信息与知识有否利用信息技术达到共享的程度。这个公式所要表达的是"组织知识的累积，必须通过将人与技术充分结合，而在分享的组织文化下达到乘数的效果"。

除了以上定义，知识管理还有其他一些定义。总体上来看，知识管理的定义存在3 种主要的观点：第一种观点认为，知识管理是对信息的管理。我国著名学者乌家培教授认为，信息管理是知识管理的基础，知识管理是信息管理的延伸和发展（左美云，2003）；第二种观点认为，知识管理是对人的管理；第三种观点认为，知识管理是对人、组织和技术的管理。

廖开际（2014）提出第四种观点，他认为，知识管理是对人、组织、技术和流程的管理，从而这样定义知识管理：组织为了提高生存能力和竞争优势，建立技术和组织体系，对存在于组织内外部的个人、群组或团体内的有价值的知识，进行系统的定义、获取、存储、分享、转移、利用和评估等，确保组织成员能够随时随地获取正确的知识，以便采取正确的行动。

2.2.2 知识管理的类别

从广泛的意义上讲，知识管理主要包括 4 个方面：科学界的知识管理、社会上的知识管理、组织中的知识管理、个人的知识管理（王众托，2016）。其中，科学界的知识管理主要涉及在科学研究和实验中怎么样管理知识的创造和传播；社会上的知识管理主要涉及社会和文化中的知识管理；组织中的知识管理主要涉及企业、政府、非营利组织、教育单位的知识管理；个人的知识管理主要涉及个人学习、工作、成长和生活等方面的知识管理。

从一般意义上讲，知识管理只包括组织知识管理和个人知识管理。虽然说，个人是组织的成员，个人知识管理是组织知识管理的基础，但组织知识管理有不同于个人知识管理的目标，即组织更关注整体的绩效，而不是个人的绩效，因此，组织知识管理要注意将个人知识管理与组织知识管理的目标统一起来。

2.3 知识管理的必要性和目标

知识管理是指为了增强组织的绩效而创造、获取和使用知识的过程。一般认为，组织中的知识来源于个人，因此个人知识管理是组织知识管理的前提和基础，在讨论组织知识管理的必要性和目标时，也必须讨论个人知识管理的必要性和目标，否则难以将个人的目标和组织的目标统一起来。

2.3.1 个人知识管理的必要性和目标

在经济和社会生活中，个人知识管理和知识具有变革性和主导性的影响（Yikilmaz，2021）。做好个人知识管理对提升个人能力、适应社会发展和变化都是非常必要的。

2.3.1.1 个人知识管理的必要性

现在世界上除了少数地区和国家存在文盲，大多数人都能得到教育的机会。虽然不能说文盲就没有知识，但人们习惯上还是认为学校是获取知识的主要途径。大多数人经过小学、中学基础教育后要进入大学学习一门专业知识，毕业后成为一名具有某种专门知识的人才，然后依靠专业技能挣钱养家。人们学习得到的知识是安身立命、发财致富的根本。过去人们常常采用"学富五车"来形容一个人非常有知识，然而自古以来，不少饱学之士的一生过得很一般。现实情况是，大多数有专业知识的人才只获得了非常微薄的收入，过着非常普通的生活，成为"有才华的穷人"。抛开知识分子不愿意为了五斗米折腰的"清高"因素，其主要原因是什么？世界上为何只有很少一部分人能够获得大量的财富？以下案例"不做有才华的穷人"内容来自英语听力练习材料"Don't Work For Money"的中文翻译，较好地给出了这个问题的答案。

案例：不做有才华的穷人

世界上满坑满谷都是精明能干、才华横溢、学富五车及极具天赋之人，我们每天都会见到他们。几天前，我的汽车运转不灵了。我把它开进维修厂，一位年轻的机械工只消几分钟就把它修好了。他仅凭倾听发动机的声音就能确定哪儿有毛病，这让我惊奇不已。然而遗憾的是，光有才华是不够的。

我常常吃惊，为什么有才华的人却只有微薄的收入。前几天我听人说，只有不到 5% 的美国人年收入在 10 万美元以上。一位精通药品贸易的商务顾问曾经告诉我，有许多医生、牙医和按摩师生活拮据。以前我总以为他们一毕业，财源便会滚滚而来。这位商务顾问告诉了我一句话："他们离财还差一项技能。"这句话的意思是说，大部分人还需要多学习并掌握一项技能，他们的收入才能呈指数倍增长。以前我提到过，财商是会计、投资、市场营销和法律方面的能力综合。将上述 4 种专业技能结合起来，以钱生钱就会更容易。说到钱，大部分人所知的唯一技能就是拼命工作。

1969 年，我从美国海运学院毕业了。我那有学识的爸爸十分高兴，因为加州标准石油公司录用我为它的油轮队工作。尽管我的未来前程远大，但我还是在 6 个月后辞职离开了这家公司，加入海军陆战队学习飞行。对此我那有学识的爸爸非常伤心，而富爸爸则祝贺我做出的决定。

对于有学识的爸爸来说，稳定的工作就是一切。而对于富爸爸来说，学习才是一切。有学识的爸爸以为我上学是为了做一名船长，而富爸爸明白我上学是为了学习国际贸易。因此，在做学生时，我跑过货运、为前往远东及南太平洋的大型货轮、油轮和客轮导航。当我的大部分同班同学，包括迈克，在他们的联谊会会堂举办晚会的时候，我正在日本、泰国、新加坡、中国香港、越南、韩国和菲律宾学习贸易、人际关系和文化。我也参加晚会，但不去任何联谊会，我迅速地成熟起来了。

常言道："工作（Job）就是'比破产强一点（Just Over Broke）'的缩写。"然而不幸的是，这句话确实适用于千百万人，因为学校没有把财商看作一种才智，大部分工人都"量入为出"：干活挣钱，支付账单。相反，我劝告年轻人在寻找工作时要看看能从中学到什么，而不是只看能挣到多少。在选择某种特定职业之前或是陷入"老鼠赛跑（激烈的竞争）"之前，要好好掂量自己到底需要获得什么技能。一旦人们为支付账单而整天疲于奔命，就和那些在小铁轮里不停奔跑转圈的小老鼠一样了。老鼠的小毛腿跑得飞快，小铁轮也转得飞快，可到了第二天早上，他们发现自己依然困在同一个老鼠笼里，那就是：重要的工作。

当我在自己教授的班级上问到"你们当中有多少人做的汉堡包能比麦当劳更好"时，几乎所有的学生都举起了手。我接着问："如果你们当中大部分人都能做出比麦当劳更好的汉堡包，那么为什么麦当劳比你们更能赚钱？"答案是显而易见的：麦当劳拥有一套出色的运营体系。许多才华横溢的人之所以贫穷，就是因为他们只是专心于做更好的汉堡包，而对运营体系几乎一无所知。世界上到处都是有才华的穷人。在很多情况下，他们之所以贫穷、生活拮据或者收入与其能力不相符，不是因为他们已知的东西，而是因为他们未知的东西。他们只将注意力集中在提高和完善做汉堡包的技术上，却不注意提高有关汉堡包的销售和送货技能。

资料来源：网络

　　培根曾说："知识就是力量。"这句话后来又被演化为"知识就是财富"。中国古人也说"书中自有千钟粟，书中自有黄金屋，书中自有颜如玉"，似乎有了知识，就有了财富。那么知识与财富之间可以画上等号吗？显然是不能的，这是这个案例告诉我们的答案。从知识到财富，并不是对等的关系，中间还有难以逾越的沟壑。知识只是通往财富的一个工具、一座桥梁，但不是财富本身。知识是获取财富的必要条件，而不是充分条件。其实，培根所说的完整的一句话是："知识就是力量，但更重要的是运用知识的技能。"很显然，后面这句话才是培根要重点强调的。知识（如做汉堡包）在一些人的手里只是谋生的方法，而在另外一些人手中却是致富的手段。一个人只有专业知识是不够的，常常需要综合运用多种知识、对知识进行管理才能通向财富之路。

　　在现实中，除了案例中提到的修车工、医生、牙医和按摩师，这世界上还存在大量类似的"有才华的穷人"。他们中的绝大多数人从小开始学习了一门专业知识，并以此谋生，以为可以依靠一技之长顺利地度过美好的一生。这种想法在以前可能没有太大问题，现在却难以行得通。一方面是因为现代知识更新速度非常快，在学校或专业机构里学习的知识很快就过时了，一个人很难再像前人一样依靠年轻时学到的知识度过一生；另一方面是因为近年来迅猛发展起来的人工智能和自动化技术让很多人的技能一夜之间变得一无所用，也让一些人拥有的知识不再具有竞争性。

　　其实，不只是个人，世界上也存在大量有"知识"的企业或机构，它们虽然拥有很多"学富五车"的知识型员工，但同样是过得"穷哈哈"的。存在这个问题的原因有很多，但根本的问题是这些企业或机构没有很好地把自己的知识管理或经营起来，不能很好地把拥有的知识变成自己的竞争力。

　　对于个人来说，解决这个问题的办法就是树立个人知识管理的思维，让自己的知识增值、适应社会和组织的需要。

　　所谓个人知识管理（Personal Knowledge Management，PKM），就是对个人的知识进行获取、组织、存储、利用和创新的管理（王众托，2016）。管理过程是在不断明确自己知识需求的基础上，有效地识别和获取、整理和存储、集成和开发自己知识的过程。组织知识管理是建立在个人知识管理的基础上的，做好个人知识管理是做好组织知识管理的前提。PKM 更宽泛的定义是由美国的 Paul A. Dorsey 教授提出的（陈力行，2005）："个人知识管理应该被看作既有逻辑概念层面又有实际操作层面的一套解决问题的技巧与方法。"

个人做好知识管理的必要性如下（王众托，2016）。

（1）有利于建立个人的知识体系。个人获取各类知识的过程是零打碎敲的，往往不成体系，尤其是现在碎片化阅读时代，如果不能建立自己的知识体系，将这些零散的知识融合、关联到自己的知识体系中，就难以提高运用各类知识的效率和效能，以及创造新的知识。

（2）有利于不断充实和调整自己的知识。"生命有涯，知识无涯"，在知识经济时代，知识更新淘汰加速，个人需要不断地学习，通过各种方式吸收知识、充实自己的知识，在自己的知识不符合需求而过时，或出现颠覆性知识或技术时要及时调整自己知识结构，更新自己知识的类别和内容。

（3）有利于方便地找到所需要的知识。人们在工作中，随时需要找到所需要的知识。然而由于知识的未有效管理，知识型员工约有 1/3 的时间用在寻找某些他们永远没有找到的信息和知识上。有了个人知识管理，便可以将自己的知识按照科学的方法、利用方便的信息工具加以整理和存放，提高知识搜寻的效率。

（4）有利于知识的传播和交流。知识型员工在获得知识后常常需要使用知识、做知识分享，将知识传递给别人。做好个人知识管理有利于形成知识分享的观念和技能，有助于及时准确地把知识分享给需要的人或组织，更好地处理好日常业务工作，还能有助于应对紧急突发事件，抓住有利时机、赢得竞争优势。

（5）有利于组织的知识管理。组织的知识管理依赖于个人对知识的采集和运用。个人知识经过整理、分类和汇总后形成组织知识资产的重要部分。

（6）有利于对本身知识水平的评估。个人进行知识管理，有助于评估自己处于什么样的知识水平上，在应付当前工作、个人发展和未来业务上还欠缺什么，从而指导今后的知识学习和实践。

2.3.1.2　个人知识管理的目标

个人知识管理是一种新的知识管理理念和方法，能将个人拥有的各种资料、随手可得的信息变成更具价值的知识，帮助个人提升工作效率，最终有利于自己的工作、生活。通过对个人知识的管理，人们可以养成良好的学习习惯，增强信息素养，快速有效地获取所需知识，完善自己的专业知识体系，提高自己的能力和竞争力，为实现个人价值和可持续发展打下坚实基础。

从个人知识应用的角度看，个人的一切学习和努力的目标无非是解释问题、解决问题和预测问题（成甲，2017）。其中，解释问题是在遇到实际问题时，如何利用掌握的知识对问题产生的原因进行解释；解决问题则是在利用掌握的知识找到合适的解决问题的方法；预测问题则是在面对未来的不确定性时，采用掌握的知识对未来可能的情况进行预判，并选择合适的决策进行趋利避害。实际上这个目标从某种程度上也适应于企业的知识管理。

2.3.2 组织知识管理的必要性和目标

现代组织若不进行知识管理，就无法在激烈的市场竞争中生存和发展。以下这个案例有助于我们深入地理解知识管理的必要性和目标。

案例：一个关于知识管理的小故事

这个故事比较经典，融汇了很多知识管理的经典理念。

在古希腊时期的塞浦路斯，曾经有一座城堡里关着一群小矮人。传说他们是因为受到了诅咒，而被关到这个与世隔绝的地方。他们找不到人可以求助，没有粮食，没有水，7 个小矮人越来越绝望。小矮人们没有想到，这是神灵对他们的考验，是一个关于团结、智慧、知识、合作的考验。

神灵希望经过这次考验，小矮人们能悟出 3 个道理：①资讯不代表知识；②分享、沟通与行动是将知识转化为成果的关键；③知识通过有效的管理，最终将变成生产力。

在所有小矮人中，阿基米德是第一个收到守护神雅典娜托梦的。雅典娜告诉他，在这个城堡里，除了他们所待的那间阴湿的储藏室，在其他的 25 间房里，有一间房里有一些蜂蜜和水，足够他们维持一段时间；而在另外的 24 间房里有石头，其中有 240 个玫瑰红色的灵石，收集这 240 块灵石，并把它们排成一个圈，可怕的咒语就会解除，他们就能逃离厄运，重归家园。

第二天，阿基米德迫不及待地把这个梦告诉了其他 6 个人，其他 4 个人都不愿意相信，只有爱丽丝和苏格拉底愿意和他一起去努力。在开始的几天里，爱丽丝想先去找些木柴生火，这样既能取暖，又能让房间里有些光线；苏格拉底想先去找有食物的房间；而阿基米德想快点把 240 块灵石找齐，快点让咒语解除；3 个人无法统一意见，于是决定各找各的，但几天下来，3 个人都没有成果，被其他 4 个人取笑不已。

但是 3 个人没有放弃，失败让他们意识到应该团结起来。他们决定，先找火种，再找食物，最后大家一起找灵石。这是一个灵验的方法，3 个人很快在左边第二个房间里找到了蜂蜜和水。

显而易见，一个共同而明确的目标对于任何团队来说都非常重要。

在经过了几天的饥饿之后，他们狼吞虎咽了一番，然后带了许多食物分给特洛伊、安吉拉、亚里士多德和梅丽沙。温饱的希望改变了其他 4 个人的想法，他们后悔自己开始时的愚蠢，并主动要求要和阿基米德他们一同寻找灵石，解除咒语。

小矮人们从这件事中发现了一个让他们终身受益的道理：知识不过是一种工具，只有通过人与人之间沟通、互补，才能发挥它的全部能量。

为了提高效率，阿基米德决定把 7 个人兵分两路：原来的 3 个人，继续从左边找，而特洛伊等 4 个人则从右边找。但问题很快就出来了，由于前 3 天一直都坐在原地，特洛伊等 4 个人根本没有任何的方向感，城堡对于他们来说像一个迷宫，他们几乎是在原地打转。阿基米德果断地重新分配，爱丽丝和苏格拉底各带一人，用自己的诀窍和经验指导他们慢慢地熟悉城堡。

喜爱思考的阿基米德又明白了：经验也是一种生产力，通过在团体中的共享，可以产生意想不到的效果。

当然，事情并不如想象中那么顺利，先是苏格拉底和特洛伊那组，他们总是嫌其他两个组太慢；后来，当过花农的梅丽莎发现，大家找来的石头里大部分都不是玫瑰红色的；最后由于地形不熟，大家经常日复一日地在同一间房里找灵石。大家的信心又开始慢慢丧失。

小矮人们都没有注意到一个问题：阻力来自不信任和非正常干扰。

阿基米德非常着急。这天傍晚，他们 7 个人聚在一起，商量办法。可是，交流会刚开始，就变成了相互指责的批判会。

性子急的苏格拉底先开口："你们怎么回事，一天只能找到 2 ~ 3 个有石头的房间？"

"那么多房间，门上又没有写哪间是有石头的、哪间是没有石头的，当然会找很长时间了！"爱丽丝答道。

"难道你们没有注意到，门锁是上孔的都是没有石头的，门锁是十字形的都是有石头的吗？"苏格拉底反问道。

"为什么不早说呢？害得我们做了那么多无用功。"其他人听到这儿，似乎有点生气……

经过交流，大家才发现，原来他们有些人可能会很快找准房间，但可能在房间里找到的石头是错的；而那些找石头非常准的人，往往速度太慢。其实，这个道理非常简单：具有专业素质的人才很关键。

于是，在爱丽丝的提议下，大家决定每天开一次会，交流经验和窍门，然后把有用的经验和窍门都抄在能照到光的墙上，提醒大家，省得再走弯路。

这面墙上的第一条经验是：将我们宝贵的经验与更多的伙伴们分享，我们才有可能最快地走出困境。在 7 个人的通力协作下，他们终于找齐了 240 块灵石，但就在这时，苏格拉底停止了呼吸。在大家极度震惊和恐惧之余，火种突然灭了。

没有火种，就没有光线；没有光线，大家就根本没办法把石头排成一个圈。

本以为是一件简单的事，大家都纷纷来帮忙生火，哪知道 6 个人费了半天的劲，还是无法生火——以前生火的事都是苏格拉底干的。

寒冷、黑暗和恐惧再一次向小矮人们袭来，灰暗的情绪波及了每一个人，阿基米德非常后悔当初没有向苏格拉底学习生火，他又悟出了一个道理：在一个团队里，不能让核心技术只掌握在一个人手里。

在神灵的眷顾下，最终，火还是被生起来了。小矮人们胜利了，胜利的法宝无疑是：知识通过有效的管理，最终将变成生产力。

资料来源：网络

上述案例主要给了我们以下 6 点启示。

（1）美好的愿景是团队组建的基础，明确的目标是团队成功的基础，团结协作则是团队成功的关键。

（2）提高效率，尽快完成团队的目标是任何一个团队所追求的。知识是生产力，是提高效率的重要手段。而经验是知识的有机组成部分。一个团队需要知识，也需要经验。经验可以通过积累形成，也可以通过有意识的学习获得。

（3）团队的阻力来自成员之间的不信任和非正常干扰。在困难时期，这种不信任及非正常干扰的力量更会被放大。因此，在团队运作时，建立一个和谐的环境非常重要。

（4）相互指责只会使问题更加严重，对问题的解决没有丝毫的作用。在一个团队里，具有专业素质的人才非常关键，但是一个团队的运作需要的是各种类型的人才。如何搭配各类人才，是团队管理要解决的重大问题。

（5）吃一堑，长一智，及时总结经验教训，并通过合适的方法将其与团队内的所有成员共同分享，是团队走出困境、走向成功的很好做法。

（6）分工有利于提高效率，但分工会使得团队成员知识单一。在一个团队里，不能够让核心技术掌握在一个人手里，应通过科学的体制和方法对核心知识进行管理。

2.3.2.1 组织知识管理的必要性

知识通过有效的管理，最终将变成生产力。上述案例揭示了知识战略、知识分享、隐性知识学习等知识管理手段在解决实际问题、提高生产力上的重要性。管理学大师彼得·德鲁克曾说，21世纪，企业最大的挑战是如何增加知识型员工的生产力。换句话说，通过知识管理，促使员工的知识与能力得到不断提升，这是企业持续拥有竞争力的手段。

从知识管理的角度看，知识管理是企业适应资源变化的必然要求，是知识资源管理特殊性的必然要求。传统农业经济和工业经济依赖的物质资源一般具有稀缺性和不可再生性。对于一个企业乃至一个国家来说，经济的可持续发展不可能过多地寄希望于那些日渐匮乏的物质资源。知识资源和物质资源相比，可以反复利用、不会出现边际报酬递减等问题。创新性的知识资源能提高物质资源的使用效率或产出效率，因此成为知识经济时代财富增长的决定性资源。然而，现代组织面临以下知识管理问题（廖开际，2014），必须通过有效的管理加以解决，这也从另一个角度揭示了知识管理的必要性。

（1）知识定义失败。它主要表现在，企业不知道自己有哪些知识，也不知道外部哪里有自己需要的知识。知识定义失败将使企业无法有效利用内部和外部的知识资源，可能重复投资开发已存在的知识而产生浪费现象，也可能错失难得的市场机会。

（2）知识传播失败。它主要表现在，员工无法及时找到重要的已有知识，学到了经验但没有分享，没有从失败中获得教训，优秀员工的专业技能没有分享等。知识传播失败将使得不同地区、不同人的同样工作效果不一样，组织无法利用之前的经验或教训导致同样的错误不断重复等问题。

（3）隐性知识流失。它主要表现在，因员工的离职而流失了最重要的顾客、伙伴关系、最佳业务，甚至利润，某些核心员工的流失损害了组织的整合能力。隐性知识流失可能造成核心技术或经验流向竞争对手、企业重要能力失去、竞争能力下降等严重问题。

（4）知识囤积而不分享。它主要表现在，员工获得了大量的知识，但为了工作安全感、升迁等原因而不愿意分享知识。知识囤积可能造成好的经验和做法、新的技术不能在组织内得到利用，降低组织的整体绩效和能力。

（5）缺乏学习。它主要表现在，组织既有的流程、经验法则、知识、技能已过时，且没有人更新。缺乏学习使得过时的、没有效率的经验、经营模式或流程在组织中大行其道，造成组织不能引入先进的管理方式或经验，组织适应外部环境变化的能力减弱等问题。

从组织竞争和生存的需要角度看，组织不得不重视知识管理。当今世界，外部环境的变化动态而复杂，全球化、互联网化造成物流、信息流和资金流在全世界的快速流动，高新技术与知识密集型产业迅速成长，市场竞争压力空前剧增。在这种情况下，知识管理的能力变得非常重要，知识会影响企业把握机会、响应速度和产品上市时间等最重要的企业生存能力，而知识的利用可以产生竞争上的差异化，并使对手难以模仿，提升企业的竞争力。

2.3.2.2　组织知识管理的目标

学者从不同层次和角度对知识管理的目标提出了看法，有的重视知识管理的流程目的，有的重视经营效率、竞争优势和财务绩效。以下是一些有代表性的观点。

奎达斯（Quitas）将知识管理看作一个管理各种知识的连续过程，以满足现在和将来出现的各种需要，确定和探索现有和获得的知识资产，开发新的机会。知识管理的目标包括 6 个方面（Quitas，1997）：第一，知识的发布，以使一个组织内的所有成员都能应用知识；第二，确保知识在需要时是可得的；第三，推进新知识的有效开发；第四，支持从外部获取知识；第五，确保知识、新知识在组织内的扩散；第六，确保组织内部的人知道所需的知识在何处。

颜光华（2001）从绩效考核评价的角度出发，认为知识管理是一项复杂的系统工程，其导入、实施是一个分阶段逐步实现的循序渐进的过程，将知识管理目标体系分为 3 个阶段：①近期目标是"知识共享"，可以按照隐性知识和显性知识、内部知识与外部知识进一步组合、分解为内部显性知识共享、内部隐性知识共享、外部显性知识共享、外部隐性知识共享 4 个子目标；②中期目标是"基于知识的竞争优势"，可以进一步分解为企业内部竞争优势、企业外部竞争优势 2 个子目标，其中内部竞争优势是指通过实施知识管理而形成的产品、技术、管理、营销、财务等竞争优势，外部竞争优势是指通过知识管理所形成的与顾客、供应商、分销商等外部相关利益主体的良好关系等；③远期目标是"价值创造"，这是企业实施知识管理的终极目标，并将价值创造分解为利润、员工满意、顾客满意和社会贡献 4 个子目标。

左美云（2003）认为，知识管理作为一种新兴管理思想，并不是孤立于企业经营体系之外的，在最初提出时就与企业战略管理、人力资源、财务、行政、市场、研发等管理领域具有千丝万缕的联系。因此，知识管理作为一个系统工程，是知识系统、信息技术、系统与组织学习等方面的协同运作，从而满足顾客、供应商、股东、员工及社会利益相关者的需要。

武玫（2004）把知识的框架分为宏观、中观和微观 3 个层次，由此产生了 3 个不同层次的知识管理本质和目标的认识。从宏观上来说，知识管理的实质是促进知识与主体、过程、组织的融合，目标体现如下：促进新产品或服务的设计和开发及已有产品或服务的改进；改进客户管理、缩短反应时间、提高服务质量，创造个性化服务内容，拓宽业务覆盖范围，增强客户满意度；为企业各级决策提供更好的知识帮助；提高组织的快速响应能力，增强员工技能型知识的广度和深度，鼓励创新精神，创立学习型组织文化；加速企业横向、纵向间的知识流通，降低企业内部"知识市场"的交易壁垒和交易成本。从中观上来说，知识管理的实质是利用一切可以利用的技术和方法，目标体现如下：使普及型知识大众化，缩短技能型知识的学习周期，使智慧型知识源尽量留在企业中；尽可能扩展对象知识的管理范围，增加管理手段，提高管理质量；推动过程知识向对象知识的转移；对于深度融合的过程知识，要对知识源进行系统的管理（如建立知识地图或技能档案等）；推动个体知识向团体知识、组织知识的有机整合，最终形成组织知识网络，力求企业内整体知识收益达到帕雷托最优。从微观上来说，知识管理的本质是尽量消除影响知识价值链形成的阻碍因素，目标是加快价值链的形成速度，尽可能地增加同一知识的应用次数。

知识管理的目标又可以分为战略目标、运营目标和产品目标等几个层次，不同层次的知识分类也应有所不同。例如，在战略目标上，知识管理要有助于组织获取更多更好的资源和能力，从而形成组织持续的核心竞争力；在运作目标上，知识管理要能够有助于提高组织的客户满意度，提高组织的运作效率和效益；在产品目标上，知识管理要能够有利于产品质量和性能的不断改进等。

廖开际（2014）认为，知识管理的目标是将最恰当的知识（Right Knowledge）在最恰当的时间（Right Time）传递给最恰当的人（Right Person），以使他们做出最好的决策（Best Decision）。知识管理的目的由直接到间接分为 6 个层次（图 2-1）。

（1）第一层是有效的知识管理过程。利用知识管理有效地促进组织内外重要知识的搜集、创造、存储、分享与转移。

（2）第二层是有效的知识资源利用。利用知识管理实现知识的利用（Knowledge Exploitation）和知识的探索（Knowledge Exploration）。前者是指充分利用组织所掌握的有价值的知识，增加知识的流量并发挥其潜在的价值，后者是指提升组织对新知识的开发和创造能力，增加知识的存储量。

（3）第三层是对个人工作、组织流程和决策绩效的支持。支持并提升员工个人与群组再工作、决策、问题定义和解决等方面的能力，支持组织作业流程实现"正确处理事情的方法""做正确的事情""做创新的事情"的能力，促进组织学习文化。

（4）第四层是对产品质量的支持。利用知识提升产品或服务的内容与质量、加快产品或服务上市时间、准确掌握市场变化和顾客需求、快速反应产品需求的变化。

（5）第五层是对竞争优势的支持。利用知识形成并强化组织难以模仿的核心能力、掌握商机的能力，提升组织快速反环境变化的能力、打击竞争对手的能力，形成进入者、替代品壁垒，增强顾客的黏性。

（6）第六层是对组织最终获利的支持。增加组织的收入，提高市场占有率和利润率，这是组织生存的最终目的。

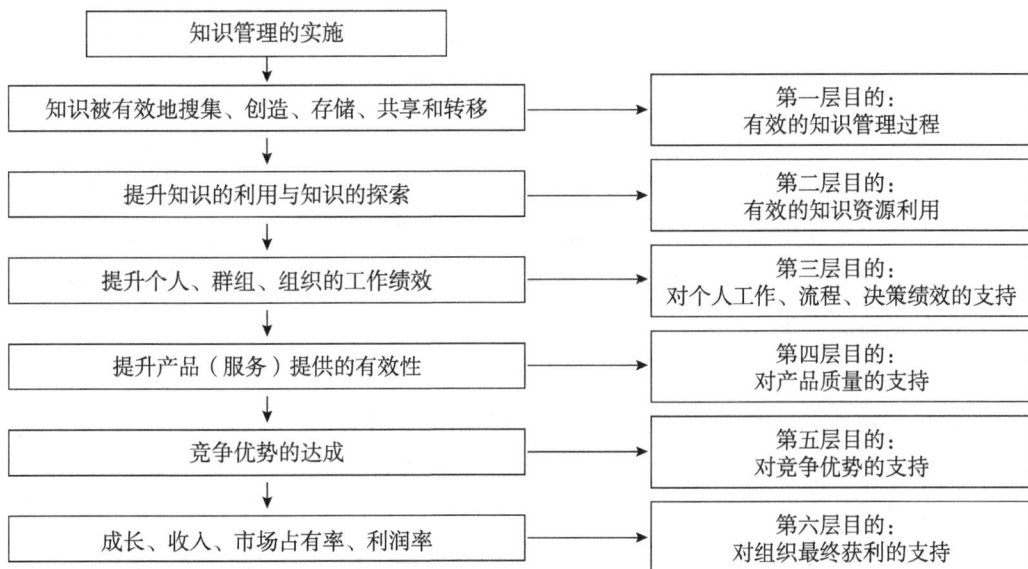

图 2-1　知识管理目标的层次结构

[资料来源：廖开际（2014）]

中国惠普公司前 CKO 高建华认为，组织知识管理的目标有 3 个（徐勇军，2006）。一是提高组织智商。组织智商不是个体智商的简单累加，而是矢量合成，是有方向性的，是如何把一个公司里所有人的才能发挥出来，而且力气往一个方向使。二是减少重复劳动，不要重复做"车轮"，重复的唯一结果是资源浪费。三是避免组织失忆。员工在离职时很容易把知识、用户材料带走，因此需要把这些专业知识和资料储存下来，在需要的时候再调出来。

对于知识管理的目标，虽然表述各不相同，但是对于一个企业来说，推行知识管理就是要帮助企业增加盈利，实现企业价值最大化，这与企业财务管理的目标与企业的总体目标都具有一致性。

需要注意的是，知识管理虽然很重要，但也不能过分夸大它的作用。知识管理是组织成功的必要条件，而不是充分条件。知识管理不可能单独成功，要配合组织的其他结构条件才可以发挥知识管理的作用。

2.4 影响知识管理的因素

影响知识管理的因素主要有：组织文化、参与者、知识管理技术、组织学习、组织战略与知识管理战略（和金生，2004）。

（1）组织文化

组织文化在知识管理中占有重要的地位。鼓励社会交往、关爱性质的组织文化能促进组织成员的沟通，有利于经验性知识的分享，而技术性方法的分享更有助于分析性知识的产生。因此，良好的组织文化可以使信息和知识的交流更加开放、更加畅通。

（2）参与者

人既是知识的创造者，也是知识的使用者，知识的传播、交流、分享也需要人的积极参与，因此，人是知识管理中的关键影响因素。在知识管理中，参与者的知识背景构成、对参与者的激励措施、相互合作的愿望与机制等都是应当重点关注的问题。领导层支持与否、知识管理人员设计的系统能否满足组织真实需求、员工参与的积极性高低直接关系着企业知识管理的成败。

（3）知识管理技术

知识管理技术是指生产、存储、提炼、传递和应用知识的技术，既包含传统的编辑出版技术、发行技术，也包含基于计算机技术的现代信息技术，现在主要指基于现代信息技术的知识管理技术。代表性的知识管理技术有：Internet 和 Intranet、群件技术（Group Ware）、工作流技术、文档管理软件、知识仓库、数据挖掘和文本挖掘、云计算、大数据技术、人工智能和专家系统、协同办公和研发系统、在线视频会议等。知识管理技术能协助或支持组织中的知识型员工和管理者开展知识生产、加工、存储、检索、传播、使用，技术的发展使得组织实施知识管理变得更容易、更有效。

（4）组织学习

学习是促进知识管理的重要方法。无论知识的创新，还是知识的获取、编码、共享、传播，都需要进行组织的学习。组织的学习属于适应和响应环境变化及知识管理发生的组织文化。组织学习应当关注组织学习的外部动因、促进组织学习的因素与条件、推动者、组织学习与知识创新之间的关系，以及在各种条件下的组织学习等方面的内容。

（5）组织战略与知识管理战略

在知识经济条件下，知识已经成为组织获取竞争优势的主要来源，知识管理战略也成为组织战略管理新的研究方向。知识管理与组织战略存在着天然的内在联系。组织的战略分析与制定过程就是组织知识管理过程，组织战略管理理论也可以视作某种形式的知识管理理论，而知识管理的目标和战略应当是组织战略规划和情景的反映。知识管理必须结合、服务于组织的战略目标，使组织能完全认识到它增强组织运行的潜能。这种联系决定了知识管理在组织管理战略中的地位，也决定了知识管理战略的发展前景。

上述 5 个因素更多的是从组织自身和内部角度出发。赵西萍等（2004）构建了企业知识管理影响因素的概念模型，按角度与层次将各种影响因素整合为 3 类，即管理性因素、外部环境因素和内部环境因素，并讨论了模型中各类因素对于知识管理的影响机理及因素之间的作用关系。

（1）管理性因素

管理性因素是主观性的因素，易于受到人为作用与控制，它直接作用于具体的知识活动，也是最为能动的因素，包括协调、激励、监督和测评 4 个子因素。其中协调因素奠定知识管理活动基调与基本文化氛围，激励因素构建知识管理活动的正向引导力，监督因素构建知识管理活动的负向约束力，测评因素构建知识管理活动的基础与价值标杆。

（2）外部环境因素

外部环境因素与内部环境因素则触发知识需求，并通过支持或约束管理性因素对知识管理产生间接影响，其中外部环境因素限定了知识管理活动的选择与成效。外部环境因素包括市场、技术、竞争者、消费者偏好、经济环境及整治环境等子因素。该类因素是最为客观的因素，也是企业无法掌控的因素，它将外界的变化传递给企业，为组织带来机会与压力，使得组织产生特定的知识需求。

（3）内部环境因素

内部环境因素同样触发知识需求，提供知识管理活动资源支持。内部环境因素包括人力资源、财务资源、物质资源及知识资源等，该类因素也有客观性，但是组织能够通过管理性因素施加影响，以针对外部压力和机会开展知识定义、知识搜寻、知识获取、知识存储、知识创新与知识应用等一系列知识管理活动。管理性因素将直接影响并决定知识活动可能的范围与实施的成效。

以下是一个知识管理实践失败的案例，可以帮助我们更深入地了解知识管理的影响因素。

案例：中国惠普知识管理实践失败的启示

中国惠普是中国企业界知识管理的先行者。2001 年 1 月，高建华第三次进入中国惠普，开启了他的首席知识官（CKO）之路。在高建华的倡导下，中国惠普于 2001 年 9 月成立了"知识管理委员会"，开展了"写下来""读书会""小组讨论""流程大赛""寻找知识大师""惠普商学院""自学网页"等一系列知识管理活动。但是，2002 年 12 月惠普成功并购康柏之后，高建华的知识管理计划被搁置。2003 年 4 月，高建华离开中国惠普。他推行的知识管理举措和活动大多已停顿，而且考核、验收知识管理效果的机构也被撤销。作为知识管理先行者的中国惠普的知识管理实践为什么失败？可以从以下 4 个方面来思考。

第一，实施知识管理应该是自上而下，还是自下而上。采用自下而上的知识管理能调动基层的主动性和积极性，短期可以见到明显的效果，但缺乏全局性。采用自上而下的知识管理由高层推动，战略明确，规划长远，但它有很多弊端，如基层被动执行、难免消极对待，高层变动会影响知识管理的热情等。高建华在中国惠普推行的自上而下知识管理有其合理性和必要性，但它是中国惠普知识管理失败的重要因素。因为知识管理有其自身的规律和内在要求，没有自下而上的动力，知识管理就很难落地生根。

第二，实施知识管理应该从文化入手，还是从技术入手。"从文化入手"和"从技术入手"实施知识管理各有利弊，前者是一种由里及表的路径，后者是一种由浅入深的路径。高建华著名的知识管理三段论"先有文化、再有内容、后有系统"是一种线性的知识管理过程，把知识管理过程程序化、简单化了，忽视了三者之间相互促进、相互影响的关系。因此，高建华的"非技术"工作背景使他始终认为"知识管理的本质是一个管理问题，IT 只是工具"，并不重视技术工具的使用。知识管理是系统工程，它要求具备一种整体的、动态的搭配能力，因此文化和技术必须同时进行创新，知识管理才能顺利实施。

第三，知识管理应融入业务流程之中，还是游离于业务流程之外。考察中国惠普的知识管理活动，可以发现，大多数活动没有与某一项具体的业务工作紧密结合。例如，"读书会""寻找知识大师"等，既没有与生产、市场营销结合，也没有与研发、客户服务结合。这样，知识管理活动就游离于业务流程之外，当上层强令推行时，员工认为知识管理会增加他们的额外工作，从而产生反感情绪。因此，当惠普和康柏合并时，新惠普急于整合企业的生产、研发、市场、财务等基本管理活动，游离于这些活动之外的知识管理就被人们遗忘了。由此可见，知识管理只有根植于业务工作，融入业务流程之中，才能立竿见影，"落地生金"。

第四，实施知识管理应该以隐性知识管理为主，还是以显性知识管理为主。中国惠普的知识管理一开始就偏重隐性知识，开展的"写下来""读书会""小组讨论"等活动一开始就把主要精力放在共享隐性知识，而没有着手建立企业的知识库。而很多实施知识管理成功的公司往往在初期就建立知识库，融合企业的显性知识资源。中国惠普在知识共享文化氛围还没有营造起来之前，就试图管理隐性知识，显然步子迈得大了一点儿。惠普和康柏合并之初，人心未定，强行让员工写出相关岗位的知识，往往只会适得其反。员工会认为公司的管理层想要监控员工，因此会有抵触情绪，即便是按命令不得不写出来的内容，也有很多水分，结果往往失败。由此可见，借助 IT 技术首先进行显性知识管理，当共享知识的价值观念为员工所接受之后，再逐渐进行隐性知识管理，也许是企业实施知识管理的正确策略。

资料来源：徐勇军等（2006）

2.5　知识管理的内容和策略

2.5.1　知识管理的内容

知识管理并不是企业的一项职能，而是一种经营思想。知识管理应该以知识管理的战略为首，通过战略管理来推动企业管理的各个层面的升级与改造。基于此，左美云（2003）提出了企业知识管理体系的"灯笼"模型（图 2-2）。

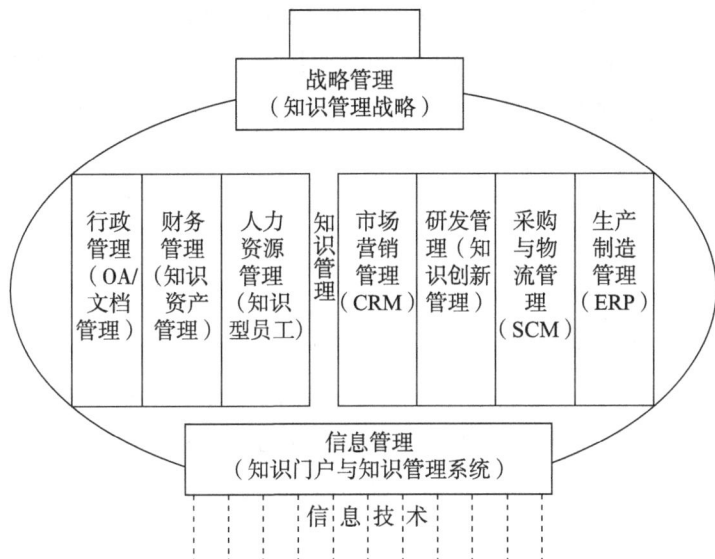

图 2-2　知识管理体系的 "灯笼" 模型

[资料来源：左美云（2003）]

整个知识管理思想体系被描述为一个 "灯笼" 的形状。

最上边的灯笼柄是知识管理战略，它是知识管理思想在战略管理领域的直接体现，对企业整个的知识管理思想体系起到引领作用，其他知识管理活动和制度都在知识管理战略这个总纲领下逐步展开。

中间层的灯笼体是企业知识管理涉及的两类主要职能，分别是企业管理的基本职能和企业价值链相关职能。企业管理的基本职能包含：行政管理、人力资源管理、财务管理。企业价值链相关职能包含：市场营销管理、研发管理、采购与物流管理、生产制造管理。

企业管理的基本职能与知识管理的关联如下。

（1）行政管理

文档资料分类和保存管理等办公自动化的内容属于知识管理。在这个领域中，知识管理表现为办公自动化或文档管理系统。

（2）财务管理

知识管理与财务管理的结合，如知识资产的管理，属于知识管理。在这个领域中，知识管理表现为知识资产管理和知识资本管理。

（3）人力资源管理

人力资源管理中对知识型员工的管理属于知识管理的范畴。在这个领域中，知识管理表现为知识型员工的招聘、激励和职业规划设计等内容。

企业价值链相关职能与知识管理的关联如下。

（1）市场营销管理

市场营销管理中很重要的就是客户关系管理（Customer Relation Management，CRM）。

在 CRM 中单点接入是一个很重要的概念，也就是客户知识通过整合后，客户无论采取电话、传真、电子邮件，还是采取其他方式与企业任何人沟通，企业都能根据唯一的客户知识库为其提供一致的服务。

（2）研发管理

研发管理是现代企业中一个很重要的管理内容，其中的对知识创新的管理显然属于知识管理的范畴。

（3）采购与物流管理

采购物流管理与知识管理密切相关的主要是供应链管理（Supply Chain Management, SCM）。现在，供应链管理实施起来很难，主要原因就是数据的标准很难统一。如果企业内或企业间没有一个统一的数据标准，那么这个接口做起来就很难。这里的接口和标准就是知识管理要考虑的问题。除此之外，供应链的企业之间知识转移、采购文档与模板也都是知识管理的重要内容。

（4）生产制造管理

生产制造管理主要是指企业资源规划系统（Enterprise Resource Planning, ERP）。虽然 ERP 具有现代管理思想，但它同时是一个大型的信息系统。ERP 里很多的算法、流程是已经规范化了的企业最佳实践，它是知识管理需要重点研究的内容。

灯笼体的中间部分是"知识管理"本身。它就像一根蜡烛，照亮了整个知识管理思想体系，也照亮了企业管理这个更大的空间。

灯笼的笼底是信息技术，以及在信息技术的基础上建立的知识门户和知识管理系统。这一方面是知识管理思想是基于信息管理领域进行的开拓，另一方面也是其他知识管理活动得以开展的基础。可以说，有知识管理系统的知识管理不一定是好的知识管理，但没有知识管理系统的知识管理一定不是好的知识管理。

基于知识管理系统的研究，可将企业知识管理概括为 10 个主题的内容：①知识创新管理；②知识共享管理；③知识应用管理；④学习型组织；⑤知识资产管理；⑥知识管理的激励系统；⑦知识管理的技术与工具；⑧知识产品的定价与版本；⑨知识员工的管理；⑩学习与创新训练。

①、②和③这 3 个主题是企业知识能力的表现。主题①"知识创新管理"主要包括知识创新的模式、条件、环境等内容，其中很重要的一点是显性知识、隐性知识转换引发的创新研究。主题②"知识共享的管理"研究如何通过知识转移和分享缩小知识差距。主题③"知识应用的管理"主要包括企业如何采取一整套的知识管理解决方案实施知识管理项目，如何实现企业的变革管理等。

④、⑤和⑥这 3 个主题是从行为科学的角度讨论知识管理在企业的应用。主题④"学习型组织"是从企业文化的角度，讨论企业如何通过"五项修炼"来使企业保持一种不断学习的状态。当然，学习不是目的，创新才是目的。主题⑤"知识资产管理"是从财务的角度管理客户关系资产、人力资本资产、结构资产、知识产权资本，以及上

述资产之间如何协调发展。主题⑥"知识管理的激励系统"是从人力资源的角度，考虑怎么设计一套绩效考评体系和激励制度来构建知识管理的激励系统。

主题⑦"知识管理的技术与工具"是从信息技术的角度探讨知识管理的支持软件或工具，如知识地图或知识导航系统。

⑧⑨和⑩这 3 个主题分别是从单项管理的角度讨论知识管理在企业的应用。主题⑧"知识产品的定价与版本"是关于知识产品的问题，主要考虑知识产品的定价和版本问题。主题⑨"知识员工的管理"是关于如何对知识员工进行有效的管理。因为企业的知识管理最终要落实到个人身上。这个主题包括知识员工的职业生涯规划与企业的战略规划如何配合、知识型员工的个人知识如何成为企业记忆、知识员工如何招聘与培养等问题。主题⑩"学习与创新训练"与个人有关的，既包括学习与创新的技巧和规范训练，也包括如E-learning（电子学习）平台的学习，以及课件和教学资源的开发等内容。

2.5.2 知识管理的策略

策略主导管理的方向并决定业务层面资源的配置和运用方式。知识管理策略主要是引导知识收集、分类验证、转移、扩散、共享和创新等业务环节上投入人力、物力和财力的方向和原则，并将奠定组织知识管理的整个基调和风格。组织的知识管理策略可以归纳为 4 种（倪捷，2002）：创新典范策略、全面取经策略、知识扎根策略、见贤思齐策略（图 2-3）。

图 2-3 知识管理策略的分类

[资料来源：倪捷（2002）]

（1）创新典范策略

该类企业有较好的知识基础，注重内部员工自行创造知识，且能够长期、高度投入资源于知识活动上，获取或创造的知识可供长久采用。在创造知识时较常采用全体动员、整合各领域知识的方式，并且注重市场的需求导向。此类策略的公司因为擅长整合和创造新知识，且常能创造产业或产品的典范，因此称为"创新典范者"。

（2）全面取经策略

此类公司可能因为知识需求较迫切、知识基础较差、所需知识可用期短且不值得长期投资等原因而选择从外部获取知识，而不是自行创造知识。在获取外部知识时，该类公司能从多方来源取得知识，并妥善整合为更新颖、更适合自身利用的知识。此类策略的公司虽然知识基础不好、自行投入不多，但愿意广泛获取外部来源的知识，因此称为"全面取经者"。

（3）知识扎根策略

此类公司的知识基础较好，愿意投入大量的资源在知识工作上，愿意长期专注于其行业知识，以深化、专精于其所在知识领域的竞争地位，而不轻易采用或跨入其他知识领域，其知识通常是内隐性知识，而不是外显性知识。此类策略的公司对其知识构建了进入壁垒，竞争者很难进入，因此称为"知识扎根者"。

（4）见贤思齐策略

该类公司的知识基础不好，对知识资源投入的程度不高，且不愿意长期投入，不轻易或没有能力广泛应用各类知识，只是作为"跟随者"采用一些本行业或本部门的显性知识。该类策略是一种被动型的知识管理策略。此类策略的公司不企图成为创新典范者或知识深化者，而更愿意跟随在本行业或本部门的领先者之后，因此称为"见贤思齐者"。

2.6 知识管理理论的主要分野

王众托（2016）认为，知识管理的研究有以下 3 条主线。

第一条主线的研究重点放在信息管理上，认为"知识管理就是对信息的管理"，研究者大多是具有信息技术或计算机专业背景的学者。例如，我国著名学者乌家培教授认为，信息管理经历了文献管理、计算机管理、信息资源管理、竞争性情报管理，演进到知识管理（左美云，2003）。知识管理是信息管理发展的新阶段，它同信息管理以往各阶段不一样，要求把信息与信息、信息与活动、信息与人连接起来，在人际交流的互动过程中，通过信息与知识（除显性知识外，还包括隐性知识）的共享，运用群体的智慧进行创新，以赢得竞争优势。

第二条主线的研究重点放在人的管理上，认为"知识管理就是对人的管理"，研究者大多是具有社会科学和人文学科专业背景的学者。他们要么主要研究人类个体能力的学习和管理方面，要么在组织的水平上开展研究。例如，从企业战略角度研究企业知识管理战略；从企业文化角度研究知识管理观念，如学习型组织；从组织结构角度研究知识型组织；从人力资源的绩效考评和激励角度研究知识管理制度；从学习模式的角度研究个人学习、团队学习和组织学习；等等。

第三条主线的研究重点放在知识资产管理上，认为"知识管理就是对知识资产和知识资本的管理"，研究者大多是具有经济学和会计学专业背景的学者。这类研究将知识资产视为企业最重要的生产要素，通过对人力资产、顾客资产、知识产权资产和基础结构资产等知识资产的管理，来发挥知识的价值、获取竞争优势，或者将知识资产转化为知识资本，获取相应的投资收益。

重点放在信息管理上的研究是从知识的供应出发，力求提供更多有组织的知识。重点放在人的管理上的研究是从知识创新的需求出发，对隐性知识给予了较多的重视，多方面考虑了组织与人的行为因素。重点放在知识资产管理上的研究改变了企业中只重视有形资产管理的传统观念，探讨无形的智力资源创造的价值。

左美云（2003）和陈文伟（2010）认为，知识管理的研究分为 3 个学派，分别是：技术学派、行为学派和综合学派。技术学派、行为学派与王众托院士说的前两条主线基本一致。在技术学派方面，美国处于前沿；在行为学派方面，日本、欧洲处于前沿。综合学派认为"知识管理不仅要对信息和人进行管理，还要将信息和人连接起来进行管理；知识管理要将信息处理能力和人的创新能力相互结合，增强组织对环境的适应能力"。该学派的研究者既对信息技术有很好的理解和把握，又有着丰富的经济学和管理学知识。综合学派推动着技术学派和行为学派互相交流、互相学习，从而融合为自己所属的综合学派。由于综合学派能用系统、全面的观点实施知识管理，因此能很快被企业界接受。综合学派是知识管理发展的主流。

著名知识管理学者 Earl（2001）将企业的知识管理分为三大导向和七大学派。三大导向分别是：技术导向、经济导向和行为导向。七大学派分别是：系统学派、制图学派、工程学派、商用学派、组织学派、空间学派、战略学派。廖开际（2014）认为，组织学习学派是一个知识管理重要学派，并将其归类为行为导向类，从而形成三大导向和八大学派（表 2-1）。

表 2-1　知识管理的三大导向和八大学派

三大导向	技术导向			经济导向	行为导向			
八大学派	系统学派	制图学派	工程学派	商用学派	组织学派	空间学派	战略学派	组织学习学派
重点	信息技术	知识地图	流程的知识管理	知识的价值收入	知识的学习网络	讨论知识的空间	组织核心能力	发现错误与行为改进
目标	知识库的建立	知识目录的建立	知识流的流畅	无形智力资产管理	知识搜集和分享	交换知识的空间	知识能力	建立学习型组织
单位	特殊领域的知识	企业集体的知识	知识管理流程活动	知识产权	知识学习群组	提供资源与地点	企业竞争优势	学习过程

续表

三大导向	技术导向			经济导向		行为导向		
关键成功因素	知识内容与分享机制	分享动机和人际关系完整	知识学习和知识的传递	正式的智力财产管理制度	互动文化和知识中介	鼓励参与有目的的知识讨论	知识化核心能力	单环学习、双环学习
信息技术的贡献	知识库专家系统	企业内部网络上的知识地图	分享知识库和资料库	智力财产管理系统	群组软件和企业内部网络	知识呈现和获取系统	促进知识的综合绩效产生	知识存储和交流
哲学观	知识编码	知识连接	知识能力	知识的商业价值	知识的协同合作	知识的接触	知识的意义	组织记忆

资料来源：廖开际（2014）。

　　八大学派因不同的组织背景、需求观点而存在较大的不同。有的重视知识管理中技术的作用，有的重视知识管理的经济价值，还有的重视知识在员工中的分布和知识的互动等。其中，系统学派重视利用信息系统和知识内容管理，制图学派重视知识的对应与连接，工程学派重视知识流程管理，商用学派重视知识利用和知识经济价值最大化，组织学派重视企业内部虚拟的知识群体，空间学派重视员工与社会的互动、知识的分享，战略学派重视将知识管理融入企业战略管理、以知识整合各种资源，组织学习学派重视组织的有效学习和发现、解决问题的能力。

　　以上3个思路较好地说明了知识管理的理论分野。王众托院士的分类较宏观，很容易让我们把握住重点。左美云和陈文伟的分类也比较宏观，但没有把知识资产这一很重要的知识管理研究单列出来，而是将其归入综合学派。上述两个分类没有把知识管理"过程"或"流程"类的研究单列出来也是一个问题。Earl和廖开际的分类较细致和全面，但较复杂、不容易理解。以上3个分类均没有将"知识创新"这一知识管理中当前最为重视的一类研究凸显出来，是它们的共性问题。

　　综合以上分析，为了方便读者的理解和记忆，本书形象地将知识管理的研究分为5个类别：以"人脑"为中心的知识管理（People）、以"财脑"为中心的知识管理（Property）、以"程脑"为中心的知识管理（Process）、以"创脑"为中心的知识管理（Creation）和以"电脑"为中心的知识管理（Computer），并简称为"3P2C"。实际上，以"人脑"为中心的知识管理主要是根据人的行为或特点，通过提高人和组织的学习和利用知识能力实现知识的有效管理；以"财脑"为中心的知识管理主要是利用财务方法通过测量和评价知识管理的绩效实现对知识的有效管理；以"程脑"为中心的知识管理主要是通过一系列程序化管理流程实现知识的有效管理；以"创脑"为中心的知识管理主要是激发人和组织的创新能力实现知识的创造和有效管理；以"电脑"为中心的知识管理主要指利用计算机和信息技术来实现知识的信息化和有效管理。

2.7　知识管理理论的主要视角

从 3P2C 知识管理理论分类出发，可以形成知识管理的 5 个视角：组织行为视角、知识资本视角、管理流程视角、知识创新视角和信息技术视角，分别对应了"人脑""财脑""程脑""创脑""电脑"。

2.7.1　组织行为视角

传统的知识管理认为知识的来源是"人脑"，所以知识管理要从"人"的因素出发。这一类研究者主要是基于组织行为学理论为依据。组织行为理论认为，组织是由有"自由意志"的人所组成的，人不同于设备的机械零件，具有行为上的能动性，不会像机械一样安装好后就按照一套设定好的流程运行。组织中的员工因为价值观、利益、个性、能力等的不同而对知识管理产生不同的态度和动机，从而影响企业的绩效。例如，组织中的员工可能为了一己私利而不愿意将掌握的知识分享给其他同事，也不愿意将隐性知识显性化。

《尚书》中说"人心惟危，道心惟微；惟精惟一，允执厥中"，其中"人心惟危"指的是人心的变幻莫测。由于"人脑"思维和意识的内隐性和不可测，将知识管理引入组织是一个非常复杂、难以预测和充满不确定性的过程。在推行知识管理时，可能会遇到员工的支持、配合、反对、抵触、抗拒、阻碍等不同的行为，因此如何将员工的个人利益与组织的利益和目标相统一常常是一件困难的事情。如果在知识管理中不重视员工的行为，那么即使知识系统建设得再好，也难以发挥出理想的价值。

2.7.2　知识资本视角

知识资本把知识看作一种资产或资本来管理，这是从财务视角来看待知识在现代企业中的重要作用的一种理念。在传统的财务管理中，资产负债表中只记录存货、机器设备等有形资产（Tangible Asset），并不记录知识类的无形资产（Intangible Asset）。然而，随着知识在企业生产经营中发挥的作用越来越大，无形资产对企业价值的贡献越来越大，对有些企业来说，其价值甚至远大于有形资产。如果不考虑无形资产的价值，则很多企业的管理和经营活动无法理解。

同样，对整个社会来讲，无形资产对创新及经济增长至关重要。在一些国家，无形资产投资已成为商业部门投资的主体部分，如美国无形资产投资自 20 世纪 90 年代初就已超过有形资产投资，英国、芬兰等国家也在近几年出现了类似变化（宋紫峰，2014）。因此，将知识资本纳入 GDP 经济核算变得非常必要。一是发达国家知识资本投资规模已经很大，纳入统计将 GDP 提高 6 ~ 10 个百分点，如 2006 年，知识资本纳入 GDP 后，德国的 GDP 将提高 6.44%，法国将提高 6.49%，英国将提高 8.95%，美国将提高 9.87%，而中国、巴西、印度等主要发展中国家调整后的 GDP 仅会提高 2 ～ 5 个百分点。二是资本积累而非全要素生产率提高才是发达国家经济增长的主要动力，资本形成对长期经济增长的作用被低估。知识资本纳入增长核算，会改变人们对经济增长来源的认识。如 1995—2006 年，各主要发达国家的知识资本积累对劳动生产率年均增长的贡献分别为：28.0%（美国）、24.0（法国）、22.5%（英国）、21.2%（德国）。三是 R&D 支出仅占知识资本投资的 10% ～ 25%，仅以 R&D 来衡量创新是不全面的，不管是在理论研究或是政策实践上，都会产生问题，而且这些问题会随着经济社会的快速变化进一步被放大。如美国在 20 世纪 50 年代，R&D 支出在知识资本投资中占比为 39.7%，而到 21 世纪初，占比下降到 18.8%。知识资本理论将改变人们对世界经济发展格局、长期经济增长、创新来源等关键问题的认识，也为制定更有效的经济政策提供指导。

在这样的背景下，将知识资产和知识资本纳入企业的知识管理是非常必要的。知识资本理论是知识经济时代理解企业经营活动的基本工具，改变了以往企业财务与会计无法科学评估知识、技能等无形资产的局面，从而为企业选择正确的经营方针和发展战略，以及获得持续竞争优势的理论提供指导（张福学，2002）。知识资本理论的提出为理解企业的知识创新、知识传递、知识利用和知识保护提供了一个新的理论框架，适应了知识经济时代企业资本运营与资本管理的新变化。

2.7.3　管理流程视角

该类理论研究者强调流程导向的知识管理，强调搜寻、获取和共享流程设计的知识，强调运用企业内外最好的知识和最佳实践方法来强化、提升企业内部的工作流程，尤其是核心流程。以流程为中心的知识管理将研究重点放在如何设计一个有效的知识管理流程，并针对流程做出相应的管理，让知识存量能快速地积累，同时让知识流量也能畅通无阻（廖开际，2014）。

学者 Gold 等（2001）对 323 家企业知识管理绩效的影响因素进行了研究，认为组织绩效包括创新性绩效、适应性绩效和效率性绩效，发现良好的知识管理流程能力和知识管理基础能力是提高企业效率、提升企业优势的能力。知识管理流程能力包括知识的获取、转换、利用和保护，而基础能力包括技术环境、结构性环境和文化环境。良好的结构性环境包括：部门间互动良好、没有本位主义、鼓励群体合作和团队精神、支持新知识创造、发现传递与共享机制等。

流程导向知识管理的主要目的是将业务流程与知识管理整合起来，通过减少对个人经验知识的依赖（Sivri，2015），将需要的知识提供给业务流程中的价值增值活动，以提高组织的绩效（崔树银，2006；王平，2009）。为了将知识融入业务流程中的价值增值活动，需要建立面向流程的知识管理目标、知识管理系统、知识管理组织架构，并加强面向流程的知识管理审计。对现代企业来说，核心是构建一套基于流程和知识库的知识管理系统，实现知识、流程、人员三者的有机综合集成，以充分发挥知识效用，促使业务流程持续改进和员工知识水平不断提升，增强决策支持能力和流程对环境的适应能力（张玲玲，2010）。

2.7.4　知识创新视角

管理学主要经历了两个重要发展阶段：以泰勒（Frederick Winslow Taylor）等人为代表的把员工视为"经济人"的科学管理阶段；以德鲁克（Peter Drucker）等人为代表的把员工视为"知识人"的知识经济和知识管理阶段。在第二个阶段，注重员工的内在驱动力和知识创新是关键。在"知识人"的视野下，企业管理的哲学、风格、制度等应做出更大的转变。所以，德鲁克才说"知识人的生产率是 21 世纪管理的最大挑战"。近年来，通用电气公司（GE）将企业目标从"价值增长"转向"GE 信条"，就是反映了这样的一种理念。GE 不再单纯强调价值获取与公司绩效，而是强调信念与愿景。价值增长注重由外而内，信念驱动注重由内而外。GE 废除了既有的人员绩效评价体系，不再强调用数据评测员工的技能、考核员工绩效，而是更注重员工的内在驱动力，强调人和人之间的对话、面对面的交流。

知识创新是 20 世纪末提出的新概念。知识创新是指把知识应用于新产品和新服务的研发和市场化过程中产生新知识的过程（王众托，2016）。知识创新是知识累积效应的具体体现。在知识经济时代，企业和社会的发展主要依靠知识创新，知识创新是知识经济的核心。知识创新与革新是不同的概念，知识创新关注于产生和应用知识，能够增加企业新的能力；而革新则关注于如何让这些新的能力转化为产品和服务，以便为企业带来收益。现代组织和国家之间的竞争，本质上是知识创新的竞争。竞争不仅体现在知识创新的速度上，还体现在知识创新的质量上。企业和国家的知识创新能力决定了企业的核心竞争优势、国家在世界格局中的地位。

知识创新是知识创造、演化、转移和应用的动态过程。它通过追求新发现、探索新规律、积累新知识，达到创造知识附加值、谋取组织竞争优势的目的。目前，组织知识创新的有关理论主要有隐性知识与显性知识的相互转化、实践团队和基于愿景的知识创新研究 3 个方面（魏强，2007）。基于隐性知识和显性知识相互转化的知识创新由野中郁次郎（Ikujiro Nonaka）等于 1995 年提出，他们揭示了知识创造的过程。基于实践团队的知识创新由 Wenger 等（1998）提出，他们认为，由不同领域专家组成的实践团队可以分享和创造重要的知识。基于愿景的知识创新由 Johannessen（1999）提出，他们认为，应该关注对知识创新起关键作用的知识，也就是在组织内保持知识的记录，强调知识的所有类型（包括系统、显性、隐性、隐藏和关系等方面的知识）。

创新机制的建立是驱动知识管理的关键因素（倪捷，2002）。知识创新将直接作用于企业的核心能力，为企业取得竞争优势、实现战略目标提供保障。知识创新包括产品（服务）创新、市场创新、技术创新、组织创新和管理创新等内容，其中技术创新是最核心的内容，包括新构思的产生与形成、研究与开发、应用与扩散 3 个紧密联系的环节，新技术创新会给组织及其所在的行业带来突飞猛进的发展。企业应在创新机制的环境和约束下，把组织的远景目标和员工的自我发展目标有机结合起来，将强调个人自由、合作与协作的价值观植入组织的日常管理、组织架构及组织行为和经营业绩的评估中，在组织内部形成具有流动性、开放性的知识共享氛围和文化。

2.7.5　信息技术视角

以"电脑"为中心的知识管理强调技术在知识管理中的作用，尤其是计算机技术和信息技术，主要研究如何将"人脑"中的知识变为"电脑"中的知识，如何从数据库、文本及多媒体等数据中发现新的知识，以及如何实现知识的描述、序化、存储、检索和利用等。虽然知识管理中涉及的技术远远超出这里所说的内容，如出版技术、发行技术、长期保存技术等，但由于现代信息技术是影响知识管理的重要技术（Tseng，2008），它是知识管理产生的真正催化剂，也是知识管理得以有效实现的基本前提，因此，本书将知识管理技术限定在信息技术方面。

虽然人类很早就有了知识管理的行为，并在历史发展的过程中发明了语言、文字、纸张、活字印刷术等传递和记录知识的手段或工具，但工业革命之前的知识管理受整体技术条件所限，人类创造的知识难以被记录下来，知识的总量并不多，知识的传播效率较低。工业革命后，由于机械印刷设备的出现，大大促进了知识的记录、存储、传播和利用，但知识的利用效率仍然不高。电气时代到来后，随着电报的发明，信息的传输效率得到提高，然而昂贵的传输费用并没有带来知识利用效率的大幅提升。直到计算机和互联网出现后，大量的知识得以数字化和网络化，知识存储、传播和分享变得极为容易，才促使知识管理成为整个社会和企业面临的重要问题，形成了 21 世纪初知识管理的大潮。由此可见，信息技术对于知识管理的影响和作用是巨大的。

对于企业来讲，主要有两个方面的知识管理需求，一方面是如何从外部获取大量对企业发展有用的知识；另一方面是如何把企业内部知识更好地管理起来，帮助企业提高效率、宣传产品、应对竞争、为客户提供优质的服务等。这些需求促使了互联网技术、数据库和数据仓库技术、搜索引擎技术、数据挖掘技术、智能代理技术等在商业上的广泛应用，产生了大量的结构化和非结构化的知识，丰富了整个社会的知识。对于社会来讲，互联网上大量的知识提升了整体社会的信息福利，激发了整个社会在赛博空间创作知识的热情，政府、学校、公益组织、个人等均加入这一场知识创造和利用的运动中。于是，人类历史上空前的知识大爆炸时代到来了。

知识的大爆炸带来了一系列的问题。虽然知识的生产、存储、检索和传递变得越来越容易，但不管对于企业或个人，要在茫茫的知识大海中搜索、及时获取有用的知识，高效地利用知识变得越来越困难。这是知识管理技术在当前得到特别重视的重要原因。所谓知识管理技术，是在数据管理技术和信息管理技术的基础上，针对知识的特性而开展的一些具有特殊功能的、能够协助知识管理人员和知识型员工进行知识生产、存储、提炼和传递的技术。虽然其他知识管理技术也很重要，但无疑信息技术在对知识管理的有效支持方面扮演了不可替代的角色。信息技术可以支持并渗透在企业知识管理的全过程中，并不是所有的知识管理活动都需要信息技术的支持，但是信息技术可以促进知识管理，信息技术在管理上的应用可以为企业知识管理创造一个基础设施和环境，而在更深的层次上支持、放大和强化知识创造过程并对企业知识管理活动做出贡献（陈方丽，2003）。

在知识管理技术中，计算机网络技术尤其是 Web 技术是基础，知识库技术和群件技术具有突出的地位。因为网络技术为知识的生产、存储、利用提供了平台，知识库技术可实现知识资源的有效组织，为知识的利用提供个性化的检索服务，而群件技术对知识的生产与交流提供了重要的手段（廖开际，2014）。

本章思考题

1. 简述对知识管理概念的理解。

2. 从个人角度思考为什么需要知识管理。

3. 从企业角度思考为什么需要知识管理。

4. 举例说明影响知识管理的因素有哪些。

5. 简述知识管理的主要内容。

6. 知识管理理论有哪几种视角？各有什么特点？

第3章 知识管理的组织行为视角

知识型员工的生产率是 21 世纪企业管理的核心。 ——德鲁克

对知识型员工的管理必须以人为本。 ——王众托

要了解组织知识管理出现的现象，必须从组织行为分析入手。

在知识系统中，知识的创造和应用都是由人来进行的，人是知识系统中的重要主体。知识管理最初提出后的研究大多是以"人脑"为中心的，是从组织行为的角度思考知识管理的，主要考虑如何对知识型员工进行管理，以促进员工知识的创造和运用，获得组织知识的增长和有效利用，发挥知识的价值。这类研究突出的特点是重视人在知识管理中的作用。其代表性的理论是彼得·圣吉提出的学习型组织理论。

3.1 知识管理的组织行为理论观点

组织行为学是研究组织中人的心理和行为规律，从而提高各级领导者和管理者对人的行为预测和引导的能力，以便更有效地实现组织预定的目标。组织行为学主要有 4 个研究领域：一是个体行为分析，主要研究作为组织或群体角色的个体的需求、动机、态度和行为激励；二是群体行为分析，主要研究群体动力、群体沟通和群体人际关系等问题；三是领导行为分析，主要研究作为动态活动过程的领导行为方式的选择及其效率分析，以及领导者的影响力、素质结构与领导决策的有效性；四是组织行为分析，主要研究组织结构对组织成员心理活动的影响，组织设计与组织变革的心理阻力及其克服的方法。

组织行为学认为，员工有掌控"自身利益"和"政治权利"的欲望，存在不同的价值观、个性、能力、态度和动机，员工个人的利益和部门目标，甚至组织目标，也常常存在不一致，甚至冲突的情况，其行为一般不会考虑全局最优。因此，组织中的个体、群体和部门之间，必定会因为利益不同而产生冲突和斗争。要了解组织知识管理出现的现象，必须从员工的行为开始进行分析，建立适合知识管理的文化、领导、组织结构等环境。

员工基于权利、利益和价值观的考虑会影响员工对知识管理的态度，进而影响员工对知识管理不同的行为，出现配合、抗拒、扭曲和阻碍等行为，这些行为才是影响组织结构的主要力量，而不是知识管理本身。例如，一个拥有良好知识库和网络的企业，如果其员工存在着本位主义，则这些先进的知识管理技术难以发挥出好的效果。因此，将知识管理引入组织会对组织产生何种影响是一个非常复杂、难以预测和充满不确定性的过程，要从企业文化、制度、领导、激励和薪酬制度等方面想办法，其最终结果依赖于人文、政治、文化等方面的诸多因素。

虽然几乎每一个组织都需要引入知识管理的思想对员工进行管理，但站在知识管理的角度，知识管理面对的员工主要是知识型员工，而不是类似传统制造业工人、对知识应用和新知识生成涉及较少的员工。从组织行为学理论来看，执行知识管理是员工的一种行为，组织的激励措施会影响员工的这一行为。影响知识型员工动机的主要因素有知识管理的组织文化、组织知识管理的领导、组织知识管理的薪酬与考核制度等（廖开际，2014），如图 3-1 所示。

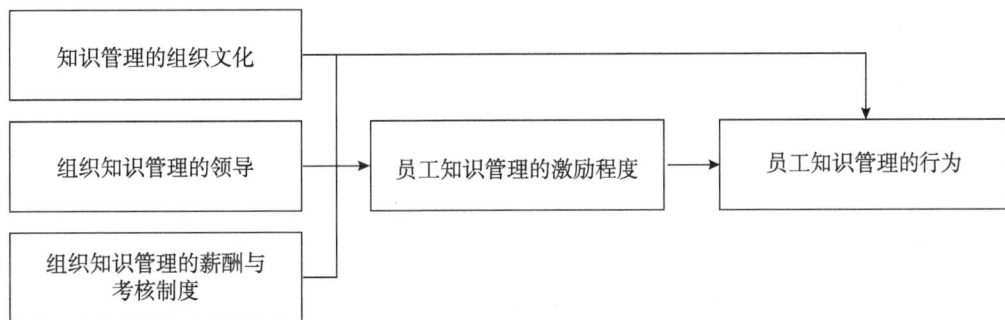

图 3-1 影响员工激励程度的主要因素模式

组织学习学派的代表人物、"组织学习之父"克瑞斯·阿基里斯（Chris Argyris）认为组织学习是所有组织都应该培养的一种技能。虽然组织行为学派提出了多种理论，但组织学习学派旨在创建"可行动的知识"（陈颖坚，2014），无疑是每一个推行知识管理的组织需要关注的理论。阿基里斯在《组织学习》中强调："优秀的组织总是在学习如何能更好地检测并纠正组织中存在的错误。组织学习越有效，组织就越能够不断创新并发现创新的障碍所在。这里所指的错误就是指计划与实际执行之间的差距，错误可能出现在技术、管理、人员等各个方面。"组织学习的目的是建立学习型组织。组织学习的最终效果，是要实现员工的个性发展、组织的协调一致、组织内部效益和外部效益的平衡（廖开际，2014）。

基于以上考虑，本章将首先介绍知识工作和知识型员工，了解知识管理的主要对象的特点，然后从激发知识型员工动机和行为的 3 个管理要素即组织文化管理、领导管理、激励管理 3 个方面说明如何才能做好知识管理，最后介绍学习型组织理论。

3.2　知识工作和知识型员工

3.2.1　知识工作

彼得·德鲁克在 1959 年出版的《明日的里程碑》中首次使用"知识工作和知识工作者"（Knowledge Work and Knowledge Worker）。知识工作是"经常生成新知识或者运用知识得到新成果的工作，它的核心任务是思考，它需要脑力进行工作，成果是信息与知识，工作常常是无法按直线顺序完成的"。而知识工作者就是主要与知识打交道的知识型员工，顾名思义就是运用知识进行工作的人。彼得·德鲁克在 1999 年出版的《21 世纪的管理挑战》中进一步提出"21 世纪，无论商业机构还是非商业机构，其最宝贵的资产将是它们的知识工作者和知识工作者的生产率"。

知识工作和体力工作的 6 个主要区别如下（王众托，2016）。

（1）从所从事的核心活动来看，体力工作主要是肌体劳动，而知识工作则主要是思考。

（2）从使用的关键能力来看，体力工作使用的主要是体力，而知识工作使用的则主要是脑力。

（3）从工作过程来看，体力工作是沿着直线顺序的，工作先后有一定的次序，而知识工作则不能完全沿直线顺序，常常是有反复和跳跃的。

（4）从成果来看，体力工作的成果是物质产品，而知识工作的成果是信息与知识。

（5）从工作中与知识的关系来看，体力工作主要是使用知识，而知识工作则是生成知识。

（6）从知识的增长和更新来看，体力工作的知识更新较慢，而知识工作则不断地增加和更新知识。随着自动化机器设备的投入使用，虽然体力工作者也需要不断更新知识，但这种速度比较缓慢。

知识工作可以分为知识处理工作、知识管理工作、知识经营工作。其中，知识处理工作是专门从事获取、加工和应用知识的工作，有时还要生成新知识，包括新产品研制、产品或者工程设计、生产计划与调度、故障诊断等工作；知识管理工作是专门从事知识的组织与管理的工作，如对组织的知识进行规划、筛选、保存、传播，以及对知识型员工进行组织与管理；知识经营工作是专门从事知识型产品市场推广和营销的工作，从事这项工作的人员不仅需要一般的市场营销理论和经验，还需要掌握产品或服务中的知识内容。需要注意的是，实际中常常很难将这 3 类工作完全分开。知识处理工作中可能也存在一些知识的组织工作，如知识的获取、筛选、存储与传递等。

3.2.2　知识型员工

知识型员工也就是著名管理大师彼得·德鲁克所称的知识工作者（Knowledge Worker），是指那些主要工作内容为处理信息和知识，并在工作中利用信息和知识的人，以区别于原来的产业工人。本书采用"知识型员工"而没有采用"知识工作者"，是因为知识型员工更有组织属性，而知识工作者的含义太宽泛，如学生也是知识工作者，但不是本书讨论的重点。

知识型员工主要用脑力而不是体力工作，他们所从事的是知识工作，是用脑力劳动的专业人士。知识型员工一般不能单独生产任何有形产品，他们提供的是信息、创意、知识。彼得·德鲁克认为，20 世纪制造业将体力工作者的生产率提高了 50 倍，21 世纪提高知识型员工的生产率是企业管理的核心，未来企业的成功就取决于能够有效地管理好知识型员工（杨文彩，2006；黄卫国，2007）。

知识型员工工作的主要特点如下（谢犁，2008）。

（1）知识工作任务的特殊性

体力劳动者的工作任务一般是十分明确的，甚至怎么做都是有规律可循的。然而，知识型员工的任务一般是不明确的、模糊的。知识型员工常常需要自己解决自己提出的问题，而提出的问题有时候不是事先就想好的。

（2）工作的自治性

知识型员工主要依靠自己的智力工作，做什么、怎么做几乎完全由自己支配，所以他们的自主性是很大的。外人无法对他们的成果甚至他们的设想进行预测，更谈不上计算他们的劳动生产率。

（3）工作的连续创新性

体力劳动者的工作常常是重复性的，而知识型员工常常需要在现有基础上不断创新。创新的过程不是事先能确定的，常常需要探索和试验，成功和失败都是下一次创新的基础。

（4）经常需要学习

在知识经济条件下，任何员工都需要学习，但知识型员工的学习更显得迫切，学习已经作为他们的任务了，他们必须通过不断学习才能补充新的知识，满足探索或创新的需要。此外，一些知识型员工还肩负培训新员工的任务，也需要经常学习，补充新的知识。

（5）质量重于数量

体力劳动一般衡量的是数量，如加工零件、生产成品的数量。因为现有生产模式大多是依靠机器生产的，而不是手工模式，所以零部件或产成品的质量标准有较充分的保证。而知识型员工的工作难以靠数量衡量，即所谓"真经一页纸，假经万卷书"，例如，一个100页的报告不一定比只有10页的报告质量高、包含的信息量大；又如，一个好点子可能救活一个陷于困境中的企业，一本好书能让出版社的利润大幅增加等。

（6）资产观重于成本观

对体力劳动，人们往往从成本方面来考虑问题，想方设法降低劳动力的成本。而对于智力劳动，人们往往把它看成一种资产，想方设法使它发挥更大的作用。

知识型员工由于其从事工作的特殊性，一般具有以下5个特点。

（1）知识型员工一般具有较高的学历和专门的科学文化教育背景。

（2）知识型员工有不断学习的需要。

（3）知识型员工对自主工作有较高的要求。

（4）知识型员工对宽松的工作环境有较高的要求。

（5）知识型员工除了重视物质报酬，还十分重视精神报酬。

当前，几乎每一个组织中的高层、中层与基层的技术与管理人员都与知识工作有关。企业中与知识型员工有关的职位主要有：知识总管、知识项目经理、知识分析师、知识资源管理员、知识工具应用管理人员（王众托，2016）。知识总管是一个企业内部负责知识管理的高层人员。知识项目经理是为企业内部的知识项目进行统筹管理的人员。知识分析师承担了企业知识系统的系统分析工作，在用户和开发人员之间起到桥梁作用。知识资源管理员的任务是采集并整理知识资源，向需求知识的人员提供所需的知识，如一些单位的图书资料管理员、知识编辑、情报分析员等。知识工具应用管理的人员包括知识工程师（如运用人工智能技术开发知识系统的专业人员）、知识库开发与管理人员、知识网络管理人员等。

与知识型员工类似的还有数据工作者和信息工作者。数据工作者的任务是对数据进行采集、保管、分析与处理。信息工作者的任务则是负责信息的采集、整理和分析。他们一般也被认为是知识型员工。严格来说，这两类人员的任务不涉及知识的直接应用和新知识的生成，并不是知识型员工。

3.2.3　知识型员工的管理

知识型员工的管理问题是知识经济时代突出的问题。由于知识型员工的特点和工作性质，对知识型员工的管理必须坚持以人为本（王众托，2016）。以人为本就是尊重人的不同层次需要，把人看成追求自我实现和能够自我管理的"社会人"，而不是仅追求物质利益的"经济人"，因此要以开发知识型员工的潜能为主要目标，在组织形式、工作安排上要充分授权，在领导方式上要充分尊重知识型员工独立思考的习惯和自由发表意见的权利。具体来说，一方面，要激发和调动知识型员工在管理过程和技术知识工作中的自觉性和主观能动性，使他们觉得自己也在参与管理而不是被动地被管理；另一方面，要减少单纯行政命令式的管理，为知识型员工创建一种愉快的工作环境，加强知识型员工的自我管理和全面发展。

以人为本的管理必须遵循以下 4 个原则。

（1）人与组织共同成长的原则。知识型企业或团队的工作绩效依赖于每一个知识型员工的能力，只有个人发展好了、能力提升了，集体的能力和绩效才能提升，而个人的发展又决定于集体的发展，因此要使团队的每一个成员都认识到个人和集体同步成长的重要性。

（2）人与环境和谐的原则。要创建一个有利于员工协同工作、合作创新的工作环境，既要在办公和实验设施等物质条件上下功夫，提升团队的工作条件，还要创建一个健康和谐的文化氛围。

（3）尊重个性发展的原则。知识工作尤其是研发工作常常面临着不确定性，具有复杂、多变的特征，需要充分尊重知识型员工的个性，使他们的潜能得以充分发挥。

（4）以启发、诱导为主的原则。知识型员工的自主能动性较强，管理要以启发、诱导为主，且不可通过行政命令强迫其执行。

在企业管理中，对知识型员工采取以人为本的管理，越是关心员工、尊重员工，就越能激发出员工的积极性和创造性。企业只有真心地关心和尊重员工，才能有效地增加员工对于企业的归属感。在此基础上，员工才会积极主动地学习和提高，快速地更新知识，有效地开发和利用知识。这将降低企业的管理成本，形成良好的企业文化氛围，提升企业的竞争力。

3.3　知识管理与组织文化管理

知识管理必须建立一种信任、共享、开放、宽容错误的组织文化。几乎所有的知识管理理论家和实践家都认为知识管理难在文化。培育知识导向型文化是知识管理最重要的关键成功因素。

3.3.1　组织文化的主要功能

组织文化是组织在成长过程中逐渐形成的一种引导企业发展的价值观念和行为方式（齐振兴，2020），它是组织经营哲学与行为准则外化的总体表现，包括全体成员共同的精神、观念、行为模式、思维方式、是非标准、作风和习惯等的总和。组织文化对组织的运行和发展具有十分重要的作用，其功能体现如下。

（1）导向功能

组织文化作为组织成员共同的价值观、追求，对成员具有强烈的感召力，引导他们把智慧和力量投入组织发展的目标和方向上。

（2）凝聚功能

企业文化以大量微妙的方式来沟通企业内部人们的思想，使成员在统一的思想指导下，产生对组织目标、准则、观念的"认同感"，作为组织一员的"使命感"，对本职工作的"自豪感"和对企业的"归属感"。"认同感""使命感""自豪感""归属感"的形成，将使职工在潜意识中形成一种对企业强烈的向心力。

（3）激励功能

组织文化具有号召力，可以激励成员产生奋发进取的力量，形成强烈的使命感和持久的行为动力。

（4）规范功能

企业文化是无形的、非正式的、非强制性的和不成文的行为准则，对职工的行为有规范和约束作用。在一种特定的文化氛围中，人们因合乎特定准则的行为受到承认和赞扬而获得心理上的平衡与满足；反之，则会产生失落感和挫折感。因此，作为组织的一员往往会自觉地服从那些根据全体成员根本利益而确定的行为准则，产生"从众"行为。

（5）辐射功能

组织文化能够对外部环境产生辐射，通过各种渠道对社会产生影响。

（6）稳定功能

组织文化能为组织的长期稳定发展提供相对的保障，文化观念对培养成员对组织的忠诚度、对增进组织的稳定作用要比组织单纯的管理约束作用更强。

组织文化可以分为3类：官僚型文化、创新型文化和共享型文化。官僚型文化不利于信息与知识的流动，所以会阻碍知识的共享；后两种组织文化有利于知识的创造、共享和利用。通过以下案例来了解组织文化对知识管理，尤其是企业创新的影响。

案例：给研发人员 15% 的时间去思考

3M 公司的全称是"明尼苏达矿业制造公司"（Minnesota Mining and Manufacturing Company），是一家以创新著称的世界知名企业。

3M 公司的 15% 规则于 1948 年正式推出，允许研发人员每星期可以拿出 15% 的工作时间用于研究自己感兴趣的东西。同时有好的创意后，员工可以自发组建跨部门团队，并获得公司的资金支持，让每个创意都有机会证明其价值。

这个规则在那个工人只是流水线上的"螺丝钉"，不停操作重复性动作的年代，可以说是非常大胆和具有先锋性的举措。这个规则催生出了多款 3M 爆款产品，其中就包括火遍全球的 Post-it 便利贴。

这个 15% 的方法后来也被谷歌等科技企业效仿。成立 100 多年来，3M 平均以每两天研发 3 个的速度发明新产品，从无痕挂钩、便利贴、百洁布、拖把这些日用品到用于电子显示器的增亮膜，用于喷墨打印机、手机和其他电子设备的柔性电路，甚至美军 IHPS 战斗头盔，美国宇航员阿姆斯特朗踏上月球用的合成橡胶鞋底，也都是 3M 的产品。

持续创新是这家百年老店的生命力所在，从最初矿产开采失败、处于破产边缘逆袭成为世界 500 强的 3M，如今可以说是一个运转精巧的创新实验室，其 1/3 的销售额来自过去 5 年内发明的产品,在福布斯全球创新公司排行中,3M 位列第 3 名,仅次于苹果和谷歌。

20 世纪 90 年代,3M 开始显露疲态,给予研发人员过度的自由导致他们缺乏紧迫感,新产品开发周期缓慢,只能依靠利润率低下的老产品,业绩增长明显放缓,股价疲软。

2000 年,曾担任通用电气 CEO 的吉姆斯·麦克奈利来到 3M,他大刀阔斧,先是裁员 8000 人,又引入通用电气奉行的六西格玛管理方法。

这些改革为 3M 注入了纪律,提高执行力和效率,公司业绩反弹,营业利润率从 2001 年的 17% 上升到 2005 年的 23%,股价翻了一番。不过效率提升的另一面是创新能力下滑,这个时期的新产品对 3M 业绩贡献率降到 21%,而且大部分都是渐进式创新。

对于企业来说,创新也是一件讲究平衡的事情,过度的宽松和自由会导致效率低下,而过于严格的纪律苛求效率又会扼杀创意。3M 在百年历程里也曾在平衡木的两侧左右摇摆,寻找平衡点。相信在自由和纪律、创新和效率之间不断摸索适合企业的平衡点,也一直是企业家们永恒的话题。

资料来源:网络

3.3.2　组织文化与知识管理的关系

知识管理和组织文化是密切相关的。组织文化的形成和发展有赖于知识的获取和沉淀,而已有的组织文化为知识管理提供了软环境,决定组织对知识重要性的认识,以及对知识应用与创新的奖惩措施,影响了知识的获取、利用、传播和创新,影响了员工个人知识与组织知识之间的关系。如果没有相应的支持新行为的组织文化的调整,那么任何旨在改善组织创造、传播和利用知识的活动均无法取得成功。组织中普遍存在的共同愿景、信任、动机、价值观和相互合作的文化可以在连接人与知识之间的点和释放知识的力量方面发挥重要作用(Kumari,2021)。正因为意识到组织文化的重要作用,中国惠普前任 CKO 高建华才会提出他著名的"三阶段论",即"先有文化、再有内容、后有系统"(徐勇军,2006)。

不好的组织文化可能会对知识管理造成以下 7 个障碍(廖开际,2014)。

①害怕向外界学习或害怕将内部运行情况向外界和客户透露。

②过于注重细节,对更为宏观和复杂的知识创造流程重视不足。

③过于急功近利,将知识管理视为一次性的活动,对它的长期性缺乏必要的认识。

④将知识管理视为某一个职能部门的工作,而不是强调各部门之间的合作。

⑤轻视知识对组织运作和发展的重要意义,对贡献知识的员工奖励不足。

⑥不给员工从事个人感兴趣的研究。

⑦不能容忍创新错误。

知识管理过程可以简单地划分为知识获取、知识创造、知识传播与分享 3 个步骤。组织文化对它们的影响如下(朱春燕,2010)。

（1）知识获取

组织文化在很大程度上决定知识型员工的观点、吸收能力和通过观察对知识的归纳能力。具有开放、创新、平等、关怀、情感交流、利他、与环境共生特征的组织文化能够极大地提高知识汲取的能力，使得组织成员能够以一种开放的情怀与他人分享自己的知识，并以谦逊的心态学习他人的知识，从而提升自己对知识的判断能力、归纳能力。知识获取能力的提高可以有效地预防和杜绝"知识就是力量"和"不是在此发明的"两种知识管理综合征。前一种综合征导致员工不愿意和他人分享自己的知识；后一种综合征则拒绝用一种宽容、开放的心态接纳别人的知识。

（2）知识创造

在知识的形成和创造过程中，组织文化可以影响组织成员对知识的价值判断。如果组织文化与成员的核心价值观相一致，那么成员会对组织文化产生强烈的归属感，并对知识的形成和产生起到正面的、积极的作用；相反，如果组织文化与成员的核心价值观相去甚远，则组织成员会对组织文化产生不认同，从而对知识的形成和产生起到负面的、消极的作用。组织文化通过3个方面影响知识的形成和产生：①组织文化中对学习的承诺、开放的氛围，以及对知识创造时犯错误的宽容机制可以为知识的形成和产生提供良好的条件；②倡导合作、信任、共享的组织文化和平等开放的人际关系往往会激荡组织成员的思维，从而产生更多的思想和知识，为组织中知识的形成提供良好的途径；③过分依赖过去成功经验、不鼓励创新和变革的组织文化会对组织的学习产生障碍，进而影响新知识的诞生。

（3）知识传播与分享

重视团队协作和团队精神建设的组织会为知识管理提供宽松的平台，有益于组织中知识的流动和共享。只有组织具备产生信任和合作的组织文化，知识才能得到有效的传播，从而更好地对知识进行管理。就组织文化与知识共享的关系来看，如果组织能够培养实务社群的非正式关系，扩大全体成员的平等意识，缩小阶级意识，建立组织的信任气氛，对员工的知识分享进行奖励，培养企业创新文化等，则都会对个体的知识共享意愿产生影响力。

3.3.3　知识主导的组织文化

培育知识导向型组织文化是知识管理成功的关键要素之一。所谓知识导向型组织文化，是指将知识视为组织最重要的资源，能够支持有效地获取、创造、交流和利用知识的组织文化（王众托，2016）。知识导向型组织文化又被称为"对知识采取积极态度的文化"，其关键是对新知识持一种欢迎态度，而不是持一种拒绝或消极的态度，并且在一个不断学习和尝试被高度评价、重视和支持的环境中，营造一种信任和开放的气氛。

知识导向型组织文化对于企业获得核心竞争力意义重大。组织要将拥有的知识资源开发、利用和创新，转换为知识竞争力需要对各类知识有效的整合。显性知识的整合比较容易，而隐性知识的整合则比较困难。隐性知识是员工的创造性经验和思想的体现，仅存在于员工的头脑中，难以明确地被他人观察、了解，以及识别、编码，如果员工因为维护其专业技能和个人利益而不愿意分享知识，则很难实现这些知识在企业内部的流动和利用，从而影响组织的发展、创新能力和核心竞争力的形成。员工隐性知识的共享与流动必须建立在互相信任的基础之上，这种信任来自鼓励共享的企业文化，而知识导向型组织文化就是建立信任和分享机制的重要途径。

知识导向型组织文化至少包含以下 7 个内容（廖开际，2014）。

（1）相互信任：这是知识共享和交流的基础。

（2）开放式交流：每个人都要为企业的知识库做出贡献。

（3）重视学习：每个人都有义务将学习作为一项终生任务和一种生活方式，都有义务汲取最好、最多的知识。

（4）共享与开发企业的知识运行机制：人人都有义务推进企业知识库的良好运行。

（5）对待员工持积极态度：认为员工是聪明的，喜欢和愿意探索的，对外部世界充满了好奇，并且企业鼓励他们的知识创造活动。

（6）享受知识管理过程：员工应以传播、获取、创造和应用新知识为乐事。

（7）没有对知识的抑制性因素：员工对企业并不觉得疏远甚至敌视，员工并不认为分享知识会危及自身的利益。

知识导向型组织文化将促进企业竞争力的提升，使知识资源成为企业的核心竞争力；企业将变革为一个学习型组织，让员工能自发的学习；企业知识管理的效率会得到提高，企业通过对知识资源的优化配置，将获得并保持持续的竞争优势。知识导向型组织文化的形成机制如下（李建中，2007）。

（1）以信任为基础

信任是知识交流与共享的前提，也是企业形成知识导向型组织文化的基础。针对第二次世界大战后日本企业生产率远超美国企业的情况，日裔美国学者威廉·大内对典型的美、日企业进行了对比研究，提出了 Z 理论（童洪志，2010）。Z 理论文化具有一套独特的价值观，其中包括长期雇佣、信任及亲密的个人关系，其核心是信任（马仲良，1996）。Z 理论的基本观点认为，一切企业的成功都离不开信任、敏感与亲密，因此主张以坦白、开放、沟通作为基本原则来实行"民主管理"。企业及其员工之间的知识流动、共享可视为一种知识交易。按照博弈论的观点，当交易双方互相信任时，能达到最优。没有彼此的信任，员工之间及员工与企业之间都难于真正地交流、共享知识。

（2）以人本管理为手段

以人为本的组织文化关乎组织的生命力。知识经济时代，对知识型员工的管理显然和泰勒倡导的科学管理时代的工人管理有很大的差别。现代组织的生存和发展越来越依靠员工积极性的发挥，特别是掌握核心技术的知识型员工，他们的创新能力对组织的发展至关重要。组织只有真心地关心和尊重员工，才能有效地增加员工对于组织的归属感，才能激发出员工的积极性和创造性。文化层次越高的人，自尊心往往越强，越希望受到尊重。在强调以人为本的组织文化氛围中，员工受到充分的尊重，才会积极主动地学习和提高自身能力，快速地更新知识，有效地开发和利用知识。

（3）以激励为工具

激励的实质是通过影响人的需求或动机来达到引导人的行为的目的。合理的激励机制对知识创新、知识共享和传播（尤其是隐性知识）极为重要。如果组织没有一种宽容错误的文化氛围、没有一种鼓励和奖励创新的制度，反而是惩罚创新失败者，那么长久下去，组织将完全失去创新能力。如果组织没有一种鼓励、奖励、晋升等知识共享和传播的激励措施，没有一种信任的文化环境，那么拥有知识的员工会担心失去自己独享知识的权利而不愿意向其他人分享，从而影响整个组织的知识创新和利用能力，不利于形成组织的核心竞争力。

（4）以组织学习为载体

信息时代，知识更新换代的速度明显加快，组织的知识资源如果更新过慢，则将很快出现知识老化、无法适应新要求的问题；组织的员工缺乏快速的学习能力，将无法适应激烈的市场变化，造成组织竞争优势下降或丧失的问题。要建设知识导向型组织文化，组织必须加强组织学习的管理，使组织最高领导对组织学习负主要责任，除了重视计划、组织、协调、控制等传统组织职能手段，还要将组织学习作为一项正规化的活动列入组织职能。通过加强组织学习的管理，将个人和团队的学习行为纳入系统化的轨道，并有效地将学习行为转化为创造性的行动。

3.4 知识管理与领导管理

领导是组织知识管理成功的必要条件和首要条件。

3.4.1 领导的基本概念

领导是管理的四大职能之一，它是在一定条件下，指引和影响个人或组织实现某种目标的行动过程。其中，把实施指引和影响的人称为领导者，把接受指引和影响的人称为被领导者，一定的条件是指所处的环境因素（刘永芳，2008）。可以从以下 3 个方面理解这个概念。

第一，要把"领导"与"领导者"两个概念区别开来。领导的本质是人与人之间的一种互动过程。在英语里，"领导（Leadship）"与"领导者（Leader）"是两个不同的单词。而在汉语里，"领导"既可以作为名词，又可以作为动词。做名词时是指"领导者"，而做动词时是指"领导行为"。领导行为是关键，正是领导行为造就了领导者。因此，在管理学上，凡是实施了领导行为的人都是真正意义上的领导者，即便他不是实际组织或部门的"领导者"。换句话说，处于"领导者"岗位上的人的行为并非一定属于领导行为，而处于非"领导者"岗位上的人的行为也并非都不属于领导行为。

第二，领导行为是一个动态的过程。这个过程由 3 个方面相关的因素构成，即领导者、被领导者和环境。其中，领导者是起主导作用的因素，被领导者、组织环境是影响领导有效性的重要因素。因此，在研究领导行为时，必须充分考虑各种因素的作用及相互关系。

第三，领导是有目的的活动。领导行为的目的是领导者指引和影响被领导者实现团体或组织的目标。

领导风格是领导行为研究领域中一个长期被研究的焦点问题，其实质是领导行为的外在表现。领导风格由两种领导行为构成：工作行为和关系行为。工作行为是指领导者清楚地说明个人或组织的责任的程度。这种行为包括告诉对方你是谁（角色定位）、该做什么、什么时间做、在哪里做，以及如何做。从领导者到被领导者的单向沟通是工作行为的典型特征。关系行为是领导者满足被领导者心理需求的领导行为，包括倾听、鼓励、表彰、表现信任、提升参与感、建立亲和关系和归属感等。领导者与被领导者进行双向或者多向沟通，是关系行为的主要特征。

工作行为和关系行为的组合，产生了 4 种领导风格：告知型领导风格、推销型领导风格、参与型领导风格、授权型领导风格（图 3-2）。其中，告知型领导风格的领导者对被领导者的指导性行为多、支持性行为少，领导者对于被领导者给予明确的指导并近距离监督；推销型领导风格的领导者对被领导者的指导性行为多、支持性行为多，领导者对于被领导者进行监督、指导、倾听，并鼓励对方参与决策；参与型领导风格的领导者对被领导者的支持性行为多、指导性行为少，领导者鼓励被领导者自主决策，鼓励他们按照自己的方式做事情；授权型领导风格的领导者对被领导者的指导性行为少、支持性行为少，由被领导者自己决策并执行。

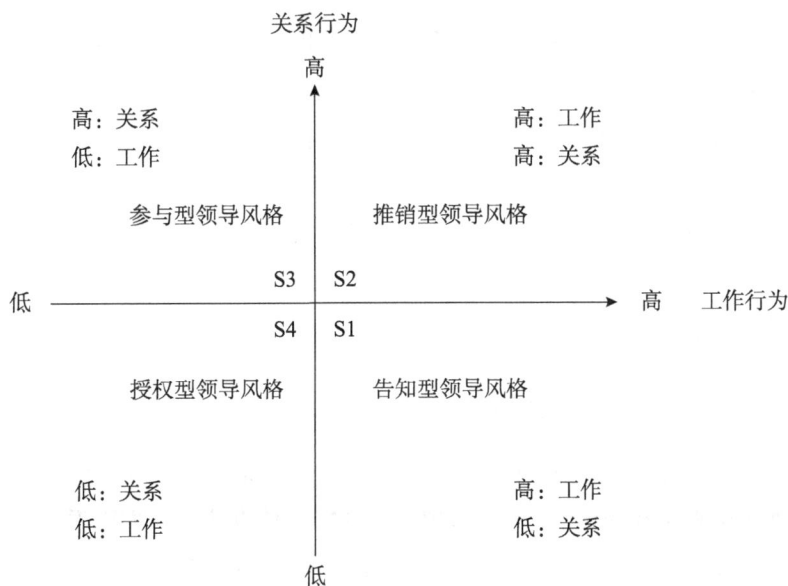

图 3-2　领导风格的分类

以下从领导者和领导风格两个方面来说明领导对知识管理的重要作用。

3.4.2 领导者对知识管理的作用

领导者在知识管理中，甚至是知识管理的全过程中都起到了决定性的作用，对团队成员的态度、行为等产生重要的影响，对知识管理效果产生了间接但重要的影响（张亚莉，2022）。我国学者林东清博士于2002年较全面地总结了领导者的7个重要作用（廖开际，2014）。

（1）知识管理愿景的提出者。领导者必须清楚地指出组织明确的知识管理愿景，让全体员工有共享的目标和努力的方向。

（2）知识管理文化氛围的塑造者。领导者对知识管理的重视和参与程度、决心与承诺等，会形成上行下效的氛围和文化。如果领导者对知识管理缺乏实际行动和决心，那么员工就不会努力地执行知识管理的工作。

（3）知识管理战略目标的制定者。领导者制定了组织未来知识管理的战略方向，才能了解组织的知识战略缺口，才能把知识资源配置在组织最重要的目标上。

（4）知识管理资源的承诺与配置者。领导者掌握了组织的资源配置权，如果他不了解知识管理绩效的长期性、无形性、累积性与间接性，没有对知识管理资源的投入给以长期的承诺，那么所需的人力、物力、财力和技术等资源不足或持续性不够，知识管理的推行将难以进行。

（5）知识管理障碍与冲突的扫除者。组织导入知识管理不一定能起到立竿见影的结果，反而可能因为增加工作量、权利转移等造成员工的抗拒、不配合，或部门间的矛盾冲突。如果出现这些问题，那么领导者必须利用职权协调部门间的冲突，扫除推行知识管理时的障碍，给予知识管理团队必需的支持。

（6）知识管理绩效的最高考核者。了解知识管理的绩效能使全体员工看到知识管理给组织带来的效果，增加员工参与知识管理的积极性和主观能动性，但由于知识管理绩效的长期性和间接性，领导者作为最高考核者在考核时不能以直接的财务指标而低估其重要性和影响力。

（7）知识管理的创业家角色。知识经济时代，组织的外部环境变化非常迅速，领导者必须发挥冒险、进取和冲刺的创业家精神，利用组织的优势知识，以便快速地发现面临的威胁和机会，及时创立新型的经营模式。

3.4.3 领导风格对知识管理的作用

领导风格决定着组织的发展目标、理想状态、价值导向及资源配置的方向，领导风格对知识管理产生直接和间接的影响（刘晔，2013）。从直接影响方面看，领导是资源配置的主导者和组织文化的缔造者，领导风格直接影响资源的投放领域和组织文化风格的形成。从间接影响方面看，无论在组织的产生期、成长期、成熟期，还是在组织的衰退期，领导在组织文化的创造和知识管理中都起着巨大作用。

团队领导风格影响员工知识共享行为（王希泉，2021）。由于员工知识共享行为是员工自身共享意愿和共享能力的结果，因此要提高员工知识共享行为，必须强化团队领导风格中的仁慈行为，给员工更大的自由空间和心理授权。同时，构建一种良好的上下级关系对于提升员工知识共享行为有着特别重要的意义。在良好的上下级关系中，员工知识共享行为的失败成本更容易得到上司的容忍。心理安全是下属对于上级管理的心理感知，是一种主观的感受。而团队的心理安全则实质是一个团队的内在驱动力量，一个团队心理安全感越高，团队成员越有更大的内在驱动力和工作意愿完成团队目标，更愿意承接风险和挑战。在高度团队心理安全中，团队中的信任基础更好，信息共享更容易实现，员工也有更大的心理安全感。

组织文化和领导风格之间存在着紧密的联系（张海涛，2016），组织文化对领导风格的形成具有推动作用，这种推动作用主要表现在两个方面：一是组织文化是领导风格形成的土壤或生态环境，组织文化的某些价值观经过吸收、内敛和升华形成领导风格；二是领导风格本身就是组织文化的具体体现，组织文化对领导的价值导向、解决问题的方式及组织的战略发展定位有着积极的影响。可见，组织文化是知识管理的重要系统环境，它不仅直接推动知识管理的发展，还通过对领导风格的影响间接推动知识管理的发展；领导风格不仅对知识管理产生直接的作用，还通过对组织文化的影响进而对知识管理产生间接的推动作用。总之，组织文化和领导风格的协同发展将促进知识管理的发展与完善。

3.5　知识管理与激励管理

组织的薪酬或处罚、评估等方式都会强烈地影响员工的动机与行为。组织如何以有形的薪酬制度配合无形的文化规范影响员工的行为，是知识管理一项重要的管理议题。

3.5.1　激励的概念及基本理论

激励就是组织及其个人通过设计适当的奖酬形式和工作环境，以及一定的行为规范与惩罚性措施，借助信息沟通，来激发、引导、保持和规范组织及其个人的行为，以有效地实现组织及其个人目标（周三多，2018）。如何使员工自觉地将有关知识融入自身工作，是组织激励员工的首要目标（李毅，2001）。

（1）马斯洛需要层次理论

著名心理学学家亚伯拉罕·马斯洛提出需要层次理论（Hierarchical Theory of Needs），把人的需要由低到高分为 5 个层次，即生理需要、安全需要、社交和归属需要、尊重需要、自我实现需要。该理论认为，人的需要有层次之分，只有排在前面的那些低级的需要得到满足（并非 100% 满足），才能产生更高一级的需要。当一种低层次的需要得到满足后，它的激励作用就会下降，另一种更高层次的需要就会占据主导地位。高层次的需要比低层次的需要具有更大的价值。人的最高需要即自我实现需要，就是以最有效和最完整的方式表现他自己的潜力，唯此才能使人得到高峰体验。

（2）激励—保健双因素理论

激励因素—保健因素理论（Motivation-hygiene Theory）是美国行为科学家弗雷德里克·赫茨伯格（Fredrick Herzberg）提出来的，又称双因素理论（Dual-factor Theory）。20世纪50年代末期，赫茨伯格和他的助手们在美国匹兹堡地区对200名工程师、会计师进行了调查访问。结果发现，使职工感到不满意的因素都是属于工作环境或工作关系方面的；而使职工感到满意的因素都是属于工作本身或工作内容方面的。赫茨伯格把前者称为保健因素，把后者称为激励因素。

保健因素又称为不满意因素，是那些没有它就会产生意见和消极行为的因素。它包括公司政策、管理措施、领导方式、人际关系、物质工作条件、工资、福利等。当这些因素恶化到人们认为可接受的水平以下时，就会产生对工作的不满意。但是，当人们认为这些因素很好时，它只是消除了不满意，并不会导致积极的态度，这就形成了某种既不是满意，又不是不满意的中性状态。

激励因素又称为满意因素，是那些有了它就能带来积极态度、满意和激励作用的因素。激励因素是能满足个人自我实现需要的因素，包括成就、赏识、挑战性的工作、增加的工作责任，以及成长与发展的机会。如果具备了这些因素，就能对人们产生更大的激励。

从这个意义出发，赫茨伯格认为传统的激励假设，如工资刺激、人际关系的改善、提供良好的工作条件等，都不会产生更大的激励。它们能消除不满意，防止产生问题，但这些传统的"激励因素"即使达到最佳程度，也不会产生更大的激励作用。

双因素理论告诉我们，满足各种需要所引起的激励程度和效果是不一样的。物质需要的满足是必要的，没有它，就会导致不满意，但是即使这些需要得到满足，它的作用也往往是有限的、不能持久的。要调动人的积极性，不仅要注意物质利益和工作条件等外部因素，更重要的是要注意那些能激发员工工作动机的内部因素，如工作的安排、量才使用、个人成长与能力提升等，注意对人进行精神鼓励，给予表扬和认可，注意给人的成长、发展、晋升的机会。

（3）期望理论

美国心理学家维克托·弗鲁姆（Victor Vroom）于1964年在《工作与激励》中提出了期望理论。该理论认为，人总是渴求满足一定的需要并设法达到一定的目标。这个目标在尚未实现时，表现为一种期望，这时目标反过来对个人的动机又是一种激发的力量，而这个激发力量的大小，取决于目标价值（效价 Valence）和期望概率（期望值 Expectancy）两个变量的乘积，即激励的效用 = 期望值 × 效价。其中，效价是指达到目标对于满足他个人需要的价值；期望值是指人们根据经验判断自己达到某种目标的可能性是大还是小，即能够达到目标的概率。效价的大小直接反映人的需要动机强弱，而期望值反映的是人实现需要和动机的信心强弱。如果个体相信通过努力肯定会取得优秀成绩，期望值就高。这个公式说明：假如一个人把某种目标的价值看得很大，估计能实现的概率也很高，那么这个目标激发动机的力量越强烈。显然，如果其中有一个变量为零，激励的效用就等于零。

期望理论后来将工具性变量加入，将期望公式表示为：动机 = 效价 × 期望值 × 工具性。其中，工具性是指能帮助个人实现的非个人因素，如环境、快捷方式、任务工具等。例如，一些企业良好的办公环境、设备、文化制度等工具性因素是吸引人才的重要因素。

弗鲁姆的期望理论对于有效地调动人的积极性，做好人的思想工作，具有一定的启发和借鉴意义。因为期望理论是在目标尚未实现的情况下研究目标对人的动机影响，而不同的人有不同的目标，即便同一个目标，对不同的人也会有不同的价值，所以，应该充分地研究目标的设置、效价和期望概率对激发力量的影响。一个好的管理者应当根据具体问题进行具体分析，研究在什么情况下使期望大于现实、在什么情况下使期望等于现实，以更好地调动每个员工的积极性。

3.5.2　知识型员工的激励系统

与传统组织的雇员相比，知识型员工的能力、目标、需求都发生了变化，因此知识管理应建立与传统组织不同的员工激励系统。

美国知识管理专家玛汉·坦姆仆通过问卷调查研究发现，对知识型员工起到激励作用的前 4 个因素从高到低依次为：个体成长（33.74%）、工作自主（30.15%）、业务成就（29.69%）和金钱财富（7.07%）（廖开际，2014）。可见，个体成长、工作自主和业务成长是知识型员工的主要激励因素。另一项对 90 后知识型员工的问卷调查研究发现，在最激励他们的激励因素中，排名前五的分别是薪酬水平、企业前景、晋升体制、股权激励和职业规划，即薪酬仍然是激励他们自身工作的最重要因素，这主要是因为他们比较年轻，需要较多的收入满足马斯洛需要层次理论中较低层次的需要；但该研究同时发现，90 后员工也比较重视个人成长在企业激励中的地位（陈友庆，2021）。对知识型员工激励边际效用的研究发现，经济性薪酬激励、福利激励、晋升激励和环境激励是组织领导者对知识型员工的主要激励内容，这些激励内容短期内能起到明显的激励作用，但从长期看，整体呈现激励边际递减效用（黄利梅，2018）。

从上述研究看，知识型员工在职业生涯的不同阶段具有不同的职业需求，所以，现代企业管理者需尊重知识型员工的个体差异性，关注他们的阶段性需求，需动态地、有针对性地进行差异化的物质激励和精神激励，促使知识型员工的价值最大化，但需注意的是，物质性的激励存在边际效应递减，追求个人成长是知识型员工的核心激励因素，组织应充分认识到上述因素，注意运用以下策略提高激励的效用。

（1）提供挑战性的工作机会

组织要帮助知识型员工规划职业生涯，提供挑战性的工作机会以促使员工的个人成长。因为挑战性的工作不可能完全利用他们原有的知识解决问题，他们必须进行新的学习才能胜任或完成新的工作。新知识的获取和能力的提高会使知识型员工产生强烈的个人成长满足感，因而会激发出他们进一步学习的强烈愿望。

（2）注重管理过程的公平性

由于知识型员工，尤其是新生代知识型员工，有着较强的主体意识，受到教育水平、成长环境和互联网技术普及等影响，拥有更加多元化的价值倾向、浓厚的自我价值实现意识，他们更看重平等自由等观念（马俊生，2016）。研究表明，程序公平性即分配程序、管理方法的公平性，更能激发他们的工作积极性，提高他们的满意感。

（3）创造自主的工作环境

组织中的知识型员工的工作是一种创造形工作，其工作业绩取决于知识型员工本身的知识、技能和意愿，而不是周密的工作安排和法定的工作时间的长短。组织要为知识型员工提供宽松的工作环境，关注员工身心健康，给予员工安排个人工作计划和工作时间的自由度，这也是知识型员工激励要素"工作自主"的要求。

Ryan 和 Deci 按照激励是否来自工作本身，将激励系统分为内在激励（Intrinsic Motivation）和外在激励（Extrinsic Motivation）两部分（黄秋风，2016）。内在激励是指工作本身或工作过程中带来的无形乐趣或成就带给人的激励，它来自行为本身带给个体的胜任感和自我控制感，是个体对自我的感知，如参与决策、工作上更多的自主性、承担更多的职责、较为有趣的工作、个人成长的机会、工作活动的丰富化等，可使人自身产生一种发自内心的激励力量。外在激励是指除工作本身带来的激励以外的奖赏，它来自对行为结果而不是行为本身驱动，包括直接薪酬、间接薪酬、非财务薪酬。直接薪酬包括调薪、加班费、绩效奖金、分红、认股权等；间接薪酬包括保险计划、休假、服务与津贴等；非财务薪酬包括办公室装潢、较宽松的午餐时间、指定停车位、较好的工作轮换、名片、头衔、私人秘书等。

一项基于社会偏好的知识型员工激励系统研究指出（淦未宇，2011），一方面，知识型员工受教育水平程度较高，经济条件一般优于普通员工；另一方面，他们大部分从事基于团队合作的创造性劳动，对于信任、认同、互惠和自我实现等社会偏好的需求更为强烈。因此，知识型员工激励系统的设计必须考虑到他们需求偏好的二元特性，充分发挥社会偏好激励对传统物质激励系统的补充作用。因此，在传统经济偏好系统的基础上进行拓展，构建包含经济偏好激励子系统、社会偏好激励子系统和辅助支持激励子系统的知识型员工激励系统（图3-3）。

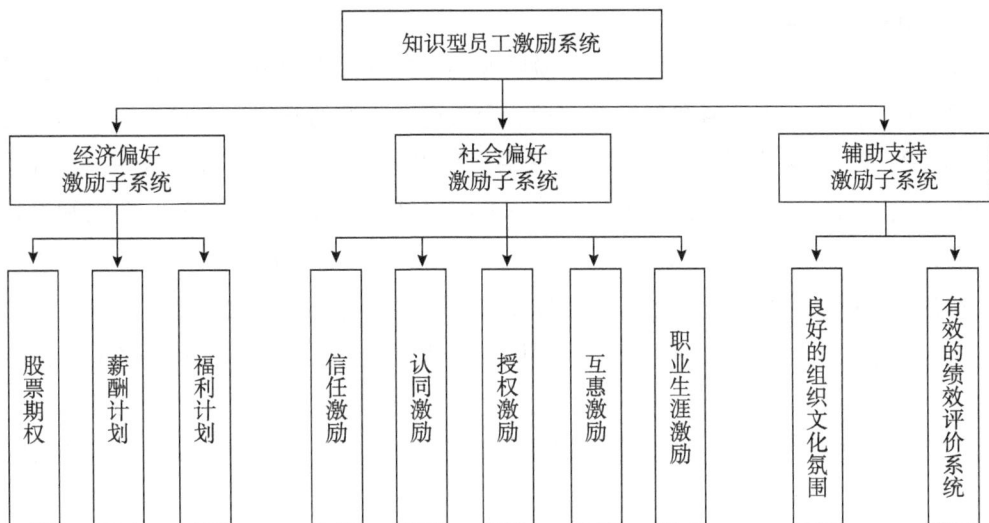

图 3-3　知识型员工激励系统

[资料来源：淦未宇（2011）]

在这个系统中，经济偏好子系统包括股票期权、薪酬计划、福利计划 3 个内容；社会偏好子系统包括信任激励、认同激励、授权激励、互惠激励和职业生涯激励 5 个内容；辅助支持子系统包括良好的组织文化氛围、有效的绩效评价系统两个内容。

3.5.3　知识型员工的激励策略

知识型员工从事的工作富有创造性和挑战性，工作规程个性化、具有较强的自主性，工作成果难以测量，追求自我价值的实现是知识型员工的核心激励因素。知识型员工的需要主要有自我发展的需要、工作自主的需要、工作成就的需要、金钱财富的需要、公平和公正的需要、尊重与参与的需要（行金玲，2002）。现代企业要根据知识型员工，尤其是新生代知识型员工的特点和需要，构建企业与知识型员工的情感契约和心理契约，营造良好的企业文化氛围，加强员工的归属感和自豪感，采用多种措施来对知识型员工进行激励（陈友庆，2021）。

（1）采用多样化的激励方式，激发知识型员工的工作积极性和创造性。提高知识型员工的工作动力和创造性是现代企业获得竞争优势的重要手段。对知识型员工的激励要充分考虑到他们的特点和需求，在绩效上可以采取以下多种方式的激励手段。

①工作激励。要为知识型员工安排适当的工作，满足其成长和自我实现的需要。对工作目标的制定一要考虑员工的兴趣，二要有一定的挑战性。只有这样，才会使知识型员工获得工作本身带来的内在激励，促使知识型员工在不断实现自我价值的同时，实现组织的知识管理目标。

②知识资本化激励。为了充分发挥知识型员工的积极性，可以采用管理入股、股票期权、技术入股等知识资本化形式激励员工，让员工成为组织的主人，让组织成为知识

型员工的利益共同体。

③精神文化激励。精神文化方面的激励有助于提升知识型员工的荣誉感、成就感和认同感，让员工把个人价值和目标的实现、个人精神道德的升华建立在组织目标实现的基础上。例如，很多公司在知识管理实践中会采用一种十分重要而且有效的激励措施，即知识全程追踪制（Knowledge Lifetime Sourcing），并将这种激励制度作为公司知识管理初期的首选措施（廖开际，2014）。所谓知识全程追踪，是指将知识提供者的姓名永久性地附在其所提供的知识记录上，并通过相应的技术支持，使提供者能够了解他的知识是什么人在用、在什么地方用、是如何利用的等信息，从而增进知识提供者的自豪感和成就感；同时，这项制度也使知识提供者和利用者之间能够建立并保持密切的联系，激发利用者对提供者的尊重，并通过双方的相互交流和探讨进一步创造新知识或知识的新应用。

④培训教育激励。随着知识经济的发展，人员的培训和教育是现代企业吸引人才、发展人才、培养人才和留住人才的重要手段。科学完善的培训体系既可以充分地挖掘知识型员工的潜力，实现其自身价值，提高员工的满意度，也能增强企业竞争力。因此，结合员工的特点和需求，适当给予其出国进修深造、职务晋升、专业技术研究等方面的机会，可以很好地调动他们掌握新知识和新技术的积极性和主动性。

（2）建立平衡与客观的绩效考核，把绩效评估与知识型员工职业发展紧密结合。评估员工知识管理的行为与绩效必须客观公平，不能完全按照主管的喜好来评价而产生不公平的考核结果。应该尽可能通过不同的人（主管、同事及客户、部属等）和方法来评估，力求客观，并且要针对财务性和非财务、质化和量化、过程和目标、内部和外部均衡地评估，否则可能鼓励的方向出现错误，而忽视了贡献很大的知识管理行为。

对知识型员工的评估，组织应该建立适应他们创新性工作特点的绩效考核制度，如360° 全方位评估法，因为这种方法比较适合团队工作、员工参与的组织，在评估工作中让每个人参与，利用来自各方面的反馈，对知识型员工的绩效进行更为客观的评估。评估结果也要向员工进行反馈和沟通，共同分析绩效存在的问题和不足之处，一起找到解决办法。只有这样，才能不断改进员工的绩效，提升员工成长的空间，达到组织和员工双赢的良好局面。

（3）充分尊重、理解和信任知识型员工，用情感管理来培养员工的忠诚度。美国《时代》杂志前总编赫得利·多诺万总结了知识型人才管理的经验，有以下 5 条：知识型员工可能比领导更有见解，领导者应当与其平等地交流意见；领导者应当与员工平等地讨论公司的发展计划；讨论与命令并重；领导者应当敢于批评但必须理智和客观；制度的公正比合理更重要。这些经验实际上是强调对员工的尊重、理解和信任。对员工尊重、理解和信任的做法有：为员工提供职位晋升的机会、给予员工充分的授权，认真听取员工对工作和组织的看法，积极采纳员工提出的合理化建议，增加员工对组织的认同感和参与感，让员工感觉自己受到重视。

一般来说，知识型员工出于对自己职业的感觉和发展前景的强烈追求，可能对组织的忠诚度较低，而更多地忠诚于他们的专业。这导致知识型员工的流动意愿强。对知识型员工实施情感管理是降低员工流动性、提高员工忠诚度的重要手段。管理者通过积极实施情感管理，真心实意地尊重和关心知识型员工，可增强管理者与员工之间的情感联系和思想沟通，满足员工的心理需求，形成和谐融洽的工作氛围。通过培植"组织关心员工、员工关心组织"的组织文化，增强组织的亲和力，使员工的个人发展与组织发展融为一体，使员工甘心情愿地为组织发展贡献智慧和才华。

总之，管理者必须从知识型员工的特征出发，研究他们的需求，抓住他们的心理和行为特点，采取相应的对策，才能够有效地激励和管理知识型员工，进一步推动组织的发展。

3.6　学习型组织理论

有人称我们当前所处的这个时代为 VUCA（乌卡）时代，即一个变幻莫测的时代（哈佛商业评论，2018）。VUCA 是 Volatility（易变性）、Uncertainty（不确定性），Complexity（复杂性）、Ambiguity（模糊性）4 个字母首字母的缩写，最早于 20 世纪 90 年代由美国提出。"易变性"是指事情变化非常快，"不确定性"是说我们不知道下一步的方向在哪儿，"复杂性"意味着每件事会影响另外一些事情，"模糊性"表示关系不明确。显然，在这样的时代，个体和组织需要具有更高的"智商"才能在竞争中生存和发展，然而彼得·圣吉在经过调查后发现很多组织的"智商"非常低，并发出如下振聋发聩的提问："为什么许多团体中，每个成员的智商都在 120 以上，而整体的智商却只有 62 ？"（彼得·圣吉，2018）。

由于知识更新的加快，人类的知识正在呈现爆炸性增长。无论个人、团队还是组织，为了获得知识，都需要不断地学习。对于一个组织来说，正面临着把自身转变为一个学习型组织的任务，只有不断学习，才能不断了解迅速变化着的形式和所处的环境，并对发展做出正确的判断和决策。学习型组织应该具有更多的创造性，应该对新工艺、新产品有更多的前瞻性，应该使员工有更多的协作，应该能够适应复杂性和多变性的挑战。而能否形成这样的组织，又取决于员工和组织之间持续的互动，取决于彼此的互信和自由的交流，取决于以互信为基础的组织凝聚力，取决于互助式的风险和责任承担方式。

著名的管理学者彼得·圣吉在 1990 年出版的《第五项修炼：学习型组织的艺术和实务》中提出建立学习型组织的关键，即汇聚五项修炼或技能：自我超越（Personal Mastery）、改善心智模式（Improving Mental Models）、建立共同愿望（Building Shared Vision）、团体学习（Team Learning）、系统思考（Systems Thinking）。这 5 项修炼涉及个人和组织心智模式的转变，强调以组织全员学习与创新精神为目标，在共同愿景下进行长期而终身的团队学习（彼得·圣吉，2018）。

3.6.1 自我超越

人的一生是一个修炼的过程。人在出生后来到这个世界时，几乎一无所知，然后通过不断的学习，慢慢地了解和认识这个世界和社会，进而具备一定的生存和发展能力。这个过程实际上是一个不断否定昨天的自我、超越昨天的自我的过程。但很多人在长大成熟后，因为各种原因失去好奇的"童心"，变得不敢尝试新东西、不敢超越自我。那么如何超越自我呢？中国古代儒家经典《礼记·大学》有"苟日新，日日新，又日新"，中国著名学者傅佩荣也说"日起有功、日新其德、日增其慧"，都表达了这种自我超越的思想。彼得·圣吉认为重要的方法是保持创造性张力、激发员工不断创造和超越自我，进行真正的终身学习。

自我超越是个人成长的学习修炼，是建立学习型组织的精神基础。组织是一个个的个体组成。只有通过个人学习，组织才能学习。虽然个人学习不能保证组织也在学习，但没有个人学习，也就没有组织学习。具有高度自我超越的人，能不断地扩展他们创造生命中真正心之所向的能力，从个人追求不断学习为起点，形成学习型组织的精神。学习的意思在这里并非获得更多的信息，而是培养如何实现生命中真正想要达成的结果的能力。它是开创性的学习。除非组织中每个层次的人都学习自我超越，否则无法建立学习型组织。

自我超越虽然是以磨炼个人才能为基础，但它却超出了此项目的；它虽然以精神的成长为发展方向，但它却超乎了精神层面的抒发。自我超越是指突破极限的自我实现，或者达到技巧上的成熟。自我超越的意义在于面对自己的生活和生命去创造，而不是被动的反应。当自我超越成为一项修炼、一项融入生命中的活动时，一方面要分清什么对自己最重要、什么是自己的初心；我们常常忘记初心，被路上的风景吸引而走到其他路上，忘记我们最初为什么走这条路。另一方面要不断学习，以看清目前真实的情况，在迈向目标的过程中，知道自己现在身在何处是非常重要的。

高度自我超越的人具有 4 个共同的特质。①把愿景看作一种召唤及驱动人向前的使命，而不只是一个美好的愿望。②把目前真实的情况看作盟友而不是敌人，顺势而为，学会认清及利用那些影响变革的力量，而不是抗拒这些力量。③有追根求源的精神，理清现象背后的深层次原因，以找到事情的真相。④永不停止地学习，承认自己的无知、力量不足和成长极限，同时保持对自我高度的自信。

进行自我超越的修炼，可以按照 5 个要求进行不断的练习。①建立发乎内心的个人愿景，把焦点放在真心追求的终极目标，而不是次要的目的，这是自我超越的基石。②保持创造性张力，创造性张力来自愿景与现状的差距带来的正向力量，能培养人的毅力和耐心，它是自我超越的核心原理。③看清结构性冲突，克服让自己远离愿景的"负向"力量，这里的结构性冲突是一个各方力量互相冲突的结构，同时把自己拉向和拉离朝着愿景的方向。④诚实地面对真相，对结构性冲突做出更有创意的变革，而不是和结构缠斗。⑤学会运用潜意识来处理复杂的问题，发展一般意识与潜意识之间的契合，让发自内心深处的良知和价值观、追求与潜意识深深契合，这是自我超越训练最重要的部分。

3.6.2 改善心智模式

心智模式是人们认识世界和做出行动的基础。不同的心智模式在面对同一个问题时往往会有不同的认知，并据此做出不同的行为。在现实中，新的想法不能付诸实施，常是因为它和人们深植于心中的、关于世界是如何运作的看法和行为相抵触。例如，电报发明者萨缪尔·莫尔斯（Samuel Morse）在去法国推销他的产品时，法国负责评估的朱尔斯·盖伊特博士认为，这样一个小小的东西——几根破铜线搭建起来的简单设备怎么能和他们已建成的高大的信号塔相比呢？然后就拒绝了在法国实施这项技术，殊不知这项新技术的传输速率比信号塔高了两个数量级以上，而且能几乎做到实时传送信息；而法国的邻国普鲁士的赫尔穆特·毛奇将军敏感地意识到这项新技术在未来战争中的巨大作用，提出了建构在铁路网和电报网基础上的毛奇外线战略，即利用先进通信技术和交通设施来支持军队调度，通过分散行军、会战集结、对敌人形成合围而不会被各个击破，并且一举打败法国（吴军，2020）。心智模式的问题不在于它的对或错，而在于不了解它是一种简化的假设，以及它常常隐藏在人们的心中而不易被察觉与检视。显然，如果心智模式存在缺陷的话，个人和组织就都会受到不好的影响，甚至造成严重的损失。

心理学家霍华德·加德纳提出人的 4 种心智模式，分别是：二元对立、力求公平、相对主义、个人整合。二元对立是 5 岁前儿童的心智模式，一分为二地看待这个世界，非黑即白，要么是好人、要么是坏人。力求公平是较成熟的心智模式，认为好人有缺点，坏人有优点，而不是二元观。相对主义大约是 15 岁少年的心智模式，认为好与坏是相对的，没有绝对的对与错，也没有绝对的好人与坏人。以上 3 种心智模式是不成熟的心智模式，看待世界和处理问题均存在局限性。个人整合是最成熟的心智模式，它追求鱼与熊掌可以兼得，能够整合两个冲突的主张（如线上、线下营销等），建立一种资源观念。例如，有人想创业，但没钱，就认为创业这个事情做不到，但有人就能够从资源观念出发，寻求风投基金，找到自己缺少的资源，达到创业的目的。所以，只有孩子才分对和错，成年人只考虑利和弊，这就是成熟心智模式和不成熟心智模式的区别。

整合思维是一种重要的心智模式。在《整合思维，VUCA 时代必备的思考模式》中，作者表示整合思维以建设性的方式处理彼此对立的观点，不以牺牲一方为选择另一方的代价，而是以创新形式消除两种观点中的对抗之处，新的观点同时包含对立观点的某些因素，且优于两种对立观点（哈佛商业评论，2018）。

在借助于复杂性寻找最佳解决方案时，整合思维与传统思维的决策流程都采用相似的 4 个步骤：①找出凸显因素（什么是最重要的）；②建立因果关系模型；③将因果关系组合为架构（以执行和推测具体结果）；④最终确定解决方案。但是，两者在每个步骤中的做法大相径庭。整合思维创造出各种新观点、可能性与解决方案，而传统思维却将潜在的可能性隐藏起来，将创造性方案逼进死胡同。整合思维遵循以下 4 项原则。

（1）扩大决策中关键因素的范围。例如，产品改进不仅关注客户主动提出的需求，还要寻找没有说出来、内心希望被满足的需求。

（2）善于考虑各方面的、间接的因果关系。单一的因果关系很容易追溯，但无法为最佳解决方案提供具有深度和广度的分析路径。

（3）在决策时，不是将问题拆分为若干独立的个体逐一解决，而是在保持问题整体性的同时着手处理各个部分。

（4）费尽周折地找出创新性的解决方案，每一个构想与流程都比前一个更有效、更精确（通过迭代方法）。

把镜子转向自己，是心智模式修炼的起步。学习将自己的心智模式摊开，并加以检查和改善，有助于改变心中对周围世界如何运作的既有认识。这种修炼要求人们学会有效地表达自己的想法，并以开放的心态容纳别人的想法。习惯性防卫①使得我们无法审视自我的心智模式，因而养成"熟练的无能"。建立自我反省、摊出和共同审视心智模式可以采用以下基本技巧：辨识"跳跃式思维"，留意自己的思维如何从观察跳到概括性的结论；练习"左手栏"，写下内心通常不会说出来的话，坦诚地处理自己的假设；兼顾探询与辩护，采用一些探询式的语言或技巧，使得彼此开诚布公地讨论问题，如"是什么使你产生了这个观点？"，而不是自行推论或为自己辩护；正视"拥护的理论"（人们所说的）和"使用的理论"（人们依之而行的）两者间的差异。

培养组织运用心智模式的能力，必须学习新的技巧，推动组织方面的变革，以及经常练习与应用这些技巧。对心智模式的管理必须把隐藏在企业重要问题背后的假设找出来，发展面对面的学习技能。要使组织产生创造性的学习，管理者必须运用反思和探询的技术，而不是只做咨询者和规划者。管理心智模式的具体方法有：使用未来情景法，思考未来的可能情景，帮助管理者建立新的心智模式；建立"内部董事会"，定期将高层和中层管理人员聚集在一起，共同讨论基层的问题和决策。改善组织的心智模式，要以达到全体一致的想法为目标，学习过程必须是开放的，每个人都有主张自己看法的机会，人人都感觉到被尊重。

除了以上的心智模式修炼方法，还可以利用一些禅修的方法。"禅"发源于中国传统文化，它的很多修炼方法对心智模式的训练非常有帮助。日本人铃木大拙用英文撰写了大量有关禅宗的著作，在西方思想界引起了强烈反响。他在著作中将"禅"翻译为英

---

① 习惯性防卫是人的本能，是指为使自己或他人免于说真话而受窘或感到威胁而形成的一种根深蒂固的习性，通常表现为"说实话的恐惧"或者"自设的保护壳"。由于习惯性防卫，团体成员之间形成一道屏障，阻碍了成员的交流和沟通，难以共同学习。

文"ZEN"，把禅学与科学、神秘主义相联系，从而激起西方世界对禅学的普遍兴趣，以至于很多西方人认为"禅"根源于日本文化。另一位日本禅师铃木俊隆也对西方有很大的影响，史蒂夫·乔布斯曾经向他请教，据说苹果公司优秀的产品设计与此有很大关系，他提出的十二条法则是对心智模式很好的训练。

（1）一次只做一件事。"走路时就是专心走路，吃饭时就是专心吃饭"。这一条对现代人尤其重要。现代人被各种信息轰炸，随时面临新问题、新任务的挑战，很容易被牵着"鼻子"走，像"小猫钓鱼"中的小猫一样，常常在做一件事情的时候，心里在想着另一件事或者被另一件事情吸引，甚至忘了本来要做的事情。从心理学上看，人难以做到这条法则，是蔡格尼克效应（Zeigarnik Effect）造成的。蔡格尼克效应是指人们对于尚未处理完的事情，比已处理完的事情印象更加深刻。人们每天大脑中的思绪可能成百上千，人们在做一件事情时，那些未完成的事情会不断从大脑中冒出来，提醒人们需要完成它们，从而影响了正在完成的当前事情。一个规避蔡格尼克效应的方法是编制一个时间表，把需要做的事情及完成的时间都写下来。

（2）慢慢并谨慎地做事。人可以一次完成一个任务、一次只做一件事，但他也可能会急匆匆地完成它，这样就失去了做好事情的条件。因此，人在做一件事情时不能着急，要慢慢来，谨慎地注意自己的行动。做事情不要太着急和随意，这需要练习，但它有助于你专注于你的任务。

（3）彻底地完成一件事。要全心全意关注做的任务，不完成目前的任务则不要进行下一个。如果因为某些原因你不得不去做别的事，则至少尽量把没有完成的任务安排好并整理一下自己。

（4）少做。少做事情，一个人就能够更专注地、慢慢地、更彻底地做这些事情。如果一个人把一天的时间用不同的任务填满，他就会急匆匆地从一件事情转到另一件事情，而不会停下来想自己究竟做了些什么。人们说的"少做多活是多做，多做少活是少做"，也是同样的道理。多做常常让自己情绪处于紧张状态，不仅做不好，还可能忙中出错，长此以往，也会影响人的健康。

（5）在做事之间留有空隙。这一条原则跟"少做"原则相关。这一原则可以让一个人更好地管理好自己的日程表，是保证他总是有时间来完成每项任务的一种方法。在两件事情之间留些空隙，不要把事情安排得过于紧密，这会让自己的日程表更轻松。留出空隙也可以防止万一，如果一项任务花费的时间超过了计划，因为提前安排了空隙，那么不会影响另一件后续事情的处理。《稀缺：我们是如何陷入贫穷和忙碌的》中介绍了一个医院手术室因为全部安排满而终日忙碌，造成手术延误或者推迟现象屡屡发生的案例，医院最后采用留有余闲、永远空出一间手术室来应付突发手术事件的办法解决了问题（塞德希尔·穆来纳森，2018）。

（6）培养一种仪式感。仪式给人一种重要的感觉，它是开启"神圣时间"大门的一把钥匙。仪式感是什么？也许就是自己开车回家，到楼下，不下车，在车里静静坐着的这一阵子。如果事情重要到需要一种仪式，那就建立你的仪式，例如，为食物的准备、为吃饭、为清洁、为你开始做的事情、为你醒来后做的事情和你上床之前做的事情、为你在锻炼之前做的事情建立一种仪式感。人们可以为任何想做的事情建立一种仪式。通过仪式，人们为日常的小事赋予意义，让人性在仪式中得到发展，让人们得以在日常生活的慵常、无聊和空虚中，重新找回自己对生活的掌控，重新获得对生命的激情。

（7）为特定的事情分配好时间。一天中的特定时间是用来完成特定活动的，如洗澡的时间、工作的时间，清洁的时间、吃饭的时间，这可以保证这些事情有规律地完成。可以为自己的活动分配时间，不管工作、清洁、锻炼还是宁静沉思，如果它很重要，都需要有规律地来完成，那就考虑为它分配好时间。如果自己不能安排生活的优先次序，那么只能任由别人替你安排（If you don't prioritize your life, someone else will.）（格雷戈·麦吉沃恩，2016）。

（8）花点时间在打坐上。打坐是每天最重要的部分之一，这种沉思是学习活在当下、训练专注力的练习。每天可以花些时间来静坐冥想，当然也可以花点时间在其他方面，如可以把跑步作为活在当下的一种锻炼。只要有助于锻炼自己的专注力，可以采用其他自己认可的活动，只要经常去做并练习，活在当下即可。

（9）微笑和服务他人。学会谦逊，确保生活不单单是自私的，也是为了奉献他人、奉献社会。微笑并与人为善，是改善周围人生活的一种很好的方法，也可以考虑参加慈善、义工等志愿工作服务他人，让这个社会充满爱与友情。很多人总觉得自己没有钱或没有时间，等有了很多钱或很多时间，自己才能给予别人、奉献社会。其实，一个人即使一无所有也可以给予别人7种东西，他们分别是颜施（微笑处事）、言施（鼓励赞美安慰的话）、心施（敞开心扉、对人和蔼）、眼施（善意的眼光给予别人）、身施（以行动帮助别人）、座施（谦让座位）、房施（有容人之心）。

（10）把清洁和烹饪变成冥想。除了打坐，清洁和烹饪也是每天练习专注力的好方式。把清洁和烹饪看作是可以每天进行的、很好的仪式，试着用冥想的方式来完成它们，全心全意地做这些工作，集中注意力，慢慢地、彻底地做这些事情，这会改变你的一天，同时会给你一间干净和整洁的房间。

（11）思考什么是必需的。禅僧的生活中基本上都是必需的物和事。他们有保暖的衣物、有避雨的房屋、必需的器具、必不可少的工具和充饥的食物。他们吃得很简单，素餐通常由大米、味噌汤、蔬菜和泡菜组成。但他们没有充满鞋子的衣柜或最新的时尚衣服，没有存放垃圾食品的冰箱和存放无用物品的橱柜，没有汽车、电视或苹果音乐播放器等现代普通人感觉不可缺少的东西。虽然我们不一定像禅僧一样生活，但这确实提醒我们，在生活中确实有很多事情是没有必要的，我们应该思考自己真正需要什么、那些不必要的用品对自己是否真的重要。

（12）简单生活。简单生活就是尽可能地处理掉不重要的东西，只保留那些重要的、必不可少的东西，为我们认为重要的东西留存空间，是一种极力减少追求财富及消费的生活风格。而什么是重要的，因人而异，没有什么一成不变的规定来明确什么应该是重要的，但我们应该考虑哪些是生命中最为重要的，通过去除那些不是特别重要的事情，为生命中重要的事情留出空间。简单生活作为一种概念，有别于那种受迫于贫困的生活，是一种自愿选择的生活方式。虽然禁欲主义也宣扬简朴的生活，抛弃奢侈与放纵，但不是所有简单生活的追随者都是禁欲主义者。

3.6.3　建立共同愿景

共同愿景是指能鼓舞员工的愿望和远景，主要包括共同的目标、价值观和使命感 3 个要素。个人愿景的力量源自一个人对愿景的深度关切，而共同愿景的力量源自共同的关切。人们寻求建立共同愿景的理由之一，就是他们内心渴望能够归属于一项重要的使命、事业或任务。共同愿景是组织中人们所共同持有的意象或景象，它创造出众人一体的感觉，并遍布于组织全面的活动，而使各种不同的活动融汇起来。只有全体员工心中有了共同愿景时，才会有"创造性学习"，企业的任务就是将个人愿景整合为共同愿景。若组织的愿景只是一个人或一个小群体强加于组织上的，那么这样的愿景顶多博得服从而已，不会引起团体中成员真心的追求。

共同愿景对学习型组织是至关重要的，因为它为学习提供了焦点和能量，孕育了无限的创造力。共同愿景会唤起人们的希望和对长期目标的追求，使组织跳出平庸和与竞争对手的低水平竞争，使组织的力量变得持久而且强大，改变成员与组织的关系，使工作变成是蕴含在组织的服务和产品中的，具有伟大的意义，比工作本身具有更高的目的。在追求愿景的过程中，人们会产生任何为实现愿景所必须做的事情的勇气，激发出难以想象的创造力。缺少愿景的组织，充其量只会产生"适应型的学习"（Adaptive Learning），而不会产生"创造型的学习"（Generative Learning）。

共同愿景的修炼从鼓励个人愿景开始，以形成组织员工甘心奉献的共同愿景为目标。组织的共同愿景根植于个人的愿景。共同愿景是由个人愿景互动成长而形成的，是一个求同存异的过程。有意建立共同愿景的组织，必须持续不断地鼓励成员发展自己的个人愿景，尊重个人的自由，实现从员工"我的愿景"到组织"我们的愿景"的过程。借着汇集个人愿景，组织的共同愿景从员工的真心服从中获得了能量和激发员工行愿的决心。共同愿景不是高层的宣示，或者来自组织制度化规划过程的产物，更不是单一问题的解答。在团体中，要达到彼此的愿景得以真正的分享和融汇，不是一蹴而就的。建立共同愿景是日常工作的核心要素，是持续进行的、永无止境的工作，要让愿景成为企业经营理念的一部分。

成员对组织共同愿景的支持程度，可以分为以下 7 个层次。

（1）奉献。衷心向往之，并愿意创造或改变任何必要的"法则"（结构性的），以全心全意地实现它，做一个"卓越的员工"。

（2）投入。衷心向往之，愿意在"精神的法则"内做任何事情，做一个"优秀的员工"。

（3）真正遵从。看到愿景的好处，遵从明文规定，做一个"好员工"，做期望甚至超越期望的事情。

（4）适度遵从。看到愿景的基本好处，做一个"不错的员工"，只愿意做期望做的事情。

（5）勉强遵从。没有看到愿景的好处，只是被动地做事情，并不是真的愿意做，做一个"称职的员工"，尽量达到期望。

（6）不遵从。看不到愿景的好处，不愿意做期望的事情。

（7）冷漠。对共同愿景漠不关心，既不支持、也不反对。

各种不同程度的遵从，其间的差异很难察觉。真正的遵从常被误认为是投入或奉献。然而，遵从和奉献之间还是有很大差别的，奉献的人全身带着一股能量、热情和兴奋，这是其他层次的人遵从都无法产生的。奉献的人不只是遵从规则，当规则与愿景冲突时，他们会设法改变规则。当一群人真正奉献于一个共同的愿景时，将会产生一股惊人的力量，他们能完成原本不可能完成的事情。

3.6.4　团队学习

团队学习是发展组织成员整体搭配并实现共同目标能力的过程。它是建立在发展共同愿景的修炼上，也建立在自我超越的修炼之上。由有才能的个人组成的、具有共同愿景的团队不一定能实现共同学习，除非它们能够实现整体搭配（成为一个协调的整体）。未能整体搭配的团队，不同努力方向的许多个人的力量会被抵消和浪费，个人的力量难以转化为团体的力量。实现整体搭配的团队则会将个人的力量汇聚到共同的方向，发展出一种共鸣或综效。团队学习的目标是让团体的集体智慧高于个体智慧。

团体是组织中最关键的学习单位。在现代组织中，学习的基本单位是团队而不是个人学习，这显得非常重要。在某些层次上，个人学习与组织学习是无关的，即使个人始终都在学习，并不表示组织也在学习。但是，若团体在学习，它就变成整个组织学习的一个小单位，就可将所得到的共识转化为行动，甚至将它们的学习技巧向其他团队推广，进而建立起整个组织一起学习的风气与标准。通过团队学习，能充分发挥集体智慧，提高组织思考和行动的能力。当团队真正在学习的时候，不仅团队整体产生出色的成果，个别成员成长的速度也比其他学习方式快。在组织内部，团体学习有3个方面需要考虑：①当需要深思复杂的议题时，团体必须学习如何提炼出高于个人智力的团体智力；②需要既有创新性而又协调一致的行动；③不可忽视团体成员在其他团体中所扮演的角色的影响。

团队学习的修炼必须善于运用"深度汇谈"和"讨论"两种不同的团体交流方式。团队学习从"深度汇谈"开始。深度汇谈是一个团体的所有成员克服自我防卫心理，亮出各自的想法，进行自由交流，以发现远较个人深入的见解、获得真正一起思考的能力。它自由地和有创造性地探究复杂而重要的议题，先暂停个人的主观思维，彼此用心聆听。其目的既不是要超过任何人的见解，也不是要赢得对方。如果深度汇谈进行得好，则人人都是赢家，可以获得个人独自无法达到的见解。"讨论"则是对问题提出不同的看法，并加以辩护。深度汇谈用来探究复杂议题，讨论则是用来形成决议，它们基本上是互补的。这实际上就是交流隐性知识与生成组织的隐性知识的过程。有时候还可以运用信息工具进行仿真模拟，从多种方案中选择最合理可行的方案。

3.6.5　系统思考

系统思考是学习型组织的灵魂，也是 5 项修炼的核心和基石。系统思考的精神与古代中国的许多思想不谋而合，追求的是心灵的彻底革新。系统思考的修炼是建立学习型组织最重要的修炼，贯穿于前四项修炼过程中，整合其他 4 项修炼为一体。它与其他 4 项修炼融会贯通，成为浑然一体的修炼艺术和技能。第五项修炼高于其他 4 项修炼。少了系统思考，就无法探究各项修炼之间如何互动。系统思考强化其他每一项修炼，并不断提醒我们，融合整体能得到大于各部分加总的效力。5 项修炼缺一不可，必须把 5 项修炼结合在一起，才能建成一个学习型组织。系统思考将引导一条新路，使人从看片面到看整体，从迷失于复杂的细节到掌握动态的均衡搭配。它让人寻找小而效果集中的高杠杆，以产生以小博大的作用。

系统思考的能力在学习型组织中非常重要。彼得·圣吉在《学习型组织》中提出 11 项系统思考法则。

（1）今天的问题来自昨天的"解决方法"。很多问题的解决办法只是把问题从系统的一部分转移到另一部分，但这种"解决办法"仍然经常会获得欢呼，因为这里继承了新问题的人并不是原来那位"解决了"第一个问题的人。

（2）越使劲儿推，系统的反弹力越大（更努力工作的危害）。这也称为补偿反馈。愿望良好的措施介入后引起系统的反应，结果抵消了介入行动所带来的好处。更糟糕的是，作为个人和组织，人们不仅常常陷于补偿反馈中，还经常赞美随之而来的痛苦。当最初的努力不能奏效时，坚守努力工作将克服一切障碍这个信条，殊不知人们一直在蒙蔽自己，自己其实一直在帮助制造障碍。

（3）情况变糟之前会先变好。低杠杆效益的措施在短期内有效，长远来说反而造成反效果。补偿反馈会有延迟，而现在职场换人速度又快，由此造成击鼓传花效应。

（4）选择容易的办法往往会无功而返。假如解决办法真的能轻易地被发现，或者对每个人都那么明显，那么它可能早就被发现了。

（5）疗法可能比疾病更糟糕。非系统的解决办法会带来长期的、更具潜在危害性的后果，那就是对该方法的需求将会越来越大。

（6）快就是慢。几乎所有自然系统都有天然固有的最佳成长速度。因此，面对一个复杂系统，简单介入其中，贸然展开修补行动，可能不会带来任何帮助。

（7）因和果在时空中并不紧密相连。"果"是指问题显现出来的表面症状，"因"是指系统中造成那些症状的相互作用；如果能发现这些相互的因果作用关系，就可能导致有持久改善功效的变革。大多数人默认，在大部分时间里，"因"和"果"在时空上紧密联系，但在复杂系统中，这个观点是完全错误的。

（8）微小的变革可能产生很大的成果，但最有效的杠杆常常最不易被发现。微小的、集中的行动，如果选对地方，那么有时会带来可观的、持续的改善（杠杆作用）。寻找杠杆，必须学会观察事件背后的结构模式，而不仅是事件本身。

（9）鱼和熊掌可以兼得，但不是马上。"非此即彼"的刚性选择往往是因为人们处在固定的时空点考虑问题，但真正的杠杆效益在于看清如何逐步使两者都得到改进，为此，需要有意识地考虑事情随时间变化的过程。

（10）把大象切成两半得不到两头小象。要理解大多数最富有挑战性的管理问题，人们必须看清产生问题的整个系统。但在现实中，组织的设计方式（严格划分和强化部门之间的界限）阻碍着人们观察重要的互动关系。

（11）不去责怪。分立的"他人"并不存在，你和那个被责怪者都是同一个系统的组成部分，疾病的疗法就在于你和你的"敌人"的关系之中。

最后，需要说明的是，学习型组织理论强调5项修炼的整合，以保持持续学习的精神及铲除发展道路上的障碍，提高企业应付环境变化和自我发展的能力。

本章思考题

1. 简述体力工作和知识工作的不同之处。

2. 简述对知识型员工工作特点的认识。

3. 结合现实情况，谈谈如何做好知识型员工的管理。

4. 从组织文化管理角度出发，谈谈怎么做好知识管理。

5. 从组织领导管理角度出发，谈谈怎么做好知识管理。

6. 从组织激励管理角度出发，谈谈怎么做好知识管理。

7. 简述学习型组织理论的核心要点。

第4章 知识管理的知识资本视角

在现代经济中，知识正成为真正的资本与首要的财富。

——彼得·德鲁克

知识边际成本为零效应是知识资本受到关注的重要原因。

知识虽然是无形的，但因为它具有使用价值和交换价值，所以具有价值。在知识经济时代，知识作为资产进入生产领域并与资金成本结合成知识资本，创造了超额财富的主要部分。

4.1 解释不通的商业现象

美国通用电气公司（General Electric Company，简称"GE 公司"）由发明大王托马斯·爱迪生（Tomas Edison）于 1892 年创建，是一个具有百年以上历史的企业。GE 公司在多角化①经营中取得了优异的成绩，成为美国第一大企业和世界著名跨国企业。美国证券市场自 1896 年蓝筹概念兴起时，通用电气就是其中一员，并在 1907 年成为道琼斯指数原始成分股。然而，到了 2001 年初，这家公司在总市值上大幅低于新兴起的美国微软公司。根据美国证券市场报告，GE 公司的总市值是 305 亿美元，而美国微软公司同期的总市值约是 3025 亿美元，约是 GE 公司的 10 倍。从传统财务的角度看，当时通用集团的

---

① 多角化也称为多元化，是指企业发展多品种或多种经营的策略。

固定资产总值远高于微软公司，但为什么市场给予微软公司更高的价值？通用电气更悲惨的是，在 2018 年度，它不再是道琼斯指数成分股。

图 4-1 是通用电气。可以看出，通用电气从 2016 年开始股价一直处于下跌中，而微软公司和拼多多的股价则几乎一直处于上涨中。到 2020 年 11 月 11 日，通用电气总市值为 778.75 亿美元，虽然和 2001 年相比总市值上涨了 2.5 倍，但微软总市值高达 1.64 万亿美元，上升了 5.4 倍，这时微软总市值已经是通用电气的 21 倍了。拼多多是我国近几年新兴起的互联网电商公司，成立于 2015 年 9 月，于 2018 年 7 月在美国纳斯达克上市。从图 4-1 可以看出，拼多多总市值为 1334.87 亿美元，约是通用电气的 2 倍。通用电气作为一家百年大企业，市场给它的价值竟然还不如一家仅成立 5 年的互联网企业。这种奇怪的商业现象是如何产生的呢？

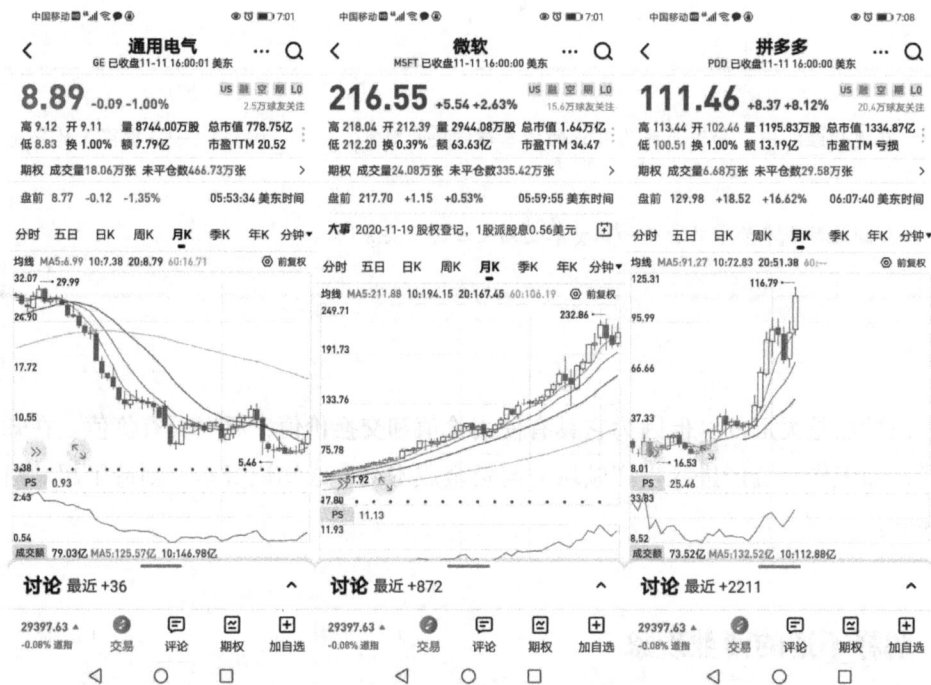

图 4-1　通用电气、微软和拼多多股票价值对比

类似的情况也发生在中国的上市公司。2020 年末，中国上市公司市值 500 强榜单中的前 10 名如表 4-1 所示。这个榜单中的前两名是著名的互联网企业腾讯公司和阿里巴巴公司。其中，腾讯公司总市值为 4.6 万亿元，阿里巴巴公司总市值为 4.1 万亿元，远远超出了中国工商银行，两家公司的市值分别是中国工商银行市值的 2.5 倍和 2.3 倍。中国工商银行是一家具有悠久历史、众多网点和固定资产的大型国有银行，而腾讯公司于 1998 年创立，阿里巴巴公司于 1999 年创立，它们只不过是有 20 多年历史的民营企业，但它们为何在短短的 20 年内就超越中国工商银行及国内其他众多公司呢？

表 4-1　2020 年中国上市公司市值 500 强的前 10 名

2020 年排名	2019 年排名	证券名称	总市值 / 亿元	行业
1	2	腾讯控股	45 530	信息技术
2	1	阿里巴巴	41 086	信息技术
3	6	贵州茅台	25 099	日常消费品
4	3	工商银行	17 785	金融
5	5	中国平安	15 900	金融
6	4	建设银行	15 701	金融
7	14	美团 –W	14 589	信息技术
8	32	拼多多	14 217	非日常消费品
9	16	五粮液	11 328	日常消费品
10	12	招商银行	11 084	金融

资料来源：根据东方财富 Choice 数据整理。

出现这些反常现象的一个主要原因是微软公司和新兴的互联网公司的产品与服务不再是传统的产品与服务，而是一种以知识为重要内容的"知识产品"，这些产品具有非常重要的特性，就是一旦研发出来可以被无限次地使用，而生产产品或提供服务的边际成本几乎为零，从而为这些企业带来巨大的利润和估值想象空间。

4.2　知识产品

知识产品是知识经济时代出现的、具有鲜明特点的、完全不同于传统工业经济时代的商品。知识产品的出现是知识经济时代的重要标志，也是衡量一个企业是否为知识型企业的重要标志。

4.2.1　知识产品的概念

知识产品（Knowledge Products）是人们在某种具体的知识生产中所耗费的脑力劳动的凝结。它是知识与经济之间相互渗透、相互促进与相互包含而形成的一种特殊商品。知识产品的生产是知识经济的主要内容（傅翠晓，2009）。在知识经济时代，知识作为一种不可或缺的资源，直接参与到生产、经营和服务过程中，出现了计算机芯片、计算机软件、生物制药药品等知识密集型产品，成为产品价值构成中最重要的一部分。同时，以科学研究成果、创新和创意设计、技术咨询、管理咨询与服务等为代表的知识产品日益增多。

知识产品作为知识劳动过程中的产品，是一种客观的事物，有"有形"和"无形"两种存在形式（王众托，2016）。所谓"有形"的存在形式，是指知识能够借助于非生命形式的物质外壳、独立于生产者和消费者而存在，如理论专著、图纸、设计等。所谓无形的存在形式，是指知识借助于生命形式的载体存在，没有一种看得见、摸得着的实物产品形态，而与生产它的行为和过程结合在一起而无法分离，如学业传授、技术咨询等。

知识产品生产的一般特征是：知识产品主要是智力生产者思维（理性的和感性的）劳动的产物，产品价值主要是智力劳动耗费的对象化。知识产品，尤其是高新技术产品，在最初出现时常以高价格出现。对于知识产品的高价格的解读，人们不需要诉诸效用价值理论，对于当代高技术经济中科技知识产品的高市值这一新现象，完全可以在劳动价值论的基础上加以说明（刘诗白，2005）。

4.2.2 知识产品的类型

知识产品的类型可以分为以下 5 类（王众托，2016）。

（1）科学理论。主要是科学家或科学研究人员创造的知识，呈现形式有著作、论文等。

（2）技术知识产品。主要是科研人员和技术人员等根据科学原理或实践经验创造的、能够解决实际问题、具有实用价值的知识，呈现形式有技术原理、方法、技术路线、配方、设计、计算机程序等。和这类知识产品相比，科学原理类知识产品不要求实用性或直接发挥作用。

（3）文化知识产品。主要是文化学者、作家、艺术家等创造的、能满足人们精神需要的知识，呈现形式有杂志、报纸、戏剧、电影、音乐、绘画、工艺美术等。

（4）知识信息服务。主要是由专业技能或专业知识的人员提供的咨询服务，或者相关机构利用信息资源或相关平台、工具开展的信息服务。例如，会计师事务所、审计事务所、律师事务所、资产评估事务所等提供的咨询服务，学术数据库提供的论文查询和下载服务，或者利用计算机软件通过网络提供的信息服务等。

（5）知识含量很高的物质产品。主要是一些具有很高知识含量的、往往需要很大的科研经费投入才能形成的高科技产品，如集成电路芯片、高科技机器人等。

其中，科学理论、技术知识产品和文化知识产品属于一次生产、多次使用的知识产品，可以归为一类。这类产品一般在生产和创造出来后，就不会再生产或创造一遍。例如，科学家在研究后提出一项科学理论，完成了一次知识创造，不可能再重新创造这个理论。同样一个工业产品的设计完成后，也不会重新同样设计一次，这是没有必要的。虽然，理论、技术、文化类知识产品在完成后，可能存在改进和完善的地方，但这种改进和完善后的知识产品应看成新的知识产品。由于这种知识产品的一次性创造和无限次使用特征，它在一定价格之上的供给几乎是无限的，而需求会随着价格的降低而逐步增大。

而知识信息服务和知识含量很高的物质产品都有产量的概念，可以归为另一类。知识信息服务可以把次数看作"产量"。这类知识产品的特点是，它在被创造出来后，可以将总成本分摊在每一次的服务或单个产品中，在产量超过一定数量后，再销售的单次服务和单个产品的成本几乎为零。因此，知识产品的生产具有边际成本递减和边际收益递增的典型特点。有人认为这类知识产品供给与需求的特性和一般实物产品类似。这个观点值得商榷。一般来说，实物产品在价格提高时供应增加、需求减少；反之，在价格降低时供应减少、需求增加。虽然价格会影响这类知识产品的供应和需求，但在产量弥补成本后，边际成本几乎为零，这类知识产品也具有与第一类产品相同的供需曲线。

4.2.3　知识产品的价值

知识产品的价值存在于它所承载的知识。知识具有与物一样的使用价值、交换价值和价值。它们是知识资本形成的基础，也是组织知识资本运营的主要元素。

4.2.3.1　知识的使用价值

知识使用价值是指知识产品能满足人的需要的有用性（刘诗白，2005）。物的有用性使物具有使用价值。使用价值是物品能够满足人们某种需要的属性。实物的使用价值是客观存在的。而知识是一种精神的产物，并不具备"物"的实体属性，这也决定了它不能像实体一样通过做成某种物体来体现其使用价值。但是，这并不说明知识就没有使用价值。马克思的《资本论》指出："使用价值只是在使用或消费中得到实现。"知识的使用价值与物的使用价值一样，当人们使用知识时，知识的使用价值才能体现出来。例如，文学作品、艺术作品的使用价值体现在满足人的审美精神需要的感性思维存在的结构和形式之中；就科学作品来说，它的使用价值存在于满足某种生产和某种社会需要的理性思维的深刻性和系统性之中。

《隐藏的财富》中有一个励志故事"别在金矿上种卷心菜"，它生动地说明了知识的使用价值。故事讲的是从德国移民到美国的兄弟因为生活艰难，哥哥决定到加利福尼亚种卷心菜、做泡菜，而弟弟决定继续留在纽约，通过勤工俭学的方式学习地质学和冶金学。哥哥到加利福尼亚后买下廉价的土地开始投入他的泡菜事业，勉强维持一家人的生活。弟弟大学毕业后，除了文凭，一无所有，便来到哥哥的农场，哥哥劝他一起种卷心菜。可当弟弟到菜地一看，马上使用他所学的专业知识判断出这块菜地下面是一座金矿，而哥哥竟然守着一座金矿种廉价的卷心菜。相同的资源，在没有专业知识的哥哥手里只能发挥低廉的价值，而在具有专业知识的弟弟手里却能发挥出巨大的价值。

知识的使用价值一方面表现在将组织中知识型员工的知识和思想转化到具体的产品上，另一方面表现在知识使用过程中产生的新知识上。知识的使用价值因受使用者认知模式、精神状态、身体状态、健康状态、所处的外界环境等因素的影响而存在差异。实物在表现使用价值的同时，往往因为属性的改变而消失或者出现磨损。而知识由于存在不可磨损效应，使用中不会被"消费"，更不会消失，反而可能在使用中产生新的知识。

4.2.3.2　知识的交换价值

知识产品作为商品，既有使用价值，也有交换价值。物的交换价值表现为一种使用价值同另一种使用价值相交换的量的关系或比例。因此，物的交换价值表现的是两个使用价值之间的关系，即比例概念。而知识一般不能用数量来衡量，因此其交换价值依赖于"质"而不是"量"。知识的"质"包含了获得某种知识的难度、时间，以及人们对这种知识的需求与认识程度。市场对知识的需求程度也是影响知识交换价值的重要原因，知识的交换价值与市场需求程度成正比（廖开际，2014）。

知识的交换价值不仅体现在组织的无形资产的交易过程中，也体现在知识商品的交易过程中。交换价值与无形资产或知识商品中知识的含量密切相关，例如，同样是计算机管理信息系统软件，功能强大、复杂的一般要比功能单一、简单的交换价值高。知识的交换价值还体现在实体交换过程中，个体对同一实体形成不同的认识会导致交换价值的不同。破解高智商犯罪的电视剧《背叛》中有一个故事可以形象地说明因"个人认知"不同造成交换价值的巨大差别。在剧中，女记者夏英杰撰写的长篇小说《沉默的人》最初被计划卖给一个编辑，双方反复谈判后，对方最多愿意出价 8 万元购买版权。对于这个价格，夏英杰感到非常满意，然而宋一坤却设计让夏英杰将这部小说以 80 万元的天价卖给了铁鹰集团董事长高天海。同样一部小说，对不同的人反差如此巨大，关键在于宋一坤掌握了小说内容背后，夏英杰所不知道的内幕，以及他对人性的深刻理解与商业技巧。

4.2.3.3　知识的价值

知识虽然是无形的，但因为它具有使用价值和交换价值，所以具有价值。空气、阳光也是无形的，它们有使用价值，但因为没有交换价值，所以它们没有价值。商品的价值是凝结在商品中的一般人类劳动。商品的价值量由生产这种商品所耗费的社会必要劳动时间所决定。人们获取、产生、转化、传递、应用知识时都需要付出劳动、时间和成本，这是知识产生价值的基础。这种劳动不同于生产实体商品时所付出的体力劳动，它是一种通过大脑而进行的、精神层面上的"心智"劳动。

知识作为一种生产要素，一般情况下需和其他生产要素相结合才能发挥作用。知识产品本身不能直接创造价值，在价值创造的过程中，它只能把自身的价值一次次地转移到新产品中。此外，知识对其他生产要素有积极的影响，如可以降低原材料的消耗、能源的消耗，提高劳动生产率，改善资金的利用等。此外，知识在一些方面可以起到物质要素所起不到的作用，这在计算机软件产业的表现非常突出。例如，原本用人工需要花费几十年甚至几百年的事情，计算机在几秒之内就能完成。

知识在商品生产中的作用和知识价值主要体现在以下 4 个方面（王众托，2016）。

①知识能改变原来的生产设备和流程，应用后能以更高的生产率、更低的成本来生产商品。

②知识能提高现有商品的性能和质量，增加现有商品的应用范围或增加实体商品的

知识含量。

③知识能创造过去不存在的新商品，形成各种知识产品，或者与其他知识集成产生新的知识，进行知识资本的投资。

④知识能提高劳动生产者的能力，满足消费者的精神需求，提高社会效益。

4.2.4　知识产品的经营

在知识经济时代，无论生产知识的知识产业，还是生产知识密集型产品的产业，都离不开知识的经营活动。知识产品同实物产品一样，有完整的生产、流通、交换、分配和使用的过程，需要加以组织和经营（王众托，2016）。

知识产品的生产就是知识的创造。除了创造的知识产品本身，在知识的流通、分配、交换和使用过程中还可以创造出有关经营管理的新知识。知识产品的生产者有个体化生产者、组织化生产者、国家化或国际化生产者。

知识产品的交换既有与物质产品相同的情况，如知识产品也存在交易市场，也有与物质产品不同的自身的特点，如学术交流、合作研究一般不服从等价交换原则，知识产品购买的常常是使用权而不是所有权，知识产品往往只能购买显性知识而不能购买隐性知识，知识产品的定价更为复杂等。

知识产品的分配就是知识的传播。知识的传播包含个人之间和组织之间的传播。传播的主要渠道是学校教育、在职教育、职业培训等。随着互联网网络技术的发展，线上教育也成为一种主要的传播渠道。

知识产品的利用是一个复杂的过程。一般分为将基础研究成果转化为应用技术、将应用技术转化为生产力两个步骤。

由于知识产品与实体产品不同的特性，需要建立一定的组织和运行规则，包括知识市场的运作、知识产权的保护等，特别是激励与协作机制，这是知识管理的重要内容之一。

4.3　知识资源、知识资产与知识资本

在知识经济时代，知识作为资产进入生产领域并与资金成本结合成知识资本，创造了超额财富的主要部分（郝铁钢，2009）。知识资本是企业知识创新的基础，是企业获得竞争优势的来源，是企业创造超额利润的要素。不分清知识资产与知识资本概念上的异同，就不能确认与计量知识资产与知识资本。而若知识资产与知识资本不能被量化，也就无法衡量企业的真实价值与发展潜力的大小。

4.3.1　知识资源

知识资源与传统的经济资源一样。一旦人们自觉认识到并获取、掌握了知识资源，它就变成了个人或组织的知识资产。将知识资产投入生产经营活动中以获得收益，它就变成知识资本。

知识资源是从经济的角度来看待知识价值的（沈水荣，2013）。它是指人类智力劳动所发现和创造的知识成果，尚未被组合在实物生产或更大范围的知识生产中，但可以被用在物质产品和知识产品的生产中、创造新的价值。从狭义上理解，知识资源就是知识本身。而从广义上理解，知识资源还包括知识产品（如图书、期刊、软件等）、知识技术和工具，以及其他一些无形资源（如品牌、声誉、形象等）。

知识资源的特点包括（王众托，2016）：①知识资源是人的智力劳动所创造和发现的；②知识资源可以重复利用；③知识资源以无形的知识形态存在，需要将其和物质融合或转化为物质形态才能带来力量或财富；④知识资源可以通过组合、加工和处理形成新的知识资源；⑤个人或组织的知识资源常有鲜明的个人特点；⑥知识资源的运动很少像物质资源那样带有数量和质量特征，而是带有无形渗透特征。

4.3.2　知识资产

知识资产（Knowledge Assets）是企业拥有或控制的、不具有独立实体形态的、赖以生存和发展的显性知识和隐性知识的价值总和。资产一般是包含有货币价值的实物，是一种能为组织创造价值、带来经济效益的资源。知识具有价值，能为组织带来经济收益，因此也是组织的一种资产。知识成为资产，首先是从直接用于生产的技术知识开始的。在传统的手工业生产阶段，技术知识主要是经验知识，常常以师傅带徒弟的方式传承和发挥作用。到了工业革命时期，科学思想带来了技术发展和机械的广泛应用，生产规模得以扩大，社会分工不断细化。科学技术研发从生产过程中分离出来，成为一种专门的职业。由于知识生产的专业化和知识可以重用，知识在生产中能带来直接或间接的经济效益或社会效益，因此知识逐渐成为一种新的资产（蒋翠清，2006）。知识资产的聚集和壮大催生了知识经济，加速了工业经济向知识经济的转变。

知识分为隐性知识和显性知识，因此知识资产也表现为显性知识资产和隐性知识资产。显性知识资产可以被个人、群体或组织拥有，组织所拥有的知识资产称为组织知识资产或知识结构资产，属于组织固定的资产。而隐性知识资产则主要是存在于个人的大脑中，称为个人知识资产或人力资产，属于组织流动的资产。组织的隐性知识，如融入组织中的工作习惯，则是一种知识结构资产。

知识资产一般分为人力资产、顾客资产、知识产权资产、基础结构资产4类。其中，人力资产是企业员工拥有的技能、创造力、解决问题的能力、领导能力、企业管理能力等。人力资产的概念最早是由诺贝尔经济学奖获得者、芝加哥经济学派代表人物之一加里·贝克尔教授提出的。他的一项研究发现，教育投入能够显著提升一个人的平均收入，如本科教育可以产生 15% 以上的收益。人力资产往往是知识型企业的核心知识资产。顾客资产是企业与顾客之间的关系，包括品牌忠诚度、信誉度、顾客的消费习惯、顾客资料等。知识产权资产包括技能、商业秘密、商标、版权、专利等无形资产。基础结构资产是指那些让企业得以运行的技术、工作方式和程序，包括企业文化、管理方法、财务结构、市场或客户数据库等。

结合知识生成过程，按照知识的增值问题可以将知识资产分为经验性知识资产、概念性知识资产、系统化知识资产和程式化知识资产（王众托，2016）。其中，经验性知识资产是通过组织成员之间及与客户、供应商、相关企业共享工作经验而新形成的隐性知识，包括个人的技艺、诀窍，以及相互关怀、信任与凝聚力。经验性知识资产是企业可持续发展的竞争优势，必须善于生成并且保有这部分知识资产。概念性知识资产是包括产品设计、生产流程等在内的显性知识，可通过引进消化和自身外化获得。系统化知识资产是组装好的显性知识，包括生产技术、专利、手册等，它是可以转移、销售或被盗窃的，因而必须加以保护。程式化知识资产是组织例行工作程序或组织文化，已经内化到企业日常行动中，常常是隐性知识。

4.3.3　知识资本

资本是投入商品生产、流通过程中的货币。资本通常以货币形式存在，称为货币资本。同样是货币，资本与资金是不同的，资本可以用来交易，是可以增值的，而资金只能够自己使用，是无法交易的，也是无法增值的。秘鲁经济学家德·索托在其著作《资本的秘密》中说："穷人之所以穷，不在于缺少财富，而是缺少资本。"（赫尔南多·德·索托，2001）它较好地表达了资金和资本的重要区别，即穷人的货币是资金，只是用来消费、满足个人需要的，而富人的货币则是资本，目的是从商品的生产或流通过程中获得所期望的"经济剩余"或"剩余价值"，即更多的货币。以下 3 道选择题能让我们更清楚地了解资金和资本的区别。

选择题 1：一是给你 1 万元，二是让你和马云吃饭并成为他的好朋友。

选择题 2：一是给你 100 万元，二是让你的个人品牌像罗辑思维那样发展。

选择题 3：一是给你 1000 万元，二是给你一个处于亏损状态的京东。

在以上 3 道选择题中，选择前者的是"资金"思维，选择后者的就是"资本"思维。因为选择前者，只能获得一定数量的货币，而选择后者可能在未来获得远比前者更多的增值收益。可见，除了货币可成为资本，人脉、（个人）品牌、上市公司的股权都是资本。知识和货币一样，能带来收益，但存在两种不同的收益，一种是作为商品进入交换领域，以此获得收益，这种带来收益的知识是"资金"；另一种是以"分配契约"的形式进入组织，为了获得组织的"经济剩余分配"，这种带来收益的知识是"资本"。知识存在老化效应，如果知识在创造出来后只是为了获得一次性的回报，那么它就是"资金"，会随着时间的进展很快贬值；相反，如果知识在创造出来后以"分配契约"的形式投入生产或流通中而随着时间不断增值，那么它就是"资本"。图 4-2 展示了"资金"型知识和"资本"型知识的时间和价值的关系。

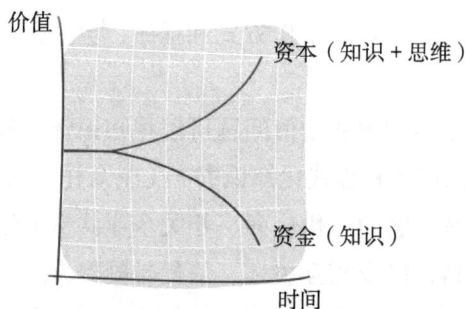

图 4-2   "资金"型知识与"资本"型知识的时间和价值的关系
（资料来源：网络）

4.3.3.1   知识资本的概念

在知识经济时代，知识如货币一样通过"运动"为组织带来更多的货币，成为一种不同于"货币资本"的新资本形式，这就是知识资本。知识资本因此而被称为获取和保持竞争优势的"第三资源"（戚啸艳，2004）。它揭示了组织真正有价值的东西———一种以员工和组织的技能和知识为基础的资产，从而为企业经营和组织发展指出了正确的方向（罗利华，2021）。

知识资本的概念经历了一个逐渐明晰的过程。第一个提出知识资本（Knowledge Capital）这一概念的是约翰·加尔布雷斯（John Galbraith），在他看来，知识资本是一种知识性的活动，是一种动态的资本而不是固定的资本形式（胡汉辉，1998）。《财富》杂志的编辑斯图尔特（Stewart）进一步推动了知识资本理论思潮的发展。他 1991 年发表的经典性论文《知识资本：如何成为最有价值的资产》指出美国最重要的资产是知识资本。之后，他进一步论证了知识资本是企业、组织和一个国家的最有价值的资产，提出员工的技能和知识、顾客忠诚及公司的组织文化、制度和运作中所包含的集体知识都体现着知识资本。1996 年，瑞典著名的知识管理研究学者艾德温森（Edvinsson）和沙利文（Sullivin）提出，知识资本是企业真正的市场价值与账面价值之间的差距，而这正是一些"解释不通的商业现象"出现的重要原因，即微软、亚马逊、腾讯、阿里巴巴等知识型公司的账面价值远远小于其市场价值，而市场价值体现了这些公司知识资本的真实价值。1997 年，思威比（Sveiby）提出，知识资本是组织的一种以知识为基础的无形资产，而不包括企业的有形资产部分。

尽管人们对知识资本这一概念有不同的认识，但都还是认可知识资本概念是对传统资本概念的扩充（唐绍欣，1999）。知识资本概念的提出将企业信誉、商标、员工知识和忠诚、顾客满意、经营关系等被传统理论忽视，但却日益成为现代企业重要资源和核心能力的组成因素，并与企业的组织结构、生产能力、技术创新能力、市场开拓能力及财务状况紧密联系在一起，共同构成企业核心能力和经营资产。这样一来，企业的组织知识、专利和商标、顾客满意、产品质量水平、员工道德水平等非直接资产被揭示，它们相互影响、相互作用，共同构成了企业的知识资本。

从利益分配看，知识资本是将个人知识资产或组织知识资产以分配契约的方式投资到组织中，目的是通过知识资产向知识资本的转化来获得这项投资的经济剩余分配权。进行投资的知识资本，按来源不同可以分为两种：来自个人知识资产转化的称为个人知识资本或人力资本；由组织知识资产转化而来的称为组织知识资本。知识资产由知识资源转化而来，而知识资本由知识资产转化而来。知识资源、知识资产和知识资本是三位一体的，只是所处的地位不同（王众托，2016）。

知识资本是一种新的资本形态，它有不同于实物资本和货币资本的特点。一方面，知识资本具有依附性。知识资本是无形的，不能作为一种独立的资本进行经营，它必须在货币资本的协作下才能获得投资收益、体现其资本价值。另一方面，知识资本具有灵活性。一般来说，生产相似企业的物质资本的组织结构是相似的，如有相似的厂房、设备、流程等，但它们的知识资本的组织结构可能相差甚远，它们往往拥有不同的知识产权和企业文化。同一个组织在不同的发展阶段，它的知识资本的内容和结构一般也会不同。最后，知识资本具有增值性。传统的物质资本在使用过程中会磨损或转移到新产品中，而知识具有的不可磨损效应使得知识资本可以反复使用而不会磨损，反而随着知识的重复使用，一些创新性的知识会加入进来，促进知识资本的增值。

按照被广泛接受的分类标准，知识资本包括 3 类（王众托，2016）：①可计算机化信息（Computerized Information），主要包括软件和数据库；②创新知识产权（Innovative Property），主要包括专利、版权、设计、商标等；③经济竞争力（Economic Competencies），主要包括品牌权益、企业特有的人力资本、能够提高企业运行效率的组织诀窍等。

4.3.3.2　知识资本的重要性

知识资本虽然常常以潜在的方式存在，但却是企业、组织和一个国家最重要的资产。知识资本是无法触摸的，但却是能使你富有的东西。正如美联储前任主席本·伯南克于 2011 年在 OECD 召开的知识资本研讨会上所言，"如果我们能有效地测算并记录（知识资本）在经济增长中扮演的角色，就有可能更好地促进创新"。由于各国商业部门 R&D 支出仅占其知识资本投资的 10% ~ 25%，因此以 R&D 指标来衡量创新活动显然是不全面的，需要从知识资本的角度来重新认识和更好地支持创新（张文齐，2014）。

知识资本理论是知识经济时代理解企业经营活动的基本工具，改变了以往企业财务与会计无法科学评估知识、技能等无形资产的局面，从而为企业选择正确的经营方针和发展战略，以及获得持续竞争优势的理论提供指导（张福学，2002；郑晨，2020）。知识资本理论的提出为理解企业的知识创新、知识传递、知识利用和知识保护提供了一个新的理论框架，适应了知识经济时代企业资本运营与资本管理的新变化。

现有财务体系对知识资本的不重视，会影响企业的创新和竞争力。多数公司的创新能力达不到管理层想要的水平，也达不到他们自我标榜的水平。是谁扼杀了创新？颠覆性创新之父克莱顿·克里斯坦森（Clayton Christensen）认为 3 种传统财务工具的错误使用阻碍了创新。这 3 种错误是：使用贴现现金流和净现值来评估投资机会，导致管理者低估进行创新投资的实际回报和收益；将固定成本和沉淀成本纳入未来投资评估的做法，不仅会给挑战者带来不公平，也给那些试图应对攻击的现有公司"戴上了脚镣"；强调每股收益，并将其视为股票价格及股东价值创造的动力，使得资源远离了那些无法迅速汇报的长期投资（克莱顿·克里斯坦森，2019）。

4.3.3.3　知识资本的结构

斯图尔特提出了知识资本的 H—S—C 结构，认为知识资本的价值体现在人力资本（Human Capital）、结构资本（Structural Capital）和顾客资本（Customer Capital）三者之中。人力资本是企业知识资本的重要基础。人力资本、结构资本、顾客资本三者相互作用，推动企业知识资本的增值与实现。还有一种看法是将知识产权资本从结构资本中分出来，形成以下 4 种资本（王众托，2016）。

（1）人力资本

人力资本从组织角度来说，它是由组织的技术诀窍和重要的组织活动记录组成的，包括组织的集体经验、技能和一般的技术诀窍；从个人角度来说，它是由组织员工所具有的知识、技能和学习能力、创造能力、完成任务的能力等智力因素所构成的。绝大多数人力资本一般是隐性的，不被组织拥有。人力资本是知识资本中最活跃的因素，是联系其他部分的纽带，是组织实现价值和价值增值的重要基础，是组织获得可持续竞争优势和提高员工效率的关键因素（Pasban，2016）。没有人力资本，结构资本和市场资本的作用就无法发挥。

（2）结构资本

结构资本是由企业的组织结构、制度规范、组织文化、管理系统、信息网络等构成的。结构资本依托组织基础结构，合理配置各种实物资本、人力资本、市场资本、知识产权资本，使企业运营起来，产生效益。

（3）顾客资本

对于企业等营利性组织来说，顾客资本是由市场营销渠道、顾客忠诚、品牌、企业信誉等经营性资产构成的。对于非营利性机构来说，这类资本称为关系资本，是组织与其他方面的关系。

（4）知识产权资本

知识产权是在工业、科学、文学或艺术领域里的智力活动产生的所有权力。知识在一定条件下，具有产权价值。知识产权是对人类智慧结晶这一无形财产所享有的权利。

知识产权一般来源于智力资产。智力资产包括规划、步骤、记录、方案、制图、蓝图和计算机程序等，获得法律保护后成为知识产权资产，通常有 4 种：商标、版权、专利、商业秘密。

4.4　知识资产到知识资本的转化因素

知识资产只有转化为知识资本，才能产生经济效益。但能否顺利转化，受到以下 3 种因素的影响（廖开际，2014）。

（1）社会需求因素

社会对某项知识的需求程度及对某项知识的认可程度是知识是否变为知识资产并转化为知识资本的驱动力和必要因素。在社会的发展历史中，从农业文明到工业文明，从信息经济到知识经济，知识已经成了一种生产力。整个社会对知识的需求与日俱增，这为知识资产向知识资本转化提供了历史性的机遇。社会需求也决定于每一个人所拥有的个人知识、人力资产的市场价值。许多个人知识在没有社会需求之前是不能成为人力资本的。当知识的市场价值通过交换或投资体现出来，社会也就产生对这种知识的需求，从而促进知识资产转化为知识资本。

在中国古代，甚至到了近现代，民间一般对知识所需不多，也很难给出知识合理的认可，但科举制给了知识分子施展个人才华的机会，因此不少知识分子只能"学成文武艺，货与帝王家"。近现代之后，工商业的兴起使得社会对各类知识提出了广泛需求。尤其是改革开放后，"知识就是财富"成为共识，整个社会出现了重视知识、重视科技、重视人才的氛围，这促使很多束之高阁的科技成果向市场转化，也出现了很多知识资产转化为知识资本的现象。将知识资产转化为知识资本，可以降低企业的成本、促进知识的应用。如果没有这种转化，那么企业势必要投入一大笔资金购买相关技术或知识产权，增加企业经营的成本，也非常不利于将知识转化为实际的产品或生产力。

（2）个人需求因素

个人需求也是知识资本转化的前提。如果个人拥有知识，但不愿意把知识共享出来，没有交易换取利益的需求，那么知识资产也不能转化为知识资本。例如，因发表《物演通论》而名噪一时的王东岳曾在终南山长期隐居，过着远离世人、无欲无求的生活，但他于 2019 年复出，并在喜马拉雅音频平台上开讲收费的中西哲学启蒙课，这毫无疑问有他个人需求的因素，但他能将个人知识转化为知识资本，还是应该鼓励和称赞的。中国古代的知识分子常常因为气节和骨气，不惜饿肚子，也不愿为"五斗米折腰"，或者为了维护国家和民族利益，不愿意为侵略者服务或向无良的资本家出卖自己的知识，成为时代楷模或代代相传的榜样，这种行为是他们宁愿放弃个人利益而成就大义的表现，毫无疑问是现代知识分子应该学习的。虽然不管到了哪个年代，都还是要强调知识分子的品德和修为，但在知识经济时代，知识分子应在基本法律规定下积极地将个人的知识转化为知识资本，做利己、利民、利国、对社会发展有贡献的事情。当然，也要防止当今知识拥有者过于功利性的倾向。知识获利、知识共享成为当今社会的两难问题。过度功利性已使许多知识拥有者将知识私有化，仅把知识作为获利的工具，既忘记了知识共享，也忘记了应有的社会责任。这也是组织知识管理所面临的一个重要难题。

（3）知识环境因素

知识环境是形成知识资本的关键因素。社会有需求，个人也有意愿将知识进行投资，但没有适合的社会环境或组织环境，缺乏引导机制和适当的知识资本保护措施，知识资产也是难以转化为知识资本的。因此，从社会层面来说，必须树立起尊重知识、尊重人才的明确共识，必须建立起法律法规和制度，对知识的所有权、经营权、控制权、收益权、管理权等加以规范，才能确立知识在生产要素中的地位，创造一种良好的知识资本社会环境。从企业层面来说，通常人力资产要在一种宽松的组织环境下，在某些激励机制下才能转变成人力资本，因此，组织需要创造一种知识环境，使得员工愿意进行知识共享，将自己的知识贡献给组织，转化为组织的知识资产和资本。

在上述 3 个因素中，社会需求是知识资产转化为知识资本的大环境因素，个人需求是其前提条件。在两者同时具备的情况下，组织内的知识环境是知识资本形成的驱动因素。

4.5　知识资本的评估

知识资本是一种无形资产。由于无形资产不容易变现，多表现为隐性权益，与实物资产相比，一般不太容易获得银行和资产评估的信任。因此，知识资本在传统的财务报表和资产负债表上无法清楚地表示与评估，无形资产容易受到忽视和闲置浪费，缺乏妥善的管理（蒋景媛，2008）。很多知识型企业都存在管理重点配置的错误，对只占企业价值 20% ～ 30% 的有形资产建立严谨的管理制度，而对占有 80% ～ 90% 的智力资本缺少严密的管理。在知识经济时代，衡量企业经营的将不再是传统的资产负债表，而要考虑知识资本。因此，知识资本的度量具有重要的意义，这不但将引起现行会计、企业财务模式的变革，而且也会引起股票市场评估方法和运作模式的变化。

4.5.1　传统的资产评估方法

自从复式记账法被发明以来，人们就一直关心资本评估。在传统的财会体系下，资产评估主要是按照特定的目的，遵循客观经济规律和公正的准则，依照国家规定的法定标准、程序及传统财会评价体系与科目，运用科学的方法，以统一的货币单位，对资产的现有价值进行评定与估算。

一般来说，传统的资产评估方法主要包括成本评估法、市场评估法、收益评估法。

（1）成本评估法

成本评估是通过确定资产的更新成本来评估其价值的。这种方法依据的假设是新资产的价值等于产品在其寿命期内提供的服务所具有的经济价值。它的主要不足之处是成本与价值的相互关系。这种方法在应用于技术领域时问题尤其突出，一个经常引用的例子是美国政府 50 年利用建造核动力飞机的计划。这一最终被放弃的计划成本达几百万美元，但飞机的价值却是零，因为它不能飞。即使在更新成本有可能等于价值的情况下，也需要考虑很多复杂的因素。评估者需要计算出折扣值，因为更新的资产处于全新的状态，而实际资产的物理、使用、经济和法律寿命会减少。公式表示为：资产评估值 = 重置成本 − 实体性贬值 − 功能性贬值 − 经济性贬值。

（2）市场评估法

市场评估是依靠市场上其他人一致确定的价值来评估某种资产的价值。它的问题是需要有一个活跃的、公开的、正常的（未受扭曲的）市场，有可供比较的标准。

（3）收益评估法

收益评估是计算某一资产创造收益的能力。未来经济收益等于占有这笔资产所用资金的当前现金流动值。计算未来现金流动值要考虑固定资产的递增和流动资本的投资。计算公式表示为

$$PV = \sum_{t=1}^{N} B_t (1+i)^{-t}。 \tag{4-1}$$

计算现金流动的当前价值要使用正确的折现率，它一般来自银行贷款利率或者行业平均折现率。

以上 3 种评估方法在传统资本评估中也确实发挥了很大的作用，但它们在现代企业中的弊端也越来越明显。表 4-2 列出了 1995 年美国五大知名企业的有形净资产价值与各自的市场价值的差额。

表 4-2　1995 年美国五大知名企业的有形净资产价值与各自市场价值的差额（单位：亿美元）

公司	有形净资产	无形资产	市场价值	无形资产占比
微软	45	446	491	90.84%
IBM	225	315	540	58.33%
福特	214	86	300	28.67%
麦当劳	62	200	262	76.34%
可口可乐	52	734	786	93.38%

资料来源：于志安（2000）。

从表 4-2 可知，美国五大知名企业的无形资产在其市场价值中占比都非常高，因此传统的财会报表很难真实反映企业的知识资本价值情况。针对这种情况，国内外一些国

家和机构制定了对外报告智力资本的指导仿真和框架，以让组织对企业价值创造有一个清晰的认识（Subhash Asanga Abhayawansa，2014）。在很多情况下，监管机构、会计专业人士和学者推动了这些举措的实施。

4.5.2 知识资本的度量方法

知识资本的评价方法可以分为微观方法和宏观方法两个思路（霍海涛，2007）。其中，微观方法的思路是，它先将知识资本细分为各类独立的项目，针对每一个项目分别进行测算并相加求和，即得本企业知识资本总量；宏观方法的思路是，它对知识资本所包含的具体项目不进行分类区别，而是将企业知识资本视为一个整体来估算。微观方法需要进行细致的调查和评估，而宏观方法相对简明，但偏于笼统。

4.5.2.1 知识资本的微观评价方法

常用的微观评价方法有知识资本直接测量法和平衡计分卡法。

（1）知识资本直接测量法

该方法首先识别知识资本的各个组成部分，然后分别估算它们的货币价值，随后把各个组成部分的货币价值汇总作为组织的知识资本价值。这种方法的难点在于较难识别知识资本的各个组成部分。其中一些部分，如人力资本中的教育训练水平、结构资本中的信息系统、市场资本中的顾客忠诚度、知识产权资本中专利、诀窍类的技术资产的等较容易识别，其他部分较难识别。

在知识资本评估发展中，学者先后提出了直接测量法的知识资本价值评价体系模型，典型的有无形资产检测器模型（Intangible Assets Monitor）、斯堪迪亚的"导航器"模型（Skandia Navigator）和圣特·昂格知识资本模型（Saint-Onge IC-Model），它们对知识资本评估起到了很大的推动作用（于志安，2000）。

1）无形资产检测器模型

无形资产检测器模型（图4-3）由思威比于1996年正式提出，并在1997年出版的《新的组织财富》一书中得到进一步完善。

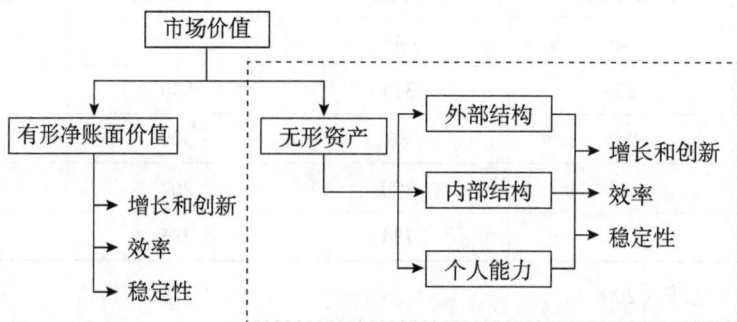

图4-3　无形资产检测器模型

[资料来源：于志安（2000）]

该模型认为，组织的市场价值由有形净账面价值和无形资产两部分组成，无形资产分为员工个人能力（Individual Competence）、内部结构（Internal Structure）、外部结构（External Structure）3 个部分，它们的评价指标分为增长和创新（Growth and Renewal）、效率（Efficiency）和稳定性（Stability）。

个人能力是指员工在各种情况下创造有形和无形资产的能力。这里的员工主要是指那些直接与顾客打交道的员工，包括那些不被组织雇用但却与顾客项目直接发生关系的供应商或"自由人"，但不包括组织的支持性功能领域的员工，即便他们是各自领域的专家，如财会专家、行政管理专家等。内部结构（组织）是指员工创建但归属于组织所有的知识产权、模型、程序系统等，还包括组织文化、企业精神、内部网络、日常支持性活动如会计、档案等。外部结构（顾客）是指与客户和供应商的关系、品牌、商标和信誉或形象等。

无形资产的 3 个组成部分和 3 类指标构成 3×3 的评价矩阵。增长和创新措施指标通常以投资的形式表示；效率指标包括生产力指标；而稳定性指标则与无形资产各组成部分相关的风险有关。评价矩阵的每个单元中的指标应基于公司的战略目标得出，因此，各公司的标准可能并不一致。

无形资产监视器模型作为传统财会制度的补充，受到很多高科技公司、服务公司、专家服务事务所等组织的重视，使人们充分认识到知识资本的重要作用。一些公司受到影响开始报告它们的无形资产。

2）斯坎迪亚"导航器"模型

埃德文森领导的工作组在评估斯坎迪亚保险财务服务公司的知识资本时，发布了世界上第一个公开的知识资本年度报告。埃德文森在对实践总结的基础上，广泛吸取其他成果，于 1997 年在与马龙合著的《知识资本》一书中提出斯坎迪亚"导航器"模型（图 4-4）。在书中，埃德文森以顾客、财务、流程、人力、更新与发展 5 个方面对斯坎迪亚保险财务服务公司的知识资本进行了分析与评估，形成了知识资本评估和管理模型。

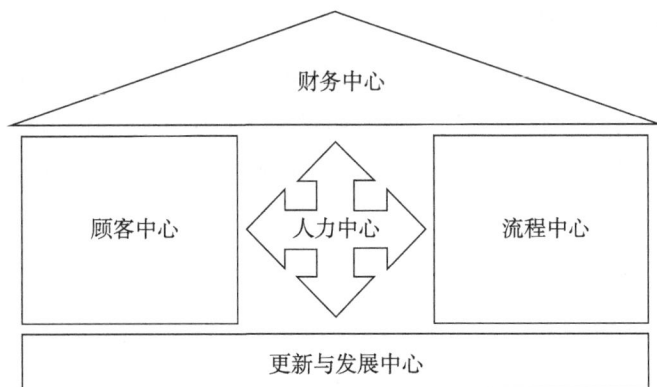

图 4-4　斯坎迪亚"导航器"模型

[资料来源：于志安（2000）]

斯坎迪亚"导航器"模型可以看作一个房子。其中，财务中心是房顶，代表了"过去"，它包括传统的资产负债表、利润表、现金流量表等，能精确地反映公司在某一时间运作的情况；顾客中心和流程中心是墙，代表了组织的"现在"；人力中心是房子的灵魂，它是整个模型中仅有的活动因素；更新与发展中心是平台或根基，它昭示着组织的"未来"。该模型的每个中心制定了目标和数量化指标，以强调水平和变化。虽然指标可能包括直接计数、金额、百分比和调查排名，但埃德文森鼓励使用百分比和货币价值，因为这样能更好地表示信息的情况和动态。

斯坎迪亚"导航器"模型强调数量指标，这与思威比的无形资产检测器模型存在明显的区别，思威比的模型允许包括定性的信息。斯坎迪亚"导航器"模型和平衡计分卡模型比较接近，它可以看作平衡积分卡的外部表现（External Representation），但它把更新与发展中心放在更重要的位置。

3）圣特·昂格知识资本模型

圣特·昂格知识资本模型由加拿大帝国银行（CIBC）发展部副总裁圣特·昂格（Hubert Saint-Onge）提出。该模型对埃德文森的顾客资本理论产生了较大影响。圣特·昂格认为，无形资产成为创造企业价值的重要源泉，因此，企业知识资本管理工作重点是无形资产的发展、维护、衡量和更新。企业知识资本由人力资本、顾客资本和结构资本3个部分构成，它们的定义如下。

①人力资本：解决顾客问题所需要的个人能力，由个人技能、思维方式和个性等因素构成。

②顾客资本：所有顾客关系的总和，即顾客的深度、广度、忠诚度和营利性。

③结构资本：满足市场需求所需要的企业能力，由企业战略、基础结构、企业流程与文化和企业核心能力构成。

从系统论角度看，知识资本3个构成部分均为存量，而它们之间的价值交流则属于流量，存量因为流量而增减。在企业中，只有顾客资本可以影响财务资本。如果顾客资本下降，那么财务资本迟早也会下降。而顾客资本受人力资本与结构资本流量的影响。结构资本不但与顾客资本直接发生作用，而且为人力资本创造价值提供"支持平台"。3个构成部分的关系可以用圣特·昂格知识资本模型体现，如图4-5所示。

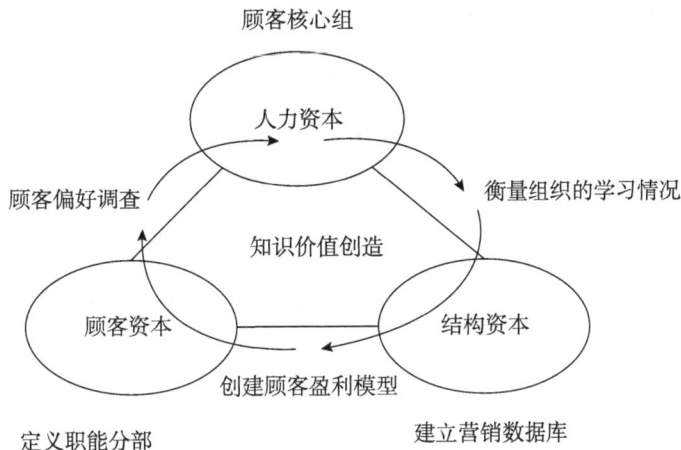

图 4-5　圣特·昂格知识资本模型

[资料来源：于志安（2000）]

圣特·昂格的研究主要集中在如何对组织中的隐性知识进行更有效的更新与管理方面。因此，就知识资本而言，他的基本观点是：通过对企业隐性知识的研究，我们可以发现提高其内部动态凝聚力的方法，进而改善企业未来的绩效。

（2）平衡计分卡法

平衡计分卡模型（Balanced Score-Card）由哈佛商学院教授罗伯特·卡普兰与诺兰公司总裁大卫·诺顿于 1992 年在《哈佛商业评论》上发表的文章《平衡记分卡——提高绩效的指标》中提出。该方法根据知识资本的构成要素制作相应的计分卡和图表，进行评估。平衡计分卡系统包括战略地图、平衡计分卡及个人计分卡、指标卡、行动方案、绩效考核量表。在直观的图表及职能卡片的展示下，抽象而概括性的部门职责、工作任务与承接关系等显得层次分明、量化清晰、简单明了。与知识资本直接测量法的不同之处是，该方法不需计算各构成要素的货币值。

平衡计分卡模型主要回答企业管理者以下 4 个问题。

①顾客如何看待我们？（How do customers see us?）

②我们必须擅长于做什么？（What must we excel at?）

③我们能够继续改进并创造价值吗？（Can we continue to improve and create value?）

④我们如何求助于股东？（How do we look to shareholders?）

平衡计分卡模型强调，传统的财务会计模式只能衡量过去发生的事项（落后的结果因素），但无法评估企业前瞻性的投资（领先的驱动因素），因此，组织必须通过客户、供应商、员工、组织流程、技术和革新方面的投资，获得持续发展的动力。正是基于这样的认识，组织应从财务（Financial）、顾客（Customer）、内部运营（Internal Business Processes）、学习与成长（Learning and Growth）4 个角度将远景和战略转变为一组四项绩效指标架构来评价组织的绩效（图 4-6）。

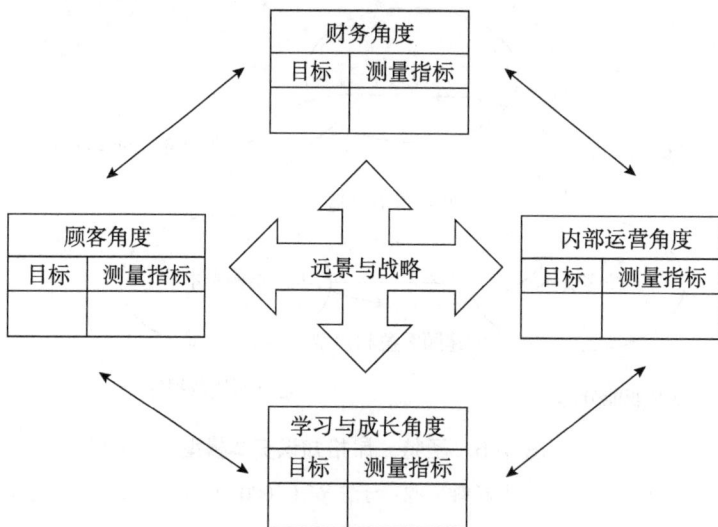

图 4-6 平衡计分卡模型

[资料来源：于志安（2000）]

平衡计分卡中的目标和指标来源于组织战略，它把组织的远景与战略转化为有形的目标和测量指标。从顾客角度看，管理者确认了组织将要参与竞争的顾客和市场部分，从顾客最关注的时间、质量、绩效与服务和成本出发，将其转换成一组指标，如市场份额、顾客留住率、顾客获得率、顾客满意度、顾客获利水平等。从内部运营角度看，组织为了留住目标市场上的顾客，满足股东对财务回报的要求，管理者需要关注对顾客满意度和组织财务目标影响最大的内部过程，将其转换为一组指标，如产品周期、产品质量、员工技能、生产能力等。从学习和成长角度看，组织为了实现长期的业绩而必须进行对未来的投资，包括雇员的能力、组织的信息系统等，并将其转换为一组指标，如来自新产品的销售收入占比、消化新技术的时间、新产品上市时间等。从财务角度看，组织在上述各个方面的成功必须转化为财务上的最终成功，如实现销售额的增加、经营费用的减少、资金周转率的提高等。

平衡计分卡将企业战略逐层分解转化为各种具体的相互平衡的绩效考核指标体系，并对这些指标的实现状况进行不同时段的考核，从而为企业战略目标的完成建立起可靠的执行基础。它反映了以下 5 个方面的平衡。

①财务指标和非财务指标的平衡。企业考核的一般是财务指标，而对非财务指标（客户、内部流程、学习与成长）的考核很少，即使有对非财务指标的考核，也只是定性的说明，缺乏量化的考核，缺乏系统性和全面性。

②企业的长期目标和短期目标的平衡。平衡计分卡是一套战略执行的管理系统，如果以系统的观点来看平衡计分卡的实施过程，则战略是输入，财务是输出。

③结果性指标与动因性指标之间的平衡。平衡计分卡以有效完成战略为动因，以可

衡量的指标为目标管理的结果，寻求结果性指标与动因性指标之间的平衡。

　　④企业组织内部群体与外部群体的平衡。在平衡计分卡中，股东与客户为外部群体，员工和内部业务流程是内部群体，平衡计分卡可以发挥在有效执行战略的过程中平衡这些群体间利益的重要性。

　　⑤领先指标与滞后指标之间的平衡。财务、客户、内部流程、学习与成长这四个方面包含了领先指标和滞后指标。财务指标就是一个滞后指标，它只能反映公司上一年度发生的情况，不能告诉企业如何改善业绩和可持续发展。而对于后 3 项领先指标的关注，使企业达到了领先指标和滞后指标之间的平衡。

4.5.2.2　知识资本的宏观评价方法

　　常见的宏观评价方法主要有市场价值法和资产收益法。

　　（1）市场价值法

　　该方法将组织的市场资本与账面净产值之间的差额作为知识资本的价值。这种方法的难点在于确定公司的市场资本价值。典型的有市场与账面价值差额法（Market-to-book Value）、托宾的 Q 值系数法（Tobin's Q Ratio）。

　　1）市场与账面价值差额法

　　该方法来自艾德温森（Edvinsson）和沙利文（Sullivin）给知识资本下的定义，即知识资本 = 市场价值 – 账面价值。例如，对上市公司来说，其市场价值可以用企业的股票市值表示，账面价值是企业资产负债表上确认的资产的价值总和。对于非上市公司来说，其市场价值较难估算，一种替代方案是采用自由现金流法，将企业未来各期的自由现金折现值作为企业的市场价值。

$$V = \sum_{t=1}^{N} \frac{FCF_t}{(1+r)^t}。 \tag{4-2}$$

其中，FCF 是企业的自由现金流，其计算公式为：FCF= 利息 + 净利润 – 营运资本增量 – 净投资；r 为企业资本成本，其值一般通过经验或行业平均值确定；N 为计算期年限。

　　在采用该方法确定知识资本价值时可能存在较大的偏差，这是特别需要注意的地方。由于非上市公司未来的生存期限、自由现金流存在很大的不确定性，因此采用该方法确定的知识资本价值可信度不高。上市公司的市场价值虽然能够很容易地确定，但证券市场变化无常，有资本炒作的问题，所以股票市值并不能代表企业真正的市场价值，既可能高估，也可能低估。账面价值也可能存在与实际资产价值不符的问题，例如，美国政府为了鼓励企业投资，允许企业申报资产折旧比率大于实际折旧的速度，这实际上降低了企业的账面价值（叶莎莎，2007）。

　　2）托宾的 Q 值系数法

　　该方法由诺贝尔经济学奖得主詹姆斯托宾（James Tobin）于 1981 年提出。Q 值系数是用来预测投资行为的一个参数，它是公司的市场价值与公司资产重置成本的比值。

Q 值主要被用来预测在经济因素之外的企业投资决策。当 Q<1 时，表示市场价值小于重置成本，企业购买现成的资本产品比新生成的资本产品更便宜，这样就会减少资本需求；当 Q>1 时，表示市场价值高于重置成本，购买新生产的资本产品更有利，这将会增加投资的需求。当 Q 值非常高时，企业的投资行为就能获得超额利润，而超额利润的源泉正是知识资本。

该方法不仅可以分析一家企业的资产价值，也可以用于对个别资产的评价，账面价值不会因为折旧速度过快而被低估。因此，该方法克服了企业账面价值受公司会计政策影响的局限，从而有利于不同企业之间的比较，尤其是同行业间的比较。但该方法会随着会计方法的变化而变化，它不能告诉人们哪些地方做错了、哪些地方需要加强、企业如何进一步创造价值、如何防止被模仿和替代，以及如何利用其知识资产获得可持续的竞争优势。

（2）资产收益法

该方法首先计算企业一段时间内的税前平均收益与平均有形资产价值的比值，即公司的资产收益。其次，将该比值与行业平均值进行比较，如果超过行业平均值，则这个差值是正的。然后，将这个正的差值乘以公司有形资产的平均值，得到公司的平均年收益。最后，将平均年收益用公司的平均资本成本或利率除，得到的值作为知识资本价值。这种方法的优势是不需要识别知识资本的构成要素，难点在于获得所需的行业各项财务指标值。典型的有 NCI 研究中心提出的无形资产价值测算法（Calculated Intangible Value，CIV）和 Baruch Lev 提出的知识资本价值法（Knowledge Capital Value，KCV）。

1）无形资产价值测算法

该方法由美国西北大学 Kellogg 商学院附属机构 NCI 研究中心提出，目的在于协助政府扶持知识密集型产业。它能估算出知识资本的价值，帮助银行对拥有较多无形资产的企业融资需求做出决策。

该方法以行业平均有形资产收益率为基础，将公司有形资产收益中超出行业平均水平的收益部分，视为知识资本创造的超额经济利润，然后再根据此计算知识资本的数量。该方法分为以下 8 个步骤。

①计算一家公司 3 年的平均税前收益。

②根据资产负债表中的数据计算该公司 3 年的平均年末有形资产的价值。

③用税前收益除以平均有形资产得到资产回报率。

④计算同期整个行业的平均资产回报率。

⑤用行业平均资产回报率乘以有形资产得到行业平均水平下的税前收益。

⑥用公司的税前收益减去行业平均收益得到公司的超额收益。

⑦计算 3 年的平均所得税率，并由此计算出税后超额收益，这部分收益就是对知识资本投资的回报。

⑧计算税后超额收益的净现值，即用该值除以公司的资本成本，得到的结果就是没

有体现再资产负债表中的知识资本的价值。

显然，税后超额收益代表了一家企业运用无形资产超过同行业的能力。运用该方法，我们不仅可以了解企业无形资产的多少，还可以判断企业在行业中的地位。

2）知识资本价值法

知识资本价值法由纽约大学教授 Baruch Lev 提出。Baruch Lev 的知识资产方法认为有 3 类资产参与了盈余的创造，它们分别是：实体资产（Physical Assets）或有形资产（Tangible Assets）、财务资产（Financial Assets）、非物质资产（Immaterial Assets）或知识资本（Intellectual Capital）（Hamad，2019）。实体资产和财务资产的获得基于公司的资产负债表。知识资本的 5 种计算方法（霍海涛，2007）如下。

①利用公司过去 3 年的实际盈余和未来 3 年的预期盈余来估算公司平均的每年盈余。

②从资产负债表中找出公司财务资产的总值，估计其平均税后报酬率，两者相乘后即可算出财务资产可获得的盈余。

③公司实体资产的总值乘上其平均税后报酬率，计算出可从实体资产赚得的盈余。

④将平均每年盈余扣除从财务资产及实体资产得到的盈余，剩下的即为知识资本盈余。

⑤将知识资本盈余除以知识资本折现率，即可得到知识资本的现值（价值）。

财务资产的预期报酬率可以采用 10 年期国债的收益率来替代。该方法与无形资产价值测算法最大的不同之处是在计算平均每年盈余时考虑了未来 3 年的预期盈余。

在实际中，知识资本评估是一件困难的工作，从理论层面上看，现有评估方法缺乏统一框架；从实践层面上看，知识资本评估研究相对滞后的直接后果是造成了知识管理的失败；从经济学理论上看，知识的隐含性和间接性特征，以及现有研究框架的"物质资本观念"是评估困难的根源（蒋景媛，2008）。

4.6 组织知识资本的管理和运行

4.6.1 组织知识的价值链

知识管理的主要对象包括存储在员工、组织和跨组织中的知识。员工的知识产生了人力资本，组织的知识产生了结构资本（这里仍将知识产权资本看作一种结构资本），跨组织的知识产生了市场资本（顾客资本）。这 3 种资本的运营可以为组织带来核心竞争力，促进组织业绩和能力等的成长、产品或市场等的创新、生产力的提高，为企业创造价值。创造价值的过程如图 4-7 所示。

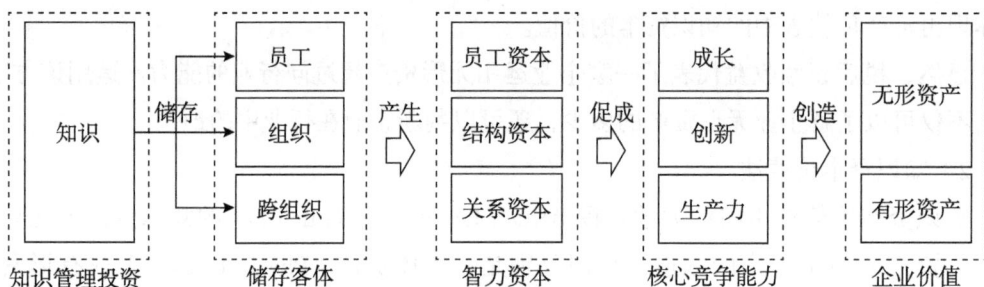

图 4-7　创造价值的过程

[资料来源：廖开际（2014）]

在知识管理创造价值的过程中，会形成一条重要的知识价值链，让知识真正成为组织生产力和发展的驱动力，最终达到组织价值的最大化。知识管理的输出主要包括四个部分：提高生产效率的技术知识，提高知识密集型实体商品知识含量的技术知识，知识商品，组织的知识资产（廖开际，2014）。企业利用以上输出内容，一方面可以通过商品交易获得价值；另一方面可以将知识资产转化为知识资本，通过资本经营获得价值。

4.6.2　知识资本的运作

知识资本的运作是指如何通过面向内部的有效管理发挥知识资本的作用，分为个人运作和组织运作。

个人运作自身的知识资本主要有 3 种方式。第一种方式是将个人的知识以个人投资的方式获得收益；第二种方式是将个人知识形成知识商品出售而获得收益；第三种方式是将个人知识融入实体商品，通过商品的销售获得收益。

组织通过知识管理将个人知识资产先转变为组织的知识资产，然后组织知识资产再通过以下 3 种方式运作创造价值。第一种方式是将个人创新的知识融入实体商品生产过程中或实体商品中，再通过创新的产品为组织带来效益；第二种方式是众多员工的个人知识变为组织的知识商品，再通过知识商品的生产销售获取收益；第三种方式是通过知识资本运营的方式，或者将个人的知识以入股的形式参与组织经营管理，或者将个人知识资产转化为组织知识资产后再进行资本运营。

知识产权是现代企业知识资产的主要形式。在企业创新发展中，为了使知识产权的价值最大化，往往需要进行资本化运作。知识产权的资本化运作有以下 4 种表现形式（倪佳慧，2017）。

第一种是知识产权交易。知识产权交易由于具有非独立性、不稳定性、无形性、非物质性等特点，与一般的交易有所不同。不同的交易形式，如单纯的资产权属转移、资产许可使用或整体收购公司的转移程序会有所不同。有时会需要进行技术限制审批，如美国外国投资委员会要求进行备案。在企业对创新和研发进行投资或并购企业时，需要做好战略评估和尽职调查。在进行战略评估时要考虑 4 个方面的因素：知识产权技术与产业战略相关和协同效应，知识产权的地域布局与产业市场的契合，知识产权创作团队对未来发展的认可度，知识产权权利与企业价值增长的一致性。在尽职调查中要确定好调查的客体、相关价值和风险，包括涉及的业务范围和知识产权类型；权利主张范围、权利状态与稳定性、与业务的关联程度；权属是否独立，许可还是质押，权利是否自由运用、纠纷如何解决，权利何时失效终止等。当知识产权转移时需要进行交割，在交割时要进行专利、商标、域名等清单的核对，文档、证书等文件的转移和验收，根据法律完成权利交割的登记备案，对交割对象进行评估、梳理、续费等。

第二种是知识产权质押。常见的是专利质押，通过质押获得企业需要的贷款资金。由于专利资产流动性低、变现周期长，专利存在质押难的问题。可以采用组合质押的方式，例如，将客户订单、商业秘密等一起进行组合质押，降低银行对专利等无形资产质押的疑虑。银行在遇到质押专利的债权人不能还贷时，可以对专利进行转售、对潜在的需求人许可专利以获得专利许可费，也可以把债券转变为股权。

第三种是知识产权证券化。知识产权证券化是一种更有市场前景的方式，以知识产权的未来许可使用费，包括预期的知识产权许可使用费和已签署的许可合同保证支付的使用费为支撑，发行资产证券进行融资。知识产权证券化为挖掘知识产权价值，促进知识产权转化，推动科技进步，提供了有效的金融支持手段（张滢，2009）。例如，美国Pullman Group 于 1997 年以 David Bowie 所出版唱片特许使用权为支持发行证券，成功地从资本市场融资 5500 万美元，成为第一笔知识产权证券化交易。

第四种是知识产权保险。知识产权保险是由市场需求催生出来的。通过保险，企业可以把知识产权本身和运营中的不确定风险提前转移给保险公司。例如，1994 年，美国皮茨堡 AIG 美国国际集团签发了全球首单专利侵权责任保险；2016 年，中国自贸区一家生物医药公司购买了知识产权复合险，用一张保单覆盖了全球 42 个国家的知识产权风险；同样是 2016 年，中国一家数字电视公司为其签约的 14 份标准必要专利池的许可合同进行投保，为其合同履行过程中的权利纠纷、许可费的追讨等风险提供保障。

无论哪种资本化运作，都离不开对知识产权价值的分析评估。然而，对知识产权资产的评估是一件很不容易的事情。专利是一个立体的、高度多元化的价值形态，专利评估数据绝不仅是一个单纯的数字，而是涵盖了专利本身价值、商业价值的各个方面。目前，专利评估技术不断发展，但由于其涉及多学科领域的交叉，如法学、经济学、会计学、计算机科学等，在开发中存在很多壁垒。

4.6.3　知识资本的运营

组织知识资本的运营是指如何通过面向外部的经营发挥知识资本的价值，包括人力资本的运营、结构资本的运营、市场资本的运营、知识产权资本的运营。

4.6.3.1　人力资本的运营

人力资源是组织最宝贵的财富之一。随着全球化的深入和虚拟化组织的出现，人力资本输出不但可以为输出方带来收益，而且可以为接受方带来收益，这本质上是两个组织之间人力资本的合作，可以达到双赢的目的。现在，很多企业将生产外包、营销外包、售后服务外包，而企业专攻自己擅长的重点发展的业务，而将非核心业务委托给外部的专业团队来运营。例如，苹果公司将生产委托给富士康，自己专心产品的研发和设计，成为手机、平板电脑、音乐播放器等电子消费行业创新的世界领导者，为苹果公司带来巨额财富；而富士康专攻制造部分，成为全球最大的电子科技智造服务商。另一个例子是全通教育对知名财经作家吴晓波公司的股权收购案例。2020 年 3 月 17 日，A 股上市公司全通教育发布公告称拟收购财经著名作家吴晓波的杭州巴九灵公司 96% 的股权。第二天，全通教育股价大涨。单从这次资本运作看，吴晓波收获了实实在在的股权和收益，而亏损 6.21 亿元的全通教育借助吴晓波的名气提升了长期低迷的股价，给投资者以信心。

4.6.3.2　结构资本的运营

组织的结构资产也是组织的一项重要知识资产，是指组织实施良好的组织管理而形成的有效组织结构、运营方式、人才配置、管理体制、组织文化等知识资产。组织结构资产的资本化运营往往很困难，因为这涉及整个的管理水平、组织架构、运营状态等一系列因素。组织结构资产可以作为商品进行交易，常见的手段是商业上的收购和并购，如美团对摩拜单车的收购。组织结构资产同样可以作为股权注入其他的企业，作为获得经营管理权和经济剩余分配权。这方面的一个例子是发生在郑州的"商战"，亚细亚商场获得成功后开始了利用其结构资本的扩张之路，当时很多国有百货商店亏损严重，亚细亚只派出少量干部到这些百货商店，引入它的管理体系和经营方式，仍保留原有的绝大多数管理人员和员工，并没有注入货币资本，却让这些百货商店起死回生。

4.6.3.3　市场资本的运营

市场资产是指组织拥有的市场份额、市场网络资源、市场网络容量、市场营销能力、市场品牌效应、市场信用度等要素，这些要素通过组织的营销网络、物流网络、信息网络、人才网络、客户网络、供应商网络、合作伙伴网络等发挥价值。组织要生存和发展，面临着与投资者或股东、供应商、客户、竞争者、社会团体、金融界、政府部门、全球社会大环境等外部环境的交流和互动，因此组织能否与他们建立起良好的关系网络和沟通网络，将大大影响其市场资产的价值。将市场资产转化为市场资本进行运营，同样可以有进入交易领域和投资两种主要方式。烟台牟平的一家生物制药企业，研发的产品对肿瘤患者化疗后提高免疫力有很大帮助，但在将这款药品推向市场时遇到不少挫折，一个主要原因是企业没有良好的市场网络和关系资源，一直得不到新药认证资格；后来，通过与石药集团商谈后，由石药集团并购了这家企业，成立石药百科生物有限公司；很快，石药集团利用自己良好的市场和关系资源取得了相关资质，并将这款新药推向市场。

4.6.3.4　知识产权资本的运营

知识产权是组织一种重要的知识资产。知识产权主要包括著作权、商标权、专利权等。善于利用和经营知识产权资本的组织将获得更多的市场机会和更大的商业利润。将知识产权像货币一样投入商业过程中，为组织带来价值，才能将知识产权资产变为知识产权资本（车燕燕，2020）。知识产权资本的运营方式主要有以下 3 种。

（1）通过商品交易获得价值

这种方式既可以将知识产权融入实体商品或服务中，通过实体商品和服务的营销体现知识产权的价值，也可以通过知识产权交易获得收益。例如，IBM 非常重视知识产权的投入，在全世界拥有近 3.4 万项专利，其中在美国有 1.9 万项专利。单在 2000 年，IBM 公司便在美国专利和商标局获得 2886 项专利，其全部知识产权创造了 10 亿美元的使用权收入（吉雨，2001）。2008—2017 年，IBM 公司通过出售或者转让、许可、个性化定制服务 3 种组合运营，其每年的 IP 总营收除了在 2013—2015 年低于 10 亿美元（2013 年为 8.22 亿美元、2014 年为 7.42 亿美元、2015 年为 6.82 亿美元），其余年份营收都在 10 亿美元以上。也就是说，通过拥有的知识产权运营，该公司每年可以获得 70 亿元左右的人民币汇款，占其每年纯利润的 10% 左右（张智为，2019）。

（2）将知识产权作为资本进行运营

随着知识在生产和经营中的作用越来越大，绝大多数组织都已经认可知识产权的商业价值，愿意接受知识产权作为资本来发挥作用。例如，现在不少企业愿意给一些持有某项发明或技术的技术人员"干股"，就是这个观点明显的证明。将知识产权作为资本经营，有以下 3 种途径。一是将知识产权作为资本向另一个组织进行投资，例如，将知识产权以股本形式投资到一个企业中，根据持股比例享有相关权利和义务。二是将知识产权以资本和负债的形式进行投资。这是指知识产权所有者不仅以知识产权作为出资的资本，还要向被投资的企业收取使用费。三是将知识产权向其他企业发放"特许经营权"，向接受方收取知识产权的使用费。例如，麦当劳、肯德基在全球很多国家开设的连锁店，并非他们自己在经营，而是将其一套经营管理指南、产品手册和品牌等授权给连锁店使用，并每年收取特许经营费。

（3）通过知识产权保护自身市场地位

这种方式还体现在通过知识产权保护自己的市场地位和商业利益。例如，广药集团通过"王老吉"品牌的成功运作，其年销售额达到 160 亿元；苹果公司基于品牌运营的考虑，成功整合了苹果 i 系列商标（iPod、iPhone、iPad），极大地巩固了其市场地位。知识产权已不再仅是一项单纯的财产权利，它在企业资本经营中所占的比例及发挥的作用越来越大。例如，企业可以通过围墙式专利布局，不但考虑自己的实现方案，而且考虑竞争对手可能的其他实现方案，将这些可能的方案均申请专利保护起来，就像是建立一条宽宽的围墙，将竞争对手挡在外面。围墙式布局的典型案例是苹果公司申请的滑动解锁专利。滑动解锁功能是苹果 iPhone 4 推出的一项功能，用来防止手机被误触碰后而触发工作。这项功能推出后即受到了消费者的喜爱，各大手机厂商均推出了类似的功能。iPhone 4 采用的滑动解锁是拉门栓似的按照预定路径滑动和做解锁判断的方案，苹果在 2005 年 11 月 23 日在美国申请了专利并获得授权，专利号为 US7，657，849；于 2006 年在中国申请专利，于 2010 年 12 月 29 日获得授权，专利号为 CN200680052770.4。但其实苹果围绕滑动检索申请了多项专利，包括 2009 年 7 月 2 日申请的触摸动作区域解锁（US8，046，721）、2011 年 8 月 5 日申请的解锁图像移动区域解锁（US8，286，103）、2012 年 7 月 31 日申请的事件解锁（US8，640，057）等，围绕滑动解锁形成了一堵严密的保护墙。

本章思考题

1. 知识产品有哪些特点？
2. 什么是知识资产？什么是知识资本？它们有什么区别？
3. 从知识资产到知识资本转化的因素有哪些？
4. 简述知识资本的主要评估方法。
5. 简述现代企业如何进行知识资本运作。

第 5 章 知识管理的 管理流程视角

> 流出决定流入。除非你允许它流出，否则你不会知道其实你早已拥有它。
>
> ——埃克哈特·托利《当下的力量》
>
> 藏书不难，能看为难；看书不难，能读为难；读书不难，能用为难。
>
> ——张潮《幽梦影》
>
> 明晰知识管理流程的内容是组织知识得以程序化、系统化管理的保障。在知识管理流程中，知识分享和知识利用是两项重要的管理内容。知识在分享过程中扩大了其效应和价值；知识利用则是知识从理论到实践的转化过程，也是实现从知识到价值飞跃的过程。由于组织中的每一个业务流程均可能涉及知识管理的各个活动，因此能够建立知识链接和存储记忆的知识库便成为现代企业实现业务流程与知识管理整合的重要基础设施。

企业是一个获取知识、创建知识、转化知识的知识系统。以流程为中心的知识管理把知识管理分为若干过程，然后对每一个过程中的内容进行研究，探讨在过程中如何有效地管理知识，如何使知识管理与业务流程整合，使知识发挥出重要的作用。

5.1 主要的流程管理理论

简而言之，流程是一组相关的活动。业务流程就是组织为实现经营目标而开展的一组相关的业务活动，它把一个或多个输入转化为对顾客有价值的输出（崔树银，2006）。例如，可以把炒菜流程分为洗菜、切菜、放锅开火、放油、放菜、加调料、出锅 7 个活动。每一个活动对完成炒菜都很重要，都是必不可少的一个环节。假如不洗菜就开始切菜，那么菜上的泥沙很可能让最后的菜没办法食用；同样，假如没有加调料这个环节，那么最后的菜也可能会很难吃。如果想把菜做得美味，就要在每一个活动中下功夫，把每个环节都做得尽善尽美。流程管理中如果有一个活动出现问题，那么这个问题就会传导下去，影响整个菜品的质量。由于人类的一切复杂活动都需要一定的知识才能完成，因此，组织的所有业务流程都必然蕴涵着知识及知识的流动，并体现为一系列的知识活动。

从知识管理的角度，流程知识也是组织知识的重要组成部分，流程知识不仅包括流程本身的知识，还包括在流程中被创造和应用的知识。弗朗霍夫（Fraunhofer）知识管理模型在欧洲被视为最有价值的整体知识管理模型之一，它揭示了业务流程与知识管理流程的关系（图 5-1）。该模型的第一层是能为组织带来价值增值的业务流程，它不但是知识的发源地，而且是知识发挥作用的场所。第二层是知识管理的核心流程，它通过产生知识、储存知识、传递知识和应用知识等管理活动使知识在业务流程中发挥作用。由此可见，知识管理流程和业务流程相伴而生，但并不是一一对应的，而是每一个业务流程的活动均可能涉及知识管理的各个流程活动，或者说知识管理流程的各个活动均可能在每一个业务流程活动中产生。因此，为了整合业务流程和知识管理流程，一个切实可行的手段就是借助信息技术手段，构建面向流程的知识管理系统，利用知识库来建立知识与流程的连接，达到将最恰当的知识在最恰当的时间传递给最恰当的人的知识管理目标。需要说明的是，这里强调信息技术和知识库，并不是否认组织战略、文化、领导、激励等管理机制的重要作用，恰恰相反，它们是知识管理和业务融合的重要保障。

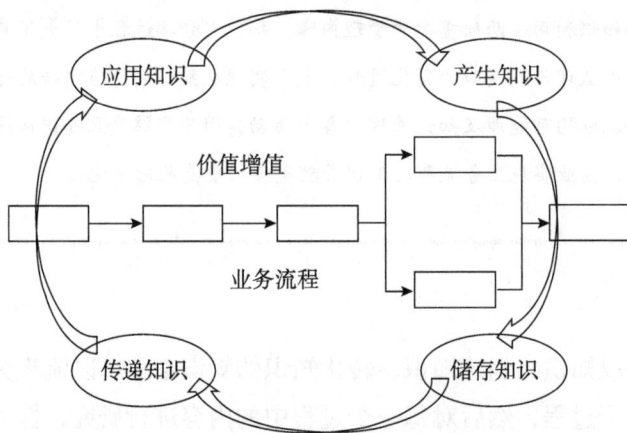

图 5-1 业务流程与知识管理流程单关系
[资料来源：崔树银（2006）]

因此，知识管理流程是知识管理实践中无法回避的一个重要问题，它不但关系着组织业务流程的价值增值、组织经营目标的实现，而且在一定程度上影响了组织知识管理的具体模式，并且体现了知识管理活动的特征。那么，知识管理从流程上看包括哪些步骤？每个步骤要做的工作有哪些？不同学者有不同的认识，有些学者认为知识管理流程包含 3 个步骤，有些学者认为包含 4 个步骤，还有些学者认为包含 7 个步骤（表 5–1）。

表 5–1　知识管理流程的不同认识

提出学者	步骤数 / 步	主要分类
DiBella & Nevis（1998）	3	获取、传播、利用
Wiig（1993）	4	创造与获取、编辑与转化、传播、利用与价值实现
廖开际（2014）	5	定义、生产、加工与存储、共享、利用
Arthur Anderson 咨询公司和 APQC（1996）	7	定义、采集、适应、组织、利用、分享、创造
Beckman（1997）	8	定义、获取、选择、存储、分享、利用、创造、销售

资料来源：廖开际（2014）。

虽然不同学者对知识管理包含的流程有不同的认识和理解，但我们应该看到从流程上看，知识管理有一个大致的过程，首先是知识的生产或获取，其次是知识的加工与存储，最后是知识的共享与利用。同时，我们应该认识到，知识管理并不一定是一个完全线性的流程，多个步骤可能同时发生，也可能重复循环。例如，知识在获取后得以存储和共享，共享后可能又产生新的知识，这个新的知识得到存储后又被利用，利用后又产生新的知识并进一步被存储和利用等。

本书采用廖开际的 5 个流程学说，认为知识管理流程包括知识定义、生产、加工与存储、共享与转移、利用 5 个步骤。

5.2　知识定义

获取知识是知识管理的第一步。知识定义是获取组织所需知识的前提。

5.2.1　知识定义的概念

知识定义（Knowledge Identification）是识别组织所需知识的过程，着重解决"何人、何时、需要何种知识"的问题。一般来说，识别组织所需的知识要从组织的战略需求出发。战略是一种从全局考虑谋划实现全局目标的规划。落实到知识管理上，就是从组织的总体战略和目标出发，将组织内外部有价值的知识视为最重要的资源，通过一系列策略和方法来实现有效管理，从而提高组织知识创新能力，形成并保持组织的核心竞争力。因此，知识管理需要开展以下 5 项工作。

（1）从知识管理战略需要出发，回答我们需要哪些知识的问题。

（2）对组织内部知识进行调查，了解组织目前拥有哪些知识，这是内部知识定义需要完成的任务。

（3）基于内部知识定义，了解知识缺口，即和战略需要的知识相比，组织内部知识是否能满足要求，若不能满足要求，则还缺乏哪些知识。

（4）针对知识缺口，了解哪些需要的知识是外部存在且可以通过一定策略或方法获取的，这是外部知识定义的任务。

（5）针对知识缺口中外部不存在的知识，或者外部存在但不可获取的知识，研究自己如何创造所需的知识。

图 5-2 显示了知识定义及两类知识缺口。其中，第一类知识缺口是组织内部没有的，但是外部存在的、可以从外部获取的知识，第二类知识缺口是外部没有的、尚未存在的知识。外部存在但不可获取的知识从现实上考虑，应该归到第二类知识缺口。

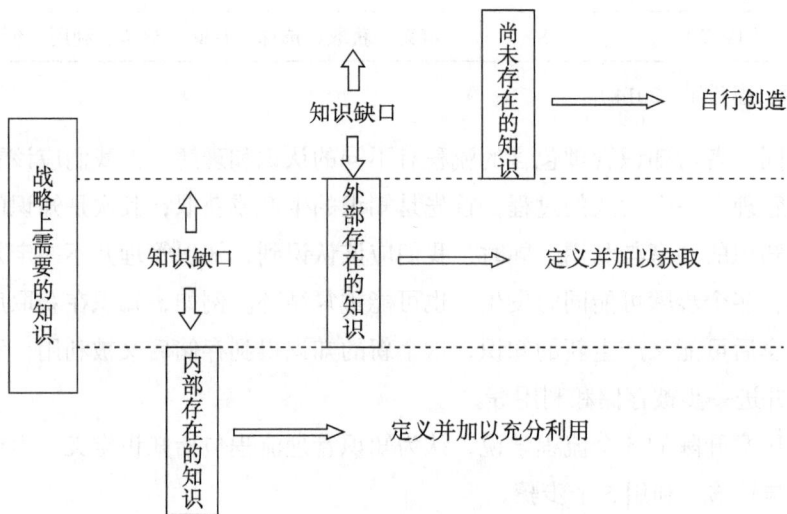

图 5-2　知识定义及两类知识缺口

[资料来源：廖开际（2014）]

因此，组织的知识定义是指"组织为了获得需要的重要知识，以及有效利用既有的知识，必须清楚了解其内部、外部存在着哪些重要的知识"。知识定义分为内部知识定义和外部知识定义。内部知识定义就是识别组织内部有哪些知识，尤其是战略需求的知识的过程，包括哪些人有哪些知识、哪些团队有哪些知识、组织内部有哪些知识库、这些知识库的内容和格式是什么样的等。外部知识定义是识别组织外部存在哪些组织发展所需的知识，尤其是战略实施所需要的知识的过程，包括哪些外部机构、外部人才有组织所需要的知识和组织通过什么渠道或方式能够获取所需的知识等。

5.2.2　组织内部知识定义

5.2.2.1　内部知识定义的原因

虽然大多数组织意识到知识管理的重要性，但一般组织如果不经过内部知识定义，则是不太清楚自己内部的知识状况、结构以及分布情况的，甚至对组织所需要的重要且有价值的知识都不了解。造成这种状况的主要原因有 6 个方面：①缺乏专人负责，知识管理工作随意、没有组织化和制度化；②知识爆炸带来的知识超载，使得员工很容易迷失在信息的海洋里；③人员流动速度快，造成已有知识没有记录或保存而永久丢失；④企业流程再造造成人员流失，严重的会造成重要的隐性知识流失；⑤组织内部各自为政，部门间缺乏沟通和知识协作；⑥群组知识的动态性与内在性，使得群组知识随着团队的解散或重组而流失。

组织内部知识缺乏有效的定义会给组织知识管理带来严重的后果。从战略层面上看，组织无法了解知识的缺口；即便组织认识到战略需要的知识，但由于不太确认组织本身目前存有哪些知识，对知识缺口认识不清，也无从了解未来需要获取或创造哪些重要知识，造成组织战略决策上的被动。从操作层面上看，由于不了解内部知识状况，常常花费巨额资源开发已存在的知识，造成知识重新开发的浪费，在遇到实际问题时也因为不掌握内部专家资料或过往经验而无法快速有效地解决问题。从资源利用层面上看，大量宝贵的知识由于没有得到识别而长期闲置，或者员工不了解内部知识造成知识重复利用率过低，无法充分发挥及利用既有价值的知识，对内部专家技能和团队知识的忽视会造成人才的错误评估与配置，甚至错误地将有价值的人才解聘。例如，20 世纪 90 年代，某地方国营酒精厂出现经营困难，不得不启动员工下岗工作。其中一个技术人员自主研发了固体酒精，但并未得到厂领导的重视，在下岗潮中因没有背景被错误辞退。该技术人员下岗后马上被一家民营企业高薪聘用，他研发的固体酒精产品很快帮助该民营企业发展壮大，而该地方国企由于没有抓住市场机遇，很快破产倒闭。这个故事虽然已经过去很多年，但直到现在有不少组织仍然在犯相似的错误。

5.2.2.2　内部知识定义的内容

组织内部知识定义的主要内容包括识别员工的知识、团队的知识、工作的知识和组织的知识。员工的知识主要包括掌握每位员工具备哪些知识、谁最适合担任某项工作、员工的知识规划、专家的经验等。团队的知识主要掌握团队的集体知识、团队的最佳组合方式、团队的项目经验和教训、非正式人际网络等。团队的知识一般具有不可分割性、集体共有性、容易流失性、效应性和内在性（廖开际，2014）。工作的知识主要掌握重要工作的相关知识、工作成功的知识、工作流程的知识等。组织的知识主要掌握有效解决问题的知识、知识产权、组织重要的价值观、哲学与文化、最佳实践等。

内部知识定义的目标要考虑静态和动态两个方面，遵循知识定义的选择性和内外部兼顾两项原则。从静态方面，要充分了解知识的位置、最佳实践、相关文件与知识的获取途径、人际关系等。从动态的追踪和更新方面，要追踪知识的流失、了解知识的流程渠道、追踪内部的新知识变化、及时更新内部知识定义，防止有价值知识的消失。知识定义的选择性原则是指知识定义要从组织战略需求出发，抓住重点和关键，不能"眉毛胡子一把抓"。内外部兼顾原则是指知识定义不能只盯着自己内部的知识，还要了解对应的外部知识情况，发现内部不合时宜和落后的知识，及时把外部知识转变为内部知识，加强内部知识的优势、淘汰落后的内部知识、更新有价值的知识，保证知识的鲜活性和先进性。

5.2.2.3 内部知识定义的方法和工具

（1）个人知识定义

专家黄页和知识地图是个人知识定义的两种主要工具。其中，专家黄页主要用于员工技能的定义方面，知识地图主要用在企业知识资源的定义方面。

专家黄页记录了组织最常遇到的问题、解决相关问题的最优秀的组织内外部专家、这些专家的基本情况和联系方式等。在制作专家黄页时要注意保护专家的隐私权，尤其是在企业网站公开的信息，同时也要让专家黄页信息能准确地反映专家的专长和专家认可的联系方式。

知识地图的概念最早是由英国情报学家布鲁克斯（Brooks）提出的，他认为人类的知识结构可以绘制成各个单元概念为节点的学科认识图（周文杰，2020）。在企业知识管理中，一般认为，知识地图是一种知识管理系统技术与因特网技术相结合的新型知识管理技术，它的目的是实现知识库转换为相应的知识图，以发现知识资源、提高知识共享。知识地图概念有很多，主要是从两个方面来进行定义的，一是知识地图所包含的内容，二是知识地图的功能。综合这些概念，可以从 4 个方面认识知识地图的本质（李亮，2005）。第一，知识地图是一个向导，它本身并不是一个知识的集合，并不包含具体的知识内容。第二，知识地图指向的是知识源，知识源既可以是个人，也可以是程序、文献、数据库等，以帮助使用者快速且正确地找到需要的知识。第三，知识地图不仅要说明知识的存储位置，通常还要说明知识之间的联结关系。第四，知识地图的最终目标是帮助企业员工实现知识的共享。

知识地图一般分为概念型、流程型和职称型 3 种。概念型知识地图主要描述某个事实或概念，可以用在协助网站浏览、搜寻检索、主题学习、分类编目等工作；流程型知识地图主要描述某事的处理过程，可以用在最佳实践确认、问题的判断、制造作业、工程设计等工作；职称型知识地图依据人员与知识间的关系所组织而成，也包含了叙述性知识与程序性知识，可以用在协助企业寻找合适的人员来组成项目团队、线上社群或进行远程教学等工作。图 5-3 展示了某车间工人的知识地图。

此外，知识地图按呈现的方式不同，可以分为信息资源分布图、概念型与职称型知识地图（采用阶层式、分类式、语义网式进行呈现）、流程型知识地图（采用企业流程图、认知流程图、推论引擎方式呈现）、网页形式的知识地图；按照功能与应用的不同，可以分为企业知识地图（项目知识地图、岗位知识地图、产品知识地图、专家知识地图）、学习知识地图、资源知识地图；按照知识的知识形态划分为显性知识地图和隐性知识地图。显性知识地图的初级表现形式包含知识图谱、主题图、概念图，高级形式则以流程型知识地图的形式而呈现。隐性知识地图则是围绕显性化较困难的知识类型，主要是专家库或基于社会网络关系的专家知识地图。

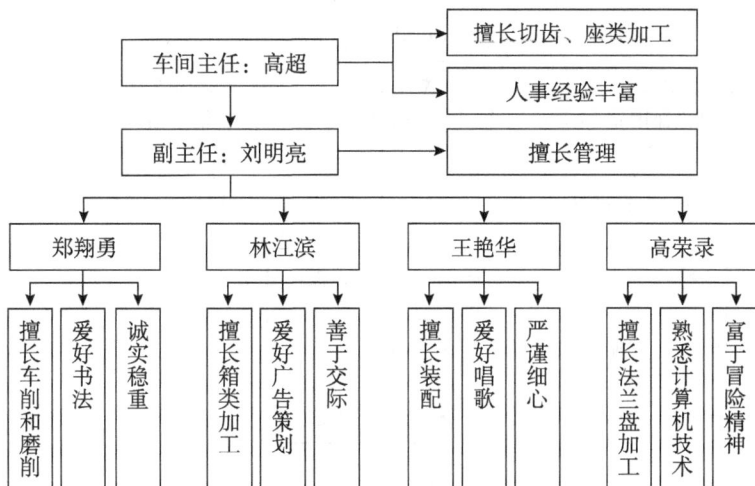

图 5-3　某车间工人的知识地图

（资料来源：网络）

编制知识地图的过程是一个将个人和一些小团体的知识地图组合成一张完整的大的知识地图的过程。绘编知识地图可以分为 7 个步骤：需求分析、知识收集、知识处理、知识定型、知识关联、IT 实现、地图维护（图 5-4）。

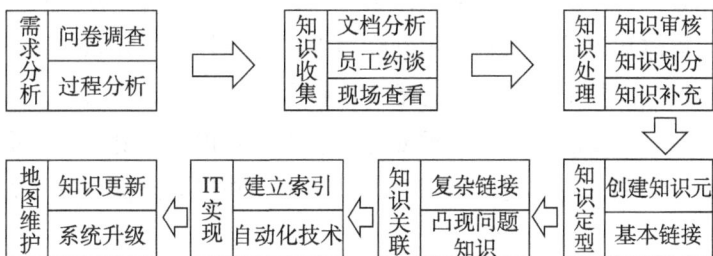

图 5-4　绘编知识地图的步骤

（资料来源：网络）

知识地图可将散落在组织内部的知识整合起来，予以有效的管理和维护，让员工能够便捷地存取、分享和再利用这些知识。为了保障知识地图的作用、发挥知识地图的效益，需要对安排专人对知识地图进行不断的维护和更新。

（2）集体知识定义

集体知识由于涉及成员个体知识间的相互作用和共享，并产生综合效果，且具有不可分割性，再加上成员的流动，因此相较于个人的知识，它更为隐性、复杂、没有结构，较难定义和搜索。

知识地图方法可以用在一些集体知识的定义上。图 5-5 展示了某汽车厂人才信息树图形知识地图，系统地总结了工人知识库，将工人知识库分为理论知识库、技术知识库、辅助知识库，并进一步对 3 类知识库进行了细分。

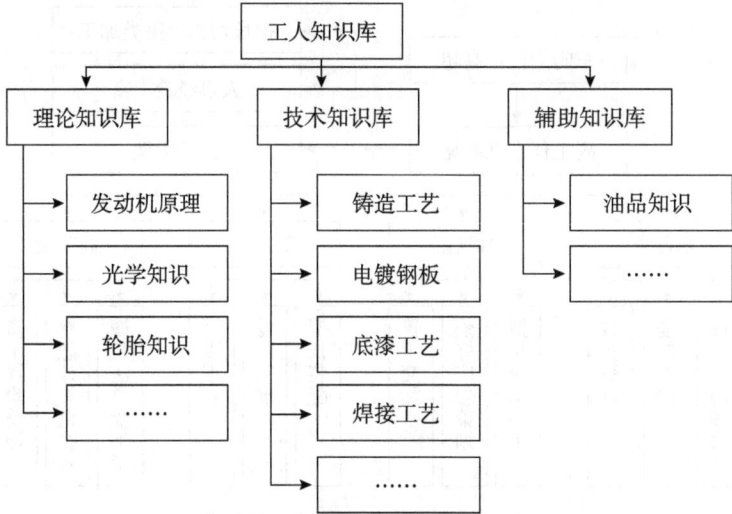

图 5-5　某汽车厂人才信息树图形知识地图

（资料来源：网络）

集体知识中的组织核心流程知识定义的主要方法是能力地图（Competence Map）的使用。能力地图也是知识地图的一种，包含了组织的显性知识和隐性知识。由于流程是一个很复杂的综合体，涉及许多活动、人员、角色、管理、工作方式及各种不同的专业知识，因此这类集体知识的定义就要用到能力地图这种复杂的知识地图。能力地图以核心流程为中心，定义出整个流程相关的重要议题和它们之间的关系，并且采用电子化形式进行整理和存储。重要的议题包括重要专家、重要知识、重要方法、重要教训和重要成功因素等。重要议题之间的关系包括专家与知识、知识与流程步骤、流程步骤与教训及成功因素等。

项目经验知识的定义方法可以采用故事说明案例法。项目是一般公司常用的一种组织结构和工作执行方式，而项目的成败常常影响公司的效益和生存，因此，这类集体知识的记录和定义非常重要。然而，由于项目的单一性、偶发性和非例行性，以及项目团队的临时性与项目团队成员的流动性，因此这类知识的记录和定义较为困难。以故事的方式说明项目执行上的经验和教训，而不以结构化的资料库或表单存储来说明，主要原因在于前者可以清楚地说明案例完整的来龙去脉、描述情节可以高度人性化，而且不受结构限制。

5.2.3　组织外部知识定义

组织在战略需求的驱动下，不仅需要完成内部知识定义以充分利用内部知识，还需要完成外部知识定义，快速而有效地找到所需的外部知识，以弥补知识缺口。

5.2.3.1　外部知识定义的原因

组织开展外部知识定义的原因主要有 3 个：①了解外部环境的重要变化，②及时分析外部知识的影响，③选择标杆进行有效的学习。

首先，组织处于一定的外部环境中，任何组织都不可能脱离外部环境而独立存在，组织若不进行外部知识定义，则将无法了解政策、社会、经济、法律、技术等外部环境的重要变化，从而影响组织的生存和发展。组织若不清楚外部行业出现的重要的新技术和新知识，一方面无法及时淘汰内部落后的知识、更新内部不合时宜的知识，引进适合企业生产、经营和管理的外部知识；另一方面很容易在市场竞争中被外部的对手超越而替代。

其次，组织若不进行外部知识定义，就无法分析外部新知识出现后带来的机会与形成的威胁，不了解自身知识资源上的优势和劣势，也就不可能及时调整生产方式、经营策略和吸收外部先进的知识，而闭门造车只能加速组织的衰退和灭亡。微软创始人比尔·盖茨在一次和苹果公司商讨合作时，了解到苹果公司正在研发一款不同于 PC-DOS 的图形界面的操作系统，虽然这时微软的 PC-DOC 在个人计算机上几乎处于统治地位，但比尔·盖茨还是下定决心、抓住机会开发微软新的 Windows 操作系统，最后通过开放策略，Windows 一举超越苹果的 Macintosh 操作系统，而成为个人计算机标准的操作系统，成就了微软的霸业。

最后，组织若不进行外部知识定义，则将无法有效地向标杆学习。标杆学习（Benchmarking）也称"标杆管理"或"标杆瞄准"，是指企业将自己的产品、生产、服务等以行业内最卓越的组织为标杆，了解组织与标杆之间的差距，通过不断向标杆学习，借鉴标杆的先进经验，将弥补知识缺口作为组织最优先进行的工作和方向。标杆学习是追赶或超越标杆企业的一种良性循环的管理方法，其实质是模仿、学习和创新的持续改进过程。

5.2.3.2　外部知识定义的内容

组织外部的知识来源主要有专家、咨询公司、行业协会、政府相关机构、市场调查机构、学术研究机构、顾客、供应商、合作伙伴、学术会议期刊、网络内容提供者等。组织必须密切地与相关单位或渠道保持高频率的相互作用才能了解整个产业与技术的动向。组织不能闭门造车、耗时费力地研发外部已经被证实无效的知识或可以低价采购的非核心知识和技术。

5.2.3.3　外部知识定义的主要方法

外部知识定义的主要方法有外部关系网络法、互联网监测法。在互联网出现之前，外部关系网络法是定义外部知识的重要途径，组织通过供应商、政府、行业协会等外部关系了解行业变化和最新发展动向。在互联网出现之后，网络上大量的信息为组织了解外部信息和知识提供了良好的途径，目前成为外部知识定义的另一种主要方法。搜索引擎技术和爬虫技术为企业获取外部信息和知识提供了便捷的途径，然而，互联网上的信息越来越多，还存在大量重复、冗余的信息，"信息过载"和"信息迷失"成为一个必须面临的严峻问题，这就需要企业借助信息技术和人工智能技术等对信息过滤、去重、提取、分类、组织、分析、统计等，以更快捷、方便的方式完成外部知识定义，在市场竞争中占据优势。

5.2.3.4　外部知识获取的主要途径

组织外部知识获取有 5 种主要途径（廖开际，2014）：网络获取、调研、在公开市场上的采购、与合作伙伴的非正式合作互惠交流、正式的战略联盟关系。

（1）网络获取

目前，通过互联网获取关于人才、技术、产品、市场、政策、统计等各方面知识是获取外部知识的常用方法。主要的工具有搜索引擎、商业数据库、网络沟通、Web 挖掘、个性化知识服务等。搜索引擎是知识型员工从网络了解、发现所需知识的基本途径；商业数据库通过付费方式为企业获取高质量、非公开信息和知识提供了重要的途径；微信、知乎、BBS 等沟通工具或平台为获取外部知识及与外部专家沟通提供了重要渠道；Web 挖掘将网络开源资源整合、分析为组织综合各类公开信息获得所需知识提供了技术实现方法；个性化知识服务根据用户兴趣特征和行为分析为用户推荐所需外部知识、聚合某类知识，满足了获取外部知识的个性化需求。

（2）调研

调研仍然是现有组织了解、获取外部知识的一种重要途径。调研对象包括文献调研和实地调研。文献调研是根据研究项目及课题的需要而有目的、有计划地查阅相关文献情报资料（包括图书、期刊、杂志、报纸、研究报告、专利说明书及缩微胶片、音像带、计算机磁带等）；实地调研是指为了深入了解项目或活动的现状，由调研人员亲自搜集第一手资料的过程。调研方法主要有问卷调查法、专家访谈法、联合会议法等。调研常常可以获取网络公开渠道无法获取的信息和知识，但往往成本高。

（3）在公开市场上的采购

在公开市场采购所需外部知识的途径主要有专家招聘、企业并购、知识外包和购买相关的知识产品。招聘专家是快速获取外部知识的重要途径，但可能存在专家与现有员工不合作的风险；并购或收购拥有所需知识的企业是获取外部知识的直接方法之一，但可能存在人才流失、生态改变、文化冲突带来外部知识不能顺利吸收的问题；知识外包是通过签订合同的方式委托高校、科研院所或相关企业开发和生产所需的外部知识，但可能存在外部研发机构由于对组织情况了解不够而带来研发的知识不适应组织条件的风险，或者组织员工没有相关能力而无法充分掌握研发知识的风险；购买相关的知识产品可以快速弥补知识缺口，但存在因对知识产品了解不充分而达不到预期效果的风险。

（4）与合作伙伴的非正式合作互惠交流

非正式合作互惠交流是通过非正式人际网络关系或外部相关者进行知识交流来获得所需知识。

在与顾客的知识交流方面，可以与由重要顾客组成的焦点团队（Focused Group）深入讨论并提供产品及市场需求的知识；由企业主导在网站上组成顾客的虚拟网络社群

（Virtual Community），鼓励顾客提供与产品相关的意见与重要知识；实地了解顾客如何使用企业的产品，并与顾客在现场讨论，使得双方跨越一次交易、成为密切配合、交流知识的命运共同体；建立客户关系管理系统（CRM），与顾客进行及时的、相互作用的在线协同设计，搜索反馈信息、建议及抱怨，并利用信息技术分析顾客的购买和使用行为；与企业新产品的早期使用者建立密切联系，获得产品使用方面的宝贵建议。

在与供应商的知识交流方面，可以组织愿意共享最佳实践的供应商形成共同体，分享各公司的新做法，达到上下游之间共享知识、扩散最佳实践的目的。供应商同业在共同体中公开讨论、共享知识，各公司共享成果，把供应商当作创新的伙伴，使供应商依赖形成的共同体；可以在供应商的上下游伙伴之间利用互联网技术实现在线协同商务，实时地合作，实现协同设计、协同规划、协同预测、协同销售等，使得合作伙伴可以快速地交流知识和信息。

（5）正式的战略联盟关系

组织可以通过与其他组织形成正式的战略联盟达到长期的知识共享、交流和合作共赢的目的。战略联盟依据其正式化与密切程度的不同，可以分为长期合约关系、网络型组织、入股、合资等方式。其中的网络型组织（Network Organization）是指通过正式的协议，多家组织为了某特定产品的设计、生产、销售和服务等提供彼此分工协作，整合成一个虚拟式的组织。正式战略联盟的合作关系使双方分别提供并共享各自专长的知识，创造一个共赢的关系，这是 21 世纪专业分工网络型组织的普遍现象。

5.2.3.5　外部知识获取的主要优缺点

组织外部知识获取的优点主要有 5 点：①可以快速地获取组织所需的外部知识；②可以从外部获取专业组织提供的质量高的知识；③可以获得比自己研发成本低很多的知识，也避免了时间上的成本；④可以获得自身不能开发的，外部组织提供的独特、核心或综合性的专门知识；⑤避免闭门造车，可以获得不同技术路线、不同解决方案的外部知识，不使组织与外部最新知识脱节。

组织外部知识获取的缺点主要有 6 点：①过分依赖外部知识的获取使得组织丧失创新文化、动机与能力，只能成为跟随者，无法形成创新产品和服务；②不分情况地引进外部知识会影响内部员工的工作满意度和自尊心，打击内部员工的士气，也很可能带来内部员工对外来知识的抗拒，造成误用和抗拒学习等冲突问题；③外部知识引进后存在与组织内部环境的适用性与整合问题，也可能存在"水土不服"的问题；④核心能力依赖外部知识无法为组织带来差异化的竞争优势，使得企业无法主导产品未来的创新；⑤可能存在组织吸收能力不够而使得引进的外部知识无效而只能起到部分效果或不能起到最大效果的问题；⑥组织在采购外部知识时可能产生大量的交易费用，在利用知识时也可能需要额外的成本支出。

可通过案例"君子之泽，五世而斩，摩托罗拉移动通信香消玉殒"来实际了解外部知识获得带来的问题。

案例：君子之泽，五世而斩，摩托罗拉移动通信香消玉殒

摩托罗拉成立于1928年，由约瑟夫·加尔文（Joseph Galvin）和保罗·加尔文（Paul Galvin）在美国创建。在加尔文四代家族的经营下，摩托罗拉成为闻名世界的全球芯片制造、电子通讯的领导者，无线通讯的代名词。摩托罗拉是首款车载收音机制造商，首台车载通话设备、首款传呼机制造商，发明了世界上第一个长方形的彩电显像管（后此技术被卖给松下），制造的战场报话机、手提对讲机曾经在战争中发挥关键作用，牵头铱星计划、打造卫星移动通信，可见摩托罗拉是一个创新能力很强的公司。然而，到了加尔文家族第五代掌门人时，摩托罗拉由于在移动手机方面经营不善，而被三星、诺基亚、苹果等公司超越，于是，摩托罗拉想借助谷歌公司的移动操作系统等优势而东山再起。可是，管理层不是通过建立合作伙伴或战略联盟的方式，而是将摩托罗拉移动出售给谷歌。2011年，谷歌以125亿美元的价格收购了摩托罗拉移动，将摩托罗拉的大量专利收入囊中。这次收购对谷歌公司来说，获取了所需的移动通信和移动手机方面的专利，为谷歌的移动战略推动提供了巨大的助力，但对摩托罗拉移动来说，则是一场灾难，这种收购并没有为其带来多少优势，它反而很快被谷歌公司卖掉。2014年，联想集团以29亿美元收购了摩托罗拉公司的手机业务，这个价格仅为谷歌收购价格的两成左右。至此，摩托罗拉移动丧失了品牌和全部知识资产。从这个案例中可以看到，谷歌在这次收购中获得了所需的外部知识，成了赢家，而摩托罗拉移动则成了输家。若摩托罗拉移动最初决定保持独立经营，不走被收购而获取外部知识的路子，则也许还可生存下去，伺机东山再起，而不至于走到完全消失的地步。

资料来源：吴军（2019）

在引进、吸收外部知识时，不同的策略会带来不同的效果（宗同堂，2018）。通过"中国高铁和汽车产业以市场换技术"案例来了解不同策略的影响。

案例：中国高铁和汽车产业以市场换技术

中国作为一个后发工业国家，由于技术上的积累不足，多个行业都处于落后状态，技术引进是很多行业必须要做的。于是，"市场换技术"的发展策略就被提出来，以利用中国庞大的市场，换取西方大企业的核心技术、非核心技术。但是，同样的思想却在高铁和汽车产业的发展过程中，遇到了截然不同的结果。对于高铁产业，虽然外资占了一部分市场，但是我们没有丢掉主流市场，在消化吸收技术后，中国高铁产业在某些方面已经超越国外，形成了一批自主知识产权的核心技术，可以对外输出。众所周知，高铁现在已被誉为中国"新四大发明"[①]之一，成为中国先进技术的代表之一。反观中国的汽车行业，不仅市场份额不足，换

————————

① 中国"新四大发明"分别为高铁、扫码支付、共享单车、网络购物，它们实则不是中国的发明，只是中国在商业化上应用得比较好而已。

到的技术也是寥寥无几。中国企业的产销规模虽然非常庞大，但在世界上的地位仍然不高。出现这种结果的主要原因之一在于不同的引进技术策略。高铁技术得到国家高度重视和强力推动，由当时的铁道部统一对外谈判，利用西门子、阿尔斯通、川崎、庞巴迪等急切分食中国市场的贪念，获得最有利于中国的谈判结果，全面引进技术进行改造再设计，高度重视研发和投入，持续推动技术创新，走出了一条"吸收—消化—创新"的道路。而汽车产业的技术引进则是"诸侯割据"，国内众多汽车公司在与外资谈判时没有优势，外资可以在众多国内汽车厂商之间有所选择，中方完全不占优势，各汽车厂商为了获得外资不惜降低身价和要求与其他厂商竞争，很难拿到核心技术。即便有些汽车企业引进了国外先进技术，但在国内同行的激烈竞争下，他们也不敢冒风险投入大量资金用于消化吸收和周期长的研发上，其结果是丢了市场且没有掌握核心技术。

资料来源：网络

5.3　知识的生产

知识生产是个人、群体或组织整体通过各种不同的方法（包括创意、实验、教育培训、谈话及互动等）增进、强化原有的知识，或者创新开发原来不存在且对组织有价值的新知识。

5.3.1　知识生产的分类

5.3.1.1　按生产过程分类

作为社会生产组成部分的知识生产过程，实际上包含两个阶段，即知识的创新阶段和知识的复制阶段（温芽清，2007；王众托，2016）。

知识的创新阶段是探索、发现新知识的过程，是知识生产中带有根本意义的阶段。这一阶段经济活动的主体可能是个人、群体或组织，他们运用相关信息和创意、智慧，利用社会资源，在已有的知识的基础上进行探索、开发，产生新知识。创新不是凭空产生的，现有知识是创新的起点。通常来说，知识创新过程需要花费的资源是巨大的。由于知识创新存在的不确定性，创新过程中需投入的资源数量事先是未知的，也很可能是投入了大量资源而达不到预期目标而失败的。对于物质科学技术和产品、工艺的研究探索，以及医药新品种的筛选等研究开发活动，创新一般是一个试错的过程，往往需要在多个技术方案中选择一个最可行的方案，对大量可能的情况进行试验，试验成功后产生的新知识往往给企业带来很大的经济效益。而对于经营管理和社会组织方面的知识创新，则很难看出这样的过程，但企业经营管理策略和经营行为在市场竞争中不断调整、进行的检验也可以看作一个试错过程。企业根据竞争情况最后选择最适合的管理决策而为企业节约的成本、提高的效率、增加的收益则可以看作新知识的效果。

　　知识的复制阶段是既有知识的充分利用，往往和知识传播相关联，常表现为以语言文字、图表、磁记录手段、网络等将创新的知识进行出版、传授、制作备份等行为，其中最为重要的是通过教育生产出具有新知识的人口。知识复制之所以重要，是因为通过复制可以让知识被更多人掌握，发挥知识最大的效应。虽然知识创新者因为创造了新知识可以获得巨大收益，但相较于新知识传播而带来的社会效应来说，它的效应是非常有限的。知识复制过程和知识创新相比，它是确定的，需要投入的资源数量是已知的。由于知识的边际成本为零效应，知识复制的成本远远小于知识创新的成本。

5.3.1.2　按信息资源开发分类

　　从信息资源开发的观点出发，知识的生产可以分为一次开发、二次开发和三次开发。这 3 个层次的信息资源开发活动是相辅相成的，前一个层次构成后一个层次的基础，后一个层次是前一个层次的升华和提炼（马费成，2014）。

　　（1）信息资源的一次开发

　　信息资源一次开发的任务是让原始信息或蕴含在原始信息中的潜在信息成为便于人们认识的显性信息。信息资源一次开发的实质就是通过试验、调查、观察、描绘、扫描、记录、传输和交流等手段将信息源组合、显示和连接等，形成最基础的信息资源，其特征是第一次面世的、富含创造性的信息。在这个过程中，人为因素是主导因素。一般从业人员为科学家、工程师、作家、教师、画家、记者、医生、摄影师和电影工作者等。最明显的开发结果是学术论文、发明创造、作者的著作、记者的新闻、画家的画作和导演的电影等首稿。

　　（2）信息资源的二次开发

　　信息资源的二次开发是指对一次开发的结果进行分析、排序、整理、标引、归类、入库和推荐等行为。它以基础信息资源为主要开发对象，将杂乱的基础信息进行条理化、有序化、规范化、标准化和精简化，并剔除噪声信息、干扰信息、冗余信息、垃圾信息和低价值信息等。二次开发的典型行为有建立期刊全文数据库，出版画册集锦，建立全国期刊和报纸索引，剪报并发表专题信息，开发网络导航系统，开发搜索引擎等。从业人员是图书馆标引人员、信息中心检索人员、数据库建设人员和音像资料库管理人员等。

　　（3）信息资源的三次开发

　　信息资源的三次开发一般是指依靠人类的知识、智慧、技术对客观的信息资源进行研究、变形、宣传、推广、传播的活动，其实质是信息资源的浓缩化和多样化。三次开发的典型行为有：在大量信息综合分析基础上产生综述、研究报告，将印刷型图片扫描成数码图片，将计算机中的资料刻录到光盘上，通过评价网站的内容引导用户使用更加理想的网站，通过电视报道宣传现有的信息成果和使用方法，通过大众演讲教授某种技能或者知识等。从业人员有情报研究人员、频道主持人、网站构建师、培训讲师和新闻工作者等。

5.3.1.3　其他分类

组织知识生产还可以按照以下方式分类。

按照知识创造的主体分类，可以分为个体知识生产、团队知识生产、组织知识生产和跨组织知识生产。个体知识生产是指员工个人通过学习培训、个人的创意或直觉，以及相互的讨论所产生的新的个人显性与隐性的知识和技能。团队、组织、跨组织知识生产是集体知识创造，是指通过集体成员间的互动、分享和讨论进而产生的、存储在群体或作业流程中不可分割的、不属于任何特定个人的集体知识。个体知识生产是集体知识生产的基础。

按照组织内部创新知识类型，可以分为产品创新、流程创新和社会人文创新。其中，产品创新知识是指创造出新的产品或服务的新知识，流程创新知识是指创造出更有效率的新流程的新知识，社会人文创新知识是指创造出改善组织文化、管理、士气、合作精神和提升人文方面效果的新知识。

按照知识的显性和隐性，可以分为显性知识生产和隐性知识生产。显性知识生产包括蓝图、规划、信息系统等的创造。隐性知识生产包括认知和技能两种元素，分别通过"分析中学习"（Learning by Analysis）和"干中学"（Learning by Doing）生产（廖开际，2014）。认知元素是指脑海中的参考框架、价值观、基本假设及自我观点等人类思维模式的知识，而技能元素是指手艺、技能及专有权等需要通过培训和训练过程才能获得的知识。

5.3.2　知识生产的主要理论

知识生产的理论除了野中郁次郎提出的 SECI 理论，还有组织知识创造的学习理论和组织核心知识构建模型。这里只介绍学习理论和组织核心知识构建模型。

5.3.2.1　组织知识创造的学习理论

组织知识创造的学习理论认为知识生产存在两种模式。一种是单循环学习和既有知识充分利用的学习曲线理论；另一种是双循环学习和新知识探索的范式转移理论（廖开际，2014）。

（1）学习曲线

学习曲线（Learning Curve）是一种经验曲线，是表示单位产品生产时间与所生产的产品总数量之间的关系的一条曲线，随着产品累计产量的增加，单位产品的成本会以一定的比例下降（谢康，2002），如图 5-6 所示。唐宋八大家之一、宋代文学家欧阳修的《卖油翁》中"我亦无他，惟手熟尔"，说的就是这个道理。学习曲线是最初在飞机制造业发现的一种现象。1925 年，在美国莱特·彼得森空军基地，学习曲线首次以经验曲线的形式被量化。1936 年，美国学者莱特（Wright）首次在航空工业杂志中指出了学习曲线的实际效果，即就平均水平而言，在飞机制造工业的装配操作中，产出增加一倍，劳动时间需求大约降低 20%。这种在重复的生产某一产品时，随着产量增加，单位产品用时有规律降低的现象被称为学习效应。用来表示学习效应的曲线即学习曲线，而这里提到的 20% 即学习曲线的学习率。随后的研究表明，在许多行业都存在这种现象，并把这个规律提炼为莱特定律（Wright's Law），即：产能每增加一倍，成本下降 15%。例如，电动汽车现在是一个新兴产业，但电动汽车和传统汽车相比成本较高，但随着电动汽车产能的增加，电池成本将会迅速下降。假如电动汽车销量增加 8 倍（大概占所有汽车 10% 的销量），那么电池成本将下降到现在的 60% 左右，电机、电控的成本同样也会出现下降。

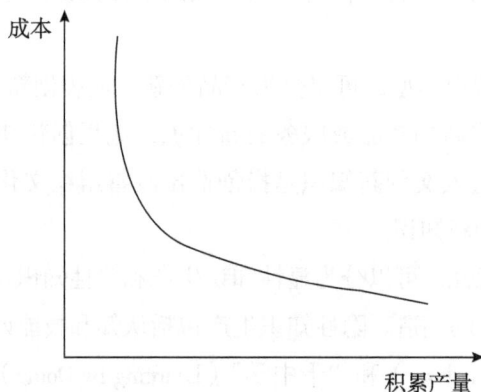

图 5-6　学习曲线

学习曲线有广义和狭义之分。狭义的学习曲线又称为人员学习曲线，是指直接作业人员个人的学习曲线。广义的学习曲线也称为生产进步函数，是指某一行业或某一产品在其产品寿命周期的学习曲线，是融合技术进步、管理水平提高等许多人努力的学习曲线。学习曲线中成本下降的主要原因是工人、管理者、销售人员和顾客都会将已有的经验和积累的专有技术，更有效地应用在下一次生产上，达到熟能生巧的目的，其原因可以归结为以下因素：随着生产经验的丰富，提高了操作人员的操作速度；降低报废率和更正率；改进了操作程序；因生产经验带来模具设计的改进；价值工程和价值分析的应用。

其理论的 4 个要点如下。

①学习曲线是一种单循环学习模式：学习曲线并非要彻底改进或颠覆当前的流程，而是对同一作业流程的不断重复，通过不断学习降低成本、改善运作效率。

②学习曲线是"干中学"模式：学习曲线并非理论上的创意，而是相关人员在实际工作中边学习、边改进，使得相同的时间下的产出或效益得到不断提升。

③在相同的流程下，学习曲线在各企业的效果不同：学习曲线揭示了一定时间内获得的技能或知识的速率，但学习率与每一个产业、每一个企业的实际情况相关，不会是完全相同的。对于企业来说，学习率主要由企业本身员工的素质、企业的知识基础和学习能力等决定。

④学习曲线在不同场景下的效果呈现不同：学习曲线是在很多行业都呈现的一种现象，具体效果根据情况各有不同，如降低成本、缩短生产时间、提升品质等。

（2）范式转移

"范式"最早是由美国著名科学哲学家托马斯·库恩（Thomas S. Kuhn）提出来的，是库恩历史主义科学哲学的一个关键的、核心的概念。在《科学革命的结构》（The Structure of Scientific Revolutions，1962）中，库恩认为范式是指"特定的科学共同体从事某一类科学活动所必须遵循的公认的模式，它包括共有的世界观、基本理论、范例、方法、手段、标准等与科学研究有关的所有东西"。范式转移（Paradigm Shift）用来描述在科学范畴里，一种在基本理论上从根本假设的改变。这种改变后来亦被应用于各种其他学科方面的巨大转变。库恩在书中阐释，每一项科学研究的重大突破几乎都是先打破道统和旧思维，而后才成功的。范式转移的例子有：免费报纸的出现、宽频上网的普及、BT 技术（BitTorrent）的出现等。库恩的理论在学术界乃至社会公众领域产生了深刻的影响，50 年来已扩散到包括心理学、教育学、经济学、政府与法学等广泛的社会科学领域（胡志刚，2014）。

学习曲线说明了组织运营随着员工的操作经验越来越丰富、技能知识越来越成熟，而使得整个组织流程变得越来越有效率。范式转移不同于单循环学习的学习曲线，它是一种非连续性的、跳跃式的转换，在新的学习曲线下开始学习，用突破性的新模式完全取代传统的运营模式的一种范式。图 5-7 说明了信息通信技术的范式转移过程。最初，人类远距离的信息通讯主要是依靠马车进行，这时竞争优势取决于驿站的多少和马匹的品质，但当火车、电报、电话、视频会议等新的科技出现后，整个范式不断向下移动，带来成本决定性的下降。虽然新技术刚开始的成本可能高于旧范式，但随着学习曲线的作用，成本会迅速下降，并低于旧的范式。例如，火车最初出现后，因为投资大、使用者少、技术不成熟等，不具备经济规模优势，成本高于马车，但随着火车的发展，成本很快下降、远低于马车，此时马车的经营模式就很难与火车竞争。

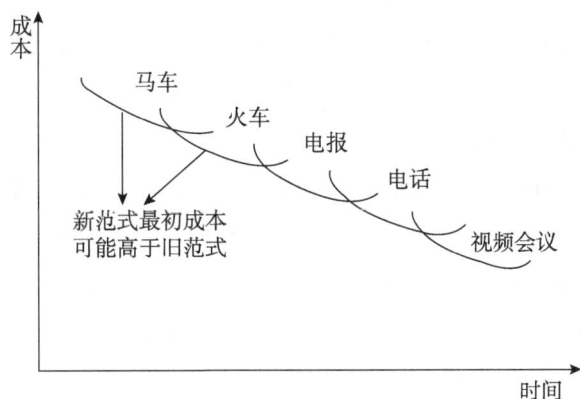

图 5-7　信息通信技术的范式转移过程

[资料来源：廖开际（2014）]

虽然一个新范式出现后不一定会完全颠覆旧有的范式，但随着范式的不断转移，一旦颠覆性技术出现后，旧有的范式就很难再生存下去。例如，在火车出现之前，美国东西海岸之间的信息和邮件传递业务是由一家叫小马快递（Pony Express）的公司承担，它可以在 20 天之内将信息从东海岸的纽约传送到 4000 千米之外的旧金山，火车的出现并未完全颠覆他们的业务，但电报出现后，尤其是随着技术成熟，1961 年美国政府架设了横跨美洲大陆的电报线路后，20 天的通信时间缩短为一瞬间，从此小马快递就很难生存下去，很快被市场淘汰。注意到范式转移的聪明商人往往会采用新技术或转型，与小马快递同时代的美国快递公司（American Express）和威尔斯·法戈公司（Wells Fargo）则迅速进行了商业转型，为购买股票和证券的人提供商业贷款，后来发展成著名的信用卡公司——美国运通公司和美国知名的银行——富国银行（吴军，2020）。

范式转移理论的 3 个要点如下。

①范式转移是一种双循环学习模式：范式转移并非在同一学习曲线上的单循环学习，而是颠覆原来的作业流程到另外一个突破性的新流程，选择一条全新的学习曲线学习。

②范式转移是创意研发模式，而不是"干中学"模式："干中学"模式着眼于原有流程的小的、渐进式的改进和完善，而范式转移是跳跃式的创新、突破式的改进和彻底的改变。

③范式转移是一种"杀手应用"：由于范式转移是对旧有模式彻底的颠覆，具有旧有模式难以超越的优势，因此一旦新范式成熟后，旧范式由于赶不上新形式的变化而终将面临淘汰。

5.3.2.2 组织核心知识构建模型

组织的核心知识构建模型由知识管理著名学者 Leonard-Barton 于 1995 年提出。该模型主要描述组织采用如何面向内部、外部、目前和未来的 4 种知识创造方法来建立组织的核心能力。4 种知识创造方法是问题解决（目前）、实验与原型设计（未来）、引进与吸收（外部）、实施与整合（内部）。4 种方法要根据组织不同背景和需求平衡发展，同时，组织也要配合这 4 种方法的发展提供合适的环境。

（1）组织核心能力的构成

核心能力（Core Competence）是一种知识、技术、资源、流程和管理文化的组合，常表现为多项技术和生产技巧的复杂融合体。这种组合能为组织提供接近各种市场的潜在机会、满足顾客对最终产品的要求。核心能力是一种综合能力，而非单一资源，一般有长期演化能力，在产业中居支配领先地位，数目有限，能产生支持其他资源的杠杆作用，能产生客户价值，是企业的基础竞争力来源。

作为组织长期竞争优势基础的核心能力必须具备以下 5 项特征：价值性、异质性、难以复制性、不可交易性和难以替代性（图 5-8）。这种无形的核心能力能够使组织在激烈竞争的市场中不断开发新产品和新市场，为组织获取竞争优势发挥着关键性的作用。组织要想获得和保持竞争优势，就必须在核心能力、核心产品和最终产品 3 个层面一起参与竞争。

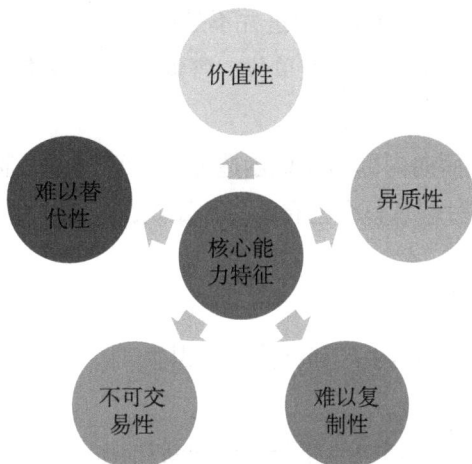

图 5-8　核心能力的特征

组织核心能力由物理系统、管理系统、员工的知识与技能、组织的价值观与规范 4 个相互作用的方面构成。物理系统是指体现显性和隐性知识的软件、硬件及其他技术设备和生产过程，是组织有形的知识资产和技术系统，不会随着员工的流动而消失。管理系统是指为了达到组织目标，针对管理对象，由具有特定管理职能和内在联系的各种管理机构、管理制度、管理过程、管理方法所构成的完整的组织管理体系（何盛明，1990），可用来指导组织资源的收集与分配，是核心能力最不明显的组成部分。员工的知识与技能有科学知识、行业特有的知识、组织特有的知识 3 类，应该具有一定的广泛性，又有一定的深度。组织的价值观和规范是企业文化的体现，对员工的认知有重要影响。

组织的 4 个核心能力是协同发挥作用的。组织所形成的价值观、组织的管理系统保证了组织员工可以获得所需技能，在此基础上为组织构建所需的知识基础。组织有好的知识管理价值观和规范，才会产生重视知识的员工，形成支持知识管理的管理系统，以及能够设计出支持知识管理的技术系统。因此，在建立核心能力时，不可只重视外显的实体系统，而忽视基础的组织价值观和规范。

（2）组织知识创造的 4 种方法

为了建立与核心能力适应的核心知识，组织有以下 4 种创造知识的方法。

①问题解决：这是面向目前的知识创造方法。它是指组织在通过发明或共享一种崭新的、有创意的且具有效率的方法来解决当前的问题时产生的新知识。

②实验与原型设计：这是面向未来的知识创造方法。其中，实验是指组织为了研发新知识不断进行试验的过程；原型设计是指组织在对新产品进行试验和开发，采用设计快速、成本低的原型方法，建立研发新产品的能力。

③引进与吸收：这是面向外部的知识创造方法。其中，引进是指组织通过招聘外部专家、购买专利权、取得授权、人员的外部培训或在网上获取外部知识。现代组织要有

"不为我所有，但为我所用"的意识，引进并不是说一定要将外部知识变为自己独有的内部知识。吸收是指组织通过从外部研究单位、咨询公司或战略合作伙伴的合作项目中吸收对方的知识。

④实施与整合：这是面向内部的知识创造方法。组织可以通过项目的实施来获得经验等核心知识，也可以通过创意整合已有的各种知识，进而产生新的知识。

5.3.3 知识生产的主要方法

知识的生产分为个体的知识生产和群体的知识生产。

5.3.3.1 个体

个体的知识生产分为既有知识的充分利用和新知识的探索。知识的充分利用是单循环学习方法，是在目前的知识框架下的"干中学"模式，即在经验中学得教训和更有效率的工作方式，并不会挑战原来的工作方式；新知识的探索是双循环学习，是突破、挑战当前知识框架的"分析中学习"模式。

（1）"干中学"模式

"干中学"模式基于"行动—认知循环模式（Action–Perception Cycle Model）"理论。该理论认为，当外部环境对人类产生刺激时，人类会将知觉到的刺激与思维模式相对应，然后利用这种思维模式选择、评估及计划应该采取的行动。在行动结束后，个人会将行动所获得的经验进行筛选后归纳出一些重要的信息，学习新的因果关系的知识，更新自己的认知，改善自己的思维模式，使得自己在未来把一件事情做得更好。

学者 Brookings（1999）认为"干中学"包括两种学习方法：在"干"中学习和全身接触的学习。

在"干"中学习要求员工在工作中通过实际操作或行动了解每个细节和每个观念的实际应用。对于既有知识的充分利用，"干中学"是一种可行和重要的策略。只有通过"干"，才能深入理解现有知识及存在的问题，并不断产生改进的知识，达到精益求精的目标。美国人希尔伯曼在《积极学习：101 条针对任何学科教学的有效策略》中总结孔子的教育思想时说的"What I hear, I forget. What I see, I remember. What I do, I understand"，以及《荀子·修身》中说的"不闻不若闻之，闻之不若见之，见之不若知之，知之不若行之"都是这个道理。

全身接触学习要求运用多种感官学习。一般来说，人们通过阅读、听、看被动式学习能掌握的知识分别只有 10%、20% 和 30%，而通过"听 + 看"、写、说、"说 + 做"主动式学习能掌握的知识分别有 50%、60%、70% 和 90%。因此，综合运用多种感官、全身心接触式学习将有利于吸收更多的知识。

（2）"分析中学习"模式

"分析中学习"是具有突破性的、挑战目前知识框架的学习模式，通过直觉与创意、逻辑分析实现新知识的探索。

直觉是一种隐性知识，在知识创造上具有无可替代的价值。许多知识无法以明确且理性的逻辑来描绘其因果关系，人类常会以模式的方法存储及匹配复杂的知识。人类大脑的发展潜力远大于人们所能清楚描述的部分，人类大脑的直觉和创新性思考会利用各种新的、突破的、非传统的、遥远的和不相关的角度扩大思考空间，跳离传统思考框架来寻求新的解决方案。

逻辑分析产生知识的方法有归纳推理法、演绎推理法和类比推理法 3 种。归纳推理法是一种从个别（特殊）现象到一般现象的推理方法，它从一个复杂的、模糊的和结构不清的实际现象中，经过反复的思考，将大量的复杂资料给予分类、概念化和整合，以发现它们之间重要的类型而加以分类，或者以少数几个重要的概念来描述其因果关系的框架。演绎推理法与归纳推理法刚好相反，它是一种从一般现象到个别（特殊）现象的推理方法，利用逻辑推导创造新知识来预测并解释一些特殊性的现象。类比推理法是从个别（特殊）现象到个别（特殊）现象的推理，它是由两个（或两类）事物在某些属性上相同，进而推断它们在另一个属性上也可能相同的推理方法。

演绎推理的结论没有超出已知的知识范围；而归纳推理和类比推理的结论超出已知的知识范围。演绎推理只能解释一般规律中的个别现象；而归纳推理和类比推理创造了新的知识，使科学或知识得到新发展，是一种创造思维方式。演绎推理中由于前提和结论有必然联系，只要前提为真，结论一定为真。归纳推理和类比推理中的前提和结论，不能保证有必然联系，具有或然性；这样推理的结论未必是可靠的，需要经过严格的验证和证明，使之形成新的理论或知识（陈文伟，2016）。

5.3.3.2　群体

群体知识的创造有协同知识创造、师徒制传承、员工间对话网络、头脑风暴等。

协同知识创造是指一组人为了一个共同的任务或目标而一起工作的知识创造模式。项目团队是群体知识创造的常见方式。随着互联网的出现和发展，出现了虚拟型的项目团队，这些团队可以跨组织、跨地区，甚至跨国进行协作，进行联合研发或项目合作，创造新的知识产品。

师徒制传承是通过师傅带徒弟，重点发展学徒的个人整体智能的方式。师傅以量身订制、因材施教的方法，对学徒进行工作技能、知识教育、工作文化规范和价值观等在内的全方位的指导。由于师徒长时间密切地互动和相处，学徒常能在潜移默化中吸收师傅的各种知识，包括隐性知识。

员工间对话网络是产生新知识普遍使用的方法。员工彼此的对话可以避免个人盲点，产生综合效果并提升知识的广度，形成彼此间隐性知识的外化。通过对话分享可以澄清相关观念，产生共识，进而创造出组织可用的显性知识。

头脑风暴是一种无限制地自由联想和讨论的群体交流方法，其目的在于产生新观念或激发创新设想。由于团队讨论使用了没有拘束的规则，人们就能够更自由地思考，进入思想的新区域，从而产生很多的新观点和解决问题的方法。当参加者有了新观点和想法时，他们就大声说出来，然后在他人提出的观点之上建立新观点。所有的观点被记录，但不进行批评。只有头脑风暴会议结束的时候，才对这些观点和想法进行评估。头脑风暴的特点是让参会者敞开思想，使各种设想在相互碰撞中激起脑海的创造性风暴，其可分为直接头脑风暴法和质疑头脑风暴法，前者是在专家群体决策基础上尽可能激发创造性，产生尽可能多的设想方案，后者则是对前者提出的设想方案逐一质疑，发现其现实可行性的方法，这是一种集体开发创造性思维的方法。

5.4 知识加工与存储

5.4.1 知识存储的价值

知识存储是知识利用的前提。没有知识存储，就很可能没有知识的重复利用，就不能发挥已有知识的价值，很可能造成创造的知识的丢失，花费大量时间和资金重复创造本不必要再次创造的知识（重复制造"轮子"），也很可能无法在之前知识的基础上进行创新。然而，认识到知识存储的重要性且能做好知识存储相关工作的并不多见。

个人或组织的知识存储常常表现为以下3类行为。

（1）"知识狗熊"。如同狗熊掰棒子，掰一个扔一个，手上永远只有一个。这类行为实际上没有做知识存储工作，没有把必要的知识存储起来。

（2）"知识松鼠"。像松鼠爱存储各种食物一样收集各种资料，资料存了几百 G 或几个 T，网盘、硬盘存了一个又一个，似乎是一个很有知识的人，但这些知识并没有真正成为自己的东西。这类行为只注意到了知识的存储，但没有把这些知识通过加工成为自己需要的东西，也没有很好地利用存储的知识。

（3）"知识英雄"。不仅善于存储知识，还善于利用各种工具来武装自己的头脑，让知识为自己服务。这类行为存储知识是为了更好地利用知识、发挥知识的价值。

在实际中，大量的个人或组织成为"知识狗熊"或"知识松鼠"。他们要么认识不到存储的重要性，或者不愿意做知识存储，以为自己有"好记性"，不愿意做"烂笔头"的工作，成为"知识狗熊"；他们或者知道存储的重要性，但只是为了存储而存储，以为把知识搬进自己的"仓库"就万事大吉，没有对知识进行加工处理，成为"知识松鼠"，殊不知这个行为并不比"知识狗熊"好多少。我们真正需要做到的是"知识英雄"，做好知识存储是为了更好地利用知识。

可以通过国际奥委会"知识转让包"案例（阳煜华，2013）来了解做好知识存储的重要性。在这个案例中，国际奥委会通过将历史大型体育比赛的经验存储起来，加工后转让给后续的奥组委，不仅很快收回了成本，还通过知识转让使得后续的举办城市能更好地举办奥运会（图 5-9）。

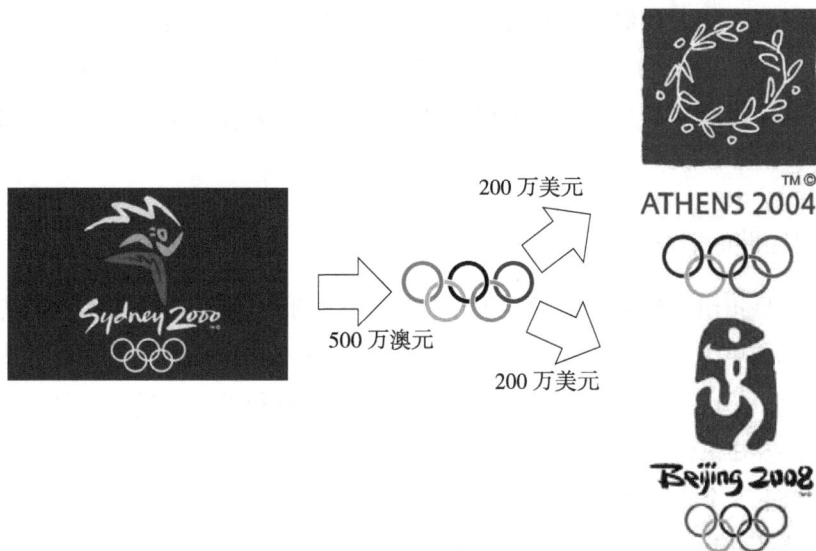

图 5-9　国际奥委会"知识转让包"

案例：国际奥委会"知识转让包"

国际奥运会每四年举办一次。办一届像奥运会这样的大型赛事已成为一项很复杂的系统工程。在每一届奥运会的组织管理过程中，都会产生庞杂、宝贵、已大量流失的专业管理知识。"奥运会知识转让"（Transfer of Knowledge，TOK）项目为智力成果无法共享的问题提供了一个最佳解决方案。TOK 是一种典型的知识管理过程，包括知识获取、存储、分享、利用和创新 5 个步骤；TOK 不仅可以对赛会筹办、举办中的显性知识进行有效管理，还可以创造有利于隐性知识显性化的环境。知识转让项目是国际奥委会在悉尼 2000 年奥运会筹备期间启动的，旨在将历届奥运会组委会的组织管理经验和知识整理后转让给下届组委会，使未来的东道主无须白手起家，而是"站在巨人的肩膀上"将奥运会越办越好。悉尼奥运会共花费 500 万澳元（按当时汇率，约为 280 万美元）形成"知识转让包"，然后以 200 万美元分别转让给 2004 年雅典奥组委和 2008 年北京奥组委。

为了使奥运会申办城市和已获得承办权的城市减少运行成本、提高效率，国际奥委会于 2002 年 2 月 19 日正式启动"奥运会知识服务"计划项目。该项目由国际奥委会和澳大利亚莫纳什大学合股投资运作，是对国际奥委会的"奥运会知识转让"项目的延伸。而"奥运会知识服务"项目更侧重服务性，即其针对的不仅是组委会，还包括申办奥运会的城市，甚至任何世界大型体育赛事的主办者。该项目不是简单机械地提供举办奥运会或其他大型赛事的经验和知识，而是要根据申办城市或举办城市的具体国情和当地文化背景，进行相应的"加工"，使之能更直接地为组委会所用。时任国际奥委会主席罗格在"奥运会知识服务"的成立典礼上说，通过知识转让项目和知识服务项目的启动，将有助于提高未来奥运会组委会或申办城市的工作效率。另外，该项目还使众多的申办城市都可以在同样的知识基础上展开申办竞争。

资料来源：阳煜华（2013）

如果组织忽视知识存储，则有可能为组织带来巨大的经济损失。例如，美国福特公司第一代金牛（TARRUS）汽车的销售非常成功，但由于其没有很好地将成功的经验和知识保存下来，使得第二代金牛汽车的设计和销售团队无法借鉴前一次的经验和教训而导致项目失败。

5.4.2 知识存储的概念

知识存储是指组织将有价值的知识经过选择、过滤、加工与提炼后，存储在适当媒介内以利需求者更为便利、快速地访问，获得有效的知识，并随时更新与重整其内容与结构（廖开际，2014）。知识存储的目的就是对组织已获得的知识进行编码和整合，以及有效地组织，使知识保留下来。

可以从以下 5 个方面理解知识存储。

（1）存储的知识必须经过选择。一般而言，只保存对组织有价值的知识，而对于存储成本高于生产成本的知识则无须保存。

（2）存储的知识必须经过提炼和加工。知识在存储前需要经过加工和提炼处理，包括编辑、编码、分类、索引及摘要等。

（3）存储知识的媒介应根据知识类型来选择：不同的知识要有不同的存储方法，例如，显性知识可以存储在纸张和电脑中，而隐性知识则存储在个人的大脑中、团队和组织的文化和流程中。

（4）存储的知识必须方便访问。必须让使用者能按照最方便、最有效用的方式与途径来快速地访问存储的知识。

（5）存储的知识应有更新与重整的机制。存储的知识必须动态更新和重整，以确保知识的质量和有效性。

5.4.3 知识存储的原因

为什么要进行知识存储？主要存在以下 4 种观点。

（1）以成本的观点而言。知识不应该"用过一次后，就被忽视或遗忘"。存储已有知识，不但免去知识的重复开发成本，而且可以通过反复利用知识使得知识开发的成本得到分摊。

（2）以学习创新能力的观点而言。当组织积累的知识愈多，就愈容易吸收和学习新知识及创造新知识。

（3）以流失容易性的观点而言。员工的岗位变动、离职、死亡、提早退休或遗忘，以及项目团队于任务完成后解散，都可能造成已有知识的灭失，而知识的存储则是有效防止知识流失的重要措施。

（4）以减少浪费与损失的观点而言。知识存储可以降低"重复开发"与"重蹈覆辙"的损失与成本。

5.4.4　知识加工与存储的步骤

知识存储包括知识的选择与过滤、知识的加工与提炼、知识的存储与访问、知识的更新与维护 4 个基本步骤（图 5-10）。

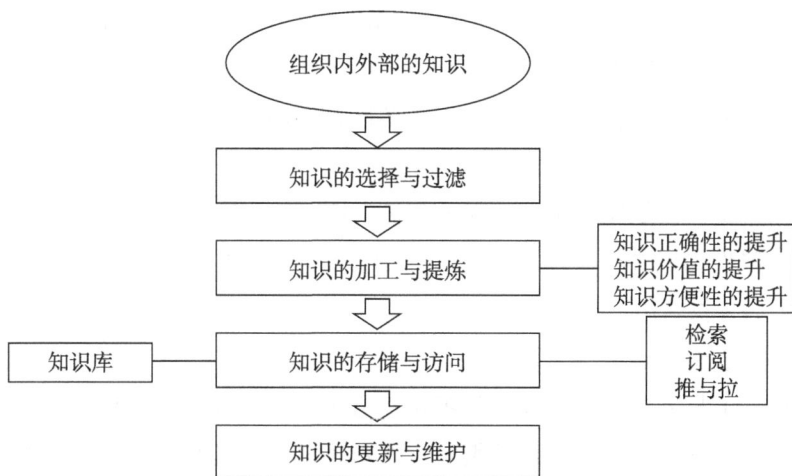

图 5-10　知识存储的基本步骤

[资料来源：廖开际（2014）]

5.4.4.1　知识的选择与过滤

知识系统并不是什么知识都要保存。由于人类信息和知识的处理能力有限，在知识达到一定量之后，知识内容的边际效用递减，因此组织在知识存储前需要进行知识选择和过滤，对知识加以评估。知识选择是从大量需要保存的知识中选择出那些对组织生存和发展重要的知识的过程。知识过滤则是通过一定规则或价值判断标准，过滤掉那些价值不高的知识，保留价值高的知识的过程。

从知识的特征方面来说，只有 3 类知识才需要存储。①创新、独特且具有潜力的知识。②最佳实践、最佳标杆典范及独特的知识。③一些困难任务上具有创意的做法、重要的问题解决程序与方法，以及当面临危机时有效的协调与处理方法的知识。

从知识价值方面来说，只有那些符合组织战略意图、弥补组织战略知识缺口且能为组织带来实际效益的知识才需要存储。知识选择可以使用两项管理法则：一是引入知识市场机制，根据用户的实际需求决定存储哪些知识，基本逻辑是只有用户愿意付费的知识才有价值，才值得搜集和存储。二是依据成本效益分析法的结果决定存储的知识，只有获得收益大于损失成本的知识才被选择和保存。

5.4.4.2　知识的加工与提炼

知识加工和提炼的目的是提升知识的正确性、价值性和方便性。组织运作中最初产生的知识可能存在错误、噪声、部分属性丢失、矛盾或不一致的地方，也可能存在文字冗长而不易理解、不能快速反映主题的内容，需要对这些"粗知识"进行净化、标识、索引、排序、标准化、整合、关联、重新分类和注释等加工和提炼处理，以保障知识的质量得到提高。

（1）知识正确性的提升

知识正确性的提升主要包括知识的净化和标准化等工作，主要目的在于解决不同知识存在的矛盾与冲突、知识的不一致与重复、知识的错误、知识的时效性等问题。

（2）知识价值性的提升

知识价值的提升主要包括知识的标识、关联、注释等提升知识附加值的工作。对于一些设计蓝图、财务报表、程序手册等显性知识，由专家在结构化的知识上加以注解，说明知识有何含义、该如何使用，并提出分析看法。对于网络和 BBS 所交换的心得、意见和所提供的隐性知识进行整理、评估与分析，判断它们的价值和使用场景，并将分析结果进行整理后提供给用户参考。

（3）知识方便性的提升

知识方便性的提升主要包括知识的编辑、分类、索引和定义呈现方式等工作，主要用来提升知识使用的方便性。知识的编辑主要对不同来源的知识按照一致的格式标准进行处理，使得每一个报告文件都有标准的格式。知识的分类和索引主要按照统一的分类标准将知识与分类体系建立关联，用关键词、主题词、时间、地点等建立索引，以方便不同需求的用户都能方便、快速地找到所需的知识。知识呈现方式的定义主要根据不同知识的特性，选择一种或多种知识呈现方式，如文本、数学公式、图形、图像、表格、动画、语音、视频等，以方便用户理解的方式传递给他们。

5.4.4.3　知识的存储与访问

知识在加工和提炼后需以合适的方式进行存储和索引，以便后续能够方便地访问所需的知识。在计算机、信息技术应用前，图书馆领域常用的手段是编目、著录和建立索引卡片。在计算机、信息技术得到应用后，则多通过建立知识库（Knowledge Base）的手段将知识保存，并通过检索、订阅、推荐或主动索取等手段获得所需知识。

知识库是指组织内以数字化及在网上存储的某一领域相关的知识、经验、文件及专业技能等，且这些知识都已经过整合、过滤、索引、分类等加工提炼处理。一个知识库内主要存储的对象包括：影像、声音与信号、文章、数据、文件、案例、法则、对象、流程、模式。知识库的建立能够使知识管理的效率和知识的质量得到提高，促进组织的隐性知识向显性知识转化，让"只可意会，不可言传"的知识具象化，方便共享、交流和利用。

知识库是组织知识的最有效的载体之一，它使某一领域的知识及知识间的关系与规则集结在一起而形成知识集群（苏新宁，2015）。知识库本质上是相关知识的集成。从逻辑结构看，知识库包含了概念、事实和规则等知识，以及各种推理、归纳、演绎等知识处理方法。从知识使用的角度看，知识库能够将知识利用和智能信息处理结合为一体。

从知识库的功能上分析，知识库是具有针对性、领域性的面向用户的知识服务平台。

知识库中的内容应以对象化和组件化的方式存储。将复杂的知识拆分后形成小的知识对象，小的知识对象可以进一步被拆分为更小的，知识对象拆分的粒度需根据实际情况确定，而小的知识对象通过某种组件化的方式又可以组成大的知识对象。知识对象有独立的标签、分类、索引、存储位置及访问策略。

知识库的结构设计需遵循以下 3 个基本原则。

（1）连结性：知识库内重要的内容，无论是依据概念的相关性、事件的时间顺序、因果关系与分类上，都应该做有意义的连结与整合。

（2）使用的灵活性：知识库的设计必须要组件化，即如堆积木般地将各种知识内容依使用者需求的不同，能够快速、动态地连结并提供多重观点且为其量身定做的知识。

（3）面向使用者：使用者在碰到各种不同问题时，可自己主导并决定如何利用友好的界面，以自行连结整合最符合自己需求的知识。

一般来说，知识库中存储的知识对象必须有以下 9 个属性。

（1）相关的活动，即根据此知识对象所支持的组织流程活动来识别。

（2）相关知识领域，即此知识对象是属于哪个专业技能与主题的领域。

（3）存储格式，即此知识对象所存储的媒介与类型，如文件档、设计蓝图、电子文档。

（4）呈现类型，即文件呈现的方式，如手册、备忘录、最佳实务、项目报告；

（5）相关的产品与服务，即此知识对象相关的产品与服务。

（6）时间，即知识产生、修改的时间或知识的有效期。

（7）版本，即知识的版本号，方便用户了解并索取所需版本的知识。

（8）存储位置，即知识存储的具体位置，是知识内部的仓储位置、组织内部服务器还是外部的服务器。

（9）作者，即创造或产生该知识的人员。

知识库的建设对现代企业非常重要，它为知识管理奠定坚实的基础（王兴成，2000），也是企业将业务流程和知识管理整合的重要信息基础设施。国外知识型企业大多十分重视组织和建设企业知识库，广泛采集与企业经营发展有关的经验和知识，经过分类编目，使用计算机和网络技术将其存储和积累起来，成为企业知识共享和使用的必备基础设施，构成企业知识管理的重要组成部分，形成企业知识资源的集散中心。

5.4.4.4 知识的更新与维护

随着时间的变化，知识的内容可能出现更新，知识的分类标准可能发生变化，一些知识可能因"衰老"而不再有存储的价值，因此，需要根据知识的不同情况，定期或不定期地对知识进行评估，依据评估结果或一定的规则对知识进行更新和维护，对新增的知识进行加工处理和存储，对将知识库中不常用但仍有价值的知识移动到二线存储设备继续保存，对不合时宜且没有保存价值的知识进行淘汰并删除，以保持存储的知识的有效性和鲜活性。

5.4.5 主要知识存储方法

知识存储方法可以根据拥有知识的不同层级对象来分类，分为员工个人、群组团队和组织系统（图5-11）。

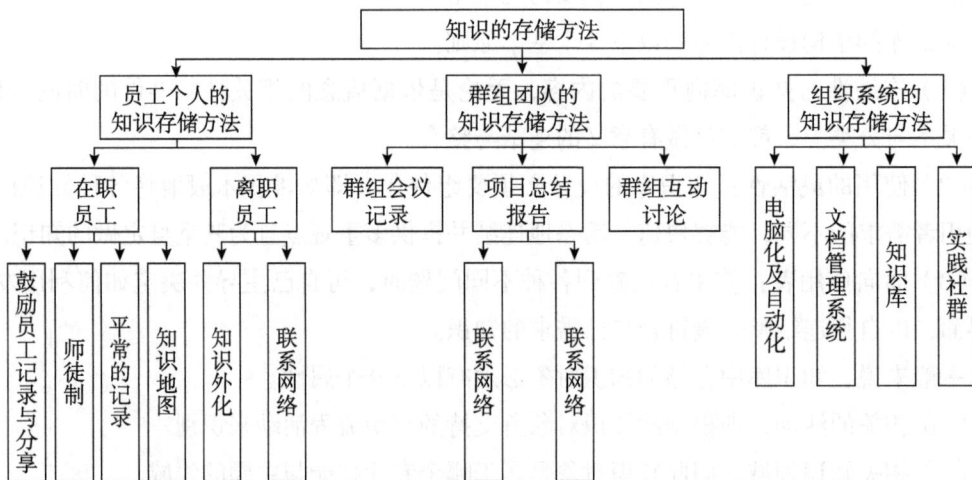

图5-11 分为员工个人、群组团队和组织系统的知识存储方法

[资料来源：廖开际（2014）]

（1）员工个人

首先，组织要建立相关的制度、文化和方便的技术工具，为个人知识存储提供良好的组织和技术环境。其次，对于在职员工来说，除了平常做好记录，鼓励并支持员工对重要的知识进行记录、存储和共享，加强员工间的协作与交流，促进知识的社会化，还要利用知识黄页或知识地图定义出具有重要知识的员工，防止具有核心知识资源的员工流失，通过师徒制让重要的知识，尤其是隐性知识得以保存。最后，要注意离职员工和退休员工知识的保存，可通过与离职和退休员工的面谈将重要的显性知识和隐性知识记录下来，建立离职和退休员工的人际网络，做到"人走茶不凉"，必要时可聘请他们兼职回来处理特殊的事件并将知识保留在组织。

（2）群组团队

群组团队的集体知识常常隐藏在群体内、难以被竞争对手模仿，一般是不会随个别员工离职而流失的。但是群体知识涉及成员间的人际沟通和互动、协调、合作等，具有动态性，相对于员工个人的知识，更难存储。群体知识存储可以通过群组会议记录、项目总结报告和虚拟社群讨论记录3种方式存储。第一，群组团队很多工作是通过会议方式开展的，整个会议中不仅蕴含了许多专家的精辟见解，也说明了整个决议或解决方案的来龙去脉和组织最重要的因果考虑，会议记录可以将这些重要的知识保存下来。第二，项目工作常常是群组团队的工作内容，在项目完成后，将项目中获得的经验和教训通过总结报告的形式记录下来，可以作为群组团队未来执行项目的重要参考和学习资料。第三，随着微信、钉钉等虚拟社群工具的广泛应用，群组团队大量的讨论、交流、协同都通过这些工具进行，组织应安排专人对这些内容分门别类地整理，作为处理相关问题的知识的借鉴。

（3）组织系统

组织系统的知识往往隐藏在各种流程、制度、规则和信息系统中，外化的知识大都存储在手册、文件、公文、会议记录、ISO 文件、设计蓝图和协议等各种文件中。组织应利用计算机和信息技术等建设文档知识管理系统，实现无纸化办公、知识的数字化和自动存储，形成一个高质量且易于使用的知识库。此外，组织应提供资源，鼓励组织相关知识领域的实践社群的发展，并安排专人系统地、有条理地整理社群成员交流中的许多宝贵知识，存储到组织的知识库中。

5.5　知识共享和知识转移

知识和普通商品最大的不同在于其可分享性。知识分享可以分为知识共享和知识转移两类。其中，知识共享属于没有特定对象的自由交流共享。知识转移属于有目的、有特定对象、较正式地由组织主导的知识的转移。从知识的价值层面上看，组织知识必须通过共享才能使其效应扩大，通过转移才能更好地重用。

5.5.1　知识共享

知识共享是指组织的员工或内外部团队在组织内部或跨组织之间，彼此通过各种渠道（如讨论、会议网络和知识库）进行交换和讨论知识，其目的在于通过知识的交流扩大知识的利用价值并产生知识的效应。

现代人几乎每天都在做信息或知识共享，如出版图书、发表文章、做报告、写博客、发微博、发微信朋友圈、发短视频等。虽然不能说每一次共享都是知识共享，但是知识共享在如今的时代的确变得更加容易。

5.5.1.1　知识共享的重要性

安达信的知识管理公式 $KM = (K+P)^S$ 深刻地揭示了知识分享在知识管理中的重要性。从短期看，知识（K）、技术（+）和人（P）的因素变化很小，可以看成是不变的，那么分享（S）就成为知识管理效果的最大变量和决定性的因素。当然，这个公式只是知识管理要素的一种形象的表示方式，目的是说明知识共享对组织知识管理绩效的贡献是非常大的，并不具备严格的数学意义。

作为个人，为什么要做知识分享呢？或者说，知识分享能为个人带来什么好处呢？

首先，资源有限、时间有限，个人要在工作和事业上取得成长，让别人了解自己很重要。个人的水平高低不是自己说了算，而是别人的判断。共享知识，本质在于通过知识共享和传播，让别人对自己做出判断：自己是否是值得合作的人、是否是单位不可或缺的人。

其次，知识共享可以树立个人品牌，"让别人知道你知道"可以建立分享者的个人品牌，让别人更愿意跟分享者合作——传递和共享自己的知识是最简单的方法，通过知识共享，可以促进人们对自己的了解和信任，为个人发展开拓新的天地。很多人羡慕别人能交到厉害的朋友，实际上，只有自己厉害，才能交到厉害的朋友，但前提是让厉害的人知道自己厉害。

最后，知识共享能促进自己的学习，感觉知道与真的知道存在较大的差距，知识外显化需要系统化、条理化，所以共享出来才能真正掌握。每个单位可能都有一些冒牌的"专家教授"，也有一些有能力但被埋没的优秀人才。为什么会出现这种状况呢？一个主要原因就是很多优秀的人才不愿意或不屑于共享自己的知识，让那些"半瓶子乱晃荡"却愿意到处讲的低水平人才占了便宜。

《当下的力量》的作者埃克哈特·托尔在其《新世界：灵性的觉醒》中提到了"流出决定流入法则"（埃克哈特·托尔，2008），虽然讲的不是知识共享，但充分说明了知识共享的重要性和价值。

> 赞赏生命中已经拥有的美好事物，就是所有丰盛（圆满）的基础。事实是，你认为这个世界吝于给予你的，其实是你吝于给予这个世界的。试着将你认为别人吝于给予你的东西——赞美、感激、协助、关爱等等，给予人们。流出决定流入。除非你允许它流出，否则你不会知道其实你早已拥有它。对于这个流出决定流入的法则，表述得很清楚："你们要给人，就必有给你们的，用十足的量器，连摇带按，上尖下流地倒在你们怀里。"丰盛只会降临到已经拥有它的人身上。听起来好像有点不公平，当然不公平，但这就是宇宙法则。

对于组织来说，知识共享能够提高组织的学习能力和获取知识的能力。员工将自己的专业知识和技能提供给其他员工，使得知识在企业内迅速扩散，知识吸收和不断应用的过程将导致企业生产成本、管理成本和交易成本不断降低。研究表明（谢康，2002），知识分享使企业学习曲线急速下滑，即当积累同样数量的产出时，生产的边际成本可以下降得更快（图5-12），企业可以更快地找到解决方案，更好地响应顾客的需求，从而形成企业知识优势。同时，知识共享会避免重复开发的浪费及重蹈覆辙的损失成本。知识共享让组织内部的不同部门之间了解彼此的知识和经验，从而不会重复开发已经存在的知识，也会吸收其他部门的经验和教训，不致在同一问题的解决上走弯路或重复之前别人已经犯过的错误。

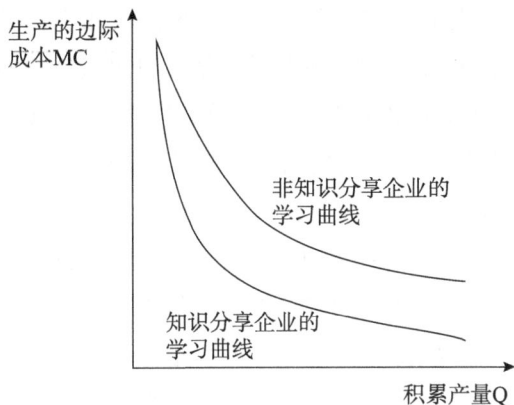

图 5-12　知识分享下滑的学习曲线

[资料来源：谢康（2002）]

总体上说，知识共享能为组织带来加速时间的杠杆效益，提升品质的杠杆效益，顾客满意的杠杆效益，形象一致性的保护。第一，通过加速员工之间、团队之间和部门之间的知识共享，并通过各部门的协调合作，能加速产品上市的时间。第二，通过培训学习等知识管理工作可以保证产品和服务的品质效益。第三，通过有效的知识共享，市场开发人员或客服人员可以集合全公司所有相关的最优员工的知识为顾客提供高水平的服务，使顾客满意度显著提升。第四，通过在内部最佳实践的共享，可以保证产品和服务形象的高品质、规范化和标准化，达到对外形象的一致。

从组织和整个社会发展来说，知识共享能打破知识垄断，促进个人知识和组织知识的增长，在知识和生产力之间架起桥梁，实现知识的增值（陈文伟，2016）。知识垄断是知识所有者独占自己拥有的知识，期望通过垄断获得更大的利益或超额利润。知识垄断来源于知识的不对称性和知识的绝对缺乏性。其中，知识的不对称性是指知识在不同知识主题的分布不均衡，任何组织和个人都拥有一定的知识量和自己独特的知识结构，世界上不存在知识量和知识结构完全相同的两个知识主体；知识的绝对缺乏性是指任何个人或组织都不可能拥有某个领域的全部知识。因此，任何个人和组织都不可能拥有所有需要的知识和信息，若有效开展各项活动，则需要求助于自身之外的信息和知识源，在此背景下知识共享成为必然选择。

5.5.1.2　阻碍知识共享的原因

然而，在现实中，知识共享不是人人都愿意做的事情，它是组织知识管理中最重要、最困难的一个议题。现在企业重要的知识一般都只掌握在少数人手里，共享的状况极不普遍，且有大于 50% 的知识资产（如专利等）因为没有充分共享而被荒废，没有产生应有的价值。知识共享的主要障碍存在于以下方面：知识本身的复杂性、个人方面的障碍、组织方面的障碍（廖开际，2014）。

首先，知识本身具有背景上的相关性、发展上的动态性、内容上的多维性和内隐性，阻碍了知识的分享。知识，尤其很多专业知识和科技前沿知识，需要长时间的学习或很强的专业背景才能理解，没有知识背景的人听了分享的知识常常如听"天书"一般。知识往往是动态变化的，随着时间和环境的变化，知识可能会出现变化或失效，例如，过去用"奇葩"形容一个人是褒义词，现在成为贬义词。知识内容常具有多维性和内隐性，它包含巨大数量的内容、前因后果和经验，知识中的 80% 是隐性知识，而隐性知识的共享通常需要"干中学"才能掌握。有些隐性知识即便知道学习的方法，也是很难学会的。曾经一个电视节目介绍一个民间奇人拥有可以让小鸟落在手上而飞不走的能力，他向节目主持人和观众介绍了原因，实际上，小鸟在振动翅膀飞翔时，双足必须先向下蹬，这个民间奇人正是经过长时间练习，能提前感知到小鸟双足下蹬的力而将其卸掉，因而小鸟只能反复振动翅膀却飞不起来。

其次，员工的认知与能力的限制和员工的心理因素阻碍了知识的共享。首先，正如张潮在《幽梦影》中说："少年读书如隙中窥月，中年读书如庭中望月，老年读书如台上玩月，皆以阅历之浅深，为所得之浅深耳。"每个人的认知与能力不同，对组织所需知识的认识不同，一部分人认为自己知道的别人都知道，因此，即便自己拥有组织所需的知识，也不会共享。实际上，每个人对知识的理解深浅不同，分享可以让群体或组织对知识的理解更深入、更全面。另一部分人之所以不愿意共享知识，是因为他们总觉得自己表达能力欠缺、学识不够而不敢"班门弄斧"、不愿意分享，或者担心自己分享的知识存在问题或错误而被人嘲笑。还有一部分人认为自己花了大量时间、精力学到的知识，若要共享知识往往需要花费大量宝贵的时间，又不能为自己带来直接收益，则共享了知识可能让自己的知识成为公共知识、而在工作中失去竞争力。这就需要组织采取措施激励员工的知识分享行为。实际上，一个真正有竞争力的知识型员工，其竞争力不仅来自他当前的知识存量，更多地来自他在现有知识结构基础上不断学习、创造和利用知识的能力，完全不用担心自己的知识被别人学去后丢了"饭碗"。

最后，组织系统和组织文化阻碍了知识的共享。知识是个人或团队工作的核心资源，很难要求员工无私贡献。如果组织中只是告知人们要彼此共享知识，而没有在组织结构、企业文化、管理制度、管理实践及评价系统等上对知识共享进行支持和鼓励，那么知识的内部共享基本上是不可能成功的。阻碍知识共享的组织系统和组织文化的主要表现有：考核和薪酬制度没有奖励员工的知识共享行为，没有为知识共享提供时间、环境、网络、资金等充分的资源，同盟间或企业内部部门间缺乏交流的标准和规范用语，过分强调自主创新而不愿借鉴、引进别人或外部的思想或技术，不重视对隐性知识的共享，片面重视知识共享技术而不变革观念和业务流程等都限制了知识共享。

5.5.1.3　组织知识共享的主要方式

知识共享分为正式的知识共享和非正式的知识共享。其中，正式的知识共享可以分为正式的网络、师徒传承、建立知识库、知识展览会与知识论坛 4 种方式，而非正式的知识共享可以分为非正式网络、实践社团和非正式场所 3 种方式（图 5-13）。

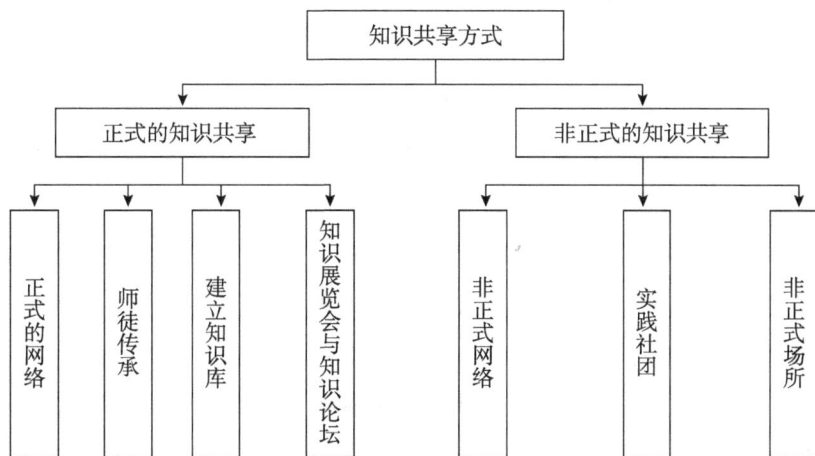

图 5-13　知识共享方式

[资料来源：廖开际（2014）]

（1）正式的知识共享方式

正式的知识共享方式是组织有意识地推动的知识共享。

正式的网络是指组织通过管理系统由上而下传递、指示，或者由下而上汇总、呈送与工作、任务相关的正式信息和知识。该方式是组织内部一种日常和普遍的知识共享途径，一般适合显性知识的共享。

师徒传承是由师傅和徒弟建立密切的互动关系，通过师傅的言传身教和耳濡目染，使得徒弟在模仿和学习中获得个人整体的智能和技能的发展。师徒传承使得某些难以外化为系统共享的复杂、细致和隐性的知识可以成功地共享。通过案例"海底捞的师徒制"来了解一下正式的知识共享方式为企业带来的好处。

案例：海底捞的师徒制

海底捞于 1994 年创始于四川简阳，是一家以经营川味火锅为主的连锁品牌。自 1999 年起逐步开拓西安、郑州、北京等市场，历经市场和顾客的检验，成功地打造出信誉度高、颇具四川火锅特色的火锅品牌。2018 年 9 月，海底捞正式登陆香港资本市场，市值冲破千亿港元，成为全球第五大餐饮企业。2020 年，海底捞净利润达 3.093 亿元。2021 年，海底捞在《财富》中国 500 强排行榜上排名第 360。

海底捞是如何从小小的县城起步并逐步成长为一家著名的餐饮公司呢？很多人以为，海底捞靠的是优质的服务。国内服务做得好的餐饮企业很多，为何它们成不了"海底捞"？真实的情况是，海底捞的核心竞争力根本不是服务，而是"师徒制"。正是这一点，让海底捞市值达 1000 亿元，年赚 165 亿元。短短几年就开遍全国，将全国 13 万优秀人才尽收囊中，其中店长月薪超过 15 万元。

海底捞的师徒制最初来源于号称"最牛服务员"、现在的 CEO 杨利娟。杨利娟出身农村，家境贫寒，17 岁进入海底捞成为服务员，跟着创始人张勇磨砺，做"徒弟"，通过读书、写日记、学管理，很快从众多服务员当中脱颖而出。1998 年，张勇在简阳开出第二家海底捞门店，杨利娟由此成为第一家门店店长。1999 年，海底捞决定在西安开设第一家异地分店，但刚到西安的头几个月接连亏损，合伙人撤资，杨利娟临危受命，被委派为店长，她将海底捞的企业文化和服务理念带了过去，两个月后便扭亏为盈。

当海底捞不断开店时，不得不面临 3 个问题。一是人的问题——首先要保证店长培养速度；二是组织的问题——组织成长模式是否支持快速扩张；三是文化传承的问题——优质服务背后事关尊严、公平、收入、授权和软性考核等数不清的因素，以往的优势在一个组织成长后如何保留？为此，张勇受培养出杨利娟的经验激发，开始推行师徒制，践行其"连住利益，锁住管理"的理念。店长作为师傅，不断培养出能够独当一面的新店长（徒弟），随后则可直接获得徒弟、徒孙店的利润提成，且带出多位徒弟可获多家店的提成。海底捞的招股书显示，作为师傅的店长，其薪酬除了基本薪金，还可获得以下两种选项中较高者的财务奖励：其管理餐厅利润的 2.8%；自身餐厅利润的 0.4%+ 徒弟餐厅数量 × 徒弟餐厅利润的 3.1%+ 徒孙餐厅数量 × 徒孙餐厅利润的 1.5%。

海底捞的师徒制到今天已演化多次，但核心并未改变：店长薪酬和餐厅业绩挂钩，同时还享有徒弟店甚至徒孙店的利润分成。发展越多的徒弟店和徒孙店，师父就能获得越高的报酬。有了从徒子徒孙店提取利润的机制，老店长（师傅）积极性大增，不仅对徒弟倾囊相授，还愿意凭经验帮徒弟找好的开店位置，开店以后帮助徒弟店提升评级（脱 C）和培训服务员。海底捞的师徒制解决了"教会徒弟、饿死师父"的困境，不仅为海底捞爆发式开店提供了充足的人才，还保障了海底捞的文化、服务等没有折扣地在新店中得以传承，最终成就了张勇的餐饮霸业。

资料来源：网络

知识库记录和存储了组织有价值的文件、蓝图、案例、经验和教训等各类知识，具有内容的丰富性、访问的便利性，现在是组织共享知识的重要途径之一。

知识展览会与知识论坛是由某个组织主导、众多组织或个人参与的，在特定时间和场所进行自由交流和知识共享的方式。各类学术交流会、大型跨国企业的中高层定期交流会等属于此种方式。参加人员一般可以随心所欲地聊天，享有充分自由的谈话时间，为快速了解相关领域或产品的知识提供了方便的途径。

（2）非正式的知识共享方式

非正式的知识共享是一种通过非正式组织互动和沟通渠道共享知识的途径。员工通过非正式的学习，往往能够获得通过正常渠道无法学到的知识。

非正式的知识共享有非正式网络、实践社群和非正式场所等方式。其中，非正式网络是指员工之间通过非正式的职权关系进行自由、非正式的沟通、讨论并共享知识。实践社群是指组织内由那些兴趣、专长相同的员工自发组成的、以知识共享为目的的非正式群体，成员们经常通过网络或其他非正式途径讨论、共享某一领域的专长知识。非正式场所的知识共享则是指员工通过茶水间、午餐餐厅、员工休息室、谈话室等非正式场所因不期而遇而产生对话、交流和知识共享的一种方式。

5.5.2　知识转移

知识转移本质上也是一种知识共享，但它比较强调由组织主导，是一种较正式的知识共享，一般有明确的知识目标、提供者与接受者，有明确的知识流动方向。

5.5.2.1　最佳实践

最佳实践（best practice）是指某种在其他地方表现得非常成功且值得引进和采用的一些经验、知识或工作方式。最佳实践可以分为以下 4 个层次。

（1）好的创意：是指未经证实，但直觉上能对组织产生效益的创新思想。

（2）好的实践：是指已经被证实成功的某项技术、方法、程序、活动或流程。

（3）地区最佳实践：是指在与组织类似的单位中，经过实践被证实是最好的某项技术、方法、程序、活动或流程。

（4）产业最佳实践：是指组织中在产业内被认定为绩效最优的某项技术或流程，是产业的一个标杆。

5.5.2.2　最佳实践转移

最佳实践转移（best practice transfer）是指将组织内执行某项任务获得成功的团队所获取的有价值的知识和经验，转移给执行类似任务而绩效不佳的其他团队，以实现知识共享。

学者 Dixon（2000）根据知识需要转移的场景将知识转移分为 5 个类型：连续性转移、战略性转移、差别性转移、相似性转移和专家性转移（图 5-14）。

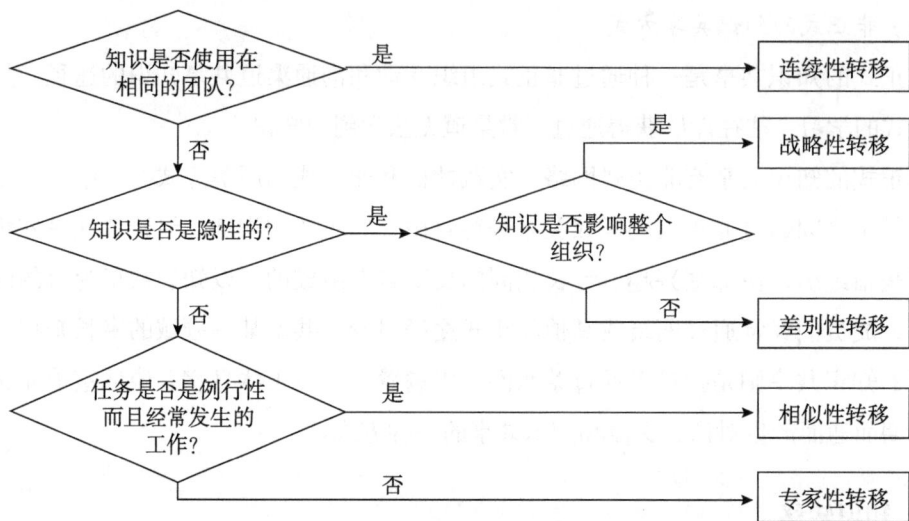

图5-14 知识转移根据知识需要转移到场景进行的分类

[资料来源：廖开际（2014）]

（1）连续性转移

连续性转移是指相同的团队将在某一情境执行任务后，所获得的经验或教训予以存储、记录，以便下次在"另一相似情境"执行任务时可以运用。例如，某一个计算机软件开发团队将其在某一个系统的开发经验进行记录和存储，以利下次开发时利用。

连续性转移的主要特征包括：知识来源者与接受者属于同一团队；两次任务虽然发生的时间与场所的"背景不同"，但"任务类型相似"；任务虽非例行性，即虽非每天一定会发生，但仍时常发生；共享的知识既有显性知识，也有隐性知识，但主要知识为"干中学"的工作经验与教训。

（2）战略性转移

战略性转移的知识是指某些团队具有的"战略性"知识，它们是可能影响整个组织经营的集体知识。这些知识经由"专家"的整理后提供给另外一个团队在"不同背景下"，执行"相类似的战略性任务"所需时使用。例如，战略性并购知识在不同背景的转移，顾问公司将知识管理导入策略，转移给公司的另一团队使用。

战略性转移的特征包括：知识的提供者与接受者属于不同的团队，且知识由特别的专业团队编写；任务与背景不相似，但任务类似；任务的战略性知识足以影响整个组织，但却为非例行性且不常发生；共享知识的类型既有隐性又有显性，但以隐性为主，且其属于策略面而非程序面，因此范围较广且复杂。

（3）差别性转移

差别性转移是指某个团队在执行一个"偶发性的任务"时，将其所获得的"隐性知识"，提供给组织另外一个团队在"不同背景"下执行"相类似"偶发性任务时使用。例如，纽西兰海底隧道团队的开凿海底隧道的知识，转移给波士顿海底隧道团队。

差别性转移的主要特征包括：知识的提供者与接受者属于不同的团队；任务相似，但执行的背景、环境不相似；任务虽非例行性，但经常发生；共享知识的类型是隐性知识。

（4）相似性转移

相似性转移是指某一执行"例行性工作"的团队，将其在工作中所获取到的显性知识予以记录、存储，并转移给执行工作范围类似的"另一个团队"使用。例如，一家汽车制造公司的多个汽车装配厂的组装刹车系统最佳实践的转移。

相似性转移的主要特征包括：知识的提供者与接受者属于不同的团队；两个团队任务与背景很相似；任务为例行性，且常常发生的工作；共享知识的类型为显性知识。

（5）专家性转移

专家性转移是指一个工作团队在执行例行工作、面临一个超越其知识范围的问题时，主动寻求组织内的"专家"提供专业知识的协助。例如，相同领域的网络专家，通过 IT 等各种界面获取反馈。又如，某一公司技术人员寻求如何增加某一过时监视器的亮度，组织内不久就有 7 个具有相同专长的专家提供解答。

专家性转移的特征包括：①知识的提供与接受者属于不同的团队，且常"没有特定的对象"；②知识背景类似，但任务类型不一定相同；③任务为例行性，但不常发生；④共享知识的类型为显性知识。

5.6　知识利用

知识最重要的是利用，但知识的利用相比知识定义、知识存储等流程，要困难一些。张潮《幽梦影》中的"读书者，无之而非书：山水亦书也，棋酒亦书也，花月亦书也。藏书不难，能看为难；看书不难，能读为难；读书不难，能用为难"说明了这个道理。知识管理的目的就是更好地利用知识，为组织管理、经济发展服务。知识利用既是知识管理中最为困难的一个流程，又是最有价值的一个流程。

5.6.1　知识利用的重要性

人类很早就认识到知识存储的重要性。早在 6 万年前，人类已经开始在洞窟岩壁上记载关于捕猎的知识。5000 年前，巴比伦人在胶泥板上记载各类信息和知识。3500 年前，中国人采用甲骨记载各类信息和知识。2600 年前，最早的图书馆亚述巴尼拔图书馆收藏了大量的泥版图书（吴军，2020）。但知识存储的最终目的还是更好地利用，如果只是存储知识，而不加以利用，那么这些知识就被束之高阁，无法发挥其作用。

对于个人来说，知识利用是发挥个人知识价值的重要途径。人们学习知识、掌握知识有着各种不同的目的，例如，改善自己的生活，提升生产效率和产品质量，提供收入，获得更高的职位，形成个人的影响力，心情更愉悦等。但从人的一生来看，也不是比谁掌握的知识最多，而是看谁利用知识为社会做出的贡献最大，谁创造的知识最有价值

（田志刚，2010）。彼得·德鲁克说："把才华应用于实践之中——才能本身毫无用处。许多有才华的人一生碌碌无为，通常是因为他们把才华本身看作一种结果。"现实中不少人重视知识的拥有，而轻视知识的利用，这是他们一生郁郁不得志、无法实现人生价值的重要原因。

对组织来说，知识利用就是知识从理论到实践的转化过程（陈文伟，2016）。知识利用的根本目的在于为组织创造价值，实现从知识到价值的飞跃。组织可以把知识作为产品转让或售卖，从而获得收益，实现知识价值。组织还可以将知识内化为企业理念、文化、业务流程、经营管理和技术开发之中，获得财务或非财务的收益。在知识利用过程中，要促使知识与实际环境相吻合，才能通过原有的知识或原有知识的组合创新来解决实际的问题。在知识运用过程中，会涉及大量的知识开发工作，开发包括重新获取、整理和保存等。从节约成本的观点出发，必须平衡知识投入与知识开发所创造的价值的财务关系，即平衡知识开发和知识运用的关系。在知识开发过程中，尤其是核心技术和管理方法的研发成本是相当高的，所以企业对知识运用的关键还要立足于现有知识的消化和吸收，不要将花了巨大成本开发出来的知识搁置不用而舍近求远，应尽量使关键性知识的运用量近似于关键性知识的获取量，有效地利用好现有知识，将实现知识产值的最大化。

知识的可重复使用性和不可磨损效应使得知识可重复地被利用，发挥稳定的效益，这是知识经济不同于传统经济的重要特点，是知识经济得以成功的源泉。知识重复利用的次数越多，效率就会越高，而且在重复使用中可以极大地促进知识的创新与进步。在知识复用中，一般的技术可以通过培训来实现重复利用，在现代社会和企业中普遍得到重视，如会计技术、机械加工技术、编程技术。但是，业务处理规则等隐性知识的重复利用没有得到较深的认识和较高的重视，如市场调研、产品现状分析、公司内部资源分析、竞争对手分析等市场促销行为所包含的隐性知识。如果这些隐性知识被重复利用，则可以获得更好的效益。

5.6.2 知识利用的目的

知识的利用有3个基本目的：解释问题、解决问题、预测问题。我们在现实中遇到问题时，一般会利用知识判断问题产生的原因，根据问题的特性对问题定性；然后基于对问题的解释和认识，提出解决问题的思路和方法。

（1）解释问题

人们掌握知识的一个主要动因就是利用知识解释发生的现象或问题发生的原因，不同的解释往往导致不同的行为和解决问题的方法。如果掌握的知识被证实是正确的或能够很好地解释问题，那么这些知识便会被人们相信，便会传承下去，这实际上就是柏拉图说的知识的3个条件。如果掌握的知识不具备3个条件，那么便是一个会被淘汰的"伪知识"。例如，在古时候，人们由于不了解产生日食的原因，对日食的现象感到十分不解和神秘，以致日食的发生竟制止了一场旷日持久的战争。公元前 585 年，在爱琴海东岸，米迪斯人和吕底亚人正在交战，双方打得难分难解。天空中的太阳忽然不见了，战场顿时失去光明，天昏地暗。双方的首领都十分惊恐，认为这是上天的惩戒，于是，他们都一致同意放下武器，平心静气地订立了和平条约，结束了持续 5 年之久的战争。古人对日食的现象还做了种种有趣的解释。例如，我国大多数地区的传说是天狗吃掉了太阳，因此，每当发生日食的时候，人们都要敲锣打鼓，鸣盆响罐，以吓跑天狗，营救太阳。

（2）解决问题

人在面对一些问题时，会自觉或不自觉地利用自身的知识解决这些问题。例如，古人在遇到衣服脏了需要清洗时，会采用草木灰、皂角、澡豆等去污剂，而今天的人则会想到用洗衣粉、肥皂等工业品来解决问题。虽然有人认为信息和信息技术能够解决问题，也不否认有些机器利用信息和信息技术能够解决一些问题，但一方面，我们应该认识到，这些机器能够解决问题是因为人类的知识转移给了它们，它们只不过是信息时代人类的"奴隶"；另一方面，知识与信息不同，知识除了要靠经验消化汇集的信息，还要验证、思考，甚至在亲身体验过程中发现问题、解决问题。例如，任何人都可以在网络上搜索盲肠炎的手术步骤，但不管这个人搜集了多少信息，你敢让他做手术吗？

（3）预测问题

预测问题是人类一项重要的技能，有赖于知识的综合运用。在面对未来的不确定情况时，人们往往要利用各种知识和信息进行预测，以避免在未来出现风险或损失，或使自己获得最大的收益。例如，公元前 7000 年，古埃及人创造了早期的天文学知识，制定了早期的历法，根据天狼星和太阳的位置判断一年中的时间和节气，能准确地预测洪水到来和退去的时间，指导他们的农业生产（吴军，2019）。公元前 7 世纪—前 6 世纪，古希腊的思想家泰勒斯（Thales）通过研究气象预测农业收成，当预测橄榄油要丰产后，他就预先购买和控制了米利都与开奥斯两个城市的榨油机，等收获橄榄后，通过出租榨油机获得巨额利润（刘思锋，2020）。现代人利用知识预报天气状况、预测经济周期或技术生命周期也都是利用知识预测问题、使人们可以提前做出决策的鲜活例子。

预测问题的本质就是利用已有的知识进行决策。从理论上讲，知识越多，越容易做预测和决策。然而在实际中，做决策不是一件容易的事情，尤其是对高学历的"读书人"。在古代，"读书人"往往"学成文武艺，货与帝王家"，他们帮助帝王成就一番事业，自己往往躲在帝王的阴影下成为一个谋士，除了极少数的人能留名青史，大多数人是历史中的默默无闻者。"读书人"为什么会出现这种情况呢？为什么他们不能成为决策的帝王，只能成为一个参谋？主要原因可能有 3 个：第一个原因是"读书人"是书的阅读者（知识的存储者）、文化的继承者和传播者，但不是实践者（知识的使用者）。第二个原因是在传统社会，"读书人"往往手无缚鸡之力，耕田、经商、打仗往往不如别人，因此他们只能成为实践者和决策者的帮手。第三个原因是"读书人"学得越多、知道得越多，知道自己不知道的越多，越觉得自己渺小，做事往往容易瞻前顾后，胆子小，缺乏冒险精神，因此很难成就一番大事业，而帝王一般是"无知者无畏"，敢于利用有限的信息冒险和决策，这也许是他们的智慧所在。

古希腊哲学家捷诺的双圆圈理论（图5-15）揭示了"读书人"的这种"知多智少"的状况（田志刚，2010）。小圆圈可以表示一个"知识少者"，大圆圈表示一个"知识多者"，圆圈内部是他们的知识量，圆圈外面是他们无知的部分。从知识量上来说，显然"知识少者"不如"知识多者"，然而，由于大圆圈的周长比小圆圈长，"知识多者"因为接触更多的未知知识而常常怀疑自己的决策，或者说有更多的选择而不知道选择哪个更有利，"知识少者"反而受到的限制较少。

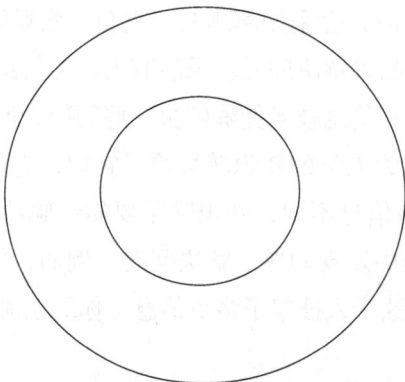

图5-15 捷诺的双圆圈理论

在知识经济时代，农业和工业的从业人员发生了很大的变化，"体力"往往成为次要因素，知识和技能则成为主要因素，服务业更是如此。军队招募战士，过去往往把体能放在第一位，但现在则把知识放在第一位，这也是近些年为何中国人民解放军从大学生中征兵的主要原因。未来学家阿尔文·托夫勒曾说："未来的新兵种——知识战士，这是一群穿着军装或不穿军装的知识分子，他们信奉知识能打赢战争或避免战争的观念。"可见知识在各行各业均成为一个从业的重要因素。那么新的"读书人"——知识型员工有了丰富的知识后，如何避免前人不善决策的问题呢？

决策可以分为以下3种类型。

①武断型决策：一言堂，不征求意见、不听取意见，一门心思走到黑。

②寡断型决策：优柔寡断，反复征求意见，耽误时间，贻误战机。

③决断型决策：民主集中制，既充分发扬民主，认真调查研究，听取各方意见，当机立断。

显然，武断型决策和寡断型决策都是不可取的，而决断型决策是可取的，是需要新的"读书人"掌握的技能。在做决策时，哈佛大学达奇·莱昂纳德教授的"三圈理论"（图5-16）值得参考（曹俊德，2010）。

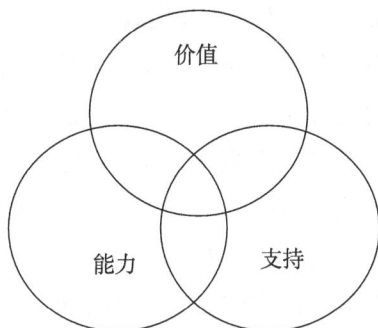

图 5-16　三圈理论

　　"三圈理论"即价值（Value）、能力（Capability）和支持（Support）分析框架。这一理论认为，在制定一项公共决策时，第一，必须考虑该政策方案的目标能否体现公共价值，是否以公共利益作为政策方案的最重要诉求，即价值问题；第二，必须考虑政策方案的实施与执行中的约束条件，即达到政策目标的人、财、物条件是否具备，即能力问题；第三，必须认真考虑政策方案所涉及的利益关系者的态度与意见，他们的价值取向与政策目标的距离，即支持问题。成功的决策和政策制定是在这 3 个方面寻求某种平衡的结果。若把价值、能力和支持各用一个圆圈表示，则 3 个圆圈交叉重叠的部分就是事情实施的可能性。三圈相交形成的区域，分为以下 6 种类型。

　　①耐克区（V+C+S）：3 个圈相互重叠的部分。在这个区域内，表示决策方案既有价值，同时组织又具备足够的能力，还有来自利益相关者的支持。在这种情况下，开展各个项目应该说万事俱备，只需要放手去做就行。"放手去做"是耐克公司的口号，故将这一区域称为耐克区。

　　②梦想区（V）：位于价值圈不与另外 2 个圈相交的部分。在这个区域内的计划项目在理论上都是有公共价值的，是好的或比较好的愿景目标，但它的实施既没有足够的能力，又缺乏支持，只停留在梦想阶段。

　　③梦想实现区（V+C）：位于价值与能力 2 个圈相交的部分（不包括耐克区）。计划项目有价值，同时组织有足够的资源能力，因缺乏支持暂时难以实施。如通过努力赢得支持，梦想就可以实现。

　　④风险项目区（V+S）：位于价值和支持 2 个圈相交的部分（不包括耐克区）。计划项目有价值，同时会获得支持，因组织能力不足，实施有风险。

　　⑤别人的梦想区（S）：位于支持圈不与另外 2 个圈相交的部分。这个区域的计划项目仅有利益相关者的支持，而没有公共价值和组织能力，说明支持者与决策者价值认同出现偏差甚至背离，从领导者角度看，属于别人的梦想。

　　⑥噩梦区（C+S）：位于能力和支持 2 个圈相交的部分（不包括耐克区）。这是最糟糕的一种境况，计划项目获得广泛支持，且组织又有足够的能力完成，但它毫无价值，一旦实施将造成极大损失，结果成为"通往无人之区的桥梁"。

上述 6 个区域是三圈互动形成的不同决策模式。"三圈理论"虽然是公共政策决策的重要分析工具，但它可以用在大多数问题的决策上。根据该理论，耐克区是一种理想的决策情况，但实际上 3 个圈的交叉面积有大有小，这也需要区别对待。若利用知识判断价值圈、能力圈和支持圈三圈重叠，则决策 100% 可行。若三圈交叉面积小，则决策的风险较高。现实中能够三圈重叠的情况非常少，往往需要利用知识、在条件不明朗时决策。按照黄金分隔理论，通过预测，当判断三圈重合面达到 61.8% 左右时，就可以进行拍板、决策。如果等所有条件都满足再拍板，就会贻误时机。

最后，现在很多问题的解释、解决和预测是需要多专业人才配合的。知识型员工如果想让自己的知识发挥最大的作用，那么一定要在与别人的合作中才能实现。知识的利用要懂得与人协作，发挥团队中各人的长处。在团队协作中，知识型员工不要在自己不擅长的领域说三道四，尤其是身负决策使命的领导。

5.6.3 知识利用的方法

知识利用实际上是一个"知识变现"的过程。知识有价值，但头脑中的知识本身没有办法出售，因为无法衡量头脑中知识的价值为多少。知识利用和交换必须通过产品和服务的形式来实现。使用个人知识的方式有 3 种（田志刚，2010）：把个人知识与任务和项目相结合，向某个固定的机构提供知识服务；把个人知识表现为专利形式，通过销售专利向全社会提供知识服务；把个人知识转变为具体的产品，直接向社会提供产品或服务。第一种是"知识服务化"，利用个人知识为组织的任务或项目提供咨询、技术等服务获得报酬；第二种是"知识专利化"，将个人的知识转变为受法律保护的专利，然后通过专利授权、转让、投资等获取收益；第三种是"知识产品化"，将个人知识转变为产品在市场上出售获取收益。对于组织来说，除了可以将众多个人知识和资源综合形成专利、产品和服务，还可以将各种知识和资源聚合形成一种市场模式，通过"知识市场化"获取收益。

5.6.3.1 知识服务化

知识服务化是指个人或组织通过利用知识为其他人或组织提供服务获取收益。知识服务可以分为人与人接触、人与人不接触两类。

人与人接触需要知识的提供方和知识的需求方面对面的交互才能实现，既可以一对一、一对多，也可以多对一、多对多，如心理咨询、法律咨询、线下教学和培训、多科医生会诊、学术交流会等。这种面对面的形式曾经是知识服务化的主要场景，但存在时间和场地等的约束，知识提供者的服务不能为不在场的需求者使用，一次知识服务结束后形成的成果常常不能复用，而且一次接受服务的人员数量有限。

随着互联网技术的发展，大量的需要人与人直接接触的知识服务逐渐被线上且不需要直接接触的形式代替，人与人不接触正在成为知识服务化的主要场景。不接触的知识服务需要信息技术、多媒体技术、互联网技术、人机交互技术、人工智能技术等支持，表现为知识提供者和知识需求者在时间和空间上的分离，如线上教学和培训、直播、线上医疗咨询、线上视频会议等。不接触的知识服务是知识跨时空传播效应的具体体现。

5.6.3.2 知识专利化

知识专利化是指将个人或组织的技术知识或创意知识转变为专利，然后利用专利的许可或转让将知识变现。在现代经济体制下，知识专利化还是保护知识的重要途径。专利制度是"以技术公开换取市场保护"的制度，它依据我国专利法对申请专利的发明，经过审查和批准授予专利权，同时把申请专利的发明内容公之于世，以便进行发明创造、信息交流和有偿技术转让的法律制度。专利制度是国际上通行的一种利用法律和经济的手段推动技术进步的管理制度。这一制度的建立在于确认和保护发明人的智力成果，公开和利用最新发明成果，从而鼓励发明创造，推广和及早运用技术成果，促进国际技术交流，推进技术进步和经济发展。专利制度的价值主要有以下 4 个方面。一是有效地保护发明创造，发明人将其发明申请专利，专利局依法将发明创造向社会公开，授予专利权，给予发明人在一定期限内对其发明创造享有独占权，把发明创造作为一种财产权予以法律保护；二是可以鼓励公民、法人进行发明创造的积极性，充分发挥全民族的聪明才智，促进国家科学技术的迅速发展；三是有利于发明创造的推广应用，促进先进的科学技术尽快地转化为生产力，促进国民经济的发展；四是促进发明技术向全社会的公开与传播，避免对相同技术的重复研究开发，有利于促进科学技术的不断发展。

很多人认为只有"高大上"的先进技术才能够申请专利，这其实是一种误区。我国的专利分为发明专利、实用新型专利和外观专利 3 种。实用新型专利和外观专利的授权相对容易，发明专利的授权相对较难。发明专利也不要求一定是高新技术，只要一项发明具备新颖性、创造性和实用性，就可以被授予发明专利。新颖性，是指该发明或者实用新型专利不属于现有技术，也没有任何单位或者个人就同样的发明或者实用新型在申请日以前向国务院专利行政部门提出过申请，并记载在申请日以后公布的或者公告的专利文件中。创造性，是指与现有技术相比，该发明具有突出的实质性特点和显著的进步，该实用新型具有实质性特点和进步。实用性，是指该发明或者实用新型能够制造或者使用，并且能够产生积极效果。我国专利法所称现有技术，是指申请日以前在国内外为公众所知的技术。虽然其他国家与我国的专利法存在差异，但基本的要求差距并不大。专利权一般只授予第一个提出创意想法或技术的人，所以知识产权要想获得保护，需要尽早向专利局提出申请。

5.6.3.3 知识产品化

知识产品化是指将知识转化为有形的产品，通过产品的销售获取收益。产品化既可以形成纯粹的知识产品，如小说、论文、专著、咨询报告、研究报告、计算机软件、创意性的设计等，又可以将知识融入实体产品中，通过有形产品发挥知识的价值，如阿里巴巴公司的天猫精灵、小米公司的小爱音箱等，将知识融入家庭助手智能终端中，让用户以自然语言对话的交互方式，实现影音娱乐、智能家电管理、购物、信息查询、生活服务等功能操作。

一般来说，显性知识的产品化较为容易，而隐性知识的产品化较为困难。从组织文化角度探讨建立学习型组织、知识创新文化和从战略角度探讨知识管理战略等，都可以实现在组织间或组织内部隐性知识显性化。组织内个体隐性知识的显性化需要一定技术的帮助，使个体将其观点和意向表达出来；组织外隐性知识转移为组织内的显性知识过程需要演绎、归纳推理或创造性推论（马费成，2014）。相比而言，隐性知识的产品化非常必要且往往会带来更大的价值。中国老字号餐饮企业全聚德的隐性知识产品化很好地诠释了这一点。

案例：全聚德的隐性知识产品化

过去，中国餐饮的发展模式一般是师傅带徒弟的方式，徒弟通过不断实践逐步学会师傅的技艺（隐性知识），而对餐饮标准化工作不重视，限制了中国餐饮企业依靠连锁经营形成规模优势、做大做强。中国餐饮从原料的选择、主配料的搭配及加工制作都是采用模糊的词语，而非精确的记录，例如，用火，称"文火""武火"，加料，称"少许""适量"，油温，称"七成""八成"等。这样的发展方式带来一个显著的问题，那就是同一师傅带出的徒弟做出的餐品味道并不相同，影响了菜肴质量的稳定。例如，过去，同是全聚德北京烤鸭，"大鸭子"（和平门店，因其营业面积最大）不如"老鸭子"（前门店，因其历史悠久），"老鸭子"不如"病鸭子"（王府井店，因其临近协和医院）。而西方餐饮的发展模式多是依靠标准化和定量化（显性化知识），在主料、配料及调料的质量与数量都做了严格的控制，对操作进行规范化，对技术、工艺、设备等均进行了数据化和标准化规定，因此得以出现麦当劳、肯德基这样的世界级快餐业连锁巨头。全聚德烤鸭店在认识到存在的问题后，开始探求如何实现工艺环节上的标准化，他们和德国公司合作，研究了专门用于烤鸭的微电脑傻瓜烤炉，把人工积累的经验知识通过电脑进行控制，为了保持电炉烤鸭与传统烤鸭的果木香味完全一致，全聚德将特制的天然果汁提前喷涂在鸭坯上，保证电炉烤鸭也是原汁原味的。隐性知识标准化后为全聚德发展壮大提供了基础。2007年，全聚德在深交所挂牌上市，成为首家A股上市的餐饮老字号企业。截至2019年初，全聚德在国内几十个城市有百余家门店，在日本、加拿大、澳大利亚、法国等国家拥有多家特许门店。

资料来源：网络相关资料和文献（王征，1999）

5.6.3.4 知识市场化

知识市场化是指将各种知识和资源聚合后形成一种市场，提供一个知识传播和交易的市场平台，实现个人或组织知识的利用和变现。知识市场化本质上是一种"中介"和"平台型"的知识服务模式，表现为众多知识的聚合、交易和利用。知识市场化往往不是个人能够实现的，需要依靠一个组织或多个组织的力量来推动。

与前 3 种知识利用方法相比，知识市场化有一个显著的特点，那就是在大多数情况下，知识不是提供交易或服务的平台创造或提供的，而是由第三方的个体或组织生产或提供的，也就是说，这些知识不一定是提供平台服务的实体的。例如，苹果的 App Store、谷歌的 Google Market 大量的知识产品都是第三方的，并不是苹果或谷歌公司开发的。知识市场化中的知识服务是一种非接触式的，创造知识者或提供知识者一般通过平台提供的交易获得收益，而平台提供方往往靠佣金、中介费或其他方式获取收益。知识市场化也可能是公益性的，如维基百科、百度百科，知识需求者能从知识提供者分享的知识中获益，而知识提供者一般没有收益。

互联网技术和现代移动支付的普及，以及用户消费观念的转移、消费习惯的变化、获取信息方式的改变，为知识市场化提供了条件，出现了很多新颖的知识服务和利用模式，如知识分享、付费直播、有偿问答、付费订阅等。表 5-2 从产品定位、用户规模、付费数量、付费机制、付费规模、内容生产、服务形式维度展示了知识服务典型平台的对比。除了如喜马拉雅音频分享平台等常见的平台交易模式，还可以通过众筹、众包、开源等模式来完成一个知识产品或服务，例如，网络达人通过"读书众筹"模式提供读书音频或视频服务，解决受众渴求获得"深度知识"却面临"时间预算"约束的难题，企业通过"技能众包"满足整合社会资源多角度、低成本开展研究开发、应用制作、流程外包的需求，谷歌通过开源方式开发安卓手机操作系统等；也可以将众多的知识资源或产品汇集在一起面向个人或机构提供服务，例如，万方数据知识服务平台汇集了海量的学术论文，面向科研人员提供文献信息服务，"慕客"将众多高校或教育机构的优质课程资源融合，促进个人能力提升、更具时效的人才评价和个人终身学习；还可以通过在提供者和需求者之间建立桥梁和信任机制实现知识利用的，例如，猪八戒网为企业、公共机构和个人提供定制化的解决方案，将创意、智慧、技能转化为商业价值和社会价值。

表 5-2　知识服务典型平台对比分析

平台	喜马拉雅	得到	知乎	分答
产品定位	音频分享平台	付费订阅产品	平台内嵌付费问答功能	付费语音问答功能
用户规模	2554.41 万	215.24 万	974.98 万	52.04 万
付费数量	16 个付费精品分类，累计大咖数量 850 位	付费精选、电子书、音频及系列，15 位大咖入住专栏订阅	20 个热门分类，累计 600 余位优秀答主	最受欢迎的 TOP100 答主累计回答 7 万个问题
付费机制	付费订阅例如《好好说话》——198 元 / 年	付费订阅例如《李翔商业内参》——199 元 / 年	文字提问，回答者设定金额 + 付费转载	60 秒付费提问，回答者定价 + 付费收听

续表

平台	喜马拉雅	得到	知乎	分答
付费规模（畅销案例）	付费音频课程《好好说话》，10万付费用户，营收超1980万元	大咖专栏《罗辑思维》8万付费用户，营收超1592万元	热门答主李开复的关注者达90万，18个公开问题回答，收入超万元	红人答主王思聪的收听者超12万，32个公开问题，收入达25万元
内容生产	联合出品＋主播入住	团队自制＋自媒体入驻	平台孵化的名人入住	平台孵化的名人入住＋网红推广
服务形式	在免费的基础上，推付费精品特区	知识新闻免费，精品付费订阅	向他人付费提问，每个语音回答能被所有人听到，收听收入由提问者和回答者平分	向他人付费提问，每个语音回答能被所有人听到，收听收入由提问者和回答者平分

资料来源：网络。

知识市场化的力量是惊人的，它为各种知识的传播、交易和利用提供了广阔的机遇。例如，喜马拉雅音频平台于2016年12月3日举办了首届"123知识狂欢节"（国内首个内容消费节），当日销售额为5088万元，相当于淘宝"双十一"第一年销售额。850位知识网红和超过2000个精品课程参与，其中《好好说话》以555万元成为"123知识狂欢节"的销量总冠军，《时间管理10堂课》成为个人成长分类的销售冠军及总销售榜亚军，成交额达273万元。很多商业化知识服务平台为了吸引用户，推出了大量的免费知识资源，这无疑促进了各种知识的传播和利用。

本章思考题

1. 简述知识定义的主要工作及对企业的重要价值。

2. 简述知识创造的学习理论的主要内容。

3. 简述组织核心知识构建模型的主要内容。

4. 简述"干中学"模式和"分析中学"模式的异同。

5. 举例说明师徒制传承的优点。

6. 知识库构建需要考虑的因素有哪些？

7. 为什么说知识分享是知识管理的难点？

8. 列举最佳实践转移的主要方式，并举例说明。

9. 知识利用的方法有哪些？

10. 结合自己所在的组织，谈谈如何将业务流程与知识管理整合起来。

第6章 知识管理的知识创新视角

> 创新的实质是知识的运用和创造。 ——王众托
>
> 最有价值的知识不是从别人那里获得的，而是我们自己创造的。 ——野中郁次郎
>
> 知道自己知道什么，也知道自己不知道什么，这就是真正的知识。 ——梭罗
>
> 知识创新是组织保持长期核心能力的唯一途径。知识创新首先要避免的是达克效应，同时拥有一种开放的心态。

以知识创新为中心的知识管理强调组织学习，鼓励员工的知识创新活动。从知识管理战略上看，知识创新是满足知识缺口的需要，在外部不存在所需要的知识或者无法从外部获取所需要的知识时，就需要采用创新的途径自行创造新知识。从知识员工管理来看，激发知识型员工的创造性，推动知识创新是知识管理的重要工作。通过基础与应用研究及开发活动来创造新知识，要求员工不断获取新的、更先进的知识。员工创新需要3个要素：基于知识、改变思维、艰苦劳动。基于知识和艰苦劳动比较容易理解。最关键且难以获得的是第二个要素。改变思维就要用创新理论来武装头脑，改变过去惯用的、只凭个人经验的思维模式。

6.1　创新和知识创新

6.1.1　创新

　　创新既是一个老问题，也是一个新话题。人类在地球上出现后几乎每天都在创新，一直到今天，也将持续到明天和未来。无论科学还是技术，都表现为知识形态，它们还只是潜在的生产力，只有通过创新过程才能变成现实的生产力，实现其社会经济价值。知识经济的发展主要依靠知识创新，知识创新是知识经济的核心。知识经济中的竞争实质上是就是知识创新的竞争。企业的知识创新能力是它的核心竞争力，而国家的知识创新能力则是决定一个国家在世界格局中的地位和国际竞争力的重要因素（王众托，2016）。

　　创新的挑战并不是现在才有的，组织为了生存和发展，总是不得不考虑革新它们的产品，以及生产与销售的方式。创新最大的挑战不是发明——产生新的创意，而是如何将这些发明实现技术化和商业化。创新不仅要面对目标的不断变化，也要面对环境的不断变化。其中，知识生产的加速、知识生产的全球化等新的环境为创新带来了挑战。据经济合作与发展组织估计，全球每年有近1.5万亿美元用于创造新的知识，因而增加了突破性技术开发的可能性。为了利用全球的创新资源，现在的跨国企业往往在多个国家开展知识生产，如微软的第三大研发中心在上海，雇用了几千名科学家和工程师（乔·蒂德，2020）。

　　对创新的理解可以从狭义和广义两个方面进行（王众托，2016）。从狭义上，创新是从新思想的产生到产品设计、试制、生产、营销和市场化的一系列行动。从广义上，创新是不同参与者与机构之间交互作用而产生的新理念、新经验，并延伸到社会生活方方面面的新思想和新事物。

　　创新成为一种经济学理论，是美籍奥地利经济学家约瑟夫·熊彼特（1883—1950年）在1912年《经济发展理论》中提出的。熊彼特以"创造性破坏"（Creative Destruction）的理论阐释了经济增长的真正根源——创新，率先成功地将经济学带出古典理论的静态范畴。熊彼特依据古典经济学的静态范式构建了虚构的"循环之流"；然后指出，发展是打破静态体系的动力所在，而构成发展的两个核心要素是企业家和货币（或信用）。发展是企业家在信用的帮助下，成功地实施新组合，也就是俗称的"创新"。企业家是经济体系中最独具个性的人物，而为实施新组合而创造出来的信用则是企业家不可或缺的工具。以此为基础，熊彼特深刻而令人信服地论证了企业家利润、利息、经济周期等重大经济现象背后的机理。很难想象，这本称得上是经济学上的划时代之作是一个28岁的年轻人提出的。管理学大师彼得·德鲁克称"熊彼特具备永垂不朽的大智慧"。在这本著作中，熊彼特认为创新就是把生产要素和生产条件的新组合引入生产体系，即建立一种新的生产函数，或是一种生产要素的新组合（熊彼特，2015）。其创新概念包含的范围很广，如涉及技术性变化的创新及非技术性变化的组织创新。熊彼特提出 5 种创新的形式。

（1）生产新产品或提供一种产品的新质量。

（2）采用一种新的生产方法、新技术或新工艺。

（3）开拓新市场。

（4）获得一种原材料或半成品的新的供给来源。

（5）实行新的企业组织方式或管理方法。

熊彼特的 5 种创新形式为人们理解创新提供了一种分类方法，简单来说，创新可以分为新产品、新生产方法、新市场、新供给、新组织。这种分类是从经济学角度进行的。

从创新空间的 4 个维度出发，乔·蒂德把创新提炼为 4Ps，即产品创新（Product Innovation）、流程创新（Process Innovation）、定位创新（Position Innovation）、范式创新（Paradigm Innovation）（乔·蒂德，2020）。创新分为渐进性的（做得更好）和突破性的（做得不同）两种形式。其中，产品创新是改进现有产品或生产一种新产品，如提高白炽灯泡的性能是"做得更好"，用 LED 灯替代白炽灯照明是"做得不同"；流程创新是对企业内部流程进行改进或突破，如证券公司扩展交易服务网点是"做得更好"，采用在线交易平台、网上交易就是"做得不同"；定位创新是指企业对产品和服务进入目标市场的创新，如戴尔公司为个人提供个性化定制电脑是"做得更好"，而让每个孩子都拥有一台笔记本电脑的项目——价值 100 美元的通用电脑就是"做得不同"；范式创新是指企业盈利方式的变革，如 IBM 从硬件制造商转变为咨询、服务和软件公司是"做得更好"，而劳斯莱斯从制造高质量的飞机引擎变为一家"按飞行小时包修"的服务公司是"做得不同"（翟海潮，2015）。

麻省理工学院的丽贝卡·亨德森（Robecca Henderson）和哈佛大学的金·克拉克（Kim B. Clark）按照创新对构建公司能力的影响将创新分为渐进式创新（Incremental Innovation）、模块创新（Modular Innovation）、结构创新（Architectural Innovation）和彻底的创新（Radical Innovation）（Rebecca，1990）。渐进式创新是指通过不断的、渐进的、连续的小创新，最后实现管理创新的目的。模块创新是指仅改变了技术的核心设计概念，而没有改变产品的架构，如用数字电话替换模逆电话。结构创新是指改变了技术概念之间的关系，而没有改变技术的核心设计概念。彻底的创新又称为突破性创新，是指有根本性重大技术变化的创新，它一般会颠覆整个产业原有的游戏规则，可以让现有的市场领袖完全过时，常常伴随着一系列渐进性的产品创新和工艺创新。

不管是乔·蒂德提出的突破性的创新，还是丽贝卡·亨德森提出的彻底的创新，本质上都是近些年特别引起重视的颠覆性创新。这种创新不是在原有基础上修修补补的创新，而是彻底的、完全颠覆性的创新。根据克莱顿·克里斯坦森（Clayton Christensen）在颠覆性创新方面的研究，一家公司寻求在新市场而不是已有市场发展，成功概率会高出 6 倍；同时，潜在收入会提高 20 倍（克莱顿，2019）。尽管个人与企业并不能等同而论，但在《四招颠覆自我》一文中，作者惠特尼·约翰逊（Whitney Johnson）指出，个人进行颠覆性创新有类似效果：这将显著提高个人在经济、社会和情感上成功的机会（哈佛商业评论，2018）。

自主创新是近些年特别强调的另一个概念。一般认为，自主创新包括原始创新、集成创新、吸收引进和再创新。原始创新是指前所未有的重大科学发现、技术发明、原理性主导技术等创新成果。原始创新是最根本的创新，是最能体现智慧的创新，是一个民族对人类文明进步做出贡献的重要体现。集成创新是指围绕一些具有较强技术关联性和产业带动性的战略产品和重大项目，将各种相关技术有机融合起来，实现一些关键技术的突破甚至引起重要领域的重大突破。吸收引进和再创新是指在引进外部（国外）先进方法和技术的基础上，积极促进消化吸收和再创新。

在实践中，整体上完全从无到有的原始创新是比较罕见的。其实，在原始创新中，大部分也含有系统集成的成分。因为现代化的技术和经营管理依靠的是不同领域中的原理、方法和工具，一般既没有可能、又没有必要完全从头开始，绝大多数只是在关键部分有原创性（赵民，2016）。当前的新产品、新的生产流程、新的经营管理模式及大型新工程多半是系统集成的产物。系统集成创新往往成本低、周期短、风险小，比完全原始创新灵活性大、适应性强。这种创新的结果不但得到新产品、新流程，而且得到了新知识。正是由于现代化的技术和产品、服务都带有系统和综合集成的特点，因此从系统科学和系统工程的角度来看，这3种自主创新均为集成创新。系统集成创新虽然使用了不是自己创新的组成部分，但它使用了新颖的集成方式，同样是一种创新。

最早提出企业核心竞争力的 Praharad 和 Hamel 把知识集成能力作为企业的核心竞争力，他们认为，"企业核心能力是组织积累性知识，特别是关于如何协调不同的生产技能和有机结合多种技术流派的知识"（Prahalad，1990）。由于系统集成创新涉及系统及其组成部分的知识，还涉及新技术、新方法的创造，这种创造的实质是新知识的生成和应用。因此，在系统集成创新中，知识的集成和创造占有及其重要的地位。有待集成的知识类型有：不同领域的专业知识，部件知识、接口知识与系统知识，技术知识和市场知识，显性知识和隐性知识，个人知识与组织知识，科学知识、实践经验和技能。显性知识一般可以通过市场购买，而隐性知识的获取较困难，一般是购买不到的，所以隐性知识常成为系统集成创新的关键。

6.1.2　创造力经济

联合国所属的贸发会（UNCTAD）、开发署（UNDP）、教科文组织（UNESCO）、国际贸易中心（ITC）的专家于2008年联合发表的"创造力经济"报告，对创造力经济和创造力产业进行了详细的探讨，引起了广泛的关注。所谓创造力经济（Creative Economy），就是以创造力为主要驱动力而形成的经济形态，强调人的创造力是经济增长与发展的驱动力（蔡齐祥，2008）。创造力经济的实质是强调经济增长与发展的驱动力，主要是人的创造力，或者说具有并发挥了创造力人。阿里巴巴副总裁、首席战略官提出"农业时代是经验的时代，工业时代是知识的时代，互联网和数据时代是创造力的时代"，突出了创造力在当前这个时代的重要地位（曾鸣，2018）。

创造力经济和创造力产业（Creative Industry）的概念在引入我国时有时被翻译为"创意经济""创意产业"，但其界定还没有一个公认的标准。英国约翰·霍金斯《Creative Economy》和美国理查德·费罗里达《The Rise of the Creative Class》的研究表明，翻译为前者更好些。王众托（2016）认为，创造力产业是指那些运用个人创造力和才华创造财富和就业潜力的行业。创造力经济是知识经济的核心，知识经济是创造力经济的外延，创造力产业是创造力经济的物质基础。创造力经济创造知识与知识产权，经过产业创新过程，逐步形成了大规模的知识经济。因此，从广义上来说，创造力经济与知识经济是互相融合的。

创造力经济与知识经济的关系如图 6-1 所示。创造力圈分为两个部分，一部分是非市场的，另一部分是市场的。非市场的部分包括了创造力的普通教育与开发，以及不能进入市场的创造活动。普通教育、科学研究活动、基础与公共研发活动、高雅艺术的研发活动、宏观的制度设计、公共管理活动及一些面向公共利益的创造活动，虽然包含了丰富的创造力，但一般不是以营利为目的的。从就业和形成创造形阶层的角度看，它们都不可避免地与经济发生联系。市场部分大致可以分为专有技术发明与创新（技术创造力）、商业化文化艺术作品创意、创作、创新（文化艺术创造力）、企业制度、体制与机制、管理的创意、创新（制度创造力）。创造力经济核心圈是指创造力圈的市场部分及后续的产业创新活动。众所周知，许多知识与知识产权必须要经过后续开发和创新，才能成为可以规模化的新产品、新工艺、新设计、新经营模式、新作品、新流程、新组织、新管理、新服务等。将这些创新生产因素进行重新组合，就形成了新的生产力。这个过程是国际上通用的产业创新过程，是新产业的形成过程，最后产生新的大规模的财富和新的就业机会。这里的产业创新是熊彼特定义的创新，其过程充满了创造力。

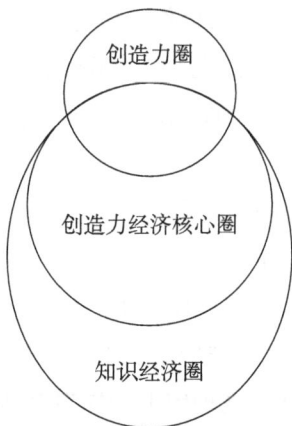

图 6-1　创造力经济与知识经济的关系

[资料来源：蔡齐祥（2008）]

创造力产生于人的大脑。人们产生了某种新的意念、主意、灵感，按照这些新的思想探索、研究和开发，成为自觉的、有意识的"创造性活动""创造性实践"，取得"创造性成果"，这就是科学发现和技术发明的过程。创造力并不单单是科学技术方面的创造力，还包括文化、艺术方面的创造力，制度、管理方面的创造力，以及相关领域的创造力。人们也可以调查、研究、实践和创作，形成文学、艺术、音乐、电影等作品或者社会科学的新理念、新观点或新方法，形成创新性思想观点或者创意。可见，创造力经济实际上是知识创新的经济。

6.1.3 知识创新

20 世纪 60 年代，新技术革命得到迅猛发展。美国经济学家华尔特·惠特曼·罗斯托（Walt Whitman Rostow）在《经济成长的阶段》中提出了他的"经济成长阶段论"，将一个国家的经济发展过程分为 5 个阶段。1971 年，他在《政治和成长阶段》中增加了第六阶段。这 6 个阶段依次是：传统社会阶段、起飞准备阶段、起飞阶段、走向成熟阶段、大众高消费阶段、追求生活质量阶段（黄昭，2008）。在罗斯托的经济成长阶段论中，第三阶段即起飞阶段，与生产方式的急剧变革联系在一起，意味着工业化和经济发展的开始，在所有阶段中它是最关键的阶段，是经济摆脱不发达状态的分水岭，罗斯托对这一阶段的分析也最透彻，因此罗斯托的理论也被人们称为起飞理论。在起飞理论中，罗斯托将"创新"的概念发展为"技术创新"，把"技术创新"提高到"创新"的主导地位。20 世纪 70—80 年代，有关创新的研究进一步深入，开始形成系统的理论。20 世纪 90年代前后，"创新"概念发展为"整合"论：一是技术创新的内涵包含着"创造新东西"；二是由技术创新拓展而来的"科技创新""知识创新"等概念应运而生，即包含了"创造"和"创造新的财富的能力"。

1993 年，美国著名的战略研究专家阿米顿首次提出"知识创新"。他认为："科学家和工程师进行跨学科、跨行业、跨国家合作，研究共同感兴趣的问题，其研究结果加速了新思想的创造、流动和应用，加速了这些新思想应用于产品和服务，以造福于社会，这就是知识创新。"1997 年，他在《面向知识经济的创新战略》一书中提出"所谓知识创新，是指为了企业的成功、国民经济的活力和社会进步，创造、演化、交换和应用新思想，使其转变成市场化的产品和服务"。由此可以看出，艾米顿提出的知识创新内涵包含了知识创造和知识应用两个方面的内容。

知识创新在有些文献中被认为是把知识应用于新产品和新服务的研究开发和市场化。在研究开发和市场化的过程中，也会产生新的知识。知识创新应该特指这一新知识的生成（王众托，2016）。这是从创新狭义理解上的知识创新。按照创新的广义理解，发现、发明及新创意也应该包括在知识创新的范围内。

知识创新可以分为累积式知识创新和激进式知识创新。累积式知识创新是知识的累积效应的体现，是在原有知识的基础上结合外部资源进行的创新，这种创新是在原有知识基础上的持续创新。创新的累积性还意味着学习过程必须是连续的，学习过程依赖的主体是企业组织，不能随时间的流逝而解体。激进式知识创新是指突破传统和惯性思维，创造一种现在没有的全新知识，这一创新的来源既有科技创新给带来的根本性变革，也有引进的新知识、新技术与新理念。

知识创新的作用体现在 3 个方面。①知识创新作为新知识的来源，可以增加组织的知识量。知识创新是在知识积累的基础上进行的。没有知识积累，就没有知识创新，而知识创新又会增加知识的积累。②知识创新是一个组织可持续发展的重要保障。组织在技术、管理、文化等方面的知识创新，使得企业形成核心竞争优势，使得自己的产品和服务能不断更新，更好地满足市场和社会发展的需要。③知识创新为企业提供了长远发展的动力。企业通过知识创新可以不断巩固和扩大自己的优势，更好地适应未来的不确定性和变化，为企业长久生存和发展源源不断地注入动力。

6.1.4　知识创新的阶段

知识创新过程的五阶段模型为很多人所接受。这 5 个阶段分别是隐性知识共享阶段、创意产生阶段、验证与调整阶段、原型建造阶段、交叉测评与知识转移阶段（王众托，2016）。

在隐性知识共享阶段，知识转化对应了 SECI 模型中的社会化过程，需要个人贡献其隐性知识和显性知识，解决员工愿不愿意和能不能够共享知识的问题。在创意产生阶段，知识转化对应了 SECI 模型中的外部化过程，创意的提出可能是顿悟过程，常由个人提出，经由集体对话和讨论、酝酿和思考而变得完整。在验证与调整阶段，需要对创意进行有效性和针对性的检验，也可能会对多个创意方案进行比较和选择。在原型建造阶段，知识转化对应了 SECI 模型中的组合化过程，需将相关知识、部件或过程和创意组合、转变为某种有形的产品（原型），如产品创新中的原型，服务创新和管理创新中的模拟的操作机制。在交叉测评与知识转移阶段，知识转化对应了 SECI 模型中的内部化过程，必须将完成的原型在更广泛的范围内进行意见征询和实验，也可以转移到其他产品或部门继续进行创新开发。人们在完成一项工作后，会对成功的经验和失败的教训进行工作总结，形成总结报告，产生新的知识。

野中郁次郎（2007）认为知识创新要经过隐喻、类比和模型 3 个阶段，是把隐性知识显性化的过程。其中，隐喻是在直觉驱动下把乍一看没有联系的形象联系在一起，可以激发知识创造的过程；类比是调和矛盾并进行区分的一个结构性更强的过程，换句话说，类比清晰地说明了两个概念如何相似和如何不相似，使隐喻中包含的冲突变得协调起来；模型是借助于连贯和系统的逻辑，使矛盾得以化解，将概念更容易地传递出去。例如，佳能公司为生产迷你复印机而发明的低成本的抛弃型复印感光鼓，就是从啤酒罐得到启发，创造出低成本铝制复印机感光鼓的技术。

6.2　知识创造的 SECI 理论

SECI 理论是以创新为中心的知识管理理论的代表，由日本学者野中郁次郎（Ikujiro Nonaka）和竹内弘高（Hirotaka Takeuchi）于 1995 年在他们合著的《创造知识的企业》（The knowledge-Creating Company）一书中提出，揭示了知识创造过程中的规律。SECI 模型认为，通过不断地创造新知识，广泛推广并迅速将其融进新技术、新产品、新系统中，就能够实现创新（野中郁次郎，2019）。该理论被认为是具有革命性意义的知识创新理论模式，对许多相关学科产生了极为重要的影响。

SECI 模型的核心是提出了隐性知识和显性知识相互转换的 4 种模式，分别是社会化（从个体隐性知识到团体隐性知识）、外在化（从隐性知识到显性知识）、组合化（从分离的显性知识到系统的显性知识）和内在化（从显性知识到隐性知识）。简而言之，SECI 理论主要包含以下内容（野中郁次郎，2019）。

（1）一个动态交互过程：描述了知识转移的动态过程，即组织中的知识是一个从隐性知识到隐性知识、隐性知识到显性知识、显性知识到显性知识、显性知识到隐性知识的动态转移过程。

（2）两种知识形式：描述了隐性知识和显性知识的相互作用和相互转化，涉及隐性知识和显性知识两种知识形式。

（3）4 个知识聚合层次：包含个人、小组、组织和跨组织 4 个知识聚合的层次。

（4）4 种知识创造模式：描述了社会化、外部化、组合化和内部化 4 种知识创造模式。

（5）4 个知识转移场所：描述了知识创造的四种场所或实现途径，即起源场、对话场、系统化场、行动场。4 个知识转移场所具有动态性，能够促进知识在显性和隐性之间不断转化。

（6）知识创新的螺旋过程：描述了知识创新不断演进、不断升级的过程。在这个螺旋过程中，知识水平从个人水平上升到小组、组织水平，甚至上升到跨组织水平乃至更高水平。

野中郁次郎提出的知识创新 SECI 过程已经被广泛接受。他认为，隐性知识和显性知识不是完全分离的，而是互为补充的实体。它们通过人或团体的创造性活动彼此相互作用、相互转换，这是组织知识创造动态理论的关键。更确切地说，新知识是通过不同属性的知识（显性或隐性）和拥有不同知识内容的个人相互作用而产生的。

6.2.1　知识创造的 4 种模式

SECI 分别是 Socialization、Externalization、Combination 和 Internalization 4 个英文单词的首字母。在 SECI 模型中，Socialization 是指从隐性知识到隐性知识的社会化过程，Externalization 是指从隐性知识到显性知识的外显化过程，Combination 是指从显性知

识到显性知识的组合化过程，Internalization 是指从显性知识到隐性知识的内隐化过程（图 6-2）。

图 6-2　SECI 模型

（1）社会化（Socialization）

社会化是从隐性知识到隐性知识的过程。社会化过程是个体之间分享经验的过程。一个人可以不通过正规化的语言直接从他处获取隐性知识。"社会化"一词强调隐性知识的交流是通过联合活动和接触、个体间相互影响实现的。良好的团队建设和亲密、和谐、相互关心的组织气氛与文化，是保证组织中隐性知识交流畅通的条件。

（2）外显化（Externalization）

外显化也称为外化，是从隐性知识到显性知识的过程，是以易于理解的形式表达和描述显性知识的过程。外显化是知识创造的核心阶段，是一个应用隐喻、类比、模拟和概念把隐性知识转化为可理解形式的过程。隐性知识是创新的基本资源，但只有把隐性知识转化为可理解的形式，才能为实现它的价值创造可能。

（3）组合化（Combination）

组合化也称为融合，是从显性知识到显性知识的过程，它将显性知识转化成更复杂的显性知识，包括显性知识的交流、分发、系统化等过程。在这一过程中，知识的沟通、扩散及知识的系统化是关键，显性知识通过系统化而形成知识体系。

（4）内隐化（Internalization）

内隐化也称为内化，是从显性知识到隐性知识的过程，是在个体或组织规模内将显性知识转化成隐性知识的过程。内隐化依赖两个方面：第一，显性知识必须具体化到行动和实践中，通过这种实践和行动的反复进行，显性知识（如战略、技巧、创新等概念和方法）逐渐内在化；第二，通过操作过程（如模拟和实验）来表现显性知识，从而实现其内化。内化后组织的隐性知识整合了组织中各成员的知识，成为浑然一体的系统型知识。这是一个"通过做而学习"（Learning by doing）的过程。

4 种基本转化模型可以连接为知识转化的 4 个阶段，并通过基于知识的内化过程，循环持续地在更高水平上创造新的知识。

6.2.2 知识转移的场所

SECI 理论的 Ba 是一个提供知识创造的平台，可以翻译为"场所"或者"地方"。Ba 可以是物质的，如办公场所或者一个分散的经营场所，也可以是虚拟的，如 E-mail、MSN、电子会议等，甚至可以是精神的，如共同分享的经验、观点、理想等。Ba 包括起源场、对话场、系统化场和行动场，分别对应了社会化、外显化、组合化和内隐化 4 种知识转化模式。

（1）起源场（Originating Ba）

起源场提供一个非正式、舒适的场所，为"社会化"提供一个共享的空间。员工彼此之间可以自由地聚会，通过实地面对面地互动、沟通，分享彼此的意见、经验、感觉、情绪、认知和心智模式等，并通过彼此之间的同理心、信任、关心、承诺的产生来分享隐性知识。起源场是一个存在于人的内心世界的空间，个人借助同理心与同情心而超越人际的藩篱，以关怀、爱、信任与承诺构筑人与人知识转换的基础。

起源场的一个例子是日本 NTT East 电信公司所创造的"提神场所"，让员工在抽烟室、茶水间、杂志室进行非正式的、自由的交谈来分享彼此的隐性知识。组织构建起源场的主要做法如下。

①鼓励社团活动，提高经验分享的范围和层次。

②设立类似茶水间的工作空间，为员工建立非正式的交流时空。

③养成分享知识的习惯。领导带头，动员和鼓励个人主动贡献自己的知识，让更多的人懂得知识分享的好处。

④提供知识交流的时间和机会。在组织内提供固定且正式的知识交流时间，在组织外提供参加交流会议的机会。

（2）对话场（Interacting Ba）

对话场提供一种良好的"外显化"空间，团队成员可以自由地对话，针对某一主题，通过彼此心智模式的分享来交换心得，产生沟通的共同语言，并通过讨论、辩证来外化并整合出解决问题的重要概念与共识。这是提供团体分享心智模式与技能的场合，个人的隐性知识通过沟通而成为共享的知识，关键成功要素在于选择具有不同特殊知识或能力的人组成一个项目小组或是跨部门的团队，通过对话平台使得这些人的心智模式和技能转化成显性知识。

对话场的一个例子是 NTT East 电信公司的"创意场所"，为员工提供一个可供团队讨论的区域，并提供网络、群组决策支持系统等 IT 设施来帮助团队理清及外部化工作的重要方向与概念。主要做法有：将在项目或产品中成功或失败的经验和教训形成文字，提供渠道让其他成员参考；应用头脑风暴法，由成员在正常融洽和不受任何限制的气氛中畅所欲言、积极思考、互相激发，通过对抽象概念的联想，使抽象概念具体化。

（3）系统化场（Cyber Ba）

系统化场针对"组合化"提供一种良好的空间，使得显性知识能以较便利或是书面的方式在整个组织间流通。利用信息技术（如网络、视频会议等）为组织知识创造提供一种虚拟化且更具效率的合作环境，或提供一个虚拟的知识储存与交换平台，员工可通过平台上文件、蓝图、手册等各种显性知识的获取、交换与整合，来组合、创造出解决问题所需的知识。

系统化场的一个例子，如 NTT East 电信公司的"基础场所"，提供一个不专属于某位员工办公桌的空间，每位员工利用桌上配备的 PC 与网络设备随意选择办公桌，并在网络上获取相关的知识。其另一主要目的是使员工可以常与不相关、陌生的同事"不期而遇"，以认识更多背景差异性较大的同事，随时交换心得并创造新知识，这是一个"创始型"与"系统型"场所的组合。具体做法包括以下两个方面。

①文件管理：整合全公司各部门的文件，重新分类。

②建立良好的计算机网络与数据库：成员可以通过网络与数据库获得其他部门的知识。

（4）行动场（Exercising Ba）

行动场为"内隐化"提供共享的空间，让员工能利用虚拟的沟通媒介将外部化的知识吸收消化后，利用实验等不断地思考、反省并付诸行动，而将抽象外显的观念、知识转变成具体、实际的个人专属的隐性知识。

行动场的一个例子是 NTT East 电信公司的"专心场所"。公司为员工提供一个可以讲自己创意的概念，并付诸实际行动的舒适、安静的场所，如设计程序、设计蓝图、撰写策略规划书等。

6.2.3　知识创造的螺旋上升

一个组织不能够自发地创造知识，它的知识来自个体。从严格意义上来说，知识是由个体产生的，没有个体，组织就不能创造知识。个人的隐性知识是组织内部知识创新的基础。显性知识和隐性知识不能截然分离，而应相互补充。创造知识的秘密就在于显性知识和隐性知识之间相互的作用和相互的转化。组织的职能就是为创造性的个人提供支持、提供条件、提供适合富有创造力的人们生存的环境，使得基于个人的隐性知识流动起来，这种流动的隐性知识通过 SECI 知识转化模式在组织内部得以增强，呈现出螺旋上升的过程。知识螺旋随着个体知识的组织化而不断增大。在知识螺旋中，表达（外部化，将隐性知识转化为显性知识）和内化（内部化，用该显性知识扩展自己的隐性知识基础）是关键步骤，因为这两个步骤都需要个人的积极参与（野中郁次郎，2007）。

野中郁次郎在解释 SECI 模型时，曾以毛泽东的认识与实践相结合的思想来说明知识创造的这种循环和螺旋提升过程。毛泽东在《实践论》中说："实践、认识、再实践、再认识，这种形式，循环往复以至无穷，而实践和认识之每一循环的内容，都比较地进到了高一级的程度。"通过实践与认识的循环，知识的质量和数量实现螺旋式循环上升，人的思想也不断外显和明朗化。知识与实践不断发展，不断互相比照、互相促进，创造由此而生。

6.3 达克效应

知识创新本质上是发挥人的创造力。在以知识创新为中心的知识管理中，要发挥人的创造力，认识达克效应及其影响，避免达克效应的影响是一个关键的问题。

6.3.1 达克效应的由来

达克效应（D–K effect）全称为邓宁—克鲁格效应（Dunning–Kruger effect）。它是一种认知偏差现象，是指能力欠缺的人在自己欠考虑的决定的基础上得出错误的结论，但是无法正确认识到自身的不足和辨别错误行为（大卫·麦克雷尼，2021），简而言之，就是"越外行、越自信"（张旭，2021）。这些能力欠缺者沉浸在自我营造的虚幻的优势之中，常常高估自己的能力水平，却无法客观评价他人的能力。例如，我们常常遇到一种人，他们学识渊博，却为人谦虚，还会遇到另一种人，他们能力一般，但却自视甚高。后一种就是达克效应的表现。

社会心理学家邓宁和克鲁格研究这一现象的灵感来自一场抢劫案。1995 年的一天，匹兹堡一个名叫麦克阿瑟·惠勒（McArthur Wheeler）的男子没有任何伪装就大摇大摆地抢劫美国宾西法尼亚州的一家银行。当他被捕后，他看着监控录像，突然难以置信地说："可我脸上是抹了柠檬汁的啊！"原来，他听人说，柠檬汁可以用作"隐形墨水"（柠檬汁加热后会氧化并变成棕色），涂在脸上就能隐身。对此，他深信不疑。他认为给脸涂上柠檬汁会使他的面部特征变得无法识别，或让别人看不到他。在他毫不费力地被抓住之后，警方向他提供了视频监控录像，他才发现自己的面部完全可以被识别。他甚至很惊讶，为什么自己的计划没有出现应有的效果。这并不是一个笑话，可能人们认为惠勒是一个傻子，但他自己不这么认为。这种现象是一种真实存在的心理现象，在现实中并非极端或少数，反而无处不在。

邓宁在一家报纸上看到这个案子时，他决定解开这个谜团，并与当时在同一所大学进行研究的克鲁格一起进行了研究实验。在其中一项实验中，他们让 84 位康奈尔大学的本科生回答了 20 道语法题，随后让他们评估自己的语法水平。结果发现，真实成绩最差的 10% 的学生，普遍认为自己的语法水平应该可以排进前 1/3。也就是说，越是无能的人，反而越会认为自己无所不能。

后来，他们又做了一个实验，在实验中，邓宁和克鲁格先让专业的喜剧演员来为 30 个笑话的有趣程度评级，作为标准答案参考。然后，让 65 名大学生也为这些笑话评级，把他们的评分与专业戏剧演员的评分对比，并排出名次。此外，他们会询问这些学生，看他们认为自己的幽默感水平和平均水平相比如何，请他们为自己排名。结果非常有趣：在对自己幽默感的判断力上，大部分人对自身评价过高；测试结果比平均水平略高的人，对自己成绩的预测非常准确；测试表现最优秀的人，却认为自己仅比平均水平高一点儿，自我评价偏低。相反，测试中最不能辨认什么是有趣的人，反而认为自己高出平均水平。

邓宁和克鲁格进行的其他几项实验也都得到了相似结果。通过对人们阅读、驾驶、下棋或打网球等各种技能的研究发现：在幽默感、文字能力和逻辑能力上最欠缺的那部分人总是高估自己，当他们实际得分只有 12% 时，却认为自己的得分在 60% 以上。

达克效应似乎无处不在，发生在各类人群中，甚至包括人们认为教育程度比较高的教师等人群中。这种认知的偏差会让人们对自己的真实能力产生误解。在美国，一项针对高科技公司的研究发现，32% ~ 42% 的软件工程师认为他们的技能在公司中排名前5%；一项美国全国范围内的调查发现，21% 的美国人认为，他们将在未来 10 年内"可能"或"非常可能"成为百万富翁；在内布拉斯加大学教师的经典研究中，68% 的人认为自己在教学能力方面排名前 25%，超过 90% 的人认为自己高于平均水平。

6.3.2　达克效应的表现

达克效应让人们知道，人们在自己不知道的领域往往有着"迷之自信"，越是无能的人越觉得自己无所不能。其实，古人早已认识到这个问题。孔子说："知之为知之，不知为不知，是知也。"威廉·莎士比亚说："愚人自以慧，智者自以愚（A fool thinks himself to be wise, but a wise man knows himself to be a fool）。"它们说的就是这个道理。达克效应的另一层内容是：越是知识丰富的人，越能意识到自己的不足。如果把一个人拥有的知识看作汪洋大海中的一座孤岛，那么大海就是这个人不知道的知识。正如捷诺的双圆圈理论所揭示的道理，一个人了解的知识越少，越不能意识到自己不知道的更多；反之，了解的知识越多的人，越能意识到自己的无知。因此，无知的人常常意识不到自己的无知，有能力的人则会变得谦虚谨慎。

在心理学家看来，达克效应是能力欠缺者无法认识到自身能力的不足，并且不能正确认识到其他真正有此技能的人的水平，因此被内心的幻象误导，做出了高估自己的判断。具体表现如下。

（1）能力差的人通常会高估自己的技能水平。

（2）能力差的人不能正确认识到其他真正有此技能的人的水平。

（3）能力差的人无法认知且正视自身的不足及其不足的极端程度。

这种认知偏见的背后有两个原因。第一个原因是自我作祟，很少有人愿意把自己放在平均水平以下的位置上，因此人们倾向于高估自己的能力，来满足自己的自信心。第二个原因是人们在一个区域内的低于平均水平的能力本身，使人们无法判断自己在这项技能中的实际表现如何。

达克效应的研究指出，如果能力差的人能够经过恰当训练大幅度提高能力水平，那么他们最终会认知到且能承认他们之前的无能程度。

6.3.3 达克效应的 4 个阶段

达克效应揭示了自信程度与知识的关系，提出了人们知道的 4 个阶段（图 6-3）。这 4 个阶段分别如下。

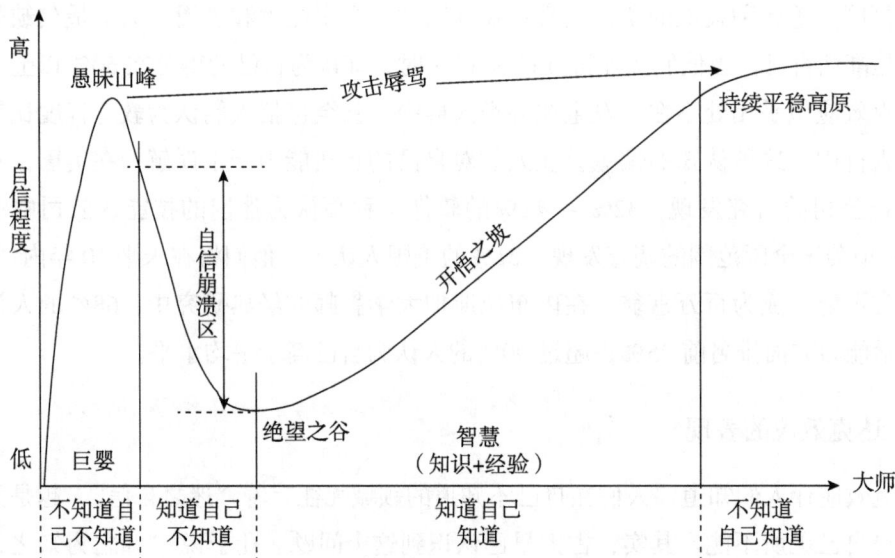

图 6-3 达克效应与人们知道的 4 个阶段

（资料来源：网络）

（1）第一阶段：不知道自己不知道

这个阶段意味着，一个人进入一个领域后，渐渐掌握了一些知识，就认为自己"很厉害"，并很快站上"愚昧山峰"，开始嘲笑，甚至攻击、辱骂那些知识渊博的人。这时的自信实际上是一种"伪自信"。当然，也应该看到这个阶段可能的优点，如果一个人"初生牛犊不怕虎"，恰恰发现了某些"伪专家"或过时知识的问题，那么就可能通过进一步的研究创造出新的知识、淘汰旧的知识。当然，这必须基于科学的态度和方法，否则就很可能是站在"愚昧山峰"来看问题的。

（2）第二阶段：知道自己不知道

第二阶段的认知往往是随着一个人知识的丰富开始出现的。在深入学习一个领域的知识后，发现"山外有山、天外有天"，自己知道的别人都已知道，自己不知道的更多，瞬间会怀疑世界、怀疑人生、怀疑自己，这时自信心往往出现崩溃，进入"绝望之谷"，仿佛人生到了一个黑暗时期。这是很多科研人员在研究过程中变得压力特别大的一个阶段。这个阶段几乎是成为一个专业人员必须经历的阶段。"绝望之谷"虽然是"知道"的低谷，但也是克服"愚昧山峰"和自我反省的开始，这其实意味着一种转机，因为一旦突破了这个阶段，就会开始迈向真正的自信。其实，一个人的知识再丰富，都有未知的知识，这是很正常的事情。切不可因为绝望而彻底丧失自信心。最怕的是掉进"绝望之谷"，继而自暴自弃，彻底否定自己，放弃自我救赎之旅。以个人建设的角度看，从"不知道自己不知道"到"知道自己不知道"的转变，本身已经是认知水平的一大飞跃，它意味着你已经跳出大多数人的思维模式，开始走上独立思考的道路，这一飞跃能让个人从自满变为谦卑，从懒散转向勤奋，从狭隘走向开放。

（3）第三阶段：知道自己知道

这个阶段是痛苦、绝望之后的开悟阶段。随着进一步的学习，一个人会慢慢发现一条跳出"绝望之谷"的方法，开始看到转机，发现自己也没有那么差，慢慢地恢复自信心。这是从"绝望之谷"开始的上升路径，是开始走向一个领域专家的"开悟之坡"。在这个阶段，一个人不断吸收知识，形成自己的知识体系和看待问题的正确态度，能清晰地知道自己掌握的知识，以及它们在领域中的情况，是"知其然，知其所以然"。随着知识和经验的增加，一个人通过理性思考来掌握批判性思维的工具，通过开阔眼界来让自己变得更为开放与宽容，不断提高自信心，开始有了自己的观点和看法，当然这个观点和看法再也不是"愚昧山峰"时的观点和看法，而是在一种严谨和专业的态度下的观点和看法。这个阶段往往是一个漫长和痛苦的过程，伴随着大量知识的学习、消化、吸收和重构，最需要的就是坚持。

（4）第四阶段：不知道自己知道

到达这个阶段，除了知道自己知道的，也知道自己不知道的，甚至自己知道的也不知道自己已经知道。这句话虽然很拗口，但真实地说明了一个人经过开悟之旅后、到达专家和大师级别时的境界。经过在"开悟之坡"的历练，一个人终于慢慢找到了自己，并逐渐活成了自己，重新建立起了足够的自信，而且这一次无比的坚实有力。到达了这个阶段，一个人就到达了"持续平稳的高原"，即使"愚昧山峰"上的人们看不惯他，他也依然云淡风轻，保持着内心的安宁。这个阶段有一个突出的表现：外界对这个人的认可突如其来，他看起来毫不费力就做好的事情，在外人看来却觉得难度很高，连自己都莫名其妙。

对于"知道自己知道"和"不知道自己知道"两个阶段，哪个阶段在前其实有争议，如果是把"知道自己知道"放在前面，强调的是对知识与技能的获取过程；如果是把"不知道自己知道"放在前面，强调的是对自身认识能力的评价。

6.3.4　如何避免达克效应

认识达克效应及其4个阶段后，如果能够有效地利用达克效应，多和外人交流，从外界获取反馈，客观地评估自己的水平，对待新事物，提醒自己可能是无知和无能的，就能通过不断地学习提高自己的知识水平和能力。具体来说，避免达克效应，可以从以下 3 点出发。

（1）保持开放的求知心态，承认自己的无知

要避免达克效应，一方面，要保持开放的求知心态，学会获取各种必要的信息，不根据自己的喜好屏蔽外部信息，乐于接受新事物。苹果公司创始人史蒂夫·乔布斯（Steve Jobs）有一句名言"Stay hungry, stay foolish（求知若饥，虚心若愚）"，如饥似渴地学习，不断增加知识容量，提高知识水平和认知能力。

另一方面，必须正确地认识自己，客观地承认自己在某些领域的无知或能力不足，才不会出现盲目自信的"愚昧山峰"状态。在邓宁的实验中，表现不太好的学生获得技能的辅导后，普遍提高了正确估计自己的测试结果的能力；那些陷入达克效应的人，容易过度自信，应该对快速和冲动的决策保持警惕。因此，如果认识到自己能力暂时不足，那么在缺乏经验或者并不完全了解情况时，不要轻易地对自己的能力下结论，不要盲目信任自己的能力，不要盲目做决策、欺骗自己认为自己可以做得很好，这样很容易发生错误。正确的做法是：要正视自己的缺点和薄弱之处，向一个比自己能力更高的人来学习不了解的知识，提升自己的判断水平和认知能力。

（2）掌握"绿灯思维"，克服习惯性防卫

当人们遇到与过去认知不一致的观点时，就会触发习惯性防卫，这是人们站在"愚昧山峰"的重要原因之一。习惯性防卫是一种典型的心理状态，是指当人们感觉到自己的观点、尊严可能会受到挑战的时候，第一个反应不是思考对方的挑战和质疑是否合理，而是想办法反对对方、证明自己观点的正确性。习惯性防卫心理的出现，主要是基本归因偏差带来的，对别人则归因于别人的内因，对自己则归因于外因（成甲，2017）。

要理解基本归因偏差带来的认知问题，可以来看生活中的一个例子。假设我和一个人约定见面，第一次因为闹钟没响，我起床晚而迟到；然后，我们约定第二次见面，结果我因为吃了不洁净的东西而生病，拉肚子又迟到；然后，我们约定第三次见面，不巧的是，我遇到堵车，结果再一次迟到。对于我来说，这 3 次迟到都有正当的、合适的理由，我不会认为自己是有意迟到的，更不会认为自己的人品有问题。而对方一般不会这么认为，他会认为这个人不靠谱，天生就爱迟到，甚至会联想到我不重视他，或者他怀疑我的人品有问题。这就是我把自己的迟到归为外因，而对方则把我的迟到归为我的"内因"。

因此，当外界出现挑战性的观点时，人们一般会下意识地从外部找原因。当人们找到有利于自己的外部原因，并把外部原因当真后，认知偏差就出现了。这时候，即便自己的知识不足以认清真相，也只会认为别人的观点不正确，从而站在了"愚昧山峰"。

"绿灯思维"是避免习惯性防卫心理出现的重要方法之一（成甲，2017）。与之对应的是"红灯思维"。"红灯思维"是一听到不同的观点就消极处理、准备防卫，第一反应是找理由反驳。例如，当老板和员工沟通时，员工提出一个与自己不相符的观点，老板常常说的一句话是"你根本不了解情况"或"你的这个想法行不通"。而"绿灯思维"

是，当人们遇到新观点或不同的意见时，第一反应是，这个观点虽然和自己的观点不一致，但一定有其道理，因此要思考一下其这背后的原因，看看怎么利用这个观点。

在听到别人的批评和意见时，或者不一样的观点时，要学会进行"绿灯思维"，首先把不一样的观点放进来，积极地思考新观点里有价值的地方，把别人对自己观点和行为的批评和对自己的评判区分开来，别人批判的是"我的观点或我的行为"，而不是"我"，这样才能吸引别人好的建议来提升自己。

（3）善用达克效应，锻造完美的人格

达克效应揭示了从无知（不知道自己不知道）到有知（知道自己不知道），再到觉知（知道自己知道），最后到不知（不知道自己知道）的过程。在这个过程中，当一个人对这个世界了解得越多，他对自己的了解也越清晰。要时刻审视自己，让自己有更大的格局观，越意识到自己的不足，才能在知识的道路上长足进步，不断成长。

达克效应的 4 个阶段提醒人们万不可站在"愚昧山峰"盲目自信，也不可在身处"绝望之谷"时丧失自信心，更不可在"开悟之坡"上半途而废。只有这样，才能不过分自信，也不妄自菲薄，走向"不知道自己知道"、超然脱俗的智慧大师境地，达到"持续平稳高原"的彼岸。

《基业长青》的作者吉姆·柯林斯认为，完美的人格是"羞涩而无畏，谦卑而执着"。一个羞涩的人不会口出狂言，一个无畏的人能勇敢前行，一个谦卑的人不会骄纵蛮横，一个执着的人能将事情一以贯之做到底。羞涩让人们对未知保持敬畏心，无畏让人们对未知保持探索欲，谦卑让人们看到别人的优点和自己的不足，执着让人们在求知和创新的道路上勇往直前、永不放弃。这样的人在困难面前不会退缩而独辟蹊径，看问题能够深入肌理而不盲从武断。

避免达克效应，善用达克效应，对于管理或科学领域培养人才来说都非常重要。正如有人所说的："有担当的管理者，一个重要的责任，就是把下属从愚昧之巅推到绝望之谷，至于能否爬上开悟之坡，就看个人造化了。"

6.4　创新思维

在以知识创新为中心的知识管理中，人要发挥自身的创造力，必须具有创新思维。

6.4.1　知识分工下的创新

现代化分工越来越细，在现代大学教育和科研上也是如此。知识的分工影响了创新思维。

从近代开始，科技加速发展的一个重要原因是现代大学的出现和发展。从大学起源到笛卡尔、牛顿之前，大学教育的主要目的是传授神学和哲学（包括自然科学）知识，探索世界的奥秘，培养神职人员。从 17 世纪西方的理性时代到 19 世纪初，实验科学出现并得到蓬勃发展，以人为核心的哲学、艺术和文化开始繁荣，大学教育的主要目的是培养社会精英和科学家（当时被人们称为自然哲学家）。在这之前，大学教育和科学家的工作其实和社会经济生活关系不大。从 19 世纪开始，现代教育兴起，高等教育的目的逐渐转为直接为社会发展服务，大学教育走向专业化。专业化教育是由普鲁士教育家威廉·冯·洪堡（Wilhelm Von Humboldt）开创的，旨在培养出大量各行各业的精英，这使得普鲁士从弱国一跃成为欧洲最强国，并且统一了德意志地区。第二次工业革命时，德国的科学家和工程师辈出，重大发明创造不断涌现。第二次世界大战前，约四成的诺贝尔奖都授予德国科学家（吴军，2019）。

在科学发展的早期，一些科学家或学者可以在多个专业领域同时做出不菲的成就。然而，到了近现代之后，一般而言，从事专业研究的学者并没有多大的选择，他们很难在多个专业领域同时开展研究，只能细分彼此的研究专业和研究进程，每人在各自分得的小领域中进行研究。这种专业上的细分情况在自然科学、社会科学和人文学科均一样。因此，要成为成功的学者，就必须终生投身于细胞膜的生物物理学、浪漫时期的诗人、早期美国历史或其他一些很受局限的正式领域的研究（爱德华·威尔逊，2016）。

绝大多数科学家只是为人所雇用，而且对未来抱着投机心态，这种状况在当今尤如此。科学家专注在自己的专业上，他们所受的教育并没能让他们对世界有广泛的了解。为了快速抵达科学的前线，参与新发现的领域，科学家重点学习他们需要的知识，而经常对其余的事物关注甚少。因此，当我们发现物理学家不知道基因是什么，而生物学家以为弦论和小提琴有关时，一点儿也不会惊讶。他们必须尽可能以最快的速度完成必要的训练，以达到学术前沿，从事自己的科学研究，因为在科学发展的前沿生活极为昂贵且不安。成果最丰富的科学家虽然拥有价值百万美元的实验室，却没有时间思考整体的大形象。

科学家以创新为生命。原创性的发现是最重要的。少数科学家是哲学家，大多数科学家则是知识上的旅行者，在局部的地区探索，希望能够遇到新的发现。如果你没有新发现，则无论你在科学上做了多少研究，写了多少文章，你在科学文化中的角色都不会很重要。然而，这种专业细分下所谓的创新，忽略了创新的目的是让这些发现或发明实现技术化和商业化。1918 年爱因斯坦在普朗克 60 岁生日的庆典上，将科学家做了一个很好的归类。他说科学殿堂内有 3 种人：第一种是从事科学研究的人，许多人是因为喜欢感觉自己具有优越的知识力量；第二种是科学研究对他们而言，像是一种运动竞赛，可以满足个人的野心；第三种是从事科学研究的人员，旨在达成实用的目标。对第三种人而言，"如果上帝的使者能够降临，把前两种科学家都驱逐出科学的庙堂，那么就只有少数人会留下，包括普朗克在内，这也正是我们喜爱普朗克的原因"（爱德华·威尔逊，2016）。

虽然知识分工给人类带来了在一些科学领域上的创新，但今天，这种知识细分越来越成为创新的一大障碍（赵民，2016）。某个领域毕业的科学家或工程师往往不知道、也不会运用其他领域中解决问题的技巧或方法。随着现代工程系统复杂程度的增加，同一个领域往往包含了多个不同专业的知识。要想设计一种新产品、改进一种已有产品，必须整合不同专业领域的知识才能解决问题。但是，绝大多数科学家和工程师缺乏系统整合的训练。他们往往不知道在其所面对的问题中，90% 已经在其所不知道的其他领域被解决了。由于知识领域的狭窄，他们无法使用其他技术领域的解题技巧和知识，来创新性地解决自己领域的问题。

6.4.2　创新思维的特点

创新思维过程由最复杂的心智运作组成，而大脑即便只是在处理最简单的观念，也会是一个复杂的场所。科学家的思维并不是线性的，他们做研究时会沿路构思观念、证据、意义、关联和分析方法，不按任何特殊秩序把一切分解为片段。其他人的创新思维也大体如此。诺贝尔经济学奖得主西蒙提出，创造性思维和一般较世俗的思维间最主要的差别在于以下 3 个方面。

（1）它愿意接纳定义模糊的问题，并且为这些问题逐渐建立结构。

（2）它能在相当长的一段时间内，继续全神贯注于同一个问题。

（3）它在相关领域和可能相关的领域具有广阔的知识背景。

一言以蔽之，就是知识、执着和勇气。创造过程是一个不透明的混合体。也许只有通过仍然少见或不存在的回忆录公开自白，人们才能得知科学家实际上如何寻得方法，找到可发表的结论。很多时候，创新过程中伴随着大量无用或失败的东西。这些数量庞大、无法为人所理解又无价值的东西，往往"不足为外人道也"，虽然它们不久后就将被人遗忘，却包含了大多数让科学成功的秘诀（爱德华·威尔逊，2016）。正如维申在《生而不凡：迈向卓越的十个颠覆性思维》中所说的"每一次的摔倒，就像一份礼物，装着智慧和学习的机会，爬起后生命的质量飞速提高"（维申·拉克雅礼，2018），创新正是在一次次尝试、一次次失败、一次次小的经验中诞生的。

西蒙的观点是：敢于探索、长期坚持、不断积累是创新思维的基本要求。这就要求一个普通人要形成创新思维，必须充分认识知识的特点及它的累积效应与指数效应。艾萨克·牛顿曾经说过："如果说我看得比别人更远些，那是因为我站在巨人的肩膀上（If I have seen further, it is by standing on the shoulders of giants）。"这句话深刻地说明了创新的一个重要特点，即创新往往是在知识累积的基础上产生的，这是创新的基本规律。也许世界上有极少数天才的创新者可以不受这个规律的束缚，但绝大多数人还是要遵循这个基本规律。为了在一个领域做出创新性的成果，一个人往往需要长时间地、持续地、默默无闻地在这个领域积累知识，直到指数曲线的"拐点"出现，成为这个领域的融会贯通者，此刻在机缘巧合下创新是自然而然发生的事情。然而，仅有积累是不够的，创新思维还需要持之以恒。世界上多少人常做"丢了大西瓜、去找小西瓜"的事情，以为下一个西瓜会长得更大、更甜，一直等不到西瓜成熟、变甜的"拐点"出现，最终一事无成。多少人像图6-4中的挖井人，挖了无数口井，每次挖到一半就觉得没有水，就去挖下一口井，甚至有时差一点儿挖到水，然而还是功亏一篑，于是，他没有一次能成功挖到水。很多时候，一些人像这个挖井人，并不是不知道如何挖一口井，而是总以为下一口井才更容易挖到水，于是不停地寻找捷径，又不停地错失一口又一口原本有水的井。

图6-4 挖井人

（资料来源：网络）

克劳迪奥·费尔南德斯 - 阿劳斯从另一个角度说明了拥有创新思维的人才的特点。他在《潜力：21世纪英才新标准》中指出，在VUCA（复杂、多变、模糊且充满不确定性）时代，企业在选拔人才时，以能力来评估和任免人才显然已经不够。30年来，克劳迪奥一直评估和跟踪高管业绩。基于实战经验和深入研究，他认为，潜力是能够预测各级职位人选能否成功的重要因素，无论是初级、C级管理者，还是董事会成员，都是如此。因此，对人才的评价标准已由体力、智力、经验和能力转变为潜力。首先衡量候选人潜力的第一个指标是正确的动机：候选人是否以强烈责任感和极高投入度追寻一个大公无私的目标。高潜力者不仅有上进心，希望个人能有所建树，而且心存集体目标，他们往往十分谦逊，努力做到更好。其次，判断出候选人是否有潜力，要看他是否具备4种特质：①好奇心：渴望获得新体验、新知识及别人反馈，以开放心态学习和改进。②洞见：收集并准确理解新信息的能力。③参与：善于运用感情和逻辑进行沟通，能够说服他人并与他人建立联系。④决心：面临挑战或逆境受挫时，依旧能为目标不懈努力。

6.4.3　逻辑思维与形象思维

逻辑思维和形象思维是人们的两种基本思维能力。要形成创新思维能力，人们还得着力培育自己的形象思维能力。大多数人从小开始在学校环境中受到长期的、严密的逻辑训练，但缺少艺术、音乐等形象思维的训练，所以逻辑思维能力比较强，形象思维能力比较弱。而创新能力往往和形象思维能力有很大关联。爱因斯坦曾说过："我思考问题时，不是用语言进行思考的，而是用活动的、跳跃的形象进行思考，当这种思考完成以后，我要花很大力气把它们转换成语言。"钱学森在创建思维科学的过程中曾经表达了类似的观点，"科技工作决不能局限于抽象思维的归纳推理法，即所谓'科学方法'，而必须兼用形象或直感思维，甚至要借助于灵感和顿悟思维"（赵民，2016）。

新知识的产生需要经过准备、孕育、顿悟、检验等阶段。人类的思维过程包括抽象、概括、分析、综合、判断、推理等逻辑思维环节，但仅依靠逻辑思维是无法完成创新过程的。在新知识的生成过程中，直觉起到先导性作用。直觉是人的大脑仅凭感觉或凭少量的感性信息的启示，对事物的本来面貌、本质、相互联系、变化规律直接做出判断的认识活动，这种直觉依靠的是形象思维能力。创新往往依靠形象思维能力，创新后要变换为逻辑思维能力往往需要做大量的工作。例如，小学语文教科书中的《蝙蝠与雷达》介绍了雷达发明与蝙蝠的关系，课文提到，科学家通过反复实验研究，发现蝙蝠嘴里可以发出超声波，超声波遇到障碍物会反射回来，传到蝙蝠的耳朵里，蝙蝠据此来改变飞行方向，于是科学家模仿蝙蝠探路的方法，给飞机装上了雷达（图 6-5）。虽然现在不少人认为雷达的发明和蝙蝠没有关系，暂且不去争论这两种观点孰是孰非。这里想说的是，即便科学家通过实验发现了蝙蝠夜间飞行的秘密，但要把这个回声定位原理认识清楚，再把"形象思维"变换为"逻辑思维"，设计、开发一个有类似功能的机器设备也是一件非常困难的工作。现在我们知道，蝙蝠回声定位使用的是超声波，它是一种声波，而雷达通过天线发出的是无线电波，它是一种电磁波，而不是声波，更不用说如何制造出这样一台复杂的机器，解决对电磁信号定位和可视化的难题。

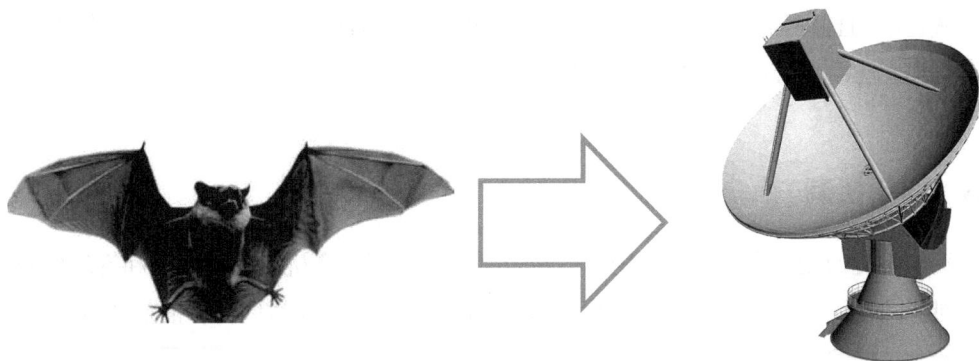

图 6-5　蝙蝠与雷达发明

因此，在创新中，一定要充分认识到形象思维转变为逻辑思维的困难。除了雷达的例子，很多时候，形象思维的创新与逻辑思维的产品存在天壤之别（图6-6）。例如，人类最初在发明飞机时，一直想模仿鸟的翅膀飞行，而实际发明的飞机的翅膀是不能动的；古时候，人们模仿牛和马发明木牛流马作为交通运输工具，但效果并不理想，而现代人发明的汽车的腿是轮子，并没有4条腿，速度和载重量都远远超过牛和马；计算机是现代人工作、生活、娱乐等的重要工具，人们把计算机称为电脑，但个人电脑最上面的"脑袋"是显示器，并不是思考和计算的"大脑"，即个人电脑的"脑袋"不思考。

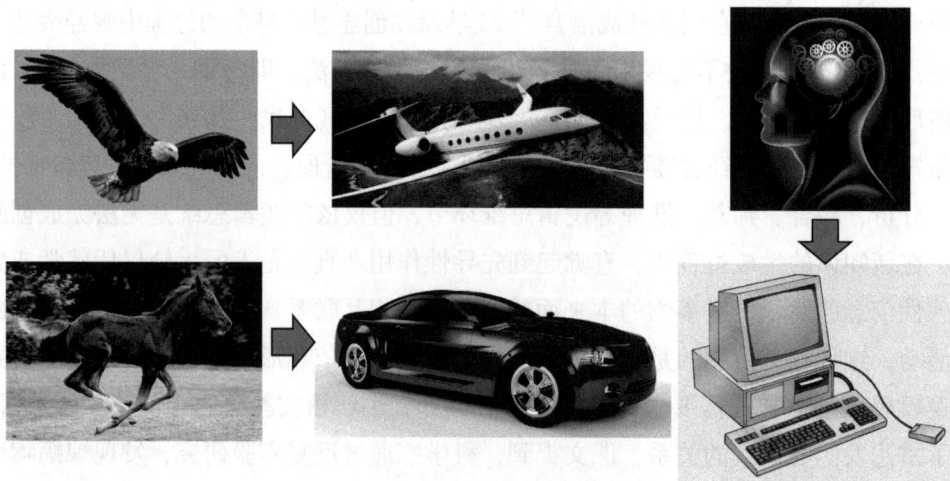

图6-6 从形象思维到逻辑思维

一般而言，逻辑思维与左脑有关，形象思维与右脑有关。七田真在《右脑革命》中说，真正的创造能力来自未来空间所产生的心像。各个企业最关心的是有关创造性问题，但在开发创造力的过程中，使用的还是陈旧的手法：一般是先收集以前的数据，将其整理为资料，寻求新组合的可能性，通过过去的情报预测未来，然后进行创造活动，这是左脑式的创造方法。天才们的创造性不是依赖左脑性思考，而是通过右脑的灵感获得的。也就是说，他们不是运用左脑进行理论性的思考、分析，然后从其结果中获得创造能力，而是从自己的种种体验中自然地（有时候也通过灵感的形式）获得创造力。因此，知识创新管理要注重右脑和形象思维的开发、利用。

6.5 创新机制

发挥人类的创造力，除了要培养创新思维，还需要一套机制帮助实现和推动创新。这里的创新机制并不是创新制度（如激励制度）的安排，而是如何创新和推动创新的安排。

6.5.1 当前创新的特点

要理解创新机制，首先要认识到当前创新的特点，这有助于个人和组织把握创新的一般规律，更好地发挥个人的创造力和促进创新。

其一，现代创新已经告别"个人英雄主义"时代，虽然我们不得不承认一些人在创新中的巨大作用和贡献，但个人单打独斗的时代可能一去不复还了，这个时代越来越成为一个团队的创新时代。出现这种情况主要有两个原因。第一个原因是现代创新越来越需要不同专业人才的配合。例如，如果要问活字印刷术、电报、电话是谁发明的，基本上有一个确定的答案：印刷术是由中国人毕昇发明的，电报是由美国人塞缪尔·莫尔斯发明的，电话是由美国人亚历山大·贝尔发明的。虽然这种说法有争议，但过去发明的荣誉常常给予最后一个人，这种规则已经被大多数人接受。但如果要问雷达、手机是谁发明的，人们很难答得上来，这是因为现代重大发明常常是群体共同发明的。例如，就雷达来说，恐怕人们能找出七八种答案，因为雷达装置、雷达技术、雷达的设想都是由不同的人发明或提出的。即便是雷达装置，今天的和最早提出的，其在原理上完全是两回事。实际上雷达的发明是水到渠成的结果。在雷达的发明过程中，我们既找不到第一个发明人，也找不出最后一个，甚至无法评选出谁才是这项发明中起到最关键作用的人。这种情形和我们通常说的摩尔斯发明电报、贝尔发明电话或马可尼发明无线电完全不同。雷达的发明不是由哪位聪明绝伦的英雄人物主导，而是很多国家的无数科学家和工程师为了能够发现远方的目标，或合作，或独立研究，最后水到渠成的结果。人类在进入信息时代后，群体对发明的作用越来越明显（吴军，2020）。现代创新成为团队创新的另一个重要原因是：创新是一个比拼速度和耐力的事情，无数聪明的大脑每天都在想着如何创新，创新尤其是原始创新变得越来越困难，作为单独的个人即便有好的想法，个人能力也很强，但在和组织或团队竞争中往往处于弱势，一旦个人慢了，他的创新想法或产品或许就被别人首先提出来或创造出来。因此，号称"创新院长"的密歇根大学商学院教授杰夫·德格拉夫（Jeff DeGraff）才会说："与其说创新是一场旷日持久的马拉松或者是一场以速度制胜的短跑，倒不如说创新是一场团体的接力赛：每个阶段之间的交棒时刻才是从这场赛跑胜出的关键所在。其中任意一个阶段能快如闪电地完成，并不一定最终就能赢取这场接力赛。"

其二，现代创新已经告别了封闭式创新，迎来了开放式创新（Open Innovation）的时代。在过去很长的时期内，企业一直依靠自身内部的研发部门研发技术并将之运用于自身的业务。技术和资金雄厚的企业投入大量的人力、物力、资金，进行基础和应用研究，并设计制造新产品，通过内部渠道进行市场化，保证对技术的内部控制和垄断。这种模式被称为"封闭式创新"。然而，在知识膨胀和快速传播的背景下，封闭的研发模式已经很难保持技术优势和技术控制。哈佛学者亨利·切斯布卢夫（Herry Chesbrough）对施乐公司帕洛埃勒托研究中心的创新模式进行了研究，于 2003 年在其著作《开放式创新：从技术中创造和获利的新形式》中提出了开放式创新的概念（任伶，2013）。开放式创新是有目的地利用知识的流入和流出来加速内部创新，并且通过内部和外部渠道市场化来实现创新的价值（龚敏卿，2011）。开放式创新理论认为，对知识和技术的管理不是封闭的、不动的，而是主动地促进知识和技术的跨边界流动来充分利用其价值。企业必须与外界建立广泛的联系，在知识传播和共享中实现优势互补。开放式创新最明显的特点是企业的边界是开放的、可渗透的，可以和企业的环境发生充分的信息交换。开放式创新理论吸收和整合了合作创新、战略联盟、创新网络、虚拟网络等理论的思想。和合作创新、战略联盟等不同，开放式创新可以不通过正式的协议关系与外界的机构组成合作伙伴，并能在更广泛的社会资源背景下组织创新资源。开放式创新网络是一种松散耦合关系网络，但网络成员之间的信任与合作至关重要，网络中企业间的知识共享是最重要的联系纽带。开放式创新自提出后，受到广泛的关注和运用，不拘一格地运用来自组织内部和外部的创意和知识变得比以前任何时候都更重要。渗透性是指外部的创意可以通过企业的边界进入企业内部的研发流程，企业内部的技术也能转移到外部环境。

创新的特点要求组织在创新机制安排上一方面要重视内部团队的建设，培养创新型团队文化，重视团队成员的知识共享，从动机提升和机会提升两个维度正向促进团队的创新绩效（戴军，2021）；另一方面要重视建立开放式创新机制和网络，重视组织内部自身战略、文化、能力、知识基础等对开放创新的影响，善于利用和整合内部和外部创新资源，促进创新能力和竞争优势。

6.5.2 创新的5种机制

郑也夫在其社会学著作《文明是副产品》中通盘考察了人类早期的文明成果到底是怎么达成的，认为人类的文明并不是"有目的的创新"，而是一个无意的创新和副产品，并介绍了给予、借用和移用、杂交、发明、互动5种创新机制（郑也夫，2015）。这些创新机制虽然是对历史现象的总结，但具有一定的普遍性，值得现代组织重视、借鉴和参考。

（1）给予

给予是指将自己拥有的东西无偿地提供给别人使用。给予这种行为的结果不仅慷慨地帮助了别人，而且可以塑造对方的行为。例如，农业文明的起源是人类与植物互相驯化的副产品。而随后衍生出的人类定居、分工、合作、等级、宗教，进一步孕育了文明的发展。所以，与其说是人类驯化了稻谷，不如说是稻谷驯化了人类。

给予是一种强大的创新模式，是很多知识型企业获得市场垄断地位的重要手段。随着移动互联网的发展，微信、淘宝、今日头条、美团、抖音、滴滴出行等是现代人几乎天天使用的手机应用，人们可以通过这些应用满足社交、网购、出行、娱乐等日常工作和生活所需。然而，奇怪的是这些应用基本上免费。互联网行业的从业人员有着远超于社会平均工资的薪酬，开发和维护这些应用常需要大量IT技术人员。为什么这些互联网企业愿意将花费较高而开发的手机应用免费给普通大众使用呢？因为他们创造了一种新的商业模式，需要通过"给予"机制来影响人们的行为，这样他们便可以利用人们的行为从其他方面获得利润或收益。

（2）借用和移用

借用是把别人的东西拿过来直接用，一般是指同一个领域，在别人的基础上进行创新，解决自己的问题。这类创新一般是渐进式创新。例如，2022 年北京冬季奥运会（简称"冬奥会"）融入了许多非遗元素，从开幕式倒计时的二十四节气、体育图标的篆刻艺术和以书法为灵感的会徽，到颁奖典礼上融汇海派绒线编结技艺的花束，再到闭幕式上以十二生肖为造型的巨大冰鞋，非遗文化贯穿冬奥会始终，以东方美学气韵打动人心，备受瞩目。这个其实是导演借用了非遗文化来做创新。在商业领域，非遗文化也不断地被"借用"来创新，非遗风尚在近些年也迅速崛起。非遗元素被一次次地萃取、精炼，成为产品设计、开发的灵感源泉；非遗传承人从幕后走到聚光灯下，成为传达品牌理念的媒介；非遗技艺以潮流的演绎方式呈现出来，成为品牌打造传播热点的思路（林晓月，2022）。

而移用是指把一个领域的东西拿到另一个领域使用，是一种"跨界跨出好想法"的创新，这种创新往往会形成突破性创新。这方面成功的创新很多。例如，熵的概念由德国科学家鲁道夫·克劳修斯（Rudolf Clausius）提出，并应用在热力学中，而英国科学家克劳德·艾尔伍德·香农（Claude Elwood Shannon）将其移用到信息领域，他在其通信数学模型中清楚地提出信息的度量问题；遗传是生物学中的概念，美国密执安大学的约翰·霍兰德（John Holland）教授将其移用到计算机领域，提出遗传算法，其计算模型模拟达尔文生物进化论的自然选择和遗传学机理的生物进化过程，是一种通过模拟自然进化过程搜索最优解的方法。

（3）杂交

杂交是指将一个领域的两种或多种不同功能的产品结合起来形成具有复合功能的新产品，如沙发床、传真电话等，或者将两个不同领域的观念或技术结合，形成一个新的事物或产品，例如，LG 公司开发的可以测试血糖的手机、苹果公司和耐克公司联合开发的具有监控运动情况和播放音乐的运动伴侣 iPod nano。杂交往往可以开创一个崭新的产品类别和用户市场。杂交不一定是新技术的研发，而是通过现有不同技术的结合实现创新，或者是将两种原本风马牛不相及的产品结合起来，就能形成一种全新的产品。例如，一度风靡全球的苹果 iPad 产品的创新并没有依赖任何跳跃性的高端技术。它只是基于现有技术，将笔记本电脑和智能手机的功能进行巧妙的杂交整合，从而给用户带来崭新的效能和体验。它既不是电脑，也不是智能手机，而是位于两者之间的一个新物种，这就是典型的杂交型创新。

历史上，印刷机械的出现是一种杂交创新。众所周知，活字印刷术是我国毕昇发明的，虽然它推动了印刷技术的发展，但并没有进一步发扬广大，主要是因为汉字字数太多，在当时的技术条件下难以通过机械手段实现大规模和高效率的汉字印刷。当活字印刷术传到欧洲后，情况就不一样了，因为欧洲只有 26 个字母和为数不多的其他字符，再加上活字印刷术，很快地形成了印刷机械，迅速地让印刷术传播开来，盛开了一朵创新之花，这就是杂交的效果。

现代工业文明之后出现的"商业加法定律"也是一种杂交创新。电子商务的出现本质上是互联网和传统商务的结合，这是一种新的观念对传统商业上的塑造。例如，淘宝网是"互联网＋商场"的结果，最初的"当当网"是"互联网＋书店"的结果。从蒸汽机时代、电力时代到半个多世纪前开始的信息时代，一直验证着这个定律，即原有产业加上新技术成为新产业，否则会被淘汰。在今天的大数据和机器智能时代，这条规律依然成立（吴军，2016）。

（4）发明

郑也夫说的发明不是平常意义上的发明，而是"发扬明显"的意思。当一个创新成果出来的时候，它的很多本性往往没有暴露出来，随着时间的演进，它会逐渐把自己的天赋本性发扬出来。推动这个过程，会让一个创新成果的多方面本性暴露出来，是"发明"这种创新机制的内涵。例如，美国著名发明家托马斯·阿尔瓦·爱迪生（Thomas Alva Edison）最初发明的留声机是为了记录和回放声音，但后来的一个多世纪以来，留声机所掀起的文明和发明巨浪的影响是非常深远的，电唱机、磁带录音机、磁带录像机、激光声像机等相继问世，追溯其源头，都来自爱迪生的发明；电视机最初在发明时是可以在家里看戏剧和电影，但是电视的本性逐渐随着时间的流逝呈现出来，出现了电视新闻、纪录片、娱乐等各种各样属于电视媒体样式的内容和电视购物这种新颖的购物模式。

（5）互动

互动是指通过创新主体之间的交流、讨论、竞争等活动产生或推动了创新。这种创新实质上是通过知识共享，使得不同的观点、想法、思路得到碰撞，从而达到创新的目的。

通过互动影响科技创新、进而推动社会进步的一个例子是著名的月光社。月光社是由十几位生活在英格兰中部的科学家、工程师、仪器制造商、枪炮制造商在1756年组成的社团。参与者中有推动蒸汽机发展和改良蒸汽机的博尔顿和瓦特。1765年至1813年，成员们定期在英格兰的伯明翰聚会。因为在当时没有照明设施，又因为他们总是在每月最临近月圆的星期日之夜举行会议，于是便起了"月光社"这个名字。月光社成员之间的相互鼓励、合作和帮助，使月光社在纯科学和应用科学领域内取得了成功，并使得月光社成为工业革命兴起的试验项目和先锋部队。月光社是一个科学和工艺研究的组织，也是通过技术转化有力推动工业发展的典范。今天大量的学术社团及学术交流会算起来都源于月光社。英国女作家珍妮·厄格洛（Jenny Uglow）在《月光社成员：五位朋友的好奇心改变了世界》（The Lunar Men：Five Friends Whose Curiosity Changed the World）一书中热情地歌颂了月光社，她认为月光社带来了机械化、平等主义和启蒙思想（珍妮·厄格洛，2020）。

福特汽车的创始人亨利·福特最初是一位工程师，在通用电气工作时发明了汽油驱动的汽车。亨利·福特从通用电气出来后两次创业，但都因为他追求制造完全没有商业价值的精品汽车而失败。后来，他在与投资人的互动中得到启发，开始建造一种既简单又坚固耐用，而且大众买得起的汽车，这就是著名的 T 型车，从而大获成功。可以说，T 型车是投资人的知识让福特放弃了工程师思维的结果。

竞争也是推动创新的重要互动类型之一。在一个市场中，公司之间为了生存、发展和争夺客户资源，不得不做出技术创新、产品创新、制度创新、市场创新等，以在竞争中获得优势地位。例如，"滴滴打车"和"快的打车"作为一种新的出行服务，为了拓展市场、抢占市场份额，双方从 2013 年开始便在身后资本的资助下展开了激烈的红包补贴大战。双方的合并为这场"红包大战"画上了句号，但因为竞争使得移动叫车出行服务变得完善，中国老百姓的出行也变得更加方便和快捷。国家之间的竞争也是如此。20 世纪，美苏争霸，竞相投入大量的人力、物力和财力开展了激烈的太空竞赛和军备竞赛，发明了人造卫星、航天飞机、巡航导弹等，形成了一系列影响深远的技术创新成果。

6.5.3　六顶思考帽

六顶思考帽是英国学者爱德华·德博诺（Edward de Bono）博士开发的一种思维训练模式，或者说是一个全面思考问题的模型（爱德华·德博诺，2016）。虽然六顶思考帽被认为是一种创新思维工具，但本书没有将这个内容放在创新思维一节，主要是因为它为个人和团队的创新思考提供了很好的方案。六顶思考帽是指 6 种颜色的帽子，分别为白色、绿色、黄色、黑色、红色和蓝色，它们分别代表了 6 种思维角色，几乎涵盖了思维的整个过程，既可以有效地支持个人的行为，也可以支持团体讨论中的互相激发。它为人们提供了一种"平行思维"的工具，是人际沟通的操作框架，更是提高团队智商的有效方法，避免让团队成员将时间浪费在互相争执上。强调的是"能够成为什么"，而非"本身是什么"；是寻求一条向前发展的路，而非争论谁对谁错。六顶思考帽思维是革命性的，因为它把人们从思辨中解放出来，帮助人们把所有的观点并排列出并寻找解决之道。运用六顶思考帽，将会使混乱的思考变得更清晰，使团体中无意义的争论变成集思广益的创造，使每个人变得富有创造性。

六顶思考帽是一个操作极其简单的、经过反复验证的思维工具，可以让一个人戴上帽子采用某种思维或者摘下帽子结束思考。使用六顶思考帽，可以理清思考的不同方面，而不是一次解决所有问题。可以集中考虑风险因素，其次是利益，然后是感受等。六顶思考帽使人们能够简单并礼貌地鼓励思考者在每个思考过程采用相等的精力，而不是一直僵化地固定在一种模式下。它给人以热情、勇气和创造力，让每一次会议、每一次讨论、每一个决策都充满新意和生命力。这个工具能在以下方面有效地帮助人们：增加建设性产出；充分研究每一种情况和问题，创造超常规的解决方案；使用"平行"思考技能，取代对抗型和垂直型思考方法；提高企业员工的协作能力，让团队的潜能发挥到极限。

以下是对六顶思考帽的详细介绍。

（1）白色思考帽

白色是中立而客观的，代表信息、事实和数据。戴上白色思考帽，人们思考和关注的是客观的事实和数据，努力发现信息和增强信息基础是思维的关键部分；在使用白帽思维时，将注意力集中在信息的获取上，要牢记3个问题：我们现在有什么信息，我们还需要什么信息，我们怎么得到所需的信息。信息的种类包括确凿的事实、需要验证的问题，也包括坊间的传闻及个人的观点等。如果出现了意见不一致的情况，则可以简单地将不同的观点平行排列在一起，不加讨论。如果说这个有冲突的问题尤其重要，则可以在稍后对它进行检验。

思考的真谛：白色思维可以帮助人们做到像计算机那样提出事实和数据；用事实和数据支持一种观点；为某种观点搜寻事实和数据；信任事实和检验事实；处理两种观点提供的信息冲突；评估信息的相关性和准确性；区分事实和推论；明确弥补事实和推论两者差距所需的行为。

（2）绿色思考帽

绿色代表有生命的颜色，象征勃勃生机。绿色思考帽寓意创造力和想象力，具有创造性思考、头脑风暴、求异思维等功能。绿色思维不需要以逻辑性为基础；允许人们做出多种假设。在使用绿色思维时，要时刻想到以下问题：我们还有什么方法来做这件事，我们还能做什么事情，有什么可能发生的事情，什么方法可以克服我们遇到的困难。绿色思维可以帮助寻求新方案和备选方案，修改和去除现存方法的错误；为创造力的尝试提供时间和空间。鉴于"绿帽"在中国的特殊含义，在采用六顶思考帽方法时，可以采用"下面让我们用绿色帽子来思考这个问题"或者"下面我们转换到绿色帽子来思考这个问题"的语言，而不要采用"下面让我们戴上绿帽来思考"的语言。

思考的真谛：绿色思维激发行动的指导思想，提出解释，预言结果和新的设计。使用绿色思维，可以寻找各种可供选择的方案及新颖的念头。用一句话来说，与绿色思维密切相关的就是"可能性"。"可能性"也许就是思维领域中最重要的词语。可能性包括了在科学领域使用假设的工具。可能性为人类感知的形成、观点与信息的排列提供了一个框架，包括了不确定性的存在；可能性也允许想象力的发挥。绿色思维提出了"我们有什么样的想法"的问题。

（3）黄色思考帽

黄色代表阳光和乐观、价值与肯定，代表事物合乎逻辑性、积极性的一面。戴上黄色思考帽，人们从正面考虑问题，表达乐观的、满怀希望的、建设性的观点。黄色思维追求的是利益和价值，是寻求解决问题的可能性。在使用黄色思维时，要时刻想到以下问题：有哪些积极因素，存在哪些有价值的方面，这个理念有没有什么特别吸引人的地方，这样是否可行。

思考的真谛：通过黄色思维的帮助，可以让人们做到深思熟虑，强化创造性方法和新的思维方向。当说明为什么一个主意是有价值的或可行的，必须给出理由。黄帽的问题是"优点是什么"或"利益是什么"。

（4）黑色思考帽

黑色代表阴沉的颜色，是逻辑上的否定，象征着谨慎、批评及对于风险的评估。戴上黑色思考帽，人们可以运用否定、怀疑、质疑的看法，合乎逻辑地进行批判，尽情发表负面的意见，找出逻辑上的错误。使用黑帽思维的主要目的有两个：发现缺点，做出评价。例如，思考中有什么错误，这件事可能的结果是什么。黑帽思维有许多检查的功能，可以用它来检查证据、逻辑、可能性、影响、适用性和缺点。

思考的真谛：通过黑色思维也可以让人们做出最佳决策；指出遇到的困难；对所有的问题给出合乎逻辑的理由；当用在黄色思维之后，它是一个有力的评估工具；在绿色思维之前使用黑色思维，可以提供改进和解决问题的方法。总而言之，黑帽子问的是"哪里有问题"。

（5）红色思考帽

红色代表是情感的色彩，使人想到热烈与情绪。戴上红色思考帽，人们可以表现自己的情绪，还可以表达直觉、感受、预感等方面的看法。红色帽子是对某种事或某种观点的预感、直觉和印象；它既不是事实，也不是逻辑思考；它与客观的、不带感情色彩的白帽思维相反。红帽思维就像一面镜子，反射人们的一切感受。

思考的真谛：在使用红色思维时无须给出证明，无须提出理由和根据。红色思维可以帮你做到：你的情感与直觉是什么样，你就怎么样将它们表达出来。在使用红帽思维时，将思考时间限制在 30 秒内给出答案。红帽的问题是：我对此的感觉是什么。

（6）蓝色思考帽

蓝色是高于一切的天空的颜色，笼罩四野，有纵观全局的气概。蓝色思考帽负责控制和调节思维过程，以及各种思考帽的使用顺序，规划和管理整个思考过程，并负责做出结论。蓝色思维帽是"控制帽"，掌握思维过程本身，被视为"过程控制"；蓝色思维常在思维的开始、中间和结束时使用。我们能够用蓝帽来定义目的、制订思维计划，观察和做结论，决定下一步。在使用蓝色思维时，要时刻想到以下问题：我们的议程是怎样的，我们下一步怎么办，我们现在使用的是哪一种帽子，我们怎样总结现有的讨论，我们的决定是什么。

思考的真谛：蓝色思维可以让人们发挥思维促进者的作用；集中和再次集中思考；处理对特殊种类思考的需求；指出不合适的意见；按需要对思考进行总结；促进团队做出决策。用蓝帽提问的是"需要什么样的思维""下一步是什么""已经做了什么思维"。

创新的关键在于思考，从多角度思考问题、观察事物才能产生新想法。在多数团队中，团队成员被迫接受团队既定的思维模式，限制了个人和团队的配合度，不能有效解决某些问题。运用六项思考帽模式，团队成员不再局限于某一单一思维模式。六顶思考帽代表的 6 种思维角色，是一种思考要求，而不是代表扮演者本人。

　　在应用六项思考帽时，需要根据情景来决定不同帽子的使用顺序和方式。六项思考帽既可以单独使用，也可以按序列使用。按序列使用的类型大致有两种：自然发展和预先设定。对于使用六项思考帽方法的经验还不够丰富的人来说，最好还是坚持预先设定好顺序的方法。蓝帽始终应该用在会议的开始和结束。在会议开始时，先戴上蓝色思考帽，预先设定好顺序并遵行，可以根据实际情况进行一些微调（爱德华·德博诺，2016）。

　　以下是六项思考帽在会议中的典型应用步骤。

　　（1）陈述问题（白帽）。

　　（2）提出解决问题的方案（绿帽）。

　　（3）评估该方案的优点（黄帽）。

　　（4）列举该方案的缺点（黑帽）。

　　（5）对该方案进行直觉判断（红帽）。

　　（6）总结陈述，做出决策（蓝帽）。

6.6　TRIZ 的创新原理

　　TRIZ 理论成功地揭示了创造发明的内在规律和原理，着力于澄清和强调系统中存在的矛盾，其目标是完全解决矛盾，获得最终的理想解。TRIZ 的创新原理可以很好地指导现代企业和知识型员工的知识创新，提高发明的成功率、缩短发明的周期，也可使发明问题具有可预见性。

6.6.1　TRIZ 简介

　　TRIZ 是俄文 Teoriya Resheniya Izobreatatelskikh Zadatch 的缩写。英文为 Theory of Inventive Problem Solving，缩写为 TIPS，其意义为发明问题的解决理论。TRIZ 是基于知识的、面向人类的发明问题解决系统化方法学。TRIZ 理论是苏联根里奇·阿奇舒勒及其领导的一批研究人员，自 1946 年开始，花费大量人力、物力，在分析研究了世界各国 250 万项发明专利的基础上，所提出的发明问题解决理论。阿奇舒勒通过对 250 万项发明专利的研究发现，只有 20% 左右的专利才称得上是真正的创新，80% 左右的专利往往早已在其他产业中出现并被应用过。阿奇舒勒坚信发明问题的基本原理是客观存在的，这些原理不仅能被确认，也能被整理而形成一种理论。掌握该理论的人不仅能提高发明的成功率、缩短发明的周期，也可使发明问题具有可预见性。

　　阿奇舒勒的研究发现主要有 3 点：一是发明专利虽数目庞大，但有一个共同点，就是应用了数目不多的一般性原理；二是像社会系统一样，技术系统可以通过解决矛盾而得到发展，真正的创新是解决矛盾，妥协的解决方案最多只能算优化；三是技术系统的进化遵循一定的模式和规律，技术系统的发展是可预测的。阿奇舒勒以这 3 个基本认识为出发点，根据辩证法、认识论和系统论的思想，总结出了技术系统进化法则和构建在基本原理基础上的求解发明问题的技术、方法和工具体系，创立了 TRIZ。

　　TRIZ 属于苏联的国家机密，在军事、工业、航空航天等领域均发挥了巨大作用，成为创新的"点金术"。苏联解体后，TRIZ 理论系统地传入西方，在美、欧各地得到了广泛的研究与应用，在亚洲的日本和韩国也得到广泛重视。后来的研究者以阿奇舒勒的经典 TRIZ 理论为基础，从不同的角度引入其他学科和领域的成熟方法和理论，对 TRIZ 理论进行了丰富和完善。其中典型代表有欧洲的 OTSM，以色列、美国和日本的 USIT，以及中国的 U–TRIZ（赵民，2016）。TRIZ 可以广泛应用于各个领域，创造性地解决问题，不仅在苏联得到广泛应用，在美国的很多企业如波音、通用汽车、克莱斯勒、摩托罗拉等公司的新产品开发中也都得到了应用，创造了可观的经济效益。

6.6.2　TRIZ 的理论体系

　　TRIZ 理论的前提和基本认识是：技术系统的进化有规律可循；生产实践中遇到的矛盾（或工程问题）反复出现；彻底解决矛盾的创新原理容易掌握；其他领域的科学原理可解决本领域的技术问题（施荣明，2011）。TRIZ 的理论体系如图 6-7 所示。

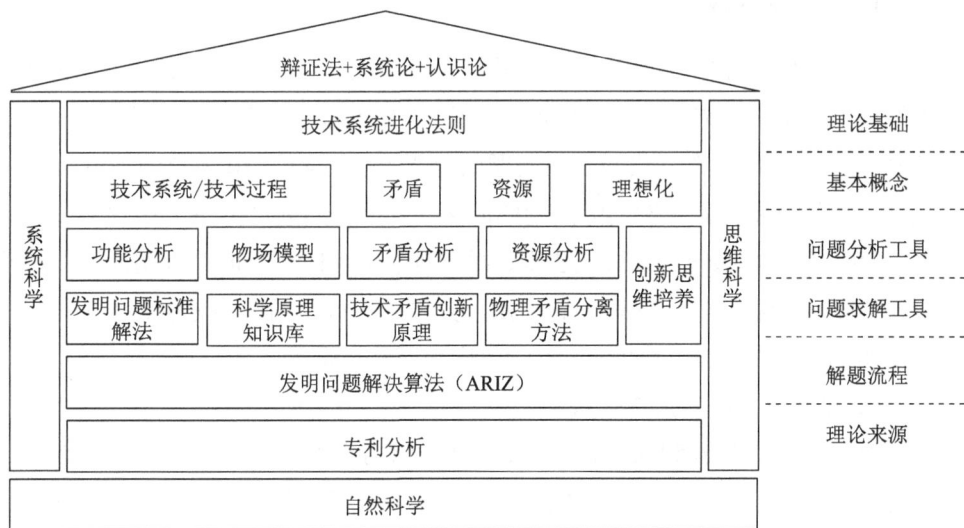

图 6-7　TRIZ 的理论体系

[资料来源：赵民（2016）]

　　TRIZ 的理论体系是以辩证法、系统论和认识论为哲学指导，以自然科学为根基，以系统科学和思维科学为支柱，以技术系统进化法则为理论基础。包括技术系统 / 技术过程、矛盾（在技术系统进化过程中产生）、资源（解决矛盾所需）、理想化（技术系统的进化方向）等基本概念，以及解决工程矛盾问题和复杂发明问题所需的各种问题分析工具、问题求解工具和解体流程。

　　TRIZ 理论的核心思想主要体现在 3 个方面。①无论简单产品还是复杂的技术系统，其核心技术都是遵循着客观的规律发展演变的，即具有客观的进化规律和模式；②各种技术难题、矛盾和矛盾的不断解决是推动这种进化过程的动力；③技术系统发展的理想状态是用尽量少的资源实现尽量多的功能。

技术系统是 TRIZ 中最重要、最基本的概念。技术系统一般是由多个子系统构成的总体，它通过多个子系统的相互作用来实现特定的功能（赵民，2016）。在一个问题情景中，并非所有摆放在现场或画在总装配图上的零部件、元器件都应该划归于技术系统。必须恰当地界定技术系统的范围和构成。当人们面对需要解决的问题时，首先要划定构成问题的界面，确定构成问题的对象和必要条件。

子系统和超系统是与技术系统相关的两个重要概念。其中，子系统是构成技术系统中的低层次系统。任何一个技术系统都包含一个或多个子系统，一个复杂的技术系统常常包含多层次的子系统。底层的子系统在上级系统的约束下起作用，当底层的子系统发生改变时，一般会引起其上一级、甚至更高级系统的改变。超系统是技术系统之外的高层次系统。技术系统的临近对象和环境对象均属于超系统，它们对技术系统有着重要的影响和制约作用。

6.6.3 TRIZ 的基本内容

TRIZ 的核心内容是技术系统进化，并建立了基于知识消除各种矛盾和问题的逻辑方法，用通用解的方法知识来解决特殊问题或矛盾。TRIZ 理论包含着许多系统、科学而又富有可操作性的创造性思维方法和发明问题的分析方法。经过 70 余年的发展，TRIZ 理论已经成为一套解决新产品开发实际问题的成熟的九大经典理论体系。TRIZ 的具体内容主要包括：TRIZ 的技术系统八大进化法则；最终理想解（IFR）；40 个发明原理；39 个工程参数及阿奇舒勒矛盾矩阵；物理矛盾和四大分离原理；物场模型分析；发明问题的标准解法；发明问题解决算法（ARIZ）；科学效应和现象知识库。

6.6.3.1 TRIZ 的技术系统八大进化法则

阿奇舒勒通过对大量专利的分析发现，所有技术系统的进化都是遵循着一定的、客观的规律，一旦掌握了这些规律，就能主动预测未来技术的发展趋势，掌握技术可能的发展方向，在激烈的市场竞争中处于有利的领先地位。因此，有人将阿奇舒勒的技术系统进化论与达尔文生物进化论、斯宾塞的社会达尔文主义并称为"三大进化论"。

TRIZ 的技术系统八大进化法则分别是：技术系统完备性法则、能量传递法则、协调性进化法则、动态性进化法则、子系统的不均衡进化法则、向超系统进化法则、向微观级和场的应用进化法则、提高理想度法则（赵民，2016）。分别介绍如下。

（1）技术系统完备性法则

一个运作的技术系统必须由动力、传动、执行和控制 4 项主要功能及其对应的子系统构成，缺一不可；否则，就不可能实现所需功能。

（2）能量传递法则

技术系统的进化应该沿着使能量流动路径缩短的方向发展，以减少能量损失。

（3）协调性进化法则

组成系统的各个子系统之间必须向提高协调性的方向发展。只有在保持彼此协调的前提下，才能执行或增强有用功能或消除有害的功能。子系统间的协调性可以表现在结构上的协调、各性能参数的协调、工作节奏或频率上的协调。

（4）动态性进化法则

它包括增加系统柔性、增强系统可移动性、增强系统可控性3个子法则。技术系统从结构上沿着增加柔性、增强可移动性和可控性的方向发展，以使系统能够适应变化的性能、环境条件及功能的多样性需求。

（5）子系统的不均衡进化法则

组成系统的每一个子系统都是沿着自己的"S"形曲线发展的，这种发展存在不均衡性，有的子系统可能进化较快，而有的进化则较慢，因此必然导致技术系统的子系统非均衡进化发生。子系统的不均衡进化带来了系统的子系统之间或子系统与整体系统之间参数、性能、属性等矛盾的出现，从而影响整个系统的发展。子系统的不均衡进化是系统内各种矛盾产生的根源。创新就是消除子系统不均衡进化而出现的矛盾，促进了系统的进化。

（6）向超系统进化法则

技术系统的进化总是沿着单系统→双系统→多系统的方向发展，即两个或多个技术系统在发展后出现融合或集成。系统的集成是将同质的、异质的、性能改变的或反向特性的两个或多个子系统进行创造性优化组合，以提高系统功能的多样性。

（7）向微观级和场的应用进化法则

宏观的物质完成的功能进化为由微观的物质来完成，用以消除系统在宏观级别中出现的矛盾，提高原系统的性能，成为更加理想的系统。其表现为控制的参数更有效、更有柔性，或者可以执行更多的功能，而且品质和效率更高，尺寸更小，能耗更少。

（8）提高理想度法则

实现理想化始终是所有技术系统发展的方向，即系统在其整个发展过程中，总是趋于变得更加智能、小巧、简单、可靠、有效、完善。向提高理想度进化，旨在增加系统有用功能的数量或效能，减少有害功能的数量或效果，生产出理想的、能满足各项功能要求的、性价比始终提升的最终产品。

技术系统的这八大进化法则可以应用于市场需求产生、定性技术预测、新技术产生、专利布局和企业战略制定的时机选择等。它们可以用来解决难题，预测技术系统的进化方向和路径，产生并推进创造性问题解决的工具。

6.6.3.2　最终理想解

TRIZ 理论在解决问题之初，首先抛开各种客观限制条件，通过理想化来定义问题的最终理想解（Ideal Final Result，IFR），以明确理想解所在的方向和位置，保证在问题解决过程中沿着此目标前进并获得最终理想解，从而避免了传统创新设计方法中缺乏目标的弊端，提升了创新设计的效率。如果将创造性解决问题的方法比作通向胜利的桥梁，那么最终理想解就是这座桥梁的桥墩。最终理想解有 4 个特点：①保持了原系统的优点；②消除了原系统的不足；③没有使系统变得更复杂；④没有引入新的缺陷。

6.6.3.3 40 个发明原理

阿奇舒勒坚信发明问题的原理是客观存在的，设计者掌握这些原理，就可以大大提高发明的效率、缩短发明的周期，而且能使发明过程更具有可预见性。为此，阿奇舒勒对大量的专利进行研究、分析、总结、提炼出了 TRIZ 中最重要的、具有普遍用途的 40 个共性发明原理。这 40 个发明原理是人类共有的解决问题的知识体系，是在实际应用中最有效的 TRIZ 工具之一（姚威，2022）。毫无疑问，每一条创新原理都是成熟的经验类知识（施荣明，2011）。

当前，40 个发明原理已经从传统的工程领域扩展到微电子、生物医学、管理、文化、教育等社会的各个领域问题。40 个发明原理的广泛应用导致不计其数新的专利发明的产生。

40 个发明原理为：分割原理、抽取原理、局部质量原理、非对称原理、组合原理、多用性原理、嵌套原理、质量补偿原理、预先反作用原理、预先作用原理、预先防范原理、等势原理、反向作用原理、曲面化原理、动态化原理、部分超越原理、维数变化原理、机械振动原理、周期性作用原理、有效作用的连续性原理、快速原理、变害为利原理、反馈原理、中介物原理、自服务原理、复制原理、廉价替代品原理、机械系统的替代原理、气压与液压结构原理、柔性壳体或薄膜原理、多孔材料原理、改变颜色原理、同质性原理、抛弃与再生原理、物理 / 化学参数变化原理、相变原理、热膨胀原理、加速氧化原理、惰性环境原理、复合材料原理。分别简介如下。

（1）分割原理

把一个物体分成几个独立的部分，如为不同材料（如玻璃、纸张、铁罐等）的再回收设置不同的回收箱；将电视机（物体）分成独立的部分（显示屏幕与遥控器）。

把物体分成易于组装和拆卸的几部分，如组合家具、组合玩具。

提高物体的分割程度，如用活动百叶窗替代整体窗帘、浮法玻璃生产线（将传到高温玻璃的滚轮运输变为浮在熔化的锡上运输）。

（2）抽取原理

从系统中抽出产生负面影响的部分或属性，如将空调工作产生噪声的部分即压缩机移到室外。

从物体中抽出必要的部分或属性，如将手机号码等信息做在手机 SIM 卡上。

（3）局部质量原理

把均匀的物体结构或外部环境变成不均匀的，如汽车驾驶员座位和副座可以分别设定各自的空调温度。

让物体的各个部分执行不同功能，如瑞士军刀。

使物体的各部分具有不同的实用功能，如在餐盒中设置间隔，在不同的间隔内放置不同的食物，避免串味。

（4）增加不对称性原理

引入一个几何特性来防止元件不正确的使用，如电源插头的接地棒、USB 接口插头。

将不对称物进一步增加其不对称性，如为增强防水保温性，建筑上采用多重坡屋顶。

（5）组合原理

把相同或相近似的物体组合在一起并行运行，如多个 CPU 的计算机。

把临近的或并行的作业安排在同时进行，如淋浴装置的冷热水混水器。

（6）多功能性原理

使一个物体具备多项功能，如沙发床、牙刷的柄内装牙膏。

（7）嵌套原理

一物套一物，再套一物……形成多层，如俄罗斯套娃、汽车安全带。

一部分可收入另一部分的空腔中，如拉杆式钓鱼竿、可伸缩电视天线。

（8）重量补偿原理

补偿物体之重量，使之升起，如用氢气球悬挂广告牌。

通过介质（气动力、液动力、弹簧力等）平衡物体重量，如利用空气动力学设计的直升机的螺旋桨；应用阿基米德定律制造可承载千吨的轮船；在月球车轮胎里设置球形重物，用来降低月球车的重心，保持月球车的稳定性。

（9）预先反作用原理

事先施加反作用，来消除事后可能出现的不利因素，如道路表面指示行车路线的字预先做成"横粗竖细"的瘦长字形，这样驾驶员在行车中看到的是不变形的字。

在部件上建立预应力，以抵消事后出现的不希望有的工作应力，如在灌注混凝土之前，对钢筋施加预应力。

（10）预先作用原理

预制必要的功能、技能，如不干胶粘贴，只需要揭去透明纸，便可用来粘贴。

在方便的位置预先安置物体，使其在最适当的时机发挥作用而不浪费时间，如在停车场安置预付费系统，在建筑内通道位置设置灭火器。

（11）事先防范原理

针对物体相对低可靠性部位（薄弱环节）设置应急措施加以补救，如飞机上的降落伞、航天飞机的备用输氧装置；在超市商品中加装射频智能卡或者做一定的磁化，防止商品被盗。

（12）等势原理

在势场中改变限制位置（在重力场中改善运作状态），以减少物体提升或下降，如巴拿马运河的水闸，利用注水系统调整水位差，使船只顺利通过；为方便汽车维修设置的地下坑道。

（13）反向作用原理

用相反的动作替代要求指定的动作，如采用对内置件冷却的方法，使两个套紧的物体分离，而不是加热外层物体。

让物体可动部分不动，不动部分可动，如健身器材中的跑步机，加工中心中将工具旋转改为工件旋转。

（14）曲面化原理

将直线、平面变成曲线或曲面，将立方体变成球形结构，如在建筑结构上使用弧形、拱形代替直线形。

使用柱状、球体、螺旋状的物体，如圆珠笔的球形笔芯使得书写流畅，千斤顶中的螺旋机构可产生很大的推举力。

利用离心力，改直线运动为回转运动，如洗衣机中的离心甩干机。

（15）动态性原理

使物体外部环境或过程具有动态性，能自行优化寻找到最佳的运行状况，如飞机的自动导航系统、现状记忆合金。

把物体分割成可相对移动的几个部分，如装卸货物的铲车，通过铰链连接两个半圆形铲斗，可以自由开闭，装卸货物时张开，铲车移动时铲斗闭合；计算机分为主机、显示器、键盘、鼠标等部分。

使固定的物体可以移动或具有柔性，如医用微型内窥摄影机、柔性结肠镜等。

（16）不足或过量作用原理

假如某既定方法难以100%达到目标，则采用稍微超过或小于期望效果，以使问题简化，例如，为在缝隙中填充过多的石膏，然后打磨平滑；又如，为电器的电参数设计适当的安全富余量。

（17）多维化原理

把物体带入二维或三维空间，如采用螺旋楼梯减少占地面积。

用多位置摆放代替单一位置摆放，如立交桥、多层货架、多层印刷电路板。

（18）机械振动原理

使物体振动，如电动振动剃须刀。

提高振动频率，如超声波洗牙机。

利用物体共振频率，如治疗胆结石的超声波碎石机。

利用压电振动代替机械振动，如采用石英振动机芯的高精度时钟。

电磁场综合利用，如在点熔炉中混合金属，使混合均匀。

（19）周期性作用原理

以周期性或脉冲动作代替连续动作，如将警车所用的警笛改为周期性鸣叫，避免产生刺耳的声音。

如果动作已经是周期性的，则可改变其振动频率，如用频率调音代替摩尔斯电码，使用 AM（调幅）、FM（调频）、PWM（脉宽调制）来传输信息。

利用脉冲间歇来执行另一个动作，如医用呼吸机系统每做 5 次胸廓运动，就会进行一次心肺呼吸。

（20）持续有效作用原理

保持连续运转，使机器各部件同时满负荷工作，如汽车在路口停车时，高速飞轮（或液压蓄能器）保持运转、储存能量，使得汽车发动机得以补充能量，以便汽车随时启动。

取消工作中所有的间歇和中断，如计算机在打印时是后台打印，不耽误前台工作。

（21）快速通过原理（减少有害作用的时间）

快速完成危险或有害的作业，如发动机快速越过共振转速范围、照相用的闪光灯。

（22）变害为益原理

利用有害因素获取有益结果，如利用垃圾发热发电，回收废物二次利用（如再生纸、贵重的手机芯片）。

将两项有害要素叠加以消除危害，如潜水中采用氮氧混合气体，以避免单用一种气体造成的昏迷或中毒问题；发电厂采用炉灰的碱性中和废水的酸性。

增大有害因素的幅度，直至有害性消失，如森林灭火时采用逆火灭火，即为熄灭或控制即将到来的野火蔓延，燃起另一堆火将即将到来的野火的通道区域烧光。

（23）反馈原理

引入反馈，提高性能，如声控喷泉、自动导航系统。

若已引入反馈，则改变其大小或作用，如根据环境的亮度决定照明的功率。

（24）借助中介物原理

利用媒介携带物品或中间过程，如利用拨子弹奏月琴、利用蜜蜂传授花粉。

把一物体临时附加到另一物体上，如饭店上菜的托盘；将射频智能芯片贴到汽车的某一部位，为侦破汽车被盗提供信息。

（25）自服务原理

使物体具有自补充、自恢复功能，如自清洗的净水机、自补充的饮水机。

（26）复制原理

利用简单且价廉的复制品代替复杂、稀有、昂贵的物体，如利用虚拟现实技术帮助飞行员训练，故宫的云旅游。

用照片代替事物或实际过程，如利用太空遥测摄影代替实地勘察绘制地图。

（27）廉价替代品原理

利用低值易耗品代替昂贵的耐用品，如一次性的餐具、医护人员的无纺布工作服。

（28）机械系统替代原理

用光学、声学、味觉或嗅觉传感系统代替机械，如在天然气中混入难闻的气味，向使用者警告气体泄漏，而不采用机械或电的传感器。

利用电场、磁场和电磁场作用于物体，如采用电磁搅拌代替机械来搅拌金属液体。

（29）气压或液压结构原理

使用气压或液压部件代替固体部件（利用液体、气体缓冲），如真空除气、气垫运动鞋、采用发泡材料保护运输中的易损物品。

（30）柔性壳体或薄膜原理

利用薄片或薄膜取代三维结构，如种植蔬菜用的塑料大棚。

利用柔性薄片或薄膜隔绝物体和外部环境，如用薄膜将水和油分别储存。

（31）多孔物质原理

使用多孔材料制造物体或加入多孔元件（嵌入其中或涂敷于表面），如隔音棉；在两层铝合金板之间加紧薄壁空心铝球，并使其结合在一起，大大提高结构刚性和隔热、隔音能力。

如果物体已经是多孔的，则可事先在其多孔中添加有用物料，如将氢储存在多孔的纳米管中，容量大且安全。

（32）变换颜色原理

改变物体或其外部环境的颜色，如在冰山上撒黑色石墨片，能有效吸收阳光热量，加速冰雪融化，解决山下缺水问题。

改变物体或其外部环境的透明度，如能通过颜色变化确定溶液溶液酸碱度的化学试纸；能随光线改变其透明度的感光玻璃。

（33）同质性原理

相互作用的两个物体用相同或相近材料制成，如以金刚石颗粒作为切割金刚石的工具。

（34）抛弃与再生原理

利用溶解、蒸发等手段，废弃已完成其功能的零部件，或改造其技能，如可溶性的药物胶囊；火箭助推器在完成其作用后立即分离。

在工作过程中迅速补充消耗或减少的部分，如自动铅笔。

（35）物理或化学参数改变原理

使物体发生物理相变，如将氧气、氮气液化，以减小体积、方便运输。

改变物体浓度或黏度，如用液态的肥皂水代替固体肥皂，可以定量控制使用，减少浪费。

改变柔性的强弱，如橡胶硫化可以改变其弹性和耐久性。

改变温度，如铁磁性物质升温至居里点以上，就成了顺磁性物质。

（36）相变原理

利用物质相变时所发生的物理现象（如体积变化、放热或吸热等），如利用水变为固态时体积膨胀的特性进行定向无声爆破。

（37）热膨胀原理

使用热膨胀或热收缩材料，如在装配双环钢件时，先将内环冷却收缩，外环升温膨胀，再将两环装配，待恢复常温后，内外环就紧紧装配在了一起。

使用不同热膨胀系数的复合材料，如双金属片，在升温和冷却时分别向不同方向弯曲变形，利用这一特性制造温度计或热敏传感器。

（38）强氧化剂原理

以富氧空气代替常规空气，如为持久在水下呼吸，水中呼吸器中储存浓缩空气。

以纯氧代替富氧空气，如使用纯氧—乙炔法进行更高温度的切割。

利用电离的氧，如在空气清洁器中使用电离的空气分离污染物。

（39）惰性和真空环境原理

以惰性氛围取代普通的环境，如用氩气等惰性气体填充灯泡，做成霓虹灯。

向物体投入中性或惰性添加剂，如真空包装食品，以延长储存期。

（40）复合材料原理

以复合材料取代均质材料，如飞机外壳材料用复合材料代替；用玻璃纤维制成的冲浪板，更加易于控制运动方向，更加易于制成各种形状。

这 40 个发明原理是引导设计人员运用科学效应解决发明问题的一种规则。每一个发明原理都包含多个科学效应，40 个发明原理包含的科学效应累加数量为 746 个。

6.6.3.4　39 个工程参数及阿奇舒勒矛盾矩阵

系统是事物的总称，而事物总是在进化的。面对不断进化的过程，只要有系统存在，就有矛盾存在。TRIZ 的哲学核心就是消除矛盾，促进系统进化。矛盾的类型有两种：技术矛盾和物理矛盾。技术矛盾是由两个工程参数构成的矛盾，当改善其中一个工程参数时，往往会导致另一个工程参数被恶化。而物理矛盾则是指同一个工程参数在一个系统中同时存在改善和恶化的矛盾情况。阿奇舒勒在对专利研究过程中，归纳出 39 个工程参数来定义各种矛盾的属性，这些专利都是在不同的领域上解决这些工程参数的冲突与矛盾。矛盾不断出现，又不断被解决。相关研究发现，技术矛盾是在实际应用中最有效的 TRIZ 工具之一（姚威，2022）。

从参数本身的内涵出发，可以将它们分为 3 类，分别如下。

（1）物理和几何的参数。该类参数是描述物体尺寸、状态等各种物理性能方面的参数。

（2）技术负向参数。该类参数是指随着这些参数的增大，系统或子系统的特性会随之变差的参数。

（3）技术正向参数。该类参数是指随着这些参数的增大，系统或子系统的特性会随之变好的参数。

39 个通用工程参数编码、名称、定义及其分类如表 6-1 所示。

表 6-1　39 个通用工程参数编码、名称、定义及其分类

编码	通用参数名称	定义	分类
	运动物体	一个会改变位置的物体	—
	静止物体	一个不移动的物体	—
1	运动物体的质量	在重力场中运动物体所受的重力	物理和几何参数

编码	通用参数名称	定义	分类
2	静止物体的质量	在重力场中静止物体所受的重力	物理和几何参数
3	运动物体的尺寸	指移动物体的任意线性尺寸，如长、宽、高、角度等	物理和几何参数
4	静止物体的尺寸	指静止物体的任意线性尺寸，如长、宽、高、角度等	物理和几何参数
5	运动物体的面积	面积是指物体内部或外部的任意二维尺寸	物理和几何参数
6	静止物体的面积	面积是指物体内部或外部的任意二维尺寸	物理和几何参数
7	运动物体的体积	体积是指物体的三维尺寸	物理和几何参数
8	静止物体的体积	体积是指物体的三维尺寸	物理和几何参数
9	速度	单位时间物体运动的快慢或物体改变的程度	物理和几何参数
10	力	两个物体（或系统）间相互作用的度量。试图改变物体状态的作用力	物理和几何参数
11	应力／压强	压强是作用在物体单位面积上的力；应力是对应于作用力或作用力系统（很多力的组合）的内部阻力，往往会造成物体的变形	物理和几何参数
12	形状	物体或系统的外貌或轮廓造型的特性	物理和几何参数
13	结构的稳定性	整个物体或系统在受外界因素影响而维持真正元素组合不变的能力。系统的完整性及系统组成部分之间的关系，磨损、化学分解及拆卸都会降低稳定性	技术正向参数
14	强度	物体抵抗外力而使其本身不被破坏（抵抗断裂、应变）的能力，是物体强固的状态、性质和品质	技术正向参数
15	运动物体的耐久性（实用时间）	运动物体完成规定作用的时间、服务时间，以及耐久力（物体失去功能前的寿命）等。两次故障之间的平均时间也是作用时间的一种度量	技术负向参数
16	静止物体的耐久性（实用时间）	静止物体完成规定作用的时间、服务时间，以及耐久力（物体运作的时间或物体的使用寿命）等。两次故障之间的时间也是作用时间的一种度量	技术负向参数
17	温度	物体或系统所处的冷热程度状态，包括其他热参数，如影响改变温度变化速度热容量	物理和几何参数
18	物体明亮度（光照度）	光照度是单位面积上所接受的光通量。可以理解为物体的亮度、反光性、照明质量等。	物理和几何参数
19	运动物体消耗的能量	运动物体在做功期间所消耗的能量。力学中能量指作用力与距离的乘积，包括提供超系统的消耗能量	技术负向参数
20	静止物体消耗的能量	静止物体在做功期间所消耗的能量。力学中能量指作用力与距离的乘积，包括提供超系统的消耗能量	技术负向参数
21	功率	单位时间内所做的功或消耗的能量，即做功的速率	物理和几何参数
22	能量的损失	对系统或物体做无用功所消耗的能量	技术负向参数
23	物质（材料）的损失	对系统或物体做无用功所消耗的材料、物质或组件	技术负向参数

续表

编码	通用参数名称	定义	分类
24	信息的遗漏（损失）	资料或系统输入项目数据的丢失	技术负向参数
25	时间的损失	所进行的活动过程或操作"目前所用时间"和"可使用更短时间"的差值	技术负向参数
26	物质（材料）的数量	制造一个物体（或系统）所需的材料、部件或子系统等物质的数量	技术负向参数
27	可靠性	物体或系统能正常执行其功能的能力。可理解为在指定一段时间或规定条件下执行所要求的功能或无故障操作概率	技术正向参数
28	测量精度	系统或物体性质所测量到的值与其实际值的接近程度	技术正向参数
29	制造（加工）精度	制造产品的实际性能与设计所需性能或技术规范和标准所预定的性能之间存在的误差程度	技术正向参数
30	作用于物体的有害因素	外部事件或环境导致系统中一些有用的特性的恶化	技术负向参数
31	物体产生的有害因素	物体所产生的作用对外部环境造成有害影响	技术负向参数
32	可制造性（易加工性）	设计工程中考虑可制造性，重点是考虑制造能力、机器或设施的柔性，以及整体稳定在所要求的生产成本和品质下生产的能力。物体或系统在制造过程中的方便或简易程度	技术正向参数
33	可操作性（易使用性）	物体或系统在使用或操作上的容易程度。操作过程中需要的人数越少，操作步骤越少，以及工具越少，则代表方便性越高，且同时还要确保产品所达成的目标、效益、效率和满意程度	技术正向参数
34	易维修性	物体或系统发生故障或损坏后容易修护或恢复功能的程度。考虑参数：方便、成本、舒适、简单、系统故障或缺陷等修复时间	技术正向参数
35	适应性（通用性）	系统或物体为适应变化的环境与情况能够变化（或被变化）的能力。强适应性的物体或系统，可以在更多不同情况下或以多种方式被使用	技术正向参数
36	装置（构造）的复杂性	构成物体或系统的组件数量多和难以创造的产品	技术正向参数
37	控制（检测与测量）的复杂性	对于检测与测量的某一个给定的参数值，控制的复杂性与使用测量组件数量及控制测量时间成正比	技术正向参数
38	自动化程度	物体或系统在无人操作的情况下完成任务的能力	技术正向参数
39	生产率	在单位时间内，系统或物体所完成的功能或操作次数，或完成一个功能或操作所需的时间，以及单位输入所产生的输出量	技术正向参数

资料来源：赵民（2016）。

之后，阿奇舒勒总结出了解决冲突和矛盾的 40 个创新原理，将这些冲突与矛盾解决原理组成一个由 39 个改善参数与 39 个恶化参数构成的矩阵。矩阵的第一列表示希望得到改善的 39 个通用工程参数和编码，第一行表示某技术特性改善引起恶化的 39 个通用工程参数和编码，横纵轴各参数交叉处的数字表示在用来解决系统矛盾时所使用创新原理的编号，这就是著名的"技术矛盾矩阵"。矛盾矩阵共 1521 个方格，其中 1263 个方格中标有发明原理编号的数字。一个技术矛盾的解决可能对应若干发明原理，可以从几个发明原理中汲取思路并提出具体的解决方案。阿奇舒勒矛盾矩阵为问题解决者提供了一个可以根据系统中产生矛盾的两个工程参数从矩阵表中直接查找化解该矛盾的发明原理。

矛盾矩阵的 5 个使用步骤如下。

（1）确定要解决的问题，从众多矛盾中找出首先要解决的一对技术矛盾。

（2）查 39 个通用工程参数列表，从中分别找出"最能准确"定义技术矛盾的改善和由于改善而引起恶化的两个工程参数。

（3）从矛盾矩阵中找出给出的发明原理。

（4）分析矛盾矩阵推荐的发明原理。

（5）形成解决技术矛盾的具体方案。

例如，为解决油井的灭火，需要让灭火设备接近油井，操作方便，但油井一旦着火，火势往往非常迅猛，让人和灭火设备靠近油井是非常危险的事情。这样就出现了一对技术矛盾：改善的参数"33 可操作性（易使用性）"和恶化的参数"30 作用于物体的有害因素"，通过查找矛盾矩阵（表 6-2），找到"2，25，28，39"4 条发明原理，分析后最终给出如下解决方案：首先在油井附近钻出一个倾斜的副井，让副井在足够安全的深度和失火的油井筒相连，通过副井向失火的油井输送炸药和专门的溶液，以便在深处把失火的油井"堵塞"起来。

表 6-2　矛盾矩阵样例

改善的参数		恶化的参数		
		28 测量精度	29 制造（加工）精度	30 作用于物体的有害因素
	32 可制造性（易加工性）	1，35，12，18	—	24，2
	33 可操作性（易使用性）	25，13，2，34	1，32，35，23	2，25，28，39
	34 易维修性	10，2，13	25，10	35，10，2，6

资料来源：赵民（2016）。

当改善的参数和恶化的参数为同一个通用工程参数时，对应着矛盾矩阵中 45° 对角线上出现的空格，这就意味着要解决的矛盾是物理矛盾，而不是技术矛盾。物理矛盾的解决通过分离原理实现。

需要说明的是，随着科学技术的发展，后来的研究人员提出了新的工程技术参数，例如，时任欧洲 TRIZ 协会主席 Darrell Mann 提出的 2003 版的矛盾矩阵将通用工程参数由 39 个增加至 48 个（赵民，2016）。

6.6.3.5 物理矛盾和四大分离原理

当一个技术系统的工程参数具有相反的需求，就出现了物理矛盾。例如，要求系统的某个参数既要出现又不存在，或既要高又要低，或既要大又要小等。物理矛盾可以表达为：对象应该具有特性 P，以便满足需求 A；同时，对象应该具备特性非 P，以便满足需求 B。例如，道路应该有十字路口，以便车辆驶向目的地；道路又应该没有十字路口，以避免车辆相撞。相对于技术矛盾，物理矛盾是一种更尖锐的矛盾，创新中需要加以解决。物理矛盾所存在的子系统就是系统的关键子系统，系统或关键子系统应该具有为满足某个需求的参数特性，但另一个需求要求系统或关键子系统又不能具有这样的参数特性。分离原理是阿奇舒勒针对物理矛盾的解决而提出的，分离方法归纳概括为四大分离原理，分别是空间分离、时间分离、条件分离、整体与部分（或系统级别）的分离。

（1）空间分离

空间分离是指通过在不同的空间位置满足不同的需求，或者通过系统的不同部位满足不同的需求来解决物理矛盾。当系统中存在互斥需求 P 和 ¬P 时，如果其中一个需求（P）只存在于某个空间位置，而在其他空间位置没有这种需求，就可以采用空间分离的方法将互斥的需求分开。例如，十字路口是去往不同方向的汽车都要通过的区域，但汽车又不能同时通过相同的区域，否则会发生交通事故。利用立交桥可使去往不同方向汽车在同一时间利用不同的空间位置通过相同的区域。

（2）时间分离

时间分离是指通过在不同的时刻满足不同的需求来解决物理矛盾。当系统中存在互斥需求 P 和 ¬P 时，如果其中的一个需求（P）只存在于某个时间段内，而在其他时间段内没有这种需求，可以采用时间分离的方法将互斥的需求分开。例如，十字路口是去往不同方向的汽车都要通过的区域，但汽车又不能同时通过相同的区域，否则会发生交通事故。利用红绿灯可使去往不同方向汽车在不同的时间通过相同的区域。

（3）条件分离

条件分离是指通过在不同的条件下满足不同的需求来解决物理矛盾。当系统中存在互斥需求 P 和 ¬P 时，如果其中的一个需求（P）只在某个条件下存在，而在其他条件下不存在的时候，就可以采用条件分离的方法将互斥的需求分开。例如，十字路口是去往不同方向的汽车都要通过的区域，但汽车又不能同时通过相同的区域，否则会发生交通事故。利用"环岛"可使去往不同方向的汽车在同一时间通过相同的区域，即汽车从各个入口进入环岛，再按照不同的目的地，选择不同的出口从环岛出来。如果把时间和空间当作一个条件，那么时间分离和空间分离是条件分离的特例。

（4）整体与部分的分离

整体与部分的分离是系统级别上的分离，是指通过在不同的系统级别满足不同的需求来解决物理矛盾。当系统中存在互斥需求 P 和 ¬P 时，如果其中的一个需求（P）只存在于某个系统级别上，而不存在于另一个系统级别上，就可以采用整体与部分分离的方法将互斥的需求分开。例如，自行车的链条应该是柔软的，以便精确地环绕在传动链轮上，它又应该是刚性的，以便在链轮之间传递相当大的作用力，为了解决这个矛盾，将系统的各个部分（链条上的每一个链节）设计为刚性的，但是整个系统在整体上（链条）是柔性的。

6.6.3.6　物场模型分析

物场分析法是使用符号表达技术系统变换的建模技术（施荣明，2011）。物场分析法旨在通过符号语言描述系统（子系统）的功能，正确地描述系统的构成要素及构成要素之间的相互联系。阿奇舒勒认为每一个技术系统都可由许多功能不同的子系统组成，因此，每一个系统都有它的子系统，而每个子系统都可以再进一步地细分，直到分子、原子、质子与电子等微观层次。无论大系统、子系统，还是微观层次，都具有功能，所有的功能都可分解为 2 种物质和 1 种场（3 个元素组成），称为物场三角形（图 6-8），即功能载体 S_1、功能作用体 S_2 和场 F。其中，功能作用体又称为被动物体，是希望发生变化的物体；功能载体又称为主动物体，是对功能作用体施予动作的物体，它使功能作用体发生希望改变的作用，而场是能使这种作用发生的关键因素。

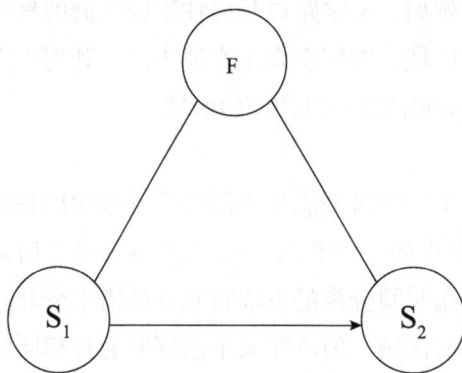

图 6-8　物场三角形

在物场模型的定义中，"物质"是指某种物体或过程，可以是整个系统，也可以是系统内的子系统或单个的物体，甚至可以是环境，取决于实际情况。任何可控的物体都可以称为物质，如人、动物、轮船、计算机、齿轮、分子等。"场"是指完成某种功能所需的方法或手段，是实现两个物质之间相互作用的"能量"和"力"通常是一些能量形式，如磁场、重力场、电能、热能、化学能、机械能、声能、光能等，也是物质所处的可控环境，如社会学中把人与动物所处的环境、氛围、动作或完成的手段称为场。物质和场均具有双重性，即可以同时是场或物质。

物场分析是 TRIZ 理论中的一种分析工具，用于建立与已存在的系统或新技术系统的问题相联系的功能模型。当技术系统构成要素功能载体 S_1、功能作用体 S_2、场 F 三者缺一或当系统中某一物质的特定功能没有实现时，技术系统就会产生问题。

6.6.3.7　发明问题的标准解法

标准解法是阿奇舒勒于 1985 年创立的，共有 76 个，分成 5 级，各级中解法的先后顺序也反映了技术系统必然的进化过程和进化方向。标准解法可以将标准问题在 1 ~ 2 步中快速进行解决，它是阿奇舒勒后期进行 TRIZ 理论研究的最重要的课题，同时也是 TRIZ 高级理论的精华。标准解法也是解决非标准问题的基础，非标准问题主要应用 ARIZ（Algorithm for Inventive problem Solving）来进行解决，而 ARIZ 的主要思路是将非标准问题通过各种方法进行变化，转化为标准问题，应用标准解法来获得解决方案。

6.6.3.8　发明问题解决算法

ARIZ 称为发明问题解决算法，是 TRIZ 的一种主要工具，是解决发明问题的完整算法，该算法采用一套逻辑过程逐步将初始问题程序化。该算法特别强调矛盾与理想解的程序化，一方面，技术系统向理想解的方向进化；另一方面，如果一个技术问题存在矛盾需要克服，该问题就变成一个创新问题。ARIZ 的理论基础由 3 条原则构成：① ARIZ 是通过确定和解决引起问题的技术矛盾；②问题解决者一旦采用了 ARIZ 来解决问题，其惯性思维因素必须被加以控制；③ ARIZ 也不断地获得广泛的、最新的知识基础的支持。ARIZ 最初由阿奇舒勒于 1977 年提出，随后经过多次完善才形成比较完善的理论体系，ARIZ-85 包括九大步骤：分析问题；分析问题模型；陈述 IFR 和物理矛盾；用物场资源；应用知识库；转化或替代问题；分析解决物理矛盾的方法；利用解法概念；分析问题解决的过程。

6.6.3.9　科学效应和现象知识库

阿奇舒勒在《创造是精确的科学》一书中写道："一个人在着手解决高水平的发明课题时，他理应具有全部的技术知识、全部的物理知识、全部的化学知识。然而，一个人的实际知识范围要比这少 100 万倍。"当采用 TRIZ 来解决技术系统的问题时，能够比较容易地从 TRIZ 的知识体系中得到比较抽象的创新原理与标准解，但是在形成最终的解决方案时则存在难以逾越的知识鸿沟，即一个人掌握的专业知识有限，不足以了解所需的全部科学知识，因此，不同的人在方案的可实现性和发明水平上差异很大，这也是很多人感觉 TRIZ 理论难以应用的地方。

科学原理尤其是科学效应和现象的应用对发明问题的解决具有超乎想象的、强有力的帮助。阿奇舒勒在对大量高水平专利的研究过程中发现，那些不同凡响的发明专利通常都是利用了某种科学效应，或者出人意料地将已知的效应（或几个效应的组合）应用到该效应之前所未应用的技术领域中（赵民，2016）。效应是指在特定条件下，在技术系统中实施"自然规律"的技术结果，属于"Know-why"类知识。而利用效应实现所需功能、形成的解决方案则属于"Know-how"类知识。使用效应的目的主要是用来解决物理矛盾（同一工程参数出现技术矛盾的情况）。效应也可以看作一种实现技术功能的知识，它在使用某种物质、场（或两者的组合）的过程中，将输入作用转换为实现某种技术功能的所需的输出作用。

为了减小寻求解决方案的知识鸿沟，帮助工程师利用这些科学原理和效应来解决工程技术问题，阿奇舒勒在 TRIZ 理论中将高难度发明问题所要实现的功能总结为 30 个，并将其与 100 个科学效应和现象建立起对应关系，称为效应知识库。效应知识库涵盖了多学科领域的原理，包括物理、化学、生物、几何等。依照从技术到实现的原则建立的效应知识库，为技术人员创新提供了指引，从而有效地克服了发明者行业和领域知识不足的问题。技术人员首先确定要实现的功能，接着去效应知识库中查找能实现功能的效应，然后把效应应用于功能实现，形成解决方案，并验证方案的可行性。

迄今为止，人类已总结出 10 000 多个物理、化学、生物和几何效应，常用的有 1400 多个，远远超出阿奇舒勒总结的 100 个科学效应和现象。每一个效应都可能是一大批问题的解决方案。可以说，效应的应用对创新问题的解决有着超乎想象的作用。

本章思考题

1. 简述对知识创新的认识。
2. 简述 SECI 理论的核心内容。
3. 简述达克效应的现象及克服方法。
4. 什么是达克效应？克服达克效应有哪些方法？
5. 列举创新的 5 种机制并举例说明。
6. 简述六顶思考帽的主要思想。
7. 简述 TRIZ 创新原理的主要内容。

技术篇

工欲善其事，必先利其器。

——孔子

没有掌握技术的人才，技术就是死的东西。有了掌握技术的人才，技术就能够而且一定能够创造出来奇迹。

——斯大林

知识管理技术不是一项技术，而是一个技术体系。它包括的内容异常繁多，如与处理知识有关的所有技术设施和技术方法。技术设施是指知识管理过程中使用的技术设备与工具体系，包括计算机在内的信息网络、技术数据库的知识库、知识加工用的软件工具；技术方法是指如何在信息基础设施上收集、处理、利用知识的方法（王众托，2016）。

由于知识管理技术体系的复杂性和信息技术的发展演化，很难详尽地对每一种技术进行介绍。考虑到知识库在现代知识管理中的重要地位和作用，本篇主要围绕知识库的构建和应用介绍代表性的技术方法，包括信息抽取技术、信息组织技术、知识图谱技术、复杂网络技术、神经网络技术、推荐系统。其中，信息抽取技术是与知识获取相关的技术，信息组织技术是与知识表示和知识组织相关的技术，知识图谱技术是与知识存储和知识应用相关的技术，复杂网络技术和神经网络技术是与知识处理和分析相关的技术，推荐系统是与知识利用有关的技术。

第 7 章   信息抽取技术

> 信息抽取技术能从非结构化文本中抽取命名实体、实体关系、事件等，是组织从异构信息中获取知识、构建知识库的重要技术之一。

随着计算机在各个领域的广泛普及和互联网的迅速发展，社会的信息总量呈指数级增长。信息总量的量级从 20 世纪 90 年代的 MB（10^6）增长到 GB（10^9）、TB（10^{12}）、PB（10^{15}）、EB（10^{18}）和 ZB（10^{21}）。2018 年 11 月，IDC 和 Seagate 联合发布的白皮书《Data Age 2025》指出，全球数据总量将从 2018 年的 33 ZB 增加至 2025 年的 175 有 ZB（周倩，2022）。在这些海量信息中，60% ~ 70% 是以电子化文档的形式存在的，其中有大量的非结构化信息。为了应对信息爆炸带来的挑战，人们迫切需要一种自动化技术来获取电子文档中需要的信息，帮助人们通过检索和获取真正需要的信息。信息抽取（Information Extraction，IE）技术正是解决这个问题的方法之一，它的任务是把无结构的信息转换为有结构的信息。

7.1   信息抽取概述

7.1.1   为什么需要信息抽取

现代社会的组织为了提高生存和竞争能力，需要不断地从外部获取各类信息，同时产生了大量的内部信息。然而，内外部产生的信息往往是巨量的，而且每天都在增加，这给组织和用户带来了严重的资源迷向和信息过载问题（程显毅，2010）。资源迷向问题是指，由于组织内部和 Web 上存在的信息格式具有很大的异构性，信息之间的关联描述较少，用户通过直接浏览的方式获取所需的信息十分困难，用户不知道如何确切表达对网上资源的需求。信息过载问题是指组织和用户难以消化已经下载或获取的巨量信息。

信息抽取的主要目标是把文本里包含的信息进行结构化处理，变成与表格一样的组织形式，方便检索和比较（如比较不同的招聘和商品信息），对数据进行自动化处理（如数据挖掘方法发现和解释数据模型）。信息抽取并不试图全面理解整篇文档，而只是对文档中包含相关信息的部分进行分析，例如，从新闻报道抽取恐怖事件的详细情况：时间、地点、作案者、受害者、袭击目标和使用的武器等；从经济新闻中抽取出公司发布新产品的情况：公司名称、产品名称、发布时间和产品性能等；从病人的医疗记录中抽取与疾病和诊断相关的信息：症状、诊断记录、检验结果、处方等。

信息抽取的主要意义如下。

（1）从满足用户信息需求的角度来看，信息抽取可以从文档中抽取出比信息检索、文本分类、文本聚类等粒度更小的关系和事件，满足用户更深层次和更细粒度的信息需求，是获取其他信息的手段的一种有益补充。

（2）从技术实现的角度来看，信息抽取从非结构化信息中抽取格式化信息，为数据库和知识库的构建和查询、数据挖掘、文本挖掘和知识发现等打下基础，为信息检索、推荐系统、知识问答、个性化信息服务等的实现起到功能上的支持作用，或者提高它们的性能。

（3）从工程角度看，信息抽取将对以下应用领域产生重要作用：情报搜集中的自动化监控、热点事件和焦点事件发现，科技文献中某学科或技术领域的进展监测，医疗保健服务中自动化地获取病人或疾病的信息、从而更好地提供医疗和保健服务，商业中自动地获取企业兼并和并购信息、为管理决策提供支持等。

7.1.2 信息抽取的概念

信息抽取也称为信息萃取，是指从一段文本中抽取指定的一类信息（如事件、事实、命名实体等），并将其形成结构化的数据填入数据库中，以供用户查询使用的过程。这是信息抽取的狭义定义，即信息抽取技术的处理对象是非结构化的电子文本。从广义上讲，除电子文本以外，信息抽取技术的处理对象还可以是语音、图像、视频等其他媒体类型的数据。本书的信息抽取是狭义的信息抽取，针对的是自然语言电子文本的信息抽取。

信息抽取技术属于知识技术中知识发现的范畴，它的宗旨是在文本中分析处理大量的数据，发现有用的知识，为用户提供所需问题的答案。输入信息抽取系统的是原始文本，输出的是固定格式的信息点。信息点从各种各样的文档中被抽取出来，以统一的形式集成在一起。信息抽取技术对于从大量的文档中抽取需要的特定事实来说，是非常有用的。互联网是一个大型的电子文档库。互联网上同一主题的信息通常分散在不同的网站上，表现的形式也各不相同。对于企业内部的资料也是同样的，同一主题的信息可能分散存储于不同的部门或数据库中。若能将这些内部和外部信息收集在一起，按照主题、采用结构化形式存储，则对于知识管理来说，将是非常有益的。

7.1.3 信息抽取的发展历史

信息抽取技术起源于 20 世纪 60 年代中期的美国纽约大学的 Linguistic String 项目，这个项目一直延续至 20 世纪 80 年代，其研究目的是从医疗领域的 X 光报告和医院出院记录中抽取信息。另一个影响较大的信息抽取项目是由耶鲁大学承担的、于 20 世纪 70 年代开始的故事理解研究项目，他们设计了一个从新闻报道中抽取信息的系统，内容涉及地震、工人罢工等领域或场景（余丰，2006）。

真正对信息抽取技术发展起到巨大推动作用的是于 1987 年开始的消息理解系列会议（Message Understanding Conference，MUC）（李保利，2003）。MUC 一共举办了 7 届会议。会议由美国国防高级计划研究局 DARPA 资助，其主要目的是对信息抽取系统进行评测。MUC 会议在抽取任务中定义了模板、槽的填充规则及模板填充机制，将信息抽取规定为模板填充的过程，即将抽取出的文本信息按照一定规则填入模板的相应槽中。会议定义了一套完整的评价指标，由准确率（Precision）、召回率（Recall）、F1 值及平均填充错误率（Error Per Response Fill，EPRF）等进行结果评价。在会议的逐年开展过程中，信息抽取任务逐渐细化、复杂化：抽取模板由单一的扁平结构变为多个模板的嵌套结构；组成模板的槽的数量逐渐增加，从 18 个、24 个到 47 个；评测任务也在开始仅有的场景模板（Scenario Templates）填充任务上进行了命名实体识别（Named Entity Recognition）任务、共指消解（Coreference Resolution）、模板元素填充（Template Elements）、模板关系抽取和事件抽取等的任务扩充。MUC 会议吸引了世界各地的研究者，对信息抽取研究的实践和理论方面都起到了极大的促进作用，并确立了信息抽取的各种标准和规范，以及信息抽取技术的研究和发展方向（赵海霞，2020）。

继 MUC 之后，2000 年 12 月，由美国国家标准技术学会（NIST）、美国国家安全局（NSA）及中央情报局（CIA）共同举办的自动内容抽取（Automatic Content Extraction，ACE）国际评测会议又成为信息抽取研究的巨大推动力，将信息抽取技术推向了一个新的高度。ACE 会议的研究内容是开发自动内容抽取技术，定义了命名实体识别、实体关系抽取、事件抽取、值的检测与识别、时间的检测与识别 5 类任务，实现对不同来源的语言文本的自动处理，尤其对新闻语料中的实体、关系、事件进行自动识别、抽取和描述（姜猛，2019）。和 MUC 相比，ACE 不限定某个领域或场景，增加了对系统跨文档处理（Cross-Document Processing）能力的评价，采用基于漏报和误报的评价体系。其中，"漏报"表示实际结果中存在而系统输出中没有，"误报"表示实际结果中不存在而系统输出中有。

2009 年，ACE 会议并入 TAC（Text Analysis Conference）会议，即文本分析会议（李冬梅，2020）。TAC 是为促进自然语言处理和相关应用研究而举办的一系列评测和研讨会，提供了大规模的测试数据集、公共的评测过程和分享研究成果的论坛。原有的实体关系抽取等任务并入 KBP（Knowledge Base Population）。TAC KBP 的目标是开发和评估从非结构化文本中获取命名实体和构建知识库的技术，进一步推动了信息抽取技术的研究和发展。

继 MUC 和 ACE 会议之后，SemEval 会议在自然语言处理领域受到广泛关注。该会议的前身是 Senseval，它是国际权威的词义消歧评测会议，其目标是增进人们对词义与多义现象的理解。后因其他相关语义分析任务的增多，Senseval 委员会将评测会议名称修改为SemEval（李冬梅，2020）。该会议开始聚焦于句子级单元间的彼此联系、语句间的联系及自然语言（情感分析、语义关系）等，带动了信息抽取研究的进一步深入。

得益于 MUC、ACE、TAC、SemEval 等评测会议的召开，越来越多的学者投入信息抽取技术研究中，不断有新的方法或技术被提出来，信息抽取的应用领域也越来越广。近年来，随着深度学习的崛起，越来越多的新研究都是基于神经网络技术实现的。通常，信息抽取从文本中抽取出特定的信息后，保存到结构化的数据库当中，以便用户查询和分析使用。从整体上看，信息抽取的方法路线分为两大类：一类是基于模式、知识发现的方法，主要从结构化、半结构化数据中抽取信息；另一类采用自然语言处理和文本挖掘的方法，目标是从无结构的开放文本中发现新知识，并将其转换为可理解的有用信息。

7.1.4　信息抽取的任务

信息抽取主要包括实体抽取（Entity Extraction）、关系抽取（Relation Extraction）和事件抽取（Event Extraction）3 项核心子任务（李冬梅，2020）。一般而言，信息抽取需要完成的具体任务包括以下 3 类。

（1）准确识别文本中的各种命名实体（Name Entity），一般包括文本中出现的人名、地名、机构名、时间、货币及各种数字等。

例如，从以下文本中抽取机构名"三星电子"和"苹果"、时间"2012 年 8 月"、货币"10.5 亿美元"。

2012 年 8 月，美加州地方法院已作出一审判决，称三星电子侵犯苹果若干专利，须向对方赔偿 10.5 亿美元。

（2）准确识别并标注指称相同的不同语言元素，即共指（Co-reference）。

例如，从以下文本中抽取出"中央处理单元"和"CPU"。

中央处理单元的英文缩写是 CPU，它由运算器和控制器组成。

（3）利用领域知识进行推理，在实体－实体之间、实体－事件之间建立关系。

例如，从以下文本中抽取出"李梅"和"南京邮电大学"两个实体，并在它们之间建立"is_a_teacher_at"关系；抽取出"中国银行"和"中国"两个实体，并在它们之间建立"invested_in_country"关系。

　　李梅是南京邮电大学的老师。中国银行投资的国家是中国。

　　消息理解会议将信息抽取过程简化为从简单到困难的 5 个阶段，从另一个方面说明了信息抽取的任务（图 7-1）。第一阶段是命名实体识别（Name Entity，NE），主要作用是查找并对名字、地点等进行分类；第二阶段是共指消解（Co-reference，CO），主要作用是鉴别文本中的实体之间的恒等关系式；第三阶段是模板元素构建（Template Element，TE），主要作用是为命名实体识别结果添加描述信息；第四阶段是模板关系构建（Template Relation，TR）主要作用是在模板元素构建的基础上，找出实体之间的关系；第五阶段是情景模板建立（Scenario Template，ST），主要作用是在模板元素构建和模板关系构建的基础上，将 TE 和 TR 的结果放到合适的具体事件情景下。

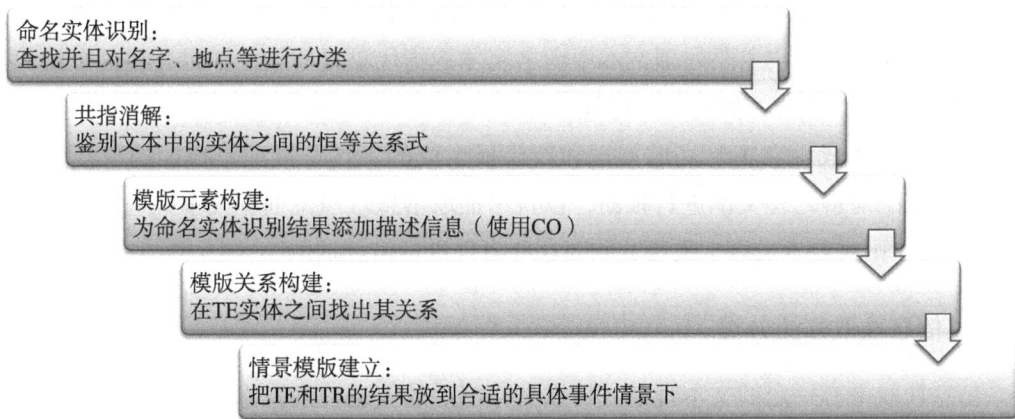

图 7-1　信息抽取过程的 5 个阶段及其任务

[资料来源：程显毅（2010）]

　　信息抽取的 5 个阶段需要对文本进行"适度的"词法、句法及语义分析，并做各种标注；需要使用合适的词典、构词规则库等知识库的支持；使用模板匹配方法识别指定的信息。

7.1.5　信息抽取的一般过程

　　信息抽取可以被认为是一个从待处理的文本中抽取信息，并依次填入输出模板（Template）相应的槽（Slot）的过程。输出模板一般由多个槽构成，它是信息抽取系统结构化的输出结果。采用浅层句法分析和深层句法分析的信息抽取系统的结构虽然存在一些差别，但它们核心的结构和过程基本相同（刘迁，2007）。Cardie 提出一个通用信息抽取系统，其结构如图 7-2 所示。

Tokenization and Tagging	→	Sentence Analysis	→	Extraction	→	Merging	→	Template Generation	→
符号化和标注		句法分析		抽取		指代合并		模板生成	

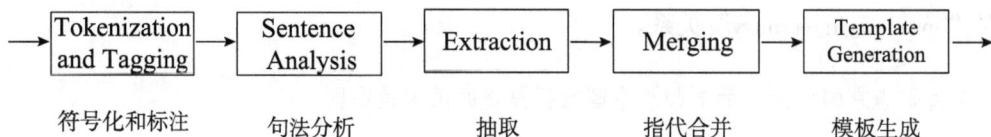

图 7-2　通用信息抽取系统的结构

这个结构由 5 个先后顺序的操作构成，分别如下。

（1）符号化和标注。输入文本首先经过分段、分句后进行词性标注，有些系统还会进行语义标注。对于中文文本来说，由于句子中的词之间没有区分的标记，在完成分句操作后还需要进行分词处理。

（2）句法分析。信息抽取系统需识别文本中的名词短语、动词短语等各种语法结构，并选择一步或多步策略进行句法分析，以识别与抽取任务相关的命名实体。

（3）抽取。系统利用与领域相关的抽取模式来识别待处理文本中各个命名实体间的关系，根据抽取任务将需要的信息抽取出来，并填入模板的槽中。

（4）指代合并。它主要处理文本中命名实体的指代重复问题。如果存在两个指代指向的是同一个命名实体，则将两个指代合并。

（5）模板生成。它主要完成推理和新模板生成的工作。推理是根据抽取任务并结合领域知识来对待处理文本进行推断，以得出抽取信息。当待处理文本中包含多个事件（event）时，则需要生成多个模板分别对这些事件进行信息抽取。

7.1.6　信息抽取方法分类

信息抽取带有一定的文本理解，可以看作深层的信息检索技术，也可以看作简化的文本理解技术。

（1）根据信息格式分类

信息抽取可以分为自由文本、半结构化文本、结构化文本。其中，自由文本一般有较强的语法，但没有能够参照的结构信息或具有非常少的结构化信息，如新闻报道、科技文献、政府文件等；而结构化文本具有较强的结构，信息抽取的对象一般是某些特定字段对应的内容，如关系数据库中的字段信息；半结构化文本介于两者之间，它有一定的格式，但没有严格的格式限制，如 HTML、XML 等格式的文本。

（2）根据抽取的自动化程度分类

信息抽取可以分为人工方式、半自动化方式、全自动化方式。人工方式是只依赖于人工从文本中抽取信息的方法，往往在数据量较小的情况下才采用。全自动方法则是完全通过计算机从文本中抽取信息，没有人工干预的信息抽取方法。半自动化方式介于两者之间，信息抽取的自动化过程中需要部分人工的干预。

（3）根据抽取的原理分类

信息抽取可以分为基于自然语言处理方式的信息抽取、基于规则的信息抽取、基于统计模型的信息抽取、基于认知模型的信息抽取。基于自然语言处理方式的方法一般利用子句结构、短语和子句间的关系建立基于语法和语义的抽取规则实现信息抽取，适用于源文档中包含大量文本的情况，但对缺乏语法结构的半结构化文本则不适用。基于规则的方法依赖人工制定的规则模式从文本中抽取需要的信息，具有准确性高的优点，但规则模板往往只适用于特定领域，移植性差。基于统计模型的方法一般基于标注语料，利用机器学习语料中的统计规律，构建模型来抽取需要的信息，如马尔可夫模型、n-gram 模型、条件随机场等，它具有良好的多领域适应性，但往往需要大量的标注语料支持。基于认知模型的方法基于认知结构或认知过程抽取所需的信息，包括本体方法、HNC（概念层次网络）理论、知网、框架网等，适用于数据模型是已知的情况。

7.2　命名实体识别

7.2.1　什么是命名实体

信息抽取中的实体一般是指命名实体，对应的英文是 Name Entity。命名实体是文本中最基本的信息元素，是正确理解文本的基础。狭义的命名实体是指现实世界中具体或抽象的实体，如人、组织、公司、地点等；广义的命名实体还包括时间、数量表达式等。命名实体并不局限于上述示例，可以根据具体应用情况确定命名实体含义，例如，可能需要把产品名称、住址、电子邮箱地址、电话号码、舰船编号、会议名称等作为命名实体。

命名实体识别是判断文本中的一个元素（字符串）是否代表一个命名实体，并确定它的类别的技术（程显毅，2010）。命名实体的类别通常用唯一的标识符（专有名称）表示，如人名、地名、机构名、时间、货币等等。作为自然语言的承载信息单位，命名实体识别属于文本信息处理的基础研究领域，是信息抽取、信息检索、机器翻译、问答系统等多种自然语言处理技术中必不可少的组成部分。在信息抽取研究中，命名实体识别是目前最有使用价值的一项技术。传统的命名实体识别一般包括 3 个大类（实体类、时间类和数字类）和 7 个小类（人名、地名、组织名、机构名、时间、日期、货币和百分比）（赵军，2018）。ACE 08 则定义了 5 个大类、31 个小类的实体类型（表 7-1）。

表 7-1　ACE 08 中列举的实体类型

实体大类	实体小类	示例
姓名 （Person, PER）	团体，不确定团体或个体，个体（Group, Indeterminate, Individual）	姚××，陈××
组织机构 （Organization, ORG）	政府，媒体，医学研究机构（Government, Media, Medical-Science）	新华社，红十字会

实体大类	实体小类	示例
设施 （Facility，FAC）	机场，建筑物或工地，道路，工厂，设备部件（Airport，Building-Grounds，Path，Plant，Subarea-Facility）	游泳馆，体育馆，火车站，高铁，高速公路
地理／社会／政治实体 （Geo-Political Entity，GPE）	洲，由 GPE 组成的团体，国家，国家或地区，人口中心，特殊地区，州或省（Continent, GPE-Cluster, Nation, Country-or-District, Population-Center, Special, State-or-Province）	欧洲大陆，美国，加利福尼亚州
处所 （Location，LOC）	一般地区，自然地区，地址，边界线，国际地区，水体，非现实的实体或整个世界（Region-General，Land-Region-Natural，Address，Boundary，Region-International，Water-Body，Celestial）	太平洋，大兴安岭，东亚，中南半岛

但随着 NLP 任务的不断扩充，在特定领域中会出现一些特定的类别，如医药领域中的药名、疾病等类别。

7.2.2 命名实体识别的方法

命名实体识别（Name Entity Recognition，NER）是一个自然语言处理领域的基本任务，它的目标是给定一段非结构文本后，从句子中寻找、识别和分类相关实体（赵山，2022）。命名实体识别及其相关技术无论在学术研究上，还是在实际应用中，都具有重要的价值。近年来，随着大规模有监督数据集的相继提出与深度学习技术的快速发展，命名实体识别相关技术在各大顶级学术会议和期刊上越来越受到关注。语义知识丰富度的提升给阅读理解、自动问答和机器翻译等任务带来了进一步效果的提高。

和英文的命名实体抽取相比，中文命名实体的抽取难度更大，存在着中文文本相关实体边界难以确定和中文语法结构复杂等难点及挑战（邓依依，2021；赵山，2022）。在中文命名实体识别中实体的边界即是单词的边界，如果 NER 方法依赖于分词，那么分词过程必然导致错误传播问题（赵军，2018），这也是目前中文命名实体识别的一大挑战。

命名实体识别的方法主要有基于规则的方法、基于传统机器学习的方法、基于深度学习的方法。

（1）基于规则的方法

基于规则的方法和基于人工特征的方法是早期使用的命名实体识别方法（邓依依，2021）。基于规则的方法常常借助于语言学专家编制的规则来从文本中抽取需要的命名实体。由于规则的制定常基于特定领域的词典和句法词汇模式，如果有较完善的词汇库，那么采用这种方法是一个好的选择（赵山，2022）。基于规则的方法一般比基于统计的方法效果好，但它往往依赖于具体语言、领域、文本格式，编制过程耗时，成本较高，规则的移植性差。该类方法的抽取精度较高，尤其在对于数字和时间日期实体抽取方面能获得较好的效果，但召回率一般不高。

（2）基于传统机器学习的方法

机器学习方法可以分为无监督学习和有监督学习两类。无监督学习的典型方法是聚类。基于聚类的 NER 系统抽取相关实体是通过上下文相似度的聚类实现的。例如，Kim（2002）提出一种基于无监督学习的实体识别模型，使用一个小型命名实体词典和一个未标记语料库自动构建训练集，使用 3 种不同学习方法的集成进行实体识别。有监督学习的方法把 NER 问题转换为多分类或序列标注任务，通过标注训练数据的学习构建模型，从未知数据中识别相似的模式来抽取实体。在实际应用中，对领域数据的标注是一件基础性的工作，现在已经有一些成熟的工具（如 brat 等）来帮助人们实现标注。在实体抽取中常用的有监督机器学习算法主要包括马尔可夫模型、决策树、最大熵模型、支持向量机和条件随机场等。

（3）基于深度学习的方法

近年来，基于深度学习的 NER 模型成为主流并取得了较好的效果。深度学习可以看作一种由多层神经网络构成的机器学习算法。和传统的机器学习算法相比，深度学习方法可以自动发现数据中隐藏的特征，具有较强的泛化能力，在自动学习特征、运用深层次语义知识、缓解数据稀疏问题等方面具有明显的优势（邓依依，2021）。深度学习方法的核心思想是将输入的词编码为实数向量，利用该实数向量通过神经网络的输出层将单词映射到标签空间，实现分类函数。根据神经网络输入的标记的级别，可以把深度学习的 NER 方法分为词级和字级。其中，词级是指将句子的单词的实数向量作为神经网络的输入，而字级是指将句子视为字符序列，通过网络传递后，预测每个字符的标签。对于中文命名实体识别来说，由于分词错误会造成实体识别效果的下降，近年来更多地采用了基于字级的方法。但由于基于字符的 NER 没有充分利用明确的单词或单词序列信息，有学者提出了基于单词 – 字符晶格结构的 NER 模型，在多个数据集上都取得了较好的效果（赵山，2022）。

与基于规则的方法相比，基于机器学习和深度学习的方法一般不需要经验丰富的语言学专家参与。这种方法的可移植性较好，在应用于新领域时，只需要利用新标注的语料重新训练生成适应新领域的模型即可。

7.3　实体关系抽取

7.3.1　什么是实体关系抽取

实体关系抽取是信息抽取技术的另一个核心任务，用来获取文本中实体之间存在的语法或语义上的联系（郭喜跃，2015）。简而言之，实体关系抽取是判断文本中识别的两个实体之间存在的关系类别。实体关系抽取可以基于海量信息将无结构文本转化为格式统一的关系数据，是构建知识库的重要步骤，也是许多 NLP 下游任务的重要基础（王传栋，2020；李冬梅，2020）。实体关系抽取不仅对语义分析、篇章理解、自动问答等领域研究具有重要的意义，也为知识图谱、推荐系统、信息检索等任务提供基础的数据支持。

实体关系抽取的研究最初来源于第七届消息理解会议（MUC-7）中的模板抽取任务（王传栋，2020）。MUC-7 首次将关系抽取单独作为评测任务，评测语料内容主要来自纽约时报中涉及飞机失事、航天发射事件的相关新闻，其中包含 3 类实体关系：Location_of、Employee_of 和 Product_of，并且设计了相应的评价体系。在此后的 ACE 会议中，关系抽取被列为关系检测与识别任务（Relation Detection and Recognition，RDR）。MUC 和 ACE 之后的 SemEval（Semantic Evaluation）会议也是信息抽取领域的重要会议，它在评测任务中也增补实体关系类型抽取任务，进一步促进了实体关系抽取问题的研究。

实体关系抽取经过多年的发展，已从最初的单纯语言学模型的应用，发展到使用浅层解析器或完全解析器的 NLP 技术的应用和复杂机器学习方法的应用。实体关系抽取的目标是，不但得到明确的实体，而且挖掘出隐含在文本中的实体关系，最终获取文本中多个实体之间的关系。例如，ACE 08 定义了 7 个大类、19 个小类的实体关系的类型，具体内容如表 7-2 所示（＊表示这个关系是对称关系），实体关系抽取的任务是要判断两个实体的关系属于哪个类型及哪个子类型。

表 7-2 ACE 08 定义的实体关系类型

类型	子类型
施事关系 （Artifact，ART）	用户—所有者—发明人—制造商（User-Owner-Inventor-Manufacturer）
通用附属关系 （General affiliation，GEN-AFF）	公民—居住—有某种宗教信仰—种族，机构—地点（Citizen-Resident-Religion-Ethnicity，Org-Location）
转喻关系 （METONYMY＊）	无（None）
机构—隶属关系 （Org-affiliation，ORG-AFF）	雇佣，创始人，所有权，学生—校友，体育—隶属、投资者—股东、会员（Employment，Founder，Ownership，Student-Alum，Sports-Affiliation，Investor-Shareholder，Membership）
部分—整体关系 （part-to-whole，PART-WHOLE）	人工制品，地理，附属（Artifact，Geographical，Subsidiary）
人物—社会关系 （person-social，PER-SOC＊）	商业、家庭、持久的个人关系（Business，Family，Lasting-Personal）
物理位置关系 （physical，PHYS＊）	位于，邻近（Localted，Near）

目前，基于深度学习的实体关系抽取技术取得了较好的效果，但在领域自适应性和召回率方面仍有很大的提升空间。当前，实体关系抽取任务中仍存在两个亟待解决的问

题（王传栋，2020）：一是未登录关系的处理问题。很多主流的关系抽取方法只是简单地将不属于预定义实体关系的类型归入 Other 类，而这种关系只能通过后续的人工处理才能确定具体的关系类型。二是远程监督的错误标签影响问题。现有的技术虽然结合多示例学习、Attention 机制、强化学习框架、噪声建模等提出许多模型来缓解这个问题，但效果仍不尽人意，如何建立更有效的方法仍是关系抽取中需研究的重点问题之一。

7.3.2　关系抽取的主要方法

以关系抽取的发展历程为线索，可以将关系抽取的方法分为 4 类：早期的关系抽取方法、基于传统机器学习的关系抽取方法、基于深度学习的关系抽取方法、基于开放领域的关系抽取方法（李冬梅，2020）。

（1）早期的关系抽取方法

早期的抽取方法主要有基于规则的关系抽取方法、基于词典的关系抽取方法、基于本体的关系抽取方法。

基于规则的方法依靠人工定义的规则或模板来识别实体之间的关系。该方法需要编制规则的专家对领域知识有深入的了解，并能够运用语言学知识定义描述两个实体所在的结构的规则。该方法虽然在限定语料中取得了较好的准确率，但缺点也很明显，主要是对跨领域的可移植性差、人工标注成本高及召回率低。

基于词典的方法通过对词典进行扩充，新增指示实体关系类型的动词，然后利用字符串匹配算法识别给定文本中的实体，并利用词典中的动词及动词的关系结构判定关系类型，完成关系抽取任务。该方法的主要特点是简洁高效，但难以解决以其他词性为依据的关系类型的识别。

基于本体的方法借助于已有的本体的层次结构和其所描述的概念之间的关系，能够有效地表达特定领域内的概念、实体、关系等通用知识，能够帮助提高信息抽取系统的性能，广泛应用于半结构化信息抽取技术中。该方法能够克服前两种从语法层面抽取关系的缺点，发现隐含关系，实现语义层面的关系抽取，但该方法依赖于本体的构建。

（2）基于传统机器学习的关系抽取方法

基于传统机器学习的方法可以分为学习过程和预测过程两个阶段。在学习过程中，一般采用机器学习算法通过对语料的训练，学习一个分类模型，在预测过程中，应用该分类模型识别实际文本中实体之间的关系抽取。该方法根据是否需要人工干预及人工干预的多少，又可以将学习方法分为有监督、弱监督和无监督 3 种。有监督的学习方法往往需要一个人工标注的语料训练集，从训练集中学习获得实体关系抽取的模式。弱监督的学习方法一般不需要人工标注的训练语料，而是通过预先定义一些关系和关系实例作为种子，通过机器学习，迭代地挖掘出对应的关系描述模式，再通过模式匹配抽取新的关系实例。无监督的学习方法主要采用实体对聚类的方法实现实体之间关系的识别。和早期的 3 种关系抽取方法相比，机器学习方法的优点是领域移植性好，能够明显提高召回率。

（3）基于深度学习的关系抽取方法

基于传统机器学习的方法主要以统计和基于规则相结合的方法为主，在特征选择时往往依赖于人工完成，且需要大量领域的专业知识。基于深度学习的方法主要基于神经网络模型，一般不需要人工提取特征，通过引入远程监督、小样本学习、注意力机制、强化学习、多示例多标记学习等方法实现实体关系的抽取（王传栋，2020）。深度学习经过多年发展，已有长短期记忆网络（LSTM）、卷积神经网络（CNN）、图卷积神经网络（GCN）等神经网络模型被应用于实体关系的抽取。此外，预训练模型 Bert（Bidirectional Encoder Representation from Transformers）自 2018 年提出后备受关注，目前广泛应用于命名实体抽取、关系抽取等多个领域。

（4）基于开放领域的关系抽取方法

传统的实体关系抽取往往基于特定领域、特定关系，导致关系抽取任务耗时耗力、成本极高，同时不利于扩展语料类型。近年来，针对开放领域的实体关系抽取成为新的研究热点，受到国内外众多研究者的关注。开放领域的关系抽取不需要事先人为制定关系类型，减少了人工标注的负担，而由此设计的系统可移植性较强，极大地促进了关系抽取的发展。开放领域的关系抽取方法主要分为半监督和无监督两种（李冬梅，2020）。开放领域的关系抽取目前主要有两种具有代表性的研究方向，一种是基于句法设计规则来对三元组进行过滤；另一种是基于知识监督的方法，这种思想后来慢慢发展出远程监督方法（王传栋，2020）。

7.4 事件抽取

7.4.1 什么是事件抽取

在信息抽取中，ACE 国际评测会议中将事件定义为：在某个特定的时间片段和地域范围内发生的、由一个或多个角色参与的一个或多个动作组成的一件事情或状态的改变，一般是句子级的。事件抽取（Event Extraction，EE）是指从非结构化信息中抽取出用户感兴趣的事件信息，并以结构化方式呈现给用户（项威，2020）。事件抽取是信息抽取技术中较深层次的研究内容，需要以命名实体识别、关系抽取、共指消解等信息抽取技术为基础，涉及 NLP、机器学习、模式匹配等多个方面的方法和技术，在信息抽取、情报学、NLP 领域都有很好的应用前景。

事件抽取大体上可以分为元事件抽取和主题事件抽取两个层次（高李政，2019）。其中，元事件抽取是基于句子的基础级的事件抽取，是指一次动作的发生或状态的改变，其抽取的目标包括时间、地点、人物、动作等。主题事件抽取是指围绕某一确定的主题，获取与其相关的一系列事件，通常由多类元事件组成。当前的研究主要集中在元事件抽取上，语料以新闻、生物医学等个别领域为主，面向开放领域文本的事件抽取研究较少。

事件抽取不但需要文本中的实例并识别其类型，而且需要为每个事件实例抽取所涉及的论元并赋予相应角色。组成事件的元素主要有 4 类：触发词（Event Trigger）、事件类型（Event Type）、事件元素（Event Arguments）和元素角色（Argument Role）。与事件相关的术语说明如下。

（1）实体（Entity）。它是语义类别中一个或一组对象，包括任命、地名、组织机构、交通工具等。

（2）事件提及（Event Mention）。它也称为事件描述，是指描述事件的短语或句子，包括事件触发词和事件元素。

（3）事件类型（Event Type）。事件类型如企业并购、新产品发布等。ACE2005 定义了 8 种事件类型及 33 种子类型，每种事件类别或子类别对应唯一的事件模板。

（4）事件触发词（Event Trigger）。它最清晰准确地表达事件发生的词语，通常是动词或名词。当该词语出现时，标志某一事件的发生。

（5）事件元素（Event Arguments）。它也称为事件论元，是指参与一个具体事件的元素提及，包括概念、实体、数值、时间等，用以描述一个事件的事件、地点、人物等重要信息。

（6）元素角色（Argument Roles）。它也称为论元角色，是事件元素与其参与事件的关系。

事件抽取任务可分解为 4 个子任务：触发词识别、事件类型分类、事件元素识别和角色分类任务。其中，触发词识别和事件类型分类可合并成事件识别任务。事件识别判断句子中的每个单词归属的事件类型，是一个基于单词的多分类任务。元素识别和角色分类可合并成元素角色分类任务。角色分类任务是一个基于词对的多分类任务，判断句子中任意一对触发词和实体之间的角色关系。

例如，对于事件描述为"《中共中央国务院关于加快建设全国统一大市场的意见》10 日发布"可以抽取如下（表 7-3）。

表 7-3　事件抽取示例

事件类型	政策文件颁布	
事件触发词	发布	
事件元素	2022 年 4 月 10 日	角色 = 时间
	中共中央	角色 = 颁布机构
	国务院	角色 = 颁布机构
	文件名称	中共中央国务院关于加快建设全国统一大市场的意见

7.4.2　事件抽取的主要方法

事件抽取任务在方法上可以分为基于模式匹配的方法和基于机器学习的方法两大类（高李政，2019；项威，2020）。基于模式匹配的方法是在一些模式的指导下进行某类事件的识别和抽取，而基于机器学习的方法是将事件抽取建模成多分类任务，通过提取的特征进行分类完成事件抽取。

（1）基于模式匹配的方法

模式匹配方法是在一些模式的指导下，通过各种模式匹配算法找出符合模式约束条件的信息，实现事件的识别和抽取（高强，2013）。模式主要用于指明构成目标信息的上下文约束环境，集中体现了领域知识和语言知识的融合。基于模式匹配的事件抽取主要分为有监督的模式匹配方法和弱监督的模式匹配方法两大类（项威，2020）。有监督的模式匹配方法依赖于人工标注语料进行事件模式学习。弱监督的模式匹配方法只需对语料进行预分类或制定种子模式的少量人工标注工作，自动进行事件模式学习。模式匹配事件抽取方法在领域事件抽取任务中性能优异，但模板的制作需要耗费大量人力和时间，且模板局限于领域背景，很难应用在通用领域或其他领域的事件抽取任务中。

（2）基于机器学习的方法

基于机器学习的方法将事件抽取建模为机器学习中的分类任务，是目前的主流研究方向，其核心在于分类器的构造和特征的选择（高强，2013）。尤其是随着深度学习和神经网络的兴起，此类方法已经成为事件抽取的主要手段，全连接神经网络、卷积神经网络和循环神经网络等都已经成功地应用到事件抽取任务中。机器学习方法可以分为管道式方法（Pipeline）和联合学习方法两类（高李政，2019）。其中，管道式方法把事件抽取分为触发词识别和事件元素识别等任务，这些任务按照一定的先后次序进行；而联合学习方法将触发词识别、事件元素等任务建模为一个联合学习模型，使得触发词和元素信息可以相互促进、提升抽取效果。此外，弱监督的方法能够自动生成标注语料数据，缓解了数据稀疏问题，也逐步应用到事件抽取任务中（项威，2020）。

和英文事件抽取相比，中文事件抽取面临着较大的挑战。一是可用于事件抽取的开放中文语料库较少、规模小；二是中文语言词语间没有显式间隔，且表述灵活多样，往往需要借助分词、命名实体识别、句法分析等自然语言处理技术，这些技术输出结果的错误会带来误差的传导；三是相同语义的中文词语有更多的表达方式，同一类型事件触发词可能用更多的词语表达。

本章思考题

1. 简述信息抽取技术的作用及主要的信息抽取技术。
2. 常见的命名实体有哪些？
3. 简述命名实体抽取的主要方法及特点。
4. 简述实体关系抽取的主要方法及特点。
5. 简述事件抽取的主要方法及特点。
6. 思考信息抽取技术在知识库建设中的作用。

第 8 章　信息组织技术

信息组织技术通过标引、描述、序化和存储等一系列操作，将非标准的信息标准化、杂乱的信息结构化、无序的信息有序化，是组织将信息转化为知识的重要手段。

随着现代信息技术尤其是互联网的发展，信息生产、传播空前便捷，出现了信息量急剧增长、信息质量参差不齐、信息污染日益严重的现象。这一现象带来了两个严峻的问题：一是知识和信息的海量性和无限性，与人的精力和时间的有限性的尖锐矛盾；二是知识和信息的无序性和污染性，与人类使用的选择性的尖锐对立。解决这两个问题的根本方法是开发信息资源。信息资源开发的基础技术之一就是信息组织技术。信息组织的目标是向用户提供更高效、更有针对性的知识，以实现知识服务（苏新宁，2015）。从知识到知识组织，保证了知识得到有效利用。

8.1　信息组织概述

8.1.1　信息组织在信息管理过程中的地位

信息管理的过程可以分为信息搜集、信息组织、信息分析和信息提供利用 4 个阶段（娄策群，2020）。信息搜集是指有关机构和个人，根据一定的目的，将系统内外各种形态的信息采出并汇集起来的过程，其主要目的是"化分散为集中"。搜集到的信息一般处于杂乱无章状态，为了便于利用，必须对其进行有效的组织。所谓信息组织，是指对搜集的信息按其外部特征和内容特征有序化，然后进行重新组织与控制的活动，其主要目的是"化无序为有序"。信息分析是指信息分析人员根据用户的信息需求，运用各种分析工具和分析技术，采用不同的分析方法，对已知信息进行分析、对比、浓缩、提炼和综合，从而形成某种分析研究成果的过程，其主要目的是"化量大、质杂为浓缩、质优"。信息提供利用是指针对用户的特定需求为其提供可资利用的信息或信息获取与查询工具，其主要目的是"化收藏为利用"。

信息组织是信息管理过程的关键性环节，也是信息检索利用的基础。没有信息组织，就没有信息检索系统，也就没有信息检索，更谈不上信息的分析和有效利用。可见，信息组织既是信息管理一个相对独立的环节，也广泛渗透到其他环节，为人们加工、获取和利用信息提供了方法和工具。信息组织同时是一个信息增值的过程（周宁，2019）。在这个过程中，杂乱无章的原始信息变成一个有序精良的信息系统，一个相对"粗放"型的信息贫集转化为一个"集约"型的信息富集，并为信息的进一步增值（信息的分析和研究）打下基础。良好的信息组织能带来信息在生命周期中效应的发挥，使信息在时间上更快速地传播，在空间上更广泛地传播。

8.1.2　信息组织的定义

信息组织有代表性的定义如下。

马张华（2008）认为："所谓信息组织，亦称为信息资源组织，是根据使用需要，以文本及各种类型的信息资源为对象，通过对其内容特征等进行分析、选择、处理、序化，并以适当的方式加以提供的活动。"

戴维民（2014）认为："信息组织是通过一定的工具和技术，将无序的信息组织成一个有序系统的方法。信息组织活动是随着信息数量规模的增长和信息检索要求的变化而不断产生和发展的。"

常春（2019）认为："信息组织是使用一定的工具，将信息进行序化的过程。其特征一是需要工具，如各类词表；特征二是序化，序化的目的是检索。"

周宁（2019）认为："信息组织是对信息资源对象进行收集、加工、整合、存储，使之有序化、系统化的过程。信息组织的目的是检索信息、利用信息。"

娄策群（2020）认为："所谓信息组织，是指对搜集到的信息按其外部特征和内容特征有序化，然后进行重新组织与控制的活动。"

知识组织是一个常用的概念。知识组织是在传统文献信息环境下发展起来的信息组织和利用手段。它用一定的方法把知识客体中的知识因子和知识关联揭示出来，使无序的知识形成有序结构的知识体系的过程，通过解决用户的问题来提供高效的知识服务（李广建，2019）。由此可见，知识组织是信息组织的一种，但它注重知识而不是信息，更偏向知识的关联和序化。

8.1.3　信息组织的 3 个层次

由于显性知识的载体主要是信息，因此信息的组织对知识的组织有着重要的影响。信息的组织有以下 3 个层次（王众托，2016）。

（1）语法信息组织。语法信息组织是根据信息的形式特征使信息序化的方法，如按照代码、字顺、时间或地理顺序组织。语法信息组织不涉及信息的含义和用途，因而做不到对知识的组织。

（2）语义信息组织。语义信息组织是根据信息的内容和意义使信息序化的方法，如按照学科、文献、职能等对信息进行分类的分类组织法，从事物内涵的主题或属性出发组织信息的主题组织法。语义信息组织能反映事物之间内在的、本质的联系和区别，较为适应知识的组织。

（3）语用信息组织。语用信息组织是根据信息的效用特征使信息序化的方法，如按照重要性、权重或发生的概率来组织信息。语用信息组织更适用于知识的应用。

这 3 个层次的信息组织在实际应用中可以综合加以利用。

8.1.4　信息组织发展的阶段

按照信息组织对象，可以将信息组织分为 3 个发展阶段：文献组织阶段、信息组织阶段和知识组织阶段（周宁，2019）。

（1）文献组织阶段

这一阶段主要以图书情报领域的文献信息组织工作为主。图书馆是文献的收藏和利用机构。随着文献数量的激增和学科分工的细化，图书馆为了方便地向用户提供图书文献，馆员根据文献的形式特征和内容特征，通过编制目录、索引和文摘等方法，对文献内容进行概念逻辑划分，将成千上万的文献按其标识排成一个有序的系统，向人们提供手工检索或计算机检索。这一阶段仅对信息的载体——文献进行形式上的组织，而没有进行内容上的组织，是一种初级的信息组织。

（2）信息组织阶段

随着信息技术和互联网技术的发展，以纸介质为主的信息记录和组织方式的重要性不断下降，信息组织的中心点转向网络信息资源和电子介质，特别是转向自动化、功能全、速度快的信息资源组织方法。针对网络信息数量庞大、类型繁多、难以规范等特点，信息组织开始将传统的分类法、主题法及分类主题一体化方法转换到网络环境，引入了元数据这一适合网络信息资源描述与组织的工具，同时开发出了适用于网络信息资源检索的搜索引擎。

（3）知识组织阶段

知识组织这一概念虽然早在 1929 年就由英国著名图书馆学家布里斯（H. E. Bliss）提出，但对知识组织进行专门的深入研究却是近些年的事情。知识组织就是将主观知识客观化、客观知识主观化两个阶段相结合的过程。首先，将文献、数据等成果综合整理，描述数据和知识之间的关联，形成有序的知识组织体系，目的是为用户提供有针对性的知识服务；然后，将客观的知识体系主观化，按照用户的需求进行分类、关联和管理，为用户提供解决问题的有效知识，目的是实现知识的利用、共享、传播和增值，因此知识组织的实质是对于人脑知识体系结构的模拟。知识组织的原理就是用一定的方法把知识客体中的知识元素和知识关联揭示出来，然后编排成序，形成易于利用的知识体系结构。

8.2　信息组织的主要内容

信息组织研究的主要内容包括信息标引、信息描述、信息序化和信息存储。

8.2.1　信息标引

（1）信息标引的含义

由于信息资源本身太庞大、复杂，利用替代文献来表示原始文献非常必要。信息标引和信息描述实质上是"信息浓缩"的过程，即将原始文献制成它的替代文献——二次文献，方便检索和发现原始文献。因此，信息标引和信息描述必须客观准确地反映原文的特征，项目简洁，醒目易辨。

信息标引也称为信息揭示，在图书情报领域称为文献标引，它是对信息的主要内容和其他形式特征进行选择、概括和提炼，并赋予信息检索标识的过程（马费成，2014；周宁，2019）。它包括对信息形式特征进行选择，对信息的内容特征进行分析并转换成反映信息内容主题的标识等具体内容。

信息揭示包括信息形式特征的揭示和信息内容特征的揭示两个方面。信息形式特征揭示主要是对信息所具有的形式进行选择和规范。信息内容特征揭示的方法主要有分类法和主题法。信息内容特征揭示的一般程序是：首先，通过主题分析，确定信息的主题内容、主题数量和主题结构；其次，通过主题标引，将主题分析的结果转换为反映信息内容的主题标识；最后，通过检验审核，对主题分析和主题标引的过程和结果进行检验和审核，正式形成信息揭示的结果。

信息标引的目的是通过标引人员把文献或信息与用户联系起来，使用户能够在大量的文献或信息中全面、准确、迅速地查到所需的文献或信息。信息标引是建立信息检索系统的基础和前提，对信息资源的开发和利用具有重要意义。信息标引是一项复杂的技术工作，要求信息标引人员具有较高的素质，需要对信息标引全过程进行规范化控制。随着文献数量和网络信息的快速增加，每年需要标引的信息量规模巨大，人工标引越来越难以满足信息标引的需求，如何利用机器学习技术实现高效率、高精度的自动标引成为一个必然的选择。

（2）信息标引语言

标引语言是用于表达一系列文献信息内容及其相互关系的概念标识系统，是根据标引和检索需要而编制的人工语言（陈志新，2010）。标引语言的主要特点在于：简明性，即标识的形式简洁、含义明确；单义性，即标识与概念唯一对应，排除了同义和多义现象；关联性，即标识之间建立了反映概念之间关系的联系。

标引语言按照组合时间的先后可以分为先组式语言、后组式语言、散组式语言。先组式语言是指标识在编表时（标引前）就已组合好，标引和检索时不必组配或较少进行组配的标引语言。后组式标引语言是指标识主要供组配使用，而且标引时不将标识组配在一起，到检索时才将标识组配起来的标引语言。散组式语言是指标识主要供组配使用，而且标引时就要将表达主题概念的若干标识组配在一起的标引语言。

标引语言按照构成原理可以分为分类语言、主题语言和代码语言。其中，分类语言和主题语言是最主要的两类标引语言。

1）分类语言

分类语言也称分类法，是给信息的内容或形式特征给予分类标识的方法。它采用分类号表达主题概念，依据知识分类将主题概念组织、排列成类目体系，主要以类目体系的自身结构显示概念之间关系的标引语言。其特点主要表现为以学科、专业为中心的系统性。分类法可以进一步分为等级体系分类法、分面组配分类法和混合式分类法（马费成，2014）。

①等级体系分类法

这类分类法是以文献内容的学科性质为对象，运用概念概括与划分（逻辑分类）的方法，按照知识门类的逻辑次序从一般到具体、从简单到复杂层层划分而形成的一种等级体系。它是以数字或字母（分类号）作为表达文献的学科内容的标识，并以此标识编排组织和查找文献的一种排检方法。例如《中国图书馆分类法》（简称《中图法》）基本采用等级分类编号法，使用字母与数字相结合的混合号码，当数字超过 3 位时在第三位后加间隔符号"."。《中图法》分为 5 个部类和 22 个基本大类（一级类目）（表 8-1），其中 5 个部类是：马克思主义、列宁主义、毛泽东思想、邓小平理论；哲学、宗教；社会科学；自然科学；综合性图书。

表 8-1　《中图法》的部类和基本大类

部类	基本大类
马克思主义、列宁主义、毛泽东思想、邓小平理论	A 马克思主义、列宁主义、毛泽东思想、邓小平理论
哲学、宗教	B 哲学、宗教

部类	基本大类
社会科学	C 社会科学总论 D 政治、法律 E 军事 F 经济 G 文化、科学、教育、体育 H 语言、文字 I 文学 J 艺术 K 历史、地理
自然科学	N 自然科学总论 O 数理科学和化学 P 天文学、地球科学 Q 生物科学 R 医药、卫生 S 农业科学 T 工业技术 U 交通运输 V 航空、航天 X 环境科学、安全科学
综合性图书	Z 综合性图书

《中图法》的一级类目进一步细分为二级类目、三级类目等。图 8-1 展示了《中图法》层级类目示例。类目前面的字母、数字和点组成的编码即类目对应的类号，例如，六级类目"G254.12 分类表"的类号为"G254.12"。

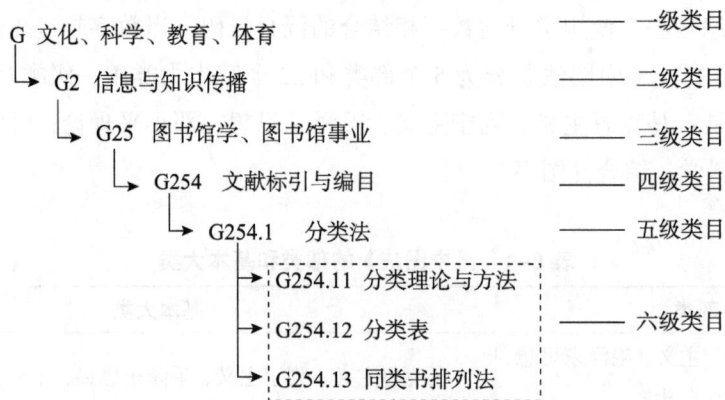

G 文化、科学、教育、体育 —— 一级类目
  G2 信息与知识传播 —— 二级类目
    G25 图书馆学、图书馆事业 —— 三级类目
      G254 文献标引与编目 —— 四级类目
        G254.1 分类法 —— 五级类目
          G254.11 分类理论与方法
          G254.12 分类表 —— 六级类目
          G254.13 同类书排列法

图 8-1 《中图法》层级类目示例

②分面组配分类法

这类分类法是运用概念可分析和可综合的原理，将可能构成文献主题的概念分析成

为单元或分面，设置若干标准单元的类表——分面公式，在使用时，结合文献内容和分面公式，用综合的方法组配形成类号。分面是指可以表征一类事物某一方面属性或问题的一组简单概念。

③混合式分类法

这类分类法是介于上述两种分类法之间，既应用概念划分和概括的原理，又应用概念分析和综合的原理而编制的分类法。根据侧重面不同，又有体系—组配分类法和组配—体系分类法之分。

2）主题语言

主题语言又称主题法，是以自然语言中的词语或规范化的词语作为揭示文献主题的标识的方法。其特点主要是以事物为中心的直接性。主题语言可进一步细分为标题语言、单元词语言、关键词语言和叙词语言（马费成，2014）。

①标题语言

标题语言是以标题词（规范的事物名称、名词术语）作为文献主题内容的标识和检索标识的先组式主题法。规范化处理包括同义词（计算机和电脑）、近义词（实验与试验）、词形（汉字的简体、繁体、异体）、词组的组合方式（正叙、倒叙、并列）、用注释方式对标题词的内涵进行限制的规范。

②单元词语言

单元词语言是以单元词作为文献主题内容的标识和检索标识的后组式主题法。单元词从文献内容中抽取，再经规范处理，能表达一个独立的概念。单元词是最基本的、不能再分的词汇，如"计算机软件"不是单元词，而"计算机"和"软件"才是单元词。

③关键词语言

关键词语言是以关键词作为文献主题内容的标识和检索标识的主题法。关键词是直接从文献题名、文摘或全文中抽取出来的有实际检索意义的信息单元。关键词是非规范的，无须查阅标准词表，或者只编制一个"禁用词表"，它收录为数不多的禁用词，如助词、连词、介词、冠词及一些通用概念的词。

④叙词语言

叙词语言以叙词做主题词的后组式主题法。叙词是一种以概念为基础的，经过优选的规范化名词术语，具有单义性、组配性能好的特性。如"工业"和"仪表"是单元词，它们组配后可以形成"工业仪表"和"仪表工业"，但一篇文献表示的是工业仪表还是仪表工业就不易分清楚，而在叙词法中，工业、仪表、工业仪表、仪表工业都是叙词，具体采用哪一个需要根据实际情况。图 8-2 是叙词语言的一个实例，"农业政策"是叙词，是信息标引时需要采用的规范化词，在主题词表中一般采用 Y 来表示，而"农业方针政策"是非正式叙词，一般采用 D 来表示，它和"农业政策"是同义关系。"副业政策""粮食政策""林业政策"是分项，即它们是"农业政策"的下位词；"经济政策"是属项，即它是"农业政策"的上位词。属项和分项在叙词表中属于等级关系。"农业经济政策"和

"农业法令"是参项，即它和"农业政策"是相关关系。同义关系和相关关系是对称关系，而等级关系是非对称关系。

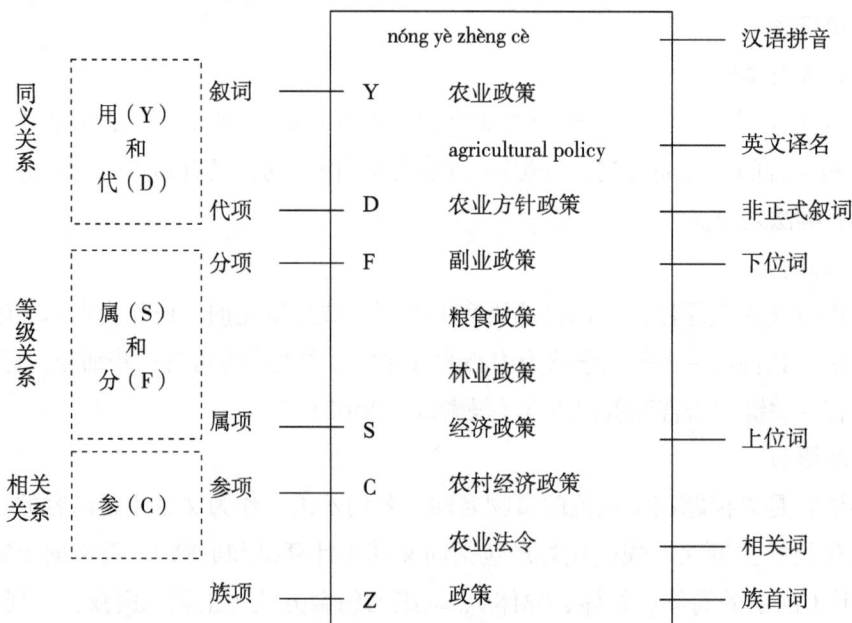

图 8-2　叙词语言示例

主题法和分类法的主要区别有 3 个方面：①在揭示对象方面，主题法揭示信息论述的具体事物或主题概念，而分类法揭示的是信息内容的学科（或分类）属性；②在使用标识方面，主题法直接用词语表示信息的主题，而分类法则以分类号作为信息内容标识；③在用途方面，主题法较适合期刊论文、研究报告、会议论文等单篇文献信息的组织和检索，而分类法则比较适合图书或文集的组织和检索。

（3）信息标引的类型

信息标引的语言主要有分类法和主题法，对应的标引类型是分类标引和主题标引。分类标引又称为归类，是指依据一定的分类语言，对信息资源的内容特征进行分析、判断、选择，赋予分类标识的过程；而主题标引则是指根据文献的内容特征，以主题词表、标题表等为依据，赋予文献词语标识的过程。

分类标引和主题标引的 4 个不同之处如下。

①主题分析的角度不同：分类强调学科属性，主题则强调内容属性。

②转换途径不同：分类标引查找分类表，主题标引查找词表。

③标识特点不同：分类标引采用分类号，主题标引采用主题词。

④揭示特点不同：分类标引对主题揭示比较概括，主题标引对主题揭示比较灵活。

除了按照标引语言划分，信息标引还可以按照其他 7 种标准划分为不同的类型。

①按揭示文献内容的方式，信息标引可以分为整体标引、全面标引、对口标引、综合标引、分散标引、分析标引、互见标引。

②按标引的深度，信息标引可以分为深标引和浅标引。

③按所用标识与主题概念的对应性，信息标引可以分为专指标引、组配标引、上位标引、依附标引、暂定标引。

④按组配标识是否组合，信息标引可以分为先组标引和后组标引。

⑤按所用标识的受控程度，信息标引可以分为受控标引、自由标引和混合标引。

⑥按标引的自动化程度，信息标引可以分为人工标引、自动标引和半自动标引。

⑦按标引的实施方式，信息标引可以分为独立标引、统一标引、联合标引和再版标引。

8.2.2　信息描述

信息描述在传统文献组织与检索系统的编制中又被称为信息著录或书目著录。它是根据一定的管理规则和技术标准，对信息的外在特征和部分内容特征进行描述并给予记录的过程。通过信息描述，形成一条条反映原信息内容特征和外在特征的记录，这种记录可称为条目或款目，又称元数据，可以用来作为信息资源的代替物组织检索系统（周宁，2019）。

为了一致地、有效地对信息进行描述，便于不同机构之间的信息交换，信息描述通常按照一定的描述规范和标准进行。统一的著录原则、内容、格式等是集中编目和合作编目的基础。只有著录标准化才能产生机器可读目录，以便于通过计算机实现编目和检索的自动化、网络化，也是传统图书馆能够开展馆际互借工作、促进文献交流和利用的基础。目前最主要的标准有 ISBD、AACR、MARC。

（1）ISBD

ISBD 全称为《国际标准书目著录》（International Standard Bibliographic Description），是各类型文献书目著录的国际标准。为了开发和利用文献资源，需要取得共同一致的书目情报语言，来统一描述文献特征和报导、检索文献的方法。1971 年，国际图书馆协会联合会（International Federation of Library Association，IFLA）编目委员会（Committee on Cataloguing）按照 1969 年国际编目专家会议完成规范书目著录的形式和内容的标准的起草，率先颁布了《国际标准书目著录》[ISBD（M）]。由于可以促进编目记录的共享，ISBD 的构想被各个书目机构及全世界各国的图书馆员采纳，成为国际图联在编目标准化领域中最成功的工作。

现已制定的 ISBD 有：《国际标准书目著录（总则）》，简称"ISBD(G)"，1977 年；《国际标准书目著录（专著）》，简称"ISBD（M）"，1974 年第一版，1987 年第二版；《国际标准书目著录（连续出版物）》简称"ISBD（S）"，1977 年第一版，1987 年第二版；《国际标准书目著录（地图资料）》，简称"ISBD（CM）"，1977 年第一版，1987 年第二版；《国际标准书目著录（非书资料）》，简称"ISBD（NBM）"，1977 年第一版，1987 年第二版；《国际标准书目著录（乐谱）》，简称"ISBD（PM）"，1980 年；《国际标准书目著录

（古籍）》，简称"ISBD（A）"，1980 年；《国际标准书目著录（分析著录）》，简称"ISBD
（CP）"，1982 年；《国际标准书目著录（机读文档）》，简称"ISBD（CF）"。

（2）AACR

AACR 的全称是《英美编目条例》（Anglo-American Cataloguing Rules）。20 世纪中叶，
由于各国制定的编目条例之间存在较大的差异，影响了书目情报的国际交流，因此，为
了对各国编目条例进行协调，1961 年在巴黎召开了"国际编目原则会议"，中心议题是
通过商讨各国的编目规则，制定出一部国际通用的编目规则，为各国制定统一的著录规
则提供指导，进而方便各种书目之间的联系和交流。会议制定了包括 12 条 55 款的"原
则声明"，又称"巴黎原则"。它明确了字顺目录的任务，对目录结构、款目种类、款目
标目的选择及形式做了统一规定（张秀兰，2006）。1967 年，AACR 第一版（AACR1）
出版。由于英美两国在对"巴黎原则"的理解、某些传统的编目上存在分歧，该版本存
在英国版和北美版两个版本。

由于两个版本的 AACR1 无法适应国际编目一体化，以及计算机编目与非书资料类型
著录的需要，美国图书馆协会、英国图书馆协会、加拿大图书馆协会于 1978 年在第一版
基础上根据 ISBD 标准调整后出版了 AACR 第二版。AACR2 由两部分组成。第一部分是
"著录"（又称书目描述），共 13 章，对各种文献资料的著录格式作了规定；第二部分是
"标目、统一书名和参照"，共 6 章，对著录标目（AACR2 中称为排检项"Access Point"）
的选择、个人和团体标目、地理名称、统一书名和参照款目的著录都分别作了明确的规
定（周宁，2019）。此后，AACR2 根据编目需要经过多次重大修订，主要包括 1988 修订
本、1998 修订本、2002 修订本。

AACR2 自发布以来，就在世界范围内被广泛使用，生成了亿万条书目记录。但是，随
着数字化文献的大量出现及计算机编目网络的应用与普及，几经重大修订的 AACR2 仍然
难以适用。2005 年 4 月，在芝加哥举行的 AACR 共同修订指导委员会（The Joint Steering
Committee for Revision of AACR）和 AACR 原则委员会（The Committee of Principals）将制定
的新版 AACR3 命名为《资源描述与检索》（AACR3：Resource Description and Access），
简称"RDA"。RDA 主要由描述（Description）、关系（Relationships）、检索点的形式
（Authority Control）3 个部分及总论（General Introduction）、附录（Appendices）和词汇
表（Glossary）构成。其中，描述涵盖了所有类型资源的描述规则，关系是关于检索点选
择的规则，检索点的形式集中于检索点形式的规范，包括规范的名称及个人、家族、团
体名称的不同形式、资源的不同题名的处理等，总论主要阐述 RDA 的目的和范围、根
本目标和原则、相关的标准和准则，附录主要包括 ISBD 及其他标准、缩写、大写字
母、数字。RDA 能涵盖所有资料类型的属性，可为所有类型的载体提供有效的书目控
制，包括数字化产品，与其他资源描述与检索的标准相协调，易于使用和解释，不仅能
适应于传统的目录环境，还能适应于 Web 环境的应用和操作，适用的领域远远超出图书
馆界。

（3）MARC

MARC 是机器可读目录（MAchine Readable Catalogue）的英文缩写。MARC 是以代码形式和特定结构记录在计算机存储介质上的、计算机能够识别和阅读的一种目录（周宁，2019）。MARC 发展计划的思想在 20 世纪 50 年代末和 20 世纪 60 年代初形成，由美国国会图书馆提出，于 1964—1968 年研制，于 1969 年正式发行 MARC 磁带。1999 年推出的 MARC21 是得到较广泛应用的 MARC 格式。根据美国国会图书馆网站公布的资料"MARC 21 CONCISE FORMAT FOR BIBLIOGRAPHIC DATA（1999 English Edition）"，MARC 21 用目录地址方法组织数据，每条 MARC 记录分为 4 个区：头标区、目次区、数据区和记录结束符。其中，头标区为 24 个字符位的固定长，提供整个数据记录的控制信息；目次区长度可变，是对记录里数据字段和可变长控制的索引；数据区长度可变，用于存放数据，实施可变格式可变长记录的存储方案，根据目次来组织；记录结束符为单字节长度。由于 MARC 21 是为专业人员研发的专用格式，其数据记录一般用户很难看懂。2002 年，美国国会图书馆推出了 MARC21（XML）格式（周宁，2019）。

我国于 1979 年开始从美国订购 MARC，收藏于当时的北京图书馆。1986 年，北京图书馆自动化部依据 UNIMARC 开始编写我国的 MARC 格式，同时翻译出版了国际图联的 UNIMARC。UNIMARC 是国际图书馆联合会在 USMARC 基础上制定的"国际机读目录通信格式"，目的是促进国际交流、统一各国的机读目录格式。1992 年，北京图书馆制定的《中国机读目录通信格式》（China MARC Format，CNMARC）出版。1995 年，CNMARC 作为行业标准通过专家评审，并于 1996 年正式实施 CNMARC 标准。CNMARC 中的字段被划分为 9 个块，包括：0XX 标识块、1XX 编码信息块、2XX 著录信息块、3XX 附注块、4XX 款目连接块、5XX 相关题名块、6XX 主题分析块、7XX 知识责任块、8XX 国际使用块、9XX 国内使用块。

MARC 格式具有成熟的结构，完备、规范化的标识，再加上目前世界各国图书馆、情报、出版部门中已经存在的庞大的机读数据库，使得 MARC 有成为通用编目的优势。然而，机读格式复杂的结构与标识使得 MARC 局限于专业层面，导致了编目较高的经济成本。此外，传统的书目数据是以 MARC 格式存放的一维线性组织数据，有着结构化程度高、机读速度快等优点。然而，MARC 数据格式由于存在缺乏语义信息、缺乏对象层次的问题，因此它既无法在互联网上和其他的数据资源之间形成有效的语义链接，又难以适应互联网环境下对信息共享和语义知识发现的需求（苏新宁，2015）。

（4）Dublin Core 标准

由于信息技术和互联网络的迅猛发展，人们从网络上获取信息资源变得很容易，然而，互联网的开放性、网络信息的易变性和多元性，使得信息的准确获取变得格外困难。人们往往从网络或数据库中搜索到很多信息，但其中真正符合要求的信息却很少。资源发现成为制约互联网应用和发展的瓶颈，而传统的信息著录（如 MARC）显然难以解决这个问题。于是，人们提出用于网络资源组织的元数据（Metadata）方案，希望通过它来有效地组织信息资源，促进信息资源的发现和利用。元数据是专门用于描述数据的特征和属性的数据。任何信息都具有3个方面的特征：信息内容、外部特征及与其他信息资源的关系。元数据正式通过这3个方面的描述，几乎能反映所有的信息对象，从而实现信息资源的有效组织和发现（刘颖，2002）。

Dublin Core 是元数据中的一个标准集 "都柏林核心元素集"（Dublin Core Element Set）的简称。DC 元数据的最初研究可以追溯到 1994 年 10 月在美国芝加哥举办的 WWW 会议。DC 元数据格式是在 1995 年 3 月由 OCLC（Online Computer Library Centre）和 NCSA（National Center for Supercomputing Applications）联合召开的第一次专题研讨会（即 "OCLC / NCSA Metadata Workshop"）上产生的。经过多年的研究和发展，DC 能较好地解决网络资源的发现、控制和管理问题，并且对于现在的数字图书馆研究也很有意义。1998 年 9 月，因特网工程任务组（IETF）也正式接受了 DC 这一网络资源的描述方式，将其作为一个正式标准予以发布（RFC2413）。可见，DC 是一种十分具有前景的元数据格式。

Dublin Core 有结构简单、字段较少等优点。在众多的元数据标准中，Dublin Core 已经成为国际上最通用的元数据。DC 分为两类：基本 DC 和限定 DC。都柏林核心元素集 1.1 版有 15 个基本元素，大致可以分为 3 个部分（马费成，2014）。第一部分共 7 项，用于资源内容的描述，包括题名、主题、关键词、内容描述、关联、来源、语言、覆盖范围；第二部分共 4 项，用于知识产权项内容的描述，包括创建者或作者、合作者或其他创作者、出版者和权限；第三部分共 4 项，用于外部属性内容的描述，包括日期、格式、资源标识、资源类型。这 15 个基本元素对信息资源的描述显然过于简单，因此，DC 自研究之初便认识到需要采用一定的机制来精确限定元数据元素及其值，提供一种能够扩展描述的方法，以增强在不同的体系之间的互操作能力。目前广泛应用并正式确定的限定词有语种描述（LANG）、模式体系（SCHEME）和属性类型（TYPE）等（周宁，2019）。

8.2.3 信息序化

信息描述和信息标引为信息对象的序化和存储奠定了基础。信息序化是按照一定的方法将无序的信息组织成为有序的信息的过程，它包含两个方面：一是信息款目的序化，形成二次信息（题录、文摘、索引等）；二是信息实体的序化，即原信息和序化或信息载体的序化。

按照语法信息组织方法，信息序化可以分为字顺序化法、代码序化法、地序法、时序法（马费成，2014）。

（1）字顺序化法

字顺序化法是指按照语词符号的发音与结构特征作为排序依据的方法，其实质是从字、词的角度集约有关信息，有音序法、形序法、音形并用法 3 种形式。字顺序化法因为操作简单，是历史悠久、应用广泛的一种序化方法。各种字典、词典、名录、题名目录等大多采用此法。

（2）代码序化法

代码序化法是指按反映信息特征的代码进行排序，一般使用拉丁字符或阿拉伯数字，如按分类号排序、按专利号排序、按书号刊号排序、按电话号码排序、按身份证号码排序等。其突出的优点是简便易用，尤其是适合计算机等现代化手段的管理。

（3）时序法

时序法是指按照信息的写作、出版年代或事物发生、发展的时间顺序编排信息的方法。其实质是以信息的时间特征来整序信息，优点是能反映事物的发展规律，结构上多为线性结构，如史书、年表、日记、传记、档案和连续出版物等多采用该方法。

（4）地序法

地序法是指以信息涉及的国家、地域为标识编排信息的方法。其实质为以信息的空间特征为依据序化信息，最大特点是能反映信息的空间（地域）特色。地序法可以分为行政区划序化法和地名字顺序化法，有文字法和图文法两种形式，如各种地图、地理文献和风景名胜介绍等多采用该方法。

按照语义信息组织方法，信息序化可以分为分类序化法、主题序化法。这类信息的序化方法常依赖于信息标引的结果，同时结合其他序化方法来实现信息的整序。

按照语用信息组织方法，信息序化可以分为权值序化法、概率序化法（马费成，2014）。

（1）权值序化法

权值序化法是指按信息的重要性来序化信息，以使重要的信息得到优先利用的一种信息序化方法，如报纸版面设计、电视节目安排、决策方案的选择和教学质量的评估等。权值序化法通过赋予不同信息以不同的权重值，设计一定的算法对信息按照权重大小进行排序。信息重要程度的权重设计需根据实际应用确定。

（2）概率序化法

概率序化法是指在未对信息全知的情况下，根据事件发生的概率大小序化信息的方法，如预测体育比赛的胜负和证券交易等。

需要说明的是，信息的组织和序化并不仅限定于上述的方法。例如，《信息焦虑》的作者沃尔曼（Richard Saul Wurman）提出了 LATCH 组织信息方法：Location 位置、Alphabet 字母表、Time 时间、Category 类别、Hierarchy 层次，被不少人认可。但"信息架构之父"彼得·莫维尔（Peter Morville）认为，虽然 5 个词首字母组合的缩写词朗朗上口，但它是错的，因为组织信息的方式是无穷的，别把任何人置于你之上，因为即使是荷兰大叔（Dutch Uncle）也是错的（英文中荷兰大叔指吹毛求疵的人）（彼得·莫维尔，2018）。

8.2.4 信息存储

信息存储是指通过多种形式记录和排序信息的过程。它包括 3 层含义：一是将所收集的信息按照一定规则记录在相应的信息载体上；二是将这些载体按照一定的特征和内容组织成系统有序的、可供检索的集合体；三是充分利用计算机通信等现代技术手段，提高信息存储的效率和利用水平。

信息存储技术可以从 4 个方面（对应于文献的 4 个基本要素：信息内容、载体材料、记录符号和记录方式）来讨论它们的产生和发展的物理背景和人文背景，但需要注意它们的使用条件和局限性。而现代的信息存储技术与管理技术关系更加密切（如云存储技术）。

信息存储技术可以按载体材料和计算机中的存储方式进行分类。

（1）按载体材料

按载体材料分类，信息存储技术大体上可以分为印刷存储、磁存储、缩微存储、光存储 4 个类别。

1）印刷存储

造纸术和印刷术的发明对信息的存储和交流有着深刻的影响。印刷是指将文字、图像等信息经过一定的工艺过程成批量复制。在历史上，纸质印刷文献一直是信息存储的主要方式。

2）磁存储

随着技术工艺的发展，磁存储逐渐成为现代信息存储技术的主要手段。磁可以用来存储一切可以转换成电信号的信息，包括文字、声音、图片、视频等。信息可以在磁介质中长期保存，重复使用。主要的磁存储介质包括磁带、磁鼓、硬磁盘、软磁盘等。

3）缩微存储

缩微技术是缩微摄影技术的简称。它以胶片为介质，采用感光摄影原理，并逐步与计算机微电子技术、静电复印与传真等现代技术相结合，组成高效的信息存储与检索系统。缩微存储具有存储容量大、密度高的特点。存储介质占用空间小，重量轻。缩微品完全忠于原件，保存时间长（可达 50 ~ 100 年），检索方便。但需要特殊的阅读器支持。缩微技术和计算机相结合，可将计算机输出数据直接记录在缩微胶片上，称为计算机输出缩微胶片（Computer Output Microfilms，COM），然后利用计算机输入缩微胶片技术（Computer Iutput Microfilms，CIM）将 COM 重新读入计算机或取得原始胶片的数据复制品。这方面技术结合的例子有计算机辅助缩微品检索系统（包括计算机系统、缩微品存取系统、缩微品阅读设备）、视频缩微检索系统（由缩微技术、视频处理技术和计算机技术结合的影像资料全文存储检索系统）。

4）光存储

光存储是继磁存储后的主要信息存储技术。它以特殊波长的激光为光源，以光敏感涂层为存储材料。光存储具有存储密度高，容量大，存储介质更换或携带方便，存储寿命长，生产成本低、数据操作简单高效等特点。

（2）按照计算机中的存储方式。

信息存储按照计算机中的存储方式，可以分为文件、数据库、云存储 3 种。

1）文件

文件是一种简单方便的信息存储方式。文件既可以存储文本信息，还可以存储程序、图形、图像、图标、音频、视频等非结构化信息或多媒体信息。文件在计算机中一般以扩展名表明文件的类型，例如，".doc" 表明它是一个 word 文档，".jpg" 表明它是一个图形文件。

2）数据库

数据库是 "按照数据结构来组织、存储和管理数据的仓库"，是一个长期存储在计算机内的、有组织的、可共享的、统一管理的大量数据的集合。数据库可以分为关系数据库、非结构化数据库、数据仓库 3 种类型。

关系数据库以集合论、谓词演算等数学理论为基础，采用二维表的方式管理数据，一个对象即为一行，而其属性就是一列，存储时化整为零、使用时积零为整。关系数据库的标准语言——结构化查询语言 SQL（Structured Query Language）操作简便、易于理解。

非结构化数据库中的资源可以同时包含结构化和非结构化的信息。与关系数据库相比，非结构化数据库克服了关系数据库结构定义不易改变、数据定长的限制，支持重复字段、子字段及变长字段，实现了对变长数据和重复字段进行处理及数据项的变长存储管理。

数据仓库是集成的、面向主题的数据库集合，常用于支持决策分析。其中的数据是面向主题进行组织的，是在较高层次上对分析对象的完整的、一致的描述，能反映各个分析对象所涉及的数据及数据之间的联系。数据仓库中的数据的组织方式有虚拟存储、基于关系表的存储和多维数据存储 3 种方式（马费成，2014）。

3）云存储

云存储（Cloud Storage）是一种网络在线存储的模式。该类存储通常把数据存放在由第三方托管的多台虚拟服务器，而非专属的服务器上。托管（hosting）公司运营大型的数据中心，需要数据存储托管的人，则透过向其购买或租赁存储空间的方式，来满足数据存储的需求。数据中心营运商根据客户的需求，在后端准备存储虚拟化的资源，并将其以存储资源池（Storage Pool）的方式提供，客户便可自行使用此存储资源池来存放文件或对象。实际上，这些资源可能被分布在众多的服务器主机上。

8.3　知识表示

在信息组织中，要想有效地处理知识，首先需要将知识以恰当的形式加以表述。知识表示是知识工程和人工智能研究的中心课题。知识表示是利用计算机能够接受并进行处理的形式化方式来表示人类的知识。这样才能使知识方便地在计算机中存储、检索、使用和修改。知识表示可以分为确定性知识表示、不确定性知识表示。

确定性知识表示的主要方法如下。

（1）逻辑表示法

逻辑表示法使用命题逻辑、谓词逻辑等知识来描述一些事实。逻辑是知识表示的主要方法。利用逻辑公式，人们能描述对象、性质、状况和关系（陈文伟，2016）。

命题分为简单命题和复合命题。复合命题是由简单命题通过连接词组合而成的。命题逻辑研究复合命题所具有的逻辑规律和特征，它能把客观世界的各种事实表示为逻辑命题并验证其真假。

谓词逻辑是对简单命题的内部结构做进一步分析。在谓词逻辑中，把反映某些特定个体的概念称为个体词，而把反映个体所具有的性质或若干个体之间所具有的关系称为谓词。对谓词逻辑的研究主要是一阶谓词逻辑。

（2）关系表示法

一个关系从表面上看来就是一张二维表。用表格形式来表示知识。用关系表示知识，就使人们有可能采用关系型数据库来处理知识。

（3）产生式规则表示法

每一条产生式对应一条规则，是专家系统应用广泛的一种表示方法。大量的产生式规则构成了知识库，在求解问题时，将输入与各规则的前提对比，逐步进行推论、解决问题。这种方法的优点是与人的思维方式接近，人们易于理解其内容，便于知识获取；规则具有独立性，易于修改、扩充；缺点是求解复杂问题时效率低。

（4）语义网络表示法

语义网络是由节点和连接节点的弧线所组成的有向图，其中的节点表示对象、概念、事件、行为等，弧线表示节点间的关系。语义网络表示法的优点是表示方式直观、易于理解，可把实体的属性，实体间的结构、因果关系简单明了地表达出来，有利于认识的深化。

（5）框架表示法

框架是一种描述事物形态的数据结构，把人们头脑中的不同概念看成一定的知识体或数据结构。

（6）面向对象表示法

面向对象表示法是20世纪80年代发展起来的一种方法，它不但用于程序设计、知识表示，而且逐渐形成了一种认识事物、分析事物的方法，现在已成功地应用在许多方面。

知识的确定性表示为人类认识世界提供了有价值的方法，是人类解决大多数问题的基础。但在日常生活中，人们所接触的知识常常具备一定程度的不确定性。例如，我们可以用$2\pi r$来计算圆的周长，但由于π是一个无理数，实际中我们永远无法获得一个圆的精确的周长。不确定性的来源可能是随机性造成的，也可能是模糊性造成的（王众托，2016）。随机性是由事物及其运动的偶然性引起的，而模糊性是由事物在性态和类属上两极对立中有着丰富的中间过渡造成的类属不清晰或事物的复杂性和发展变化性引起的。描述不确定知识的方法主要有贝叶斯网络、粗糙集、可拓集等。

8.4　信息组织的自动化技术

信息组织的四大基本技术是计算机技术、通信技术、控制技术和传感技术。近年来，一系列新技术在信息组织中得到应用，如自动标引、数据挖掘、数据仓库、知识发现、图像识别、语音识别和合成、专业机器人、大数据、云计算、物联网等。其中，自动标引技术（包括分类标引和主题标引）和自动文本摘要技术在现代信息组织，尤其是网络信息资源组织中，占有非常重要的地位和作用。

8.4.1　自动分类标引

自动分类标引是指由计算机代替人工对文献信息进行分类，赋予其分类标识，以描述文献主题内容的过程（周宁，2019）。

根据标引方式的不同，可以将现有的分类标引方法归为两类：基于类向量表示的相似度计算方法和基于机器学习算法的分类标引方法。前者依赖特征词及特征词权重的设置，后者依赖分类算法。

（1）基于类向量表示的相似度计算方法

这类方法的核心是构建表征类目语义的向量表示。一般包括 4 步（图 8-3）：①根据类目特征词构建类目语义的向量表示；②根据待分类文献构建文本语义的向量表示；③计算类目语义与文本语义的相似度；④根据相似度对类目进行排序，取排名靠前的一个或多个类目对应的分类号作为待分类文档的分类号。

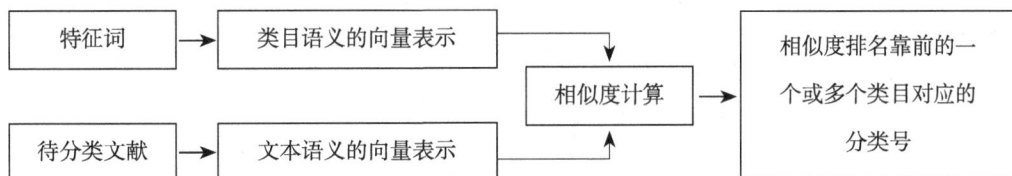

图 8-3　基于类向量表示的相似度计算方法的基本过程

使用这类方法进行分类标引的研究多见于 21 世纪初期。较具代表性的研究由王洪等（2002）、侯汉清等（2005）开展。

王洪等从文献的篇名、关键词、中文摘要和发表期刊名中抽取特征词，然后结合两种方式设置特征词的权重：根据 TF-IDF（Term Frequency–Inverse Document Frequency）设置特征词的权重、根据特征词来源设置特征词的权重，最终得到对应类目的向量表示。

在赋予待分类文献分类号时，先抽取文献中的关键词及关键词权重，构建 TF-IDF 向量表示，再使用余弦相似度计算文献与类目向量表示的相似度，取相似度最高的分类号赋给待分类文献。王洪等研究的独特之处是不仅考虑了文献篇名、关键词和摘要在分类中的作用，还考虑了文献所在期刊的刊名对分类的作用。该方法的优点是效率高，算法复杂度低；缺点是分类标引效果受特征词抽取个数的影响较大，特征词过多或较少都会降低分类效果。如果某个类目下的样本数量太少，则无法准确构建类目的特征向量空间。

侯汉清等以情报领域检索语言互换为原理，基于分类号 – 类名、关键词、主题词间存在隐含的概念对应关系的假设，构建有权值的《中图法》知识库（包括中图法库、汉表库、分类号 – 主题词对应库、同义词库、关键词库等数据库）；然后从已标有分类号的文献中抽取关键词及其权重，并将抽取的信息补充到知识库中；再基于知识库中的特征词及其权重构建《中图法》类目的向量表示；最后自定义融合编辑距离与余弦距离的相似度计算公式，基于待分类文档与类中心向量的相似度计算结果，赋予待分类文档一个或多个相似度较高的类号（侯汉清，2004）。可以看出，与王洪等的研究相比，侯汉清等在构建类目的向量表示时，一方面，利用《中图法》等知识组织资源扩大了特征词的来源；另一方面，改进了相似度计算方法，同时考虑词面相似度和字面相似度。对类目下样本数量较少的情况，侯汉清等采用重采样方法以平衡数据的类分布，但是具体采用何种重采样方法则未做具体说明。侯汉清等研究的独特之处是不仅实现了《中图法》简表中部分类目的自动标引，还通过地名表实现了地名的复分。该方法的优点是利用《中图法》等知识组织资源提升了分类标引的效果；缺点是自动抽取待标引文本中主题词的效果不理想，需要实时更新和补正知识库中类目对应的关键词，构建和维护成本较高。

表 8-2 呈现了上述两种分类标引方法的异同。不同之处体现在类目特征词来源和相似度计算方法两个方面，相同之处体现在使用的向量表示方式均为 TF-IDF。

表 8-2 两种分类标引方法的异同

方法提出者	类目特征词来源	向量表示方式	相似度计算方法
王洪	已标有分类号的文献的篇名、关键词、中文摘要、发表期刊名	TF-IDF	余弦相似度
侯汉清	中图法库、汉表库、分类号—主题词对应库、同义词库、关键词库、已标有分类号的文献	TF-IDF	编辑距离相似度与余弦相似度的融合计算

总的来说，基于类向量表示的相似度计算方法的参考价值有两点：①《中图法》等知识组织资源对分类标引自动化的效果提升是有意义的；②基于特征词的类向量表示方法可以兼顾《中图法》简表中的所有类目，但是对样本数量较少的类目的自动标引效果可能不好。

（2）基于机器学习算法的分类标引方法

这类方法的核心是使用已标有分类号的文献数据训练分类模型。一般包括 5 步

（图 8-4）：①获取文献—分类号数据对；②对文献数据进行分词、去除停用词等预处理；③选定文本表示方式，对文献数据进行向量表示；④选定机器学习算法，使用文献数据的向量表示和分类号训练分类模型；⑤对待分类文档进行第②和第③步的处理，然后使用第④步中训练好的分类模型预测待分类文档的分类号。

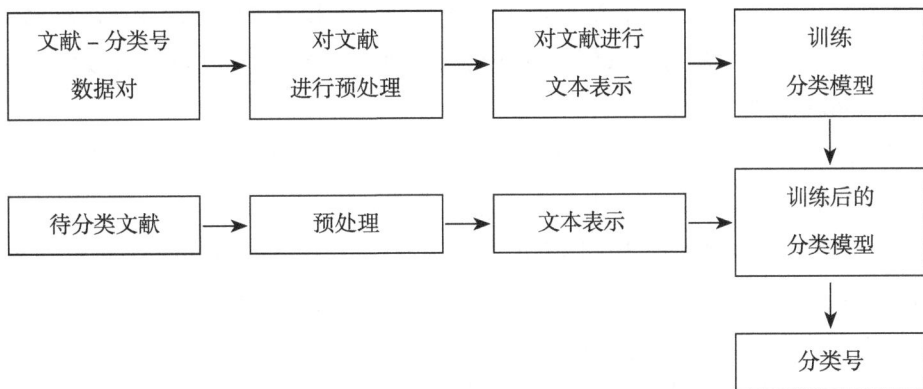

图 8-4　基于机器学习算法的分类标引方法的基本过程

　　这类方法通常是将不同的机器学习算法引入图书情报领域的分类标引中，然后在预处理、文本表示或分类模型上进行改进或开展对比实验。在改进或开展对比实验时，预处理阶段的侧重点是分词；文本表示的侧重点有两种：①单独使用或组合使用文档主题生成模型（Latent Dirichlet Allocation，LDA）、TF-IDF、Word2Vec 和 GloVe 等文本表示方法。②设置摘要、标题、关键词等文献信息的权重；分类模型的侧重点有两种：一是直接使用朴素贝叶斯、支持向量机（Support Vector Machine，SVM）、后向传播神经网络（Back Propagation Neural Network，BPNN）、卷积神经网络（Convolutional Neural Networks，CNN）、长短期记忆模型（Long Short-term Memory Networks，LSTM）、循环神经网络（Recurrent Neural Network，RNN）、GRU（Gate Recurrent Unit）、Bert 等分类模型进行自动分类；二是对不同模型的分类效果展开对比。

　　具体来讲，该类研究根据侧重点不同分为以下 3 类。

　　1）直接使用已有的文本表示方法和分类模型实现自动标引。例如，李湘东等（2014）使用 LDA 来表示文本，并在此基础上使用 SVM 进行分类；孙雄勇等（2008）采用了与侯汉清等相反的思路，首先在已有的标引数据上获得关键短语及关键短语在不同分类号上的权重，然后获得待标引文章的关键短语及词频，最后结合关键短语词典得到待标引文章的类分布，取置信度最高的一个或多个作为标引结果；傅余洋子（2018）探究 LSTM 模型在中文图书分类标引上的适用性；萧莉明等（2007）提出一种基于期刊名称分词结果和贝叶斯分类器的中文期刊自动分类方法；赵旸等（2020）在 BERT 中文基础模型（BERT-Base-Chinese）的基础上加入中文医学科技期刊论文的摘要，训练得到 BERT 中文医学预训练模型（BERT-Re-Pretraining-Med-Chi），最后使用 BERT 中文医学预训练模型进行医学文献分类。

2）改进预处理手段提升分类效果。例如，郭利敏等（2017）侧重分词的改进，首先使用静态词向量进行文本表示，然后使用卷积神经网络作为分类器实现自动分类。该研究利用了较新的词向量技术和神经网络模型实现了基于《中图法》的自动分类，但是受限于训练数据，没有实现样本量较少类目的自动标引。谢红玲等（2018）使用 Word2Vec 进行文本表示，分别对科技文献数据做了去停用词处理和不去停用词处理，对比发现简单 RNN、LSTM 和 GRU 均对未去停用词的科技文献分类效果较好；3 个深度学习模型中 LSTM 的分类效果最好。

3）改进文本表示方式提升分类效果。例如，杨敏等（2012）分别使用 TF-IDF、词频特征矩阵和混合特征矩阵作为表示方式进行测试对比，证明基于混合特征矩阵的 SVM 效果更好；周洺杰（2019）以中文图书的题目和摘要为特征提取来源，通过将 Word2Vec 和 GloVe 以相同权重拼接得到中文书目的分布式混合表示，然后引入 Bagging 集成算法，得到覆盖 F、R、I、G、B 5 个类别的自动分类器；陈强强等（2018）提出一种基于 LDA 和 TF-IDF 的图书混合主题模型来提取图书特征。

以上研究虽在如何提升分类标引效果上做出各种尝试，但随着网络信息资源类目数量的膨胀和不同类目下信息资源分布的不均衡，它们都避不开一个基本事实：类别样本分布均匀程度会影响分类效果，样本数量越少，分类效果越差；类别数量越多，分类效果也越差。为了解决这个问题，研究者提出了不平衡数据下的文本分类技术。目前，非平衡数据下文本分类的思路主要有 3 个层面（李艳霞，2019）：①算法层面：通过调整分类算法使其适用于不平衡数据；②数据层面：通过重采样使不平衡的数据集变成在不同类目上数量分布平衡的数据集；③特征选择层面：通过选择代表性更优的特征子集以有效区分各个类别。

8.4.2 自动主题标引

自动主题标引是指由计算机自动确定语词标识来表达信息资源主题的过程（周宁，2019）。相比于人工标引，自动标引具有速度快、成本低、稳定性和一致性高等优点，更适合大数据时代的数字信息资源标注（肖雯，2016）。

按照标引词的来源不同，自动标引可以分为自动抽词标引和自动赋词标引两种基本方式。其中，抽词标引是从文献（题名、摘要、关键词或全文）中抽取关键词来作为检索标识；赋词标引则是根据文献的内容特征，从受控词表中选择叙词或主题词来作为检索标识。抽词标引法由于获得的标引词可能不是受控词表中的主题词，不利于根据主题进行文献检索或主题关联，给标引结果的使用带来不便。所以，在商业类型的文献数据库中，多采用赋词标引而不采用抽词标引。

美国学者卢恩（Luhn）在 1957 年首次开展了主题标引实验，并在 IBM 公司的研究刊物上发表了第一篇有关自动主题标引的论文，题名为"文献处理机械化编码和检索用的统计学方法"。卢恩在该文中提出了词频统计加权方法和"自动抽词标引"的基本思想，奠定了自动主题标引的基础（章成志，2007；张静，2009）。

自动主题标引方法按技术可以分为 4 类：统计标引法、语言分析标引法、机器学习标引法和混合方法。

（1）统计标引法

统计标引法的主要思想是：词在文档中出现的频率是该词对文档重要性的有效测量指标。通常认为，处于高频和低频之间的词汇最适宜做标引词。也有学者使用词频之外的其他一些显著统计特征，如共现、逆文档词频、熵、互信息等。统计标引法可细分为词频统计、加权统计、概率统计、分类判别统计等。例如，李素建等（2004）通过建立最大熵模型的特征集合实现关键词自动标引；柯平等（2009）基于词频统计从文本中抽取高频词实现标引，并与关键词进行匹配对比，说明统计方法的可行性。

（2）语言分析标引法

语言分析标引法是指对被标引对象进行词法分析（Lexical Analysis）、句法分析（Syntactical Analysis）、语义分析（Semantic Analysis）和篇章分析（Text Analysis）等，从而达到自动标引的目的。词法分析主要是分词、词性标注和获得词汇的详细特征。句法分析标引法是通过从语法角度来确定句子中每个词的作用（例如，是主语还是谓语），以及词与词之间的相互关系（例如，是修饰关系还是被修饰关系）来实现的。语义分析标引法是在分析词和短语在特定上下文环境中的确切含义的基础上，选择与主题含义相同的标引词来描述文献的。篇章分析主要是通过找出篇章中内容相关的片段、从篇章角度提取出能反映文本主题的词语。例如，丁芹（2004）提出一种利用语义格进行文献语义表述的方法，对标引词的语义格加权算法做了较合理的解释和推导，并引入一种计算词语之间相似度的方法实现自动标引；赵丹（2017）利用句法分析器对文献提取出来的主题句进行成分标注、短语结构标注、词性标注，进一步利用统计信息、词或短语结构的词间的联系实现主题标注。

（3）机器学习标引法

基于机器学习的自动标引方法是指利用计算机来理解和模拟人类特有的智能系统活动，学习人们如何运用自己所掌握的知识，解决现实中的问题。目前，基于机器学习的自动标引方法一般通过训练集来获得相关统计参数，通过有监督或无监督的过程进行自动标引。机器学习法可以分为分类、聚类、集成学习、深度学习等。例如，章成志等（2010）整合统计机器学习模型与集成学习方法的优势，对文档进行基于多分类模型综合投票实现自动标引；王新（2019）利用词嵌入将文献向量转换为富含词汇间语义关系的张量，再利用深层卷积神经网络实现文献主题国别的自动标引；陈博等（2019）基于文本挖掘技术和可视化工具实现可视化主题自动标引。

以上 3 种方法各有优缺点。统计方法简单、实现容易，但准确率相对较低，一般用于抽词标引，不适合赋词标引。语言分析法相对准确率高，但容易受到语言"规则库"的影响，通用性差；它既可用于抽词标引，也可用于赋词标引，但用在赋词标引时，一一般无法将受控词中的词与待标文档的整体语义进行比较，获得的标引词可能存在与待标文档语义关联性不高的问题。机器学习法具有较好的移植性，即同一方法可以很方便地应用到不同的领域，但是该方法对于不同类型数据需要训练多个分类器，训练时间较长，可能存在数据稀疏问题及过拟合学习问题；该方法一般用于赋词标引，但往往受制于算法的复杂性和受控词类别的数量，一般不适合大规模受控词表的标注。

（4）混合方法

混合方法则是指利用上述方法的综合运用，例如，先利用统计分析法获取初步标引结果、再利用语言分析法过滤统计分析结果获得更好的标引词，或加入启发式知识，例如，词的位置、词长、词的排版规则、HTML 标记等。例如，李纲等（2011）利用词语语义相关度算法对词汇链的构建算法进行了改进，并结合词频和词的位置等统计信息，实现关键词的自动标引。

在大数据时代，自动标引面临着非常大的挑战。挑战主要来自 3 个方面：一是如何判断一个文本与一个主题词的语义相关性，尤其是在文本中没有出现的主题词；二是因为主题词表中的主题词数量常常非常大，一般领域的主题词有成千上万个，综合性的主题词表的数量则可达十万以上，例如，《汉语主题词表》共收录 19.6 万个优选词和 16.4 万条非优选词（中国科学技术信息研究所，2014），《中分表（2 版）》正式主题词有 110 837个（衣芳，2019），面对如此大规模的类目标签，常规的机器学习分类算法难以发挥作用；三是如何将层出不穷的新词快速地纳入自动标引算法是一个问题，现有的算法常常不得不花费大量时间再次训练复杂的模型。

机器学习方法和混合方法是近年来得到广泛采用的方法，但这些方法均未开展大规模主题词标注的研究或解决的只是抽词标引问题。例如，陈白雪等（2018）以核心期刊论文中作者标注的关键词和分类号为源数据，形成 9 万多个的关键词，然后使用 TF-IDF算法和位置加权算法实现科技项目数据的标引，该研究虽然涉及较大规模的关键词，但只是一种抽词标引方法。唐晓波等（2019）针对目前的标引系统仅以文档为标引单位、无法深入文本内容的问题，引入本体语义扩展和神经网络模型训练等技术，提出了基于文本知识片段标引的方法，获得比传统方式精度更高的结果，但实证仅对构建的一个小型糖尿病本体开展。FullMeSH（Dai Suyang，2020）和 BertMeSH（Xun Guangxu，2021）利用全文本代替标题和摘要的 MeSH 词表标注方法，实现大规模 PubMed 论文的标注，但这个大规模主要体现在论文上，而不是词表上。

现有的自动标引技术多是利用一些统计指标或语言学方法从文本中抽取关键词，再映射到主题词实现赋词标引（曹树金，2012）。然而，这种方法一般无法抽取文本中没有的主题词。基于机器学习的主题标引方法称为多标签分类学习。该类学习算法可以分为两类（Liu Jingzhou，2017），一类是传统的多标签分类，标签数量一般较少，往往几个或数 10 个，无法适应标签规模超过成千上万的情况，更不用说 10 万以上；另一类称为极端多标签文本分类（Extreme Multi-label Text Classification，XMTC），可在以处理规模庞大的多标签分类，然而这个方法要求每一个标签都有训练样本数据，可在现实中有些类很难找到训练数据或训练数据偏少，因此限制了该类算法的应用。除此之外，标签分类常常面临着类目数据不均衡问题所带来的分类精度低，以及难以快速响应新增标签分类的困境。

8.4.3　自动文本摘要

国家标准《文摘编写规则》（GB6447-1986）中，文摘是"以提供文献内容梗概为目的，不加评论和补充解释，简明、确切地记述文献重要内容的短文"。换言之，文摘是全面准确地反映某一文献中心内容的简单、连贯的短文。自动文本摘要（简称"自动文摘"）是利用计算机自动地根据原始文献生成文摘（陈志新，2010；马费成，2014）。自动文摘诞生于 19 世纪 40 年代，随着电子出版系统和国际互联网络的发展而得到重视。

（1）文摘的分类

文摘按内容压缩程度，可以分为报道性文摘、指示性文摘、报道指示性文摘、评论性文摘和组合式文摘。报道性文摘提供原始文献中的重要信息，特别适用于描述实验性研究的报告和单主题的文献。指示性文摘一般不提供具体内容，只告诉读者查询该原始文献可以发现什么。报道指示性文摘兼具报道和指示功能，对原始文献中价值高的作为报道性文摘，而其他作为指示性文摘。评论性文摘是在文摘中加入文摘员自己的看法和分析内容的文摘。组合性文摘是文摘员写出的一组文摘，二次服务机构可以根据需要选取。

文摘按面向用户的需求不同，可以分为一般性文摘和偏重文摘。一般性文摘是指对所有用户都提供一样内容的文摘。偏重文摘可以根据特定用户的需求或特点，有重点地产生专属摘要，又称用户聚焦文摘、主题聚焦文摘或查询聚焦文摘。

文摘按处理对象集合个数的不同，可以分为单文档文摘和多文档文摘。单文档文摘处理的对象是单篇文档，对每篇文章独立地生成摘要。多文档文摘处理的对象是一组文档，对这一组文档生成一个概括多篇文档内容的综合性摘要。

文摘按照输出类型可分为抽取式摘要、生成式摘要和压缩式摘要。抽取式摘要从源文档中抽取关键句和关键词组成摘要，摘要全部来源于原文，因此通顺度要比生成式摘要好，但会引入过多的冗余信息，无法体现摘要本身的特点。生成式摘要则是指系统根据文档表达的重要内容，自行组织语言，对源文档进行概括，允许根据原文生成新的词语、短语来组成摘要；生成式摘要基于自然语言生成技术，根据源文档内容，由算法模型生成自然语言描述，而非提取原文的句子。压缩式摘要的主要目标在于如何对源文档中的冗余信息进行过滤，将原文进行压缩后，得到对应的摘要内容。

除了以上分类，文摘按处理对象的载体的不同，可以分为文本摘要和多媒体文摘；按照处理语言数量的不同，可以分为单语言文摘和多语言文摘；按照文摘的长度是否可以调整，可以分为用户可调长度文摘和固定长度文摘；根据需要产生摘要的文档长度，可以将摘要分为长文摘要和短文摘要；按照有无监督数据可以分为监督摘要和无监督摘要。

（2）自动文献的技术

按照自动文摘方法可以分为自动摘录、基于理解的自动文摘、基于信息抽取的自动文摘、基于结构的自动文摘。

1）自动摘录

自动摘录（Automatic Extraction）又称抽取式摘要、基于统计方法的自动摘要，它将文本视为句子的线性序列，将句子视为词语的线性序列，不对文档内容做深层次的理解，而是利用文档的外显特征生成摘要，如词频、词（或句子）在文档中的位置，是否有线索词（短语、字串、字串链）及其统计数量等。

自动摘录的实现一般分为4步：①计算词的权值；②计算句子的权值；③对原文中所有的句子按权值高低进行排序，根据需要将若干权值最高的句子作为文摘句；④将所有文摘句按照它们在文中出现的先后顺序排列后输出作为文摘。

在自动摘录中，计算词语权值和句子权值、选择文摘句的依据主要是文档的6种外显特征。

①词频。文中能够反映主题的词称为有效词（Significant Word），有效词常常是中频词。有效词集中的句子就是能概括文摘主旨的句子，即关键句（Key Sentence），一般由关键句组成文摘。

②标题。标题中去除功能词和一般意义的名词后剩余的词语往往是有效词。

③位置。英文中段落的论题是段落首句的概率为85%，是段落末句的概率为7%，而中文的主题句常在段落中间和最后。因此，有必要提高特殊位置的句子的权值。

④句法结构。句式与句子的重要性有一定的关系，如文摘中的句子大多是陈述句，而疑问句、感叹句则不适合进入文摘。

⑤线索词。线索词有3类，分别是取正值的褒义词、取负值的贬义词、取零值的无效词。文摘一般要给人以正向、肯定和明确的信息，因此进入文摘的句子的权值可以考虑线索词的权值之和的影响。

⑥指示性短语。指示性短语常常给出可以进入文摘的句子的可靠信息。例如，"本文讨论……""主要论点是……"后面的语句常常代表文章的核心内容。

自动摘录方法实现容易、速度快、摘要长度可以调节，但没有考虑抽取句子之间的关系，致使生成的文摘不连贯，甚至前后矛盾，可读性差。

2）基于理解的自动文摘

基于理解的的自动文摘是一种以人工智能特别是自然语言理解技术为基础，如用于句子分析与生成的语法和词法，分析过程中的常识、领域知识和领域本体等，对句子和篇章结构进行分析和理解，进而生成文摘的方法。其基本原理是：首先利用语言学方法识别出文章中代表读者感兴趣内容的信息焦点文字（如水灾报道中的地点、降雨量、伤亡情况等），然后用话语加以组织，形成连贯的文摘。

基于理解的自动文摘生成的基本步骤为：①语法分析。利用词典中的语言学知识对原文中的句子进行语法分析，获得语法结构树。②语义分析。运用知识库中的语义知识将语法结构描述转换成以逻辑和意义为基础的语义表示。③语用分析和信息提取。根据知识库的领域知识在上下文中进行推理，提取出关键内容，存入信息表。④文本生成。将信息表中的内容转换为一段完整连贯的文字输出。

基于理解的文摘方法由于采用了复杂的自然语言理解和生成技术，对文献意义的把握更准确一些，因此生成的摘要质量较好，具有简洁精炼、全面准确、可读性强等优点。但是，该方法需要较复杂的实现技术，而且还需要表达和组织各种背景、领域知识。由于受到知识不足的限制，开发出的文摘技术往往仅适用于某一个专门领域。

3）基于信息抽取的自动文摘

基于信息抽取的自动文摘又称为模板填写式自动文摘，是一种采用局部分析代替整体分析的方法。基于理解的自动文摘需要对原文进行整体分析，生成详尽的语义表达，在应用于大规模真实文本时存在诸多困难。而基于信息抽取的自动文摘仅对有用的文本片段进行有限深度的分析，提取相关短语或句子填充文摘框架，再利用文摘模板将文摘框架中的内容转换为文摘输出。

信息抽取的自动文摘以文摘框架为中枢。其实现分为以下3个阶段。

①制定文摘框架阶段。文摘框架是一张申请单，它以空槽的形式提出从原文中获取的各项内容。例如，针对计算机病毒的文章可以制定如下框架：病毒（病毒名称；病毒传染对象；病毒类属；病毒攻击对象……）。1958年，有人研究发现，不同作者在写作同一主题的文章时，总是尽可能地使用相同的文章结构，这样的结构为制定文摘框架提供了依据。例如，科技文献的结构大体上是一个线性序列，依次是：主题、目的、背景、方法、实验结果、结论、有待解决的问题，摘要的结构与文献的结构类似，但往往省略了目的和有待解决的问题。

②选择阶段。利用特征词的指示或其他技术从文本中抽取相关的短语或句子填充文摘框架中相应的槽。例如，针对上述的病毒框架，当在文本中发现"感染可执行文件"时，就可以根据特征词"感染"提取其后面的短语"可执行文件"，填入"病毒传染对象"槽。

③生成阶段。利用文摘模板将文摘框架中的内容转换为文摘输出。

基于信息抽取的自动文摘不对原文进行整体分析，适用于大规模真实文本的自动摘要。由于文摘模板往往依赖于某个主题，因此在将该方法应用于多个主题文本的文摘生成时，需要为每一个主题制定一套框架和模板。在选择阶段，槽的填充依赖于特征词或相关技术，若一些非常有价值的文本不能被识别，则很可能无法完成摘要框架的填充。在生成阶段，由于采用了统一的模板生成文摘，使得文摘的语言千篇一律。

4）基于结构的自动文摘

基于结构的自动文摘将篇章看作一个有机的结构体，认为篇章的不同部分承担着不同的功能，各部分之间存在着复杂的关系，若将篇章的结构分析清楚，自然能找到原文的核心内容。

识别篇章结构的主要手段有以下 3 种。

①关联网络。这类方法将文章视为段落、句子或其他语言单元的关联网络。关联网络以语言单元为节点，语言单元之间的关系为边构建。节点的度数表明了节点在关联网络中的重要性。语言单元间的关系建立在语言学分析的基础上，如句子间的关系可以通过词间关系、连接词确定，这样一个与很多句子有联系的中心句被认为是文摘句。

②修辞结构。修辞结构是和句法结构相比较而言的，它包括句间关系和段间关系。修辞结构是介于文本的表层结构和深层结构之间的中间结构，它反映了作者行文的脉络，从而指示出文章的意义。通过修辞结构分析，可以给出句子重要程度的判断，例如，"转折"关系重在后一分句，"论点—例子"关系重在论点。日本东芝公司在 20 世纪 90 年代研发的基于修辞结构的自动文摘系统，将修辞关系归纳为举例 <EG>、原因 <RS>、总结 <SM>等 34 种，依据文章的连接词推导出一种类似于句法树的修辞结构树，然后采用一些方法对修辞结构树进行修剪，将保留下来的内容根据它们之间的修辞关系组成为一篇文摘。

③语用功能。这种方法主要针对科技文献。例如，日本北海道大学的 Maeda 将句子的信息功能分为：背景（B）、主题（T）、方法（M）、结果（R）、例子（E）、应用（A）、比较（C）和讨论（D），并认为 T、M、R 和 D 是主干，应进入文摘，而其他则被排除在文摘之外。美国纽约大学的 Liddy 归纳出经验文摘的基本结构：背景—目的—方法—结果—结论—附录，其中每一项内容又包括一些细则，如果将文章中承担这些功能的片段识别出来，就可以组成文摘。

基于结构的自动文摘因为建立在文章结构的基础上，所以能生成较高水平的文摘，但它需要对各类文章的结构进行深入研究，在了解结构的基础上才能生成高质量的文摘。而现在语言学对篇章结构的研究成果还很有限，可用的形式规则就更少，从而限制了该方法的应用效果。

本章思考题

1. 简述信息组织在知识库构建中的作用。

2. 列举信息组织的主要内容。

3. 简述分类标引和主题标引的区别。

4. 简述信息描述的主要标准。

5. 列举信息序化的主要方法。

6. 思考现代企业信息存储可以采用的主要技术。

7. 简述自动分类和主题标引的方法。

8. 简述主要的自动文摘方法。

第 9 章　知识图谱技术

> 知识图谱技术通过组合自然语言处理技术、语义网技术、机器学习技术等，以三元组的形式表示知识，然后基于三元组构建知识的复杂网络，是组织实现知识存储、知识检索、知识问答、知识推荐的重要技术之一。

知识图谱（Knowledge Graph）的概念由谷歌于 2012 年正式提出，旨在实现更智能的搜索引擎，于 2013 年后开始在学术界和业界普及，并在智能问答、情报分析、反欺诈等应用中发挥重要作用。知识图谱作为一种知识表示、存储的手段，因其表达能力强、扩展性好，并能够兼顾人类认知与机器自动处理，被认为是下一代搜索引擎和问答系统等应用的基础设施，是知识驱动型人工智能的关键技术，是解决认知智能长期挑战和深度学习可解释性等困境的一种手段。

9.1　什么是知识图谱

知识图谱是一种用图模型来描述知识和建模世界万物之间的关联关系的技术方法（王昊奋，2019）。现实世界的实体之间充满了各种各样的联系，例如，在超市中，苹果和橘子常常摆放在一起，糖果与巧克力常常摆放在一起。知识图谱就是一种将现实世界映射到数据世界，在数据世界中合理摆放它们的方式。正如 Google 的辛格博士在介绍知识图谱时提到的 "The world is not made of strings，but is made of things"，知识图谱旨在描述真实世界中存在的各种实体或概念。其中，每个实体或概念用一个全局唯一确定的 ID 来标识，称为它们的标识符（Identifier）。每个属性 – 值对（Attribute–Value Pair，AVP）

用来刻画实体的内在特性，而关系（Relation）用来连接 2 个实体，刻画它们之间的关联。

广义的知识图谱是大数据时代知识工程一系列技术的总称，在一定程度上代表了大数据知识工程这一新兴学科。知识图谱是事物关系的可计算模型，其构建涉及知识建模、关系抽取、图存储、关系推理、实体融合等多方面的技术。狭义的知识图谱特指一类知识表示，本质上是一种称为语义网络（Semantic Network）的知识库，即具有有向图结构的一个知识库，其中图的结点代表实体（Entity）或者概念（Concept），而图的边代表实体或概念之间的各种语义关系。知识图谱和传统的语义网络最明显的区别体现在数据规模上，知识图谱中的点、边的数量非常巨大（肖仰华，2021）。例如，Google 最初公布的知识图谱包含 5 亿个实体和 10 亿多条关系。除此之外，和传统的语义网络相比，知识图谱具有更丰富的语义、更精良的质量、更友好的结构等特性。

直观理解，知识图谱是一种支持多类实体、多种关系的图。知识图谱中的节点一般有 3 种类型：概念、实体、事件。概念又被称为类别（Type）、类（Category 或 Class）。概念（类）与其子概念（子类）之间的关系一般称为 subclass Of 关系，而实体与其概念（类）之间的关系一般称为 instance Of 关系，便可以分为属性（Property）和关系（Relation）两类。属性描述的是实体某个方面的特性，而关系可以看作一类特殊的属性。当实体的某个"属性值"是另一个实体时，这个属性实际上就是关系。

我们还可以把知识图谱理解为一种基于图的数据存储方式。知识图谱亦可被看作一张巨大的图，图中的节点表示实体或概念，而图中的边则由属性或关系构成。上述图模型可用 W3C 提出的资源描述框架 RDF（Resource Description Framework）或属性图（Property Graph）来表示。知识图谱存储系统用于存储大规模知识图谱，支持高效和并发的访问需求，其发展演变自语义 Web 领域的资源描述框架（RDF）存储系统及数据库领域的图数据库。

在通用知识图谱之外，面对金融、公共安全、医疗等行业，同样可以构建属于特定领域的知识图谱（垂直领域知识图谱）。通过信息采集、知识融合、知识加工等过程，将原始数据中的事实提炼、分析、形成图谱，机器就能找到复杂关系中潜在的关联，完成案件分析、反欺诈等工作，这也是为何知识图谱越来越受欢迎的原因。

知识图谱只是知识工程发展进程中的一个节点，知识工程还有很长的路要走。目前所定义的知识图谱只能表示事实型的知识或称为以实体为核心的结构化知识。知识有很多类型，如常识知识、场景知识、事务知识、情感知识等，这些知识如何表示、构建与应用，还在不断的探索和研究当中，还需要人们付出更多努力（赵军，2018）。

9.2 知识图谱的价值

知识工程的提出者费根鲍姆证明了实现智能行为的主要手段在于知识，在多数实际应用中是特定领域的知识。显然，知识图谱的最大价值在于其包含的知识。一般来说，知识图谱中的知识有以下类别（肖仰华，2021）。

事实知识：事实知识是关于某个特定实体的基本事实，如（唐三彩，产地，洛阳）。事实知识是知识图谱中常见的知识类型。大部分的事实知识都是在描述实体的特定属性或关系，如"产地"。但是有些实体的相关事实未必存在典型的属性或者关系与之对应，需要通过复杂的文本来描述。如"朱熹继承和发展了程颐、程颢的理学思想"，在这一事实中，显示程颐和朱熹之间是有关系的，但这类关系很难简单陈述。一般以实体为中心组织的知识图谱均富含事实知识。

概念知识：概念知识一般分为两类：①实体与概念之间的类属关系（isA），如（孔子 isA 教育家）；②概念与概念之间的子父类关系（subclassOf），如（批判教育家，subclassOf，教育家）。一个概念可能有子概念，也可能有父概念，概念之间的层级关系是本体定义中最重要的部分，也是构建知识图谱的第一步。

词汇知识：词汇知识主要包括实体与词汇之间的关系（例如，实体的命名，称谓，英文名等）及词汇之间的关系（包括同义，反义，缩略，上下位词）。如（妻子，同义，媳妇）、（刘彻，谥号，汉武帝）。一些语言知识库专注于建立实体和概念在不同语言中的描述形式。

常识知识：常识知识是人类通过自身与外界交互而积累的经验与知识，是人们在交流时无须言明就能理解的知识。例如，鸟有翅膀，蜜蜂会飞等。常识知识的获取是构建知识图谱的一大难点。

从网络的角度来看，知识图谱是一个大型的知识网络，其价值与其拥有的节点数量和边的数量有关。梅特卡夫定律（Metcalfe's law）是一个关于网络的价值和网络技术的发展的定律，由乔治·吉尔德于 1993 年提出，但以计算机网络先驱、3Com 公司的创始人罗伯特·梅特卡夫的姓氏命名，以表彰他在以太网上的贡献。其内容是：一个网络的价值等于该网络内的节点数的平方，而且该网络的价值与联网的用户数的平方成正比。现代的知识图谱往往包含大量的节点和边，按照梅特卡夫定律，知识图谱拥有巨大的网络价值。

从应用的角度来看，知识图谱的价值体现在它可以应用于数据分析、智能搜索、智能推荐、自然人机交互和设备互联、决策支持等方面（王昊奋，2019；肖仰华，2021），提升用户的数据体验、洞察力和分析预判能力。从数据分析上看，舆情分析、军事情报分析、商业情报分析、互联网大数据分析等若缺乏如知识图谱这样的背景知识支撑，则是无法做到精准与精细分析的。从智能搜索上看，知识图谱可以帮助实现搜索意图的精准理解、搜索对象的复杂化和多元化、搜索粒度的多元化、跨媒体协同搜索等。从智能推荐上看，知识图谱有助于场景化推荐、冷启动情况下的推荐、跨领域推荐和知识型的内容推荐等。从自然人机交互和设备互联上看，知识图谱可以为自然语言问答、对话、体感交互、表情交互等人机交互和设备间的语义互联提供强大的背景知识。从决策分析上看，知识图谱可为决策支持提供深层次的关系发现和推理能力，提高决策的效率和水平。

9.3 知识图谱的类别

常见的知识图谱可以按照 4 个维度来进行分类。

按照知识图谱的领域性，可以分为通用知识图谱、领域或行业知识图谱和企业知识图谱。其中，通用知识图谱（General-purpose Knowledge Graph）是面向通用领域的，领域知识图谱是面向某一个专业领域或某一个行业领域的，而企业知识图谱（Enterprise Knowledge Graph）是指横贯企业各核心流程的知识图谱。

按照知识图谱的构建方式，可以分为全自动、半自动和以人工为主构建的知识图谱。

按照知识图谱中知识的语言，可以分为单语言知识图谱、多语言知识图谱。

按照知识图谱中知识的类型，可以分为概念知识图谱、百科知识图谱、常识知识图谱和词汇知识图谱。还有一类知识图谱是综合知识图谱，它们是一些不同类别知识图谱的混合体，如 Google 的知识图谱。

9.4 知识图谱与本体、知识地图、科学知识图谱

知识图谱常常和本体、知识地图、科学知识图谱的概念相混淆，从而造成知识图谱的概念被误用，甚至一些人认为知识图谱就是可视化的图形，因此有必要对它们进行区分性说明（黄恒琪，2019）。

（1）知识图谱与本体

本体（Ontology）原是哲学的分支，研究客观事物存在的本质。它与认识论（Epistemology）相对，认识论研究人类知识的本质和来源。也就是说，本体论研究客观存在，认识论研究主观认知。在知识工程领域，本体是用于描述或表达某一领域知识的一组概念或术语，可以用来组织知识库较高层次的知识抽象或描述特定领域的知识。

本体是知识图谱的抽象表达，描述的是知识图谱的上层模式；知识图谱是本体的实例化，是基于本体的知识库。

相同之处：两者都通过定义元数据以支持语义服务。

不同之处：知识图谱更灵活，支持通过添加自定义的标签划分事物的类别。本体侧重概念模型的说明，能对知识表示进行概括性、抽象性的描述，强调概念及概念之间的关系。大部分本体不包含过多的实例，本体实例的填充通常是在本体构建完成后进行的。知识图谱更侧重描述实体关系，在实体层面对本体进行大量的丰富与扩充。

知识图谱常采用三元组描述事实，所使用的描述语言大多是已研发的本体语言（RDFS、OWL 等）。知识图谱的关键技术与本体相似：①知识图谱构建阶段的实体抽取、关系抽取、语义解析等机器学习和自然语言处理方法和算法；②用于知识图谱存储的知识表示、图数据库和知识融合等方法和技术；③知识图谱应用阶段的数据集成、知识推理等。

（2）知识图谱与知识地图

知识地图和知识图谱是完全不同的知识管理技术类专业术语。

知识地图（Knowledge Map）是一种知识导航系统，显示不同的知识存储之间重要的动态联系。它将特定组织内的知识索引通过"地图"的形式串联在一起，表达知识的位置、范围和联系，揭示相关知识资源的类型、特征及相互关系。输出的内容包括知识的来源、整合后的知识内容、知识流和知识的汇聚。知识地图的主要功能在于实现知识的快速检索、共享和再重用，充分有效地利用知识资源。知识地图一般由用户手动进行创建，具体场景是根据用户对所连接知识内容的体系化理解构建的。知识地图是关于知识的来源的知识。一般情况下，知识并非存储在知识地图中，而是存储在知识地图所指向的知识源中。知识地图指向的知识源包含数据库、文件及拥有丰富隐性知识的专家或员工。常见的知识地图形式有思维导图、知识专辑、知识流程图等。

相比于知识地图，知识图谱存储的是知识，而不是知识的指引。知识图谱强调语义检索能力，关键是通过知识图谱能够将信息、数据及链接关系聚集为知识，使信息资源更易于计算、理解和评价，形成一套具有有向图结构的语义知识库。从逻辑结构来看，知识图谱分为数据层和模式层两个层次。模式层在数据层之上，是知识图谱的核心，存储经过提炼的知识，通常采用本体库来管理知识图谱的模式层。借助本体库对公理、规则和约束条件的支持能力来规范实体、关系及实体的类型和属性等对象之间的联系。在数据层，知识以事实（fact）为单位、一般存储在图数据库中。通常以"实体—关系—实体"或"实体—属性—值"三元组作为事实的基本表达方式进行存储，存储在图数据库中的所有数据将构成庞大的实体关系网络，即得到知识的图谱。知识图谱的构建既可以采用人工方法，也可以采用自动化方法，常常是 2 种方法结合使用，以机器自动化方法为主。

（3）知识图谱与科学知识图谱

科学知识图谱（Scientific Knowledge Map）是用来显示知识演化进程和知识结构的图形化与序列化的知识谱系，其主要理论基础有揭示网络结构和演化关系的"社会网络分析"理论、强调知识创新的"知识单元离散和重组"理论、科学史和科学哲学领域中库恩的"科学发展模式"理论等。库恩认为，科学发展进程实质是通过新旧"范式"交替更迭的模式，不断推动科学创新和科学革命。科学知识图谱是跟踪科技前沿、选择科研方向、开展知识管理并辅助科技决策的重要方法和工具，以助益科技活动、强化知识管理等方式，有力地促进了旧范式突破和新范式诞生，从而积极推动科学发展的进程。科学知识图谱结合应用计量学引文分析和共现分析、图形学、可视化技术、信息科学等学科的理论与方法，图形化地展示各领域的学科结构、各学科的研究内容、学科间的关系、识别和分析学科的发展新趋势及预测前沿等（冯新翎，2017）。

知识图谱作为大数据时代的产物，主要的理论基础是大数据理论，以及关注数据规范性与关联性的本体和语义网理论。知识图谱以本体建模为手段，通过领域概念术语的规范化,推动知识全面共享,借助于语义网络分析理论挖掘并发现新知识,应用语义网知识库关联方法实现海量知识的分布式存储。

从知识管理视角看,两类知识图谱的共性在于两者都是服务于知识管理过程。科学知识图谱的本质是知识管理的方法,一般与知识获取、知识组织、知识共享和知识创新密切相关;而知识图谱的本质是知识库,参与了知识获取、知识组织、知识存储和知识创新过程。

有研究从概念内涵、组成要素、类型划分、图模型、表现形式、主要特征、学科定位、数据来源、软件工具或关键技术、绘制流程和应用领域共 11 个维度对知识地图、科学知识图谱和知识图谱三者展开对比(表 9-1),认为应围绕"知识"和"图谱"两个角度梳理三者的根本分歧,其中知识地图指引知识需求者找到解决特定问题的答案,科学知识图谱立足科学知识的结构特征的可视化呈现,知识图谱依托实体语义关系结构实现语义搜索。区别三者分歧的关键在于区别"知识及知识关联"和"图谱的可视化特征",开展三者交互研究的基石在于明确三者的交互情形、支撑技术、交互机理和交互结果(杨萌,2017)。

表 9-1　知识图谱、知识地图和科学知识图谱的比较

维度	知识地图	科学知识图谱	知识图谱
概念内涵	多元化:知识指南与导航说、知识管理工具说等	科学知识结构、关系及演化过程的可视化呈现	描述现实世界中存在的各种实体或概念及其关系
组成要素	节点、节点间的关系及可视化表示	计量元素及其基础上的计量关系	ID、AVP、语义关系
类型划分	按关系揭示、业务优化、知识认知、知识管理划分	按绘制技术、分析对象、图谱形态、知识域范围划分	按知识领域、构建方式、知识类型划分
图模型	不同类型知识地图的图模型差异较大	科学知识计量元素的计量关系图,多呈网状	多用资源描述框架或属性图表示
表现形式	概念关系图、业务流程图、理论-方法知识地图、隐性/专家知识地图等	曲线;折线及饼图;多维尺度图谱;共引或共现图谱;社会网络图谱等	形式化表示常用 OWL,在搜索中的表现形式是知识卡片
主要特征	指向性、社会性、关联性、组织机构背景性	综合性、客观性、关联性、滞后性、动态性	语义化、全面性、精准性、关联性
学科定位	图书情报学/企业管理学	科学计量学/图书情报学	计算机科学/信息检索
数据来源	企业或组织中的所有显性和隐性知识	大样本科学文献信息为主,亦有非文献信息	百科类数据,结构化、半结构化数据等

续表

维度	知识地图	科学知识图谱	知识图谱
软件工具 / 关键技术	词表索引等传统信息组织、数据库、信息构建技术、社会网络分析等	Citespace、Histcite、Ucinet/ 引文分析、关键词共现、社会网络分析等	信息抽取、数据集成技术、本体、数据挖掘、机器学习等
绘制流程	现存 3 步或 7 步多种绘制流程，核心是识别组织知识、确定知识点、建立联系、展现知识地图	一般流程为：数据检索、数据预处理、构建知识单元、数据分析、可视化与解读	一般流程为：数据采集、知识抽取与集成、模式构建、图谱生成、基于图谱的挖掘
应用领域	概念知识地图；流程设计与再造；专家知识地图与人力资源管理；指导教育学习等	稳定主题下科学知识发现及渗透、扩散趋势；学科领域内显性知识的可视化；科学社会网络等	语义搜索（如谷歌的 Knowledge Graph、百度知心等）；智能问答等

资料来源：杨萌（2017）；黄恒琪（2019）。

9.5　知识图谱的构建和应用

从技术上看，知识图谱的一般构建过程包括数据获取、信息获取、知识融合、知识处理、知识图谱构建和存储 5 个阶段（图 9-1）。大部分组织在信息化中形成了很多结构化的数据，如关系型数据库、Excel 表等，这些数据是构建知识图谱的基础数据集。除了结构化数据，组织中还存在或采集了大量的半结构化和非结构化数据，如网页、百科、文档、报告、手册等，这些数据中包含大量的知识，往往需要依靠自动化信息获取手段，如实体抽取、关系抽取、属性抽取来抽取里面的知识。为了构建知识图谱，组织可能还从外部获得一些现成的知识数据和内部的知识数据进行整合，但不同来源的数据存在歧义，如同名不同人、不同关系名称同一关系等，这就需要利用实体对齐和关系对齐等技术进行消歧。在完成知识融合后，对于自下而上的构建方法需要进行本体抽取，然后完成知识质量评估，评估后存入知识图谱。在现实中，构建的知识图谱常存在各种缺失、错误、过期的知识问题，可采用自动化技术发现高度可疑的知识，提交给众包专家进行人工检查和排除，提升知识图谱质量。针对知识缺失的问题，一方面可以利用知识图谱中的知识，采用知识推理技术发现一些新的知识；另一方面可以利用知识图谱补全技术进行实体类型补全、实体间关系补全、实体缺失属性值补全等，扩大知识图谱（肖仰华，2021）。

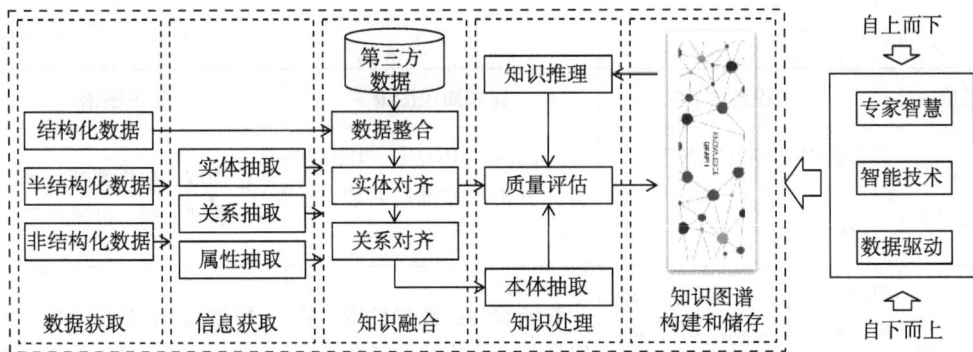

图 9-1　知识图谱的一般构建过程

从方法学上看，知识图谱构建的方法有 3 种，分别为自上而下、自下而上、自上而下和自下而上相结合。

（1）自上而下

自上而下的方法一般从已构建好的结构化知识库（如 Freebase、DBPedia 等）出发。首先从结构化数据源中抽取出相应的本体模式，定义好概念之间的层次关系，然后再将从多种数据源中学习到的实体及属性添加到定义好的概念体系中。

（2）自下而上

自下而上的方法一般利用知识抽取技术先从异构数据源中抽取实体，然后再对抽取到的实体进行抽象，归纳出概念间的体系结构，进行本体的构建。这种方式有利于抽取出新的本体模式，可以构建出更为丰富全面的概念体系，且自动化程度更高。

（3）自上而下和自下而上相结合

这种方法综合运用自上而下和自下而上两种方法来构建知识图谱，充分利用了两种方法的优点，适合不确定、较复杂情况下的知识图谱构建。

从知识图谱的生命周期看，知识图谱的构建和应用有几个重要的环节，主要包含知识建模、知识获取、知识融合、知识存储、知识推理和知识服务（赵军，2018）（图 9-2）。

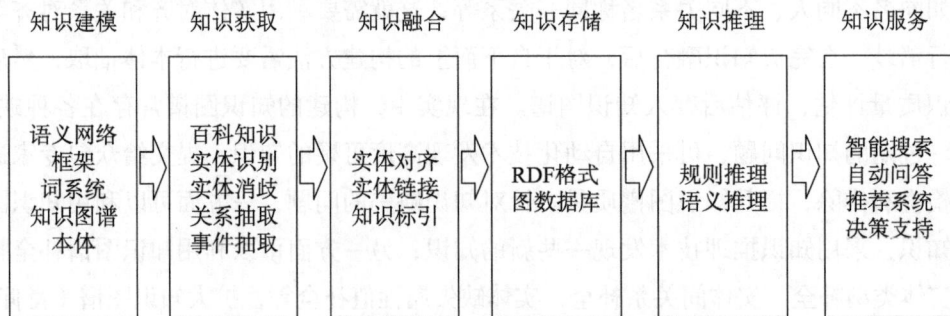

图 9-2　从知识图谱的生命周期看知识图谱的构建和应用

9.5.1　知识建模

知识建模又称为知识表示，是利用计算机符号描述和表示人脑中的知识，以支持机器模拟人的心智推理的方法或技术。知识表示是对现实世界的一种抽象表达。知识必须经过恰当的表示，才能更好地被计算机处理。根据不同的学科背景，人们发展了基于图论、逻辑学和概率论的各种知识表示（肖仰华，2021）。

基于图论的知识表示通过点、边对现实世界进行表示，具有形象、直观的特点，是一种常用的知识表示方法。语义网络、RDF（Resource Description Framework）、实体关系图等是基于图的知识表示。

基于逻辑学的知识表示利用逻辑公式或规则描述对象、性质、状况和关系等知识。数理逻辑是现代的形式逻辑，是以命题逻辑和谓词逻辑为基础，研究命题、谓词及公式的真假值。数理逻辑用形式化语言（逻辑符号语言）进行精确、无歧义的描述，用数学的方式进行研究。一阶谓词逻辑、产生式规则是基于逻辑学的知识表示。

基于概率论的知识表示认为现实世界的语义关联及推理过程存在不确定性，因此将概率论和图论、逻辑学相结合，发展出概率图模型、概率软逻辑等知识表示方式，在逻辑学、图论和概率论的交叉领域进一步发展出马尔可夫逻辑网。

对于知识图谱来说，常见的知识表示方法有 3 类：基于图的表示、基于三元组的知识表示和基于数值的知识表示。

（1）基于图的表示

基于图的表示是将知识之间的连接看作一个图中节点的连接，从而采用图论中的模型或方法表示知识。一张图可以表示为 $G = G(V, E)$，其中，V 是图中节点的集合，$E \subseteq V \times V$ 是图中边的集合。图分为有向图和无向图。图可以采用可视化的形式呈现，能够直观地表达知识之间的关系。图的一种常见的表示和存储方式是邻接矩阵（Adjacency Matrix）。邻接矩阵是表示节点之间相邻关系的矩阵。用邻接矩阵表示图，很容易确定图中任意两个节点是否有边相连。邻接矩阵是一个 n 阶方阵，n 是图中节点的数量。对于无向图来说，邻接矩阵是一个对称矩阵。

（2）基于三元组的知识表示

一个三元组（Triples）的定义形如 <subject, predicate, object>，包括 3 个元素：主体（Subject）、谓词（Predicate）和客体（Object）。例如，采用 < 李明, has_phone, 158XXX> 表示"李明拥有手机号码 158XXX"，< 李明, age, 25> 表示"李明的年龄是 25 岁"，< 李明, is_friend_of, 张三 > 表示"李明是张三的朋友"。在采用三元组表示 2 个实体之间的关系时，往往可以采用 <h, r, t> 来表示一条知识，其中，h 称为头实体，t 称为尾实体，r 是它们之间的关系。当采用三元组来表示某个资源的属性时，其 3 个元素被称为主体、属性（Property）和属性值（Property Value）。在具体的知识库网络中，节点对应着 Subject 或头实体、Object 或尾实体，边对应着 Predicate 或关系。这种离散型的知识表示可以非常有效地将数据结构化。

采用三元组来表示知识图谱，一般包含以下 4 个部分。

①基本描述框架（Description Framework）：定义知识图谱的基本数据模型（Data

Model）和逻辑结构（Structure），一般采用 W3C 的 RDF。

②Schema 与本体（Ontology）：知识图谱的类集、属性集、关系集、词汇集。

③知识交换语法（Syntax）：定义知识实际存在的物理格式，如 Turtle，Json 等。

④实体命名及 ID 体系：定义实体的命名原则及唯一标识规范等。

（3）基于数值的知识表示

知识图谱的数值表示不同于符号表示，它是将知识图谱中的点与边表示为数值化的向量。符号化表示是面向人的理解的，而数值化表示是面向机器计算的。两种表示方法各有不同的优点和适用场景。

深度学习技术近些年得到广泛应用，在不少领域取得了很好的效果。如何将知识图谱作为背景知识融合进深度学习模型或对知识图谱进行计算，是一个需要解决的关键技术问题。为此，一些学者借鉴词嵌入向量表示的思路，将知识图谱中的元素（实体、属性、概念等）表示为低维稠密实值向量。这种表示能够体现实体和关系的语义信息，可以高效地计算实体、关系及其之间的复杂语义关联。实现知识图谱向量化表示的技术主要有基于张量分解的表示学习方法、基于能量函数的表示学习方法（如 TransE，TransH，TransR，TransD 等）（赵军，2018）。

9.5.2　知识获取

知识获取是从数据源中获取知识的过程。知识获取的自动化技术是实现大规模知识图谱构建的重要技术，其目的在于从不同来源、不同结构的数据中提取知识并存入知识图谱中（王昊奋，2019）。知识获取自动化技术主要包括概念抽取、实体识别、关系抽取、事件抽取、规则抽取等。

知识图谱的数据源往往是多源的、异构的。知识图谱的数据源类别主要包括百科类数据、文本数据、结构化数据库、多媒体数据、传感器数据等。百科类数据一般是通过众包技术实现的，如维基百科、百度百科等。现代知识图谱的发展从很大程度上来，说与互联网出现的大型百科类数据有关，因为这很方便地为各类知识图谱构建提供了各种各样的数据（赵军，2018）。文本数据也是广泛采用的一类数据。对于文本数据的处理和知识获取需要用到各种自然语言处理技术，如实体识别、实体链接、关系抽取、事件抽取等。这些技术也是当前知识图谱重点发展的技术。结构化数据库主要包括各种关系型数据库，对于企业或行业知识图谱构建来说，这也是最常使用的数据来源之一。结构化数据库中包含的知识往往不能直接转化知识图谱中的知识，需要通过定义结构化数据到本体模型之间的语义映射，再通过编写语义翻译工具来实现结构化数据到知识图谱的转化。此外，还需要综合采用实体消歧、数据融合、知识链接等技术提升数据的规范化水平和增强数据之间的关联。随着知识图谱应用的需要和多媒体技术发展，近年来提出了多模态知识图谱的概念，使得知识图谱的构建突破了文本的限制，能够处理多媒体数据和容纳多模态的知识。传感器数据也是近年来知识图谱技术开始关注的一类数据，主要利用语义技术对传感器所产生的数据进行语义化，包括对物联设备进行抽象，定义符合语义标准的数据接口，对传感数据进行语义封装和对传感数据增加上下文语义描述等。

9.5.3　知识融合

知识融合是解决知识图谱异构问题的技术（王昊奋，2019）。异构问题的出现与知识图谱的本体和实例有关。知识图谱包含描述抽象知识的本体层和描述具体事实的实例层。本体层用于描述特定领域的抽象概念、属性、公理；实例层用于描述具体的实体对象、实体间的关系，包含大量的事实和数据。在现实中，知识图谱构建往往需要获取其他系统的本体的信息，然而不同系统采用的本体往往是异构的，因此解决本体异构、消除应用系统间的互操作障碍是很多知识图谱应用面临的关键问题之一。同时，知识图谱中的大量实例也存在异构问题，同名实例可能指代不同的实体，不同名的实例也可能指代同一实体，因此知识图谱还需要解决实例层面的异构问题。

知识融合技术是通过建立异构本体或异构实例之间的联系，从而使异构的知识图谱能相互沟通，实现它们之间的互操作。解决本体异构问题的知识融合技术主要是本体集成与本体映射。其中本体集成技术实现将多个本体合并为一个大的本体，而本体映射技术则实现本体之间的映射。解决实例层面的知识融合技术主要包括实体对齐（Entity Alignment）、关系对齐（Relation Alignment）、实体链接（Entity Linkage）等。其中，实体对齐也被称为实体匹配（Entity Matching），是指对于异构数据源知识库中的各个实体，找出属于现实世界中的同一实体；关系对齐在处理属性时也被称为属性对齐（Property Alignment），是指识别两个知识图谱中的关系是否为同一种语义关系；而实体链接是指将自然语言文本中的实体提及链接到对应知识图谱实体的技术。

9.5.4　知识存储

知识图谱存储方案主要有以下 3 种（王昊奋，2019）。

一是基于关系模型的存储方案：采用关系数据库实现知识图谱的存储，例如，三元组表、水平表、属性表、垂直划分、六重索引和 DB2RDF。基于关系的存储系统继承了关系数据库的优势，技术成熟度高，能满足千万到十亿级三元组规模的管理，但需要较高配置的计算机系统。

二是面向 RDF（Resource Description Framework）的三元组数据库：例如，商业系统（Virtuoso，AllegroGraph，GraphDB 和 BlazeGraph），开源系统（Jena，RDF-3X 和 gStore）。基于 RDF 的存储系统不需要太高的计算机配置，使用稍高配置的单机系统和主流的 RDF 三元组数据库就可管理百万到上亿级别三元组规模，其查询语言一般为 SPARQL。

三是原生图数据库：例如，Neo4j，DGraph，JanusGraph，OrientDB，Cayley 等。例如，近年来得到广泛应用的 Neo4j 图数据库具有嵌入式、高性能、轻量级等优势，还几乎具有成熟数据库的所有特性，其查询语言 Cypher 简单易学，越来越受到关注。

知识图谱的结构是网络型的，若采用传统的关系数据库存储，则在执行搜索和关联时性能很差。因此，RDF 和图数据库是当前两种主要的存储方式，它们的主要特点对比如表 9-2 所示。

表 9-2　RDF 和图数据库的对比

RDF	图数据库
存储三元组（Triple）	节点和关系可以带有属性
标准的推理引擎	内有标准的推理引擎
W3C 标准	图的遍历效率高
易于发布数据	事务管理
多数为学术界场景	基本为工业界场景

RDF 与图数据库存储知识的主要区别如下。

（1）对于属性的处理

三元组中的实体和关系不包含属性（一般把属性作为关系处理），属性图中则可以包含属性。例如：对于"张三（年龄 25）的手机号为'158XXX'，开通时间为 2007 年，开通地点为北京"，若采用图数据库表示上述事实，则可以采用：

```
张三：Person{age: 25} — has_phone{opened: 2007, location: Beijing} — 158XXX:
PhoneNumber
```

其中张三是 Person 类型的实体，158XXX 是 PhoneNumber 类型的实体，它们之间的关系为 has_phone。该关系具有 2 个属性：opened（属性值为 2007）和 location（属性值为 Beijing）。

若采用 RDF 表示上述事实，则需要以下三元组来表示。

```
< 张三, age_of, 25>
< 张三, has_phone_ 张三 _158XXX, Entity_A>
<Entity_A, has_number, 158XXX>
<Entity_A, opened, 2007>
<Entity_A, location, Beijing>
```

从以上例子可以看出，在一些情况下，采用图数据库实现知识的存储有灵活、简洁、清晰的特点，而采用 RDF 存储则不得不新增一个虚拟实体（Entity_A）才能表示同样的知识。

（2）对于同一种类型的关系处理

RDF 和图数据库在处理同一类型的关系上也存在区别。例如，李明拨打张三的电话 3 次。若采用属性图存储，则可以表示为：

```
〈 李明 -called- 张三 〉
〈 李明 -called- 张三 〉
〈 李明 -called- 张三 〉
```

属性图支持两个同样实体之间的多个同类关系，而 RDF 则不支持两个同样实体之间的多个同类关系，对于这样的事实知识，只能在两个实体之间建立一个同类关系：

```
〈 李明 -called- 张三 〉
```

要体现"3 次"这样的知识，就需要采用虚拟实体或其他变通的方法来处理。

（3）设计目的不同

RDF 的研究主要来自学术界，因此采用 RDF 存储知识图谱会易于数据的发布和共享。而图数据库的应用来自工业界的需求，它拥有一般数据库拥有的特性，如事务管理（Transaction Management）。

9.5.5　知识推理

知识推理用来根据知识图谱中已有的知识推理出新的知识或识别出错误的知识（王昊奋，2019）。知识推理可以用在知识图谱补全（Knowledge Base Completion）和知识图谱质量的校验上，也可以用在智能检索或决策支持上。推理的方法有逻辑推理和非逻辑推理。非逻辑推理因推理过程模糊而较少受到关注。逻辑推理则有严格的约束和透明的推理过程，因而获得广泛的研究和应用。逻辑推理按照推理方式可以分为演绎推理（Deductive Reasoning）和归纳推理（Inductive Reasoning）。其中，归纳推理包含了类比推理（Analogical Reasoning）和溯因推理（Abductive Reasoning）。

在采用知识图谱实现推理中，区分知识图谱的属性和关系对知识推理非常必要（肖仰华，2021）。关系对于知识图谱上的多步遍历和沿着语义关系的长程推理十分重要。当知识图谱上的推理操作遇到一个属性时，往往意味着推理的结束。例如，要想知道孔子的学生子路的出生日期，需要先在知识图谱中找到节点"孔子"，再找到"师生"关系找到"子路"节点，再找到"子路"的"出生日期"属性找到属性值"公元前 542 年"，表明整个推理过程结束。

知识图谱相关的推理算法目前主要分为单步推理和多步推理。其中，单步推理是直接关系推理，没有考虑路径特征，而多步推理是间接关系推理，考虑路径特征。单步推理和多步推理的推理方法主要有：基于规则的推理、基于分布式表示学习的推理、基于神经网络的推理、混合推理。其中，基于规则的推理有基于传统规则的推理、基于本体规则的推理；基于分布式表示学习的推理包括 TransE 和 TransH 等基于转移的推理、基于张量或矩阵分解的推理、基于空间分布的推理；基于神经网络的推理主要是将其他领域的神经网络方法、基于图结构的算法拓展到知识图谱中；混合推理则是混合了上述方法，如混合规则和分布式表示，混合神经网络和分布式表示等。

9.5.6 知识服务

知识服务在知识图谱构建生命周期中承担着知识图谱应用的任务。知识图谱主要提供以下类型的知识服务（赵军，2018）。

（1）智能搜索

知识图谱提供了关于事物的分类、属性和关系的描述，可以直接对事物搜索。Google 期初提出知识图谱概念就是为了更好地实现搜索。例如，当搜索"居里夫人"时，搜索引擎会自动定位到"玛丽·居里"，右侧显示她的生卒年份、配偶、子女等信息，这些都是知识图谱的功劳。而传统搜索引擎则依靠网页内容与检索词之间的匹配关系来实现网页的搜索。

图 9-3 展示了采用传统搜索引擎和知识图谱在检索时的对比。例如，在百度的搜索框中输入"姚明的老婆是谁？"后，搜索引擎首先会从提取其中的关键词"姚明"和"老婆"。然后，传统的搜索引擎会从倒排表中查找同时存在两个关键词的网页，然后将网页按照某种评分和排序算法进行排序后呈现给用户，用户要想了解姚明老婆的情况，需要到一个个网页中查看内容。而基于知识图谱的查询会将关键词处理后形成查询语句，然后到知识图谱系统中查询，在找到"叶莉"节点后，将相关的内容整合后呈现给用户，这样用户就可以直接查看叶莉的相关情况，而不用一个个点开网页才能了解叶莉的信息。当然，读者也许关注到了我们问的是"老婆"，而知识图谱中存储的关系是"妻子"的问题，要用到词表或关系对齐的技术。

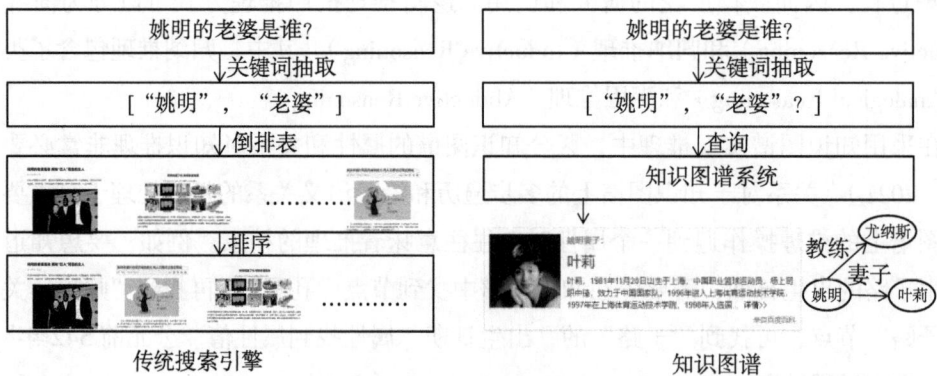

图 9-3 传统搜索引擎和知识图谱在检索时的对比

（2）问答系统

知识图谱被认为是下一代搜索引擎、问答系统等智能应用的基础设施。如果把智能系统看成一个大脑，那么知识图谱就是大脑中的一个知识库，它使得机器能够从"关系"的角度分析、思考和回答问题。知识图谱既可以返回知识库中现有知识的答案，如"泰山的海拔是多少？"（通过查找泰山实体的海拔属性），"和衡山发音相同的山是什么山"（通过查找衡山实体的拼音相同的实体）。知识图谱还能使问答系统具有一定的推理能力。例如，用户提问"梁启超的儿子的妻子是谁"，传统搜索引擎只是简单地匹配网页，很难真正地理解用户的意图，更别说回答这个问题。然而知识图谱却可以轻松处理这个问题，它通过先从知识库中获取梁启超的儿子是梁思成，再获取梁思成的妻子是林徽因，从而将"林徽因"作为答案返回给用户。

（3）推荐系统

传统的推荐系统存在稀疏性（Sparse）和冷启动（Cold start problem）两类问题。稀疏性是指用户和物品的交互信息往往非常稀疏，例如，电影数量很多，可能有数万部，而用户评分的电影往往只有几十部，使用如此少量的评分数据来为用户预测感兴趣的其他电影，在算法上很容易出现过拟合风险；而冷启动则是指新加入的用户或物品因为没有历史数据而难以准确地进行建模和推荐。知识图谱可以较有效地解决这两类问题。将知识图谱用于推荐系统，可以引入更多的语义关系，深层次发现用户的兴趣，例如，可以根据用户喜欢某部电影，给他推荐该电影导演的其他作品，或者推荐同样具有战争和历史题材电影，还可以通过知识图谱的多种关系链接，实现更多种类的相关推荐，如根据根据电影推荐新闻、服装、餐饮等可以增加推荐的可解释性。

（4）决策支持

传统的决策支持系统主要存在 3 个方面的局限性：①获取用于决策的知识的难度较大；②决策支持系统的灵活性和适应性较低；③知识协同和相关性较差。新型的决策支持系统需要引入专家系统、自然语言理解尤其是知识库系统的研究，提升决策的快速反应和自动化以提高时效性，实现知识的共享、关联和继承。知识图谱是描述现实世界的组织结构，提供了从"关系"的角度分析问题的能力，通过引入知识图谱，能够以更易于理解并且更符合现实环境的方式进行决策建模（魏瑾，2020）。例如，领域知识图谱实现了对企业合作决策支持（李文心，2019），医学知识图谱实现了对临床诊断的决策支持（郑少宇，2021）。

本章思考题

1. 简述对知识图谱的认识和理解。

2. 列举知识图谱的主要类别。

3. 简述知识图谱与本体、知识地图、科学知识图谱的区别。

4. 简述知识图谱构建的主要技术。

5. 思考知识图谱在现代企业中有哪些应用。

第 10 章 复杂网络技术

> 复杂网络技术是从关系和网络视角理解和处理数据、解决现实问题的技术。网络分析指标有助于发现关键节点、关联路径、社区结构,是组织进行知识处理和分析的重要技术之一。

复杂网络是 21 世纪科学研究的思想和理念,它启发人们用什么观点理解这个世界:整个世界及组成世界的任何细部都是由网络及其变化形成的。这一思想和方法论对企业的知识系统建设、知识库处理、市场营销、组织管理等都具有很强的指导作用。复杂网络也是研究复杂系统的一种技术和方法,它关注系统中个体相互作用的拓扑结构,是理解复杂系统性质和功能的基本方法。复杂网络是现有数学模型中能较好地同时融合属性数据、关系数据和内容数据这 3 类数据的模型,为解决现实世界问题提供了较好的手段。同时,知识之间是存在相互联系的,它们的连接构成了一个复杂的网络,例如,知识图谱就是一种复杂网络。复杂网络技术有利于人们深刻认知组织知识之间的相互关联、从知识网络中发现有价值的知识。

10.1 复杂网络概述

先看一看以下 10 个问题。

(1)若你想与美国总统 ××× 认识,则中间需要通过多少人为你介绍?

(2)甲型 H1N1 流感是如何在短时间内在全球范围内流行的?

(3)蚂蚁为什么总是能找到食物?它们内部是如何交流的?

(4)一个城市的公交车站要如何设置,才能使得人们出行最为方便快捷?

(5)人类的大脑是如何感知喜怒哀乐,并且做出相应反应的?

（6）为什么仅因为一家电厂跳闸就造成北美 7 个州在 9 秒之内全部陷入黑暗？

（7）美国 2007 年的次贷危机是如何产生并影响全球经济的？

（8）Internet 上任意两个页面之间的链接平均要经过多少个节点？

（9）2009 年，魔兽世界贴吧中"贾君鹏你妈妈喊你回家吃饭"的帖子为何让"贾君鹏"的名字在一天之内红遍互联网，进而登上传统媒体？

（10）如何在市政供水管道上设置监测点，以便以较低的成本快速地发现自来水污染事件？

这些问题乍看起来似乎风马牛不相及，其所属领域涉及社会、生物、交通、经济、互联网、社交媒体、市政等，然而，在当今世界上，有一群学者却把这些天差地别的问题放在一起研究。之所以这样做，是因为他们发现这些问题具有惊人的内在相似性。当剥掉这些问题形形色色的外衣之后，它们实际上具有同一种大框架，那就是复杂网络。

复杂网络是由数量巨大的节点和节点之间错综复杂的关系共同构成的网络结构。用数学的语言来说，它是一张有着足够复杂的拓扑结构特征的图。复杂网络具有简单网络如晶格网络、随机图等结构所不具备的特性，而这些特性往往出现在真实世界的网络结构中。复杂网络的研究是现今科学研究中的一个热点，与现实中各类高复杂性系统，如互联网网络、神经网络和社会网络之间的研究有密切关系。

复杂网络的神奇之处在于，很多时候，复杂的世界是由简单的基本规律决定的。例如，英国数学家约翰·康威发明的生命游戏图，初始状态下只有 2 ~ 3 个黑点，然而它们通过一些简单的规则就能演化得非常复杂，甚至发展到类似生命的现象。著名的海斯公式：复杂行为 = 简单规则 + 丰富关联（海斯，2003）较深刻地揭示了复杂网络的本质。从构成复杂网络的两个简单个体来看，它们之间的关系往往是非常简单的，但随着大量简单的个体通过简单的关系加入网络，网络规模不断扩大，整个网络会涌现出考察单个个体所不能了解的整体现象。如果采用还原论的方法来认识复杂网络，将复杂网络分解、再分解，直到分解为个体，那么即便人们对个体了解得再清楚，也难以了解整体的属性。著名的复杂网络科学家艾伯特－拉斯洛·巴拉巴西（Albert-László Barabási）说明了分析的方法或者还原论为何难以在复杂网络的研究上起作用的重要原因。

还原论是 20 世纪很多科学研究背后的推动力。还原论告诉我们，要理解自然界，首先要认识它的各个组成部分。这里包含着一个假设，一旦理解了每个部分，我们就很容易掌握整体。这就是"分而治之"，从细节中寻找问题。但自然界并不是一个设计完美、只有唯一答案的谜题。在复杂系统中，部件可由许多种不同方式组合起来，要想把每个可能性都尝试一下，需要数亿年。

——巴拉巴西

正是因为复杂网络的普遍性和重要性，著名物理学家斯蒂芬·霍金（Stephen Haking）

于 2000 年提出："我认为，下个世纪将是复杂性的世纪（I think the next century will be the century of complexity）。"

复杂网络研究的起源可以追溯到"格尼斯堡七桥问题"（李金华，2009）。格尼斯堡本来属于普鲁士，第二次世界大战后被划入苏联，在苏联解体后，它成为俄罗斯的一块飞地。格尼斯堡现在在俄罗斯的加里宁格勒，中间被爱沙尼亚、拉脱维亚、立陶宛和白俄罗斯与俄罗斯本土分隔开。格尼斯堡有一条河穿过，有 7 座桥把河上的两座小岛与河岸联系起来。据说，格尼斯堡的人常常沿着 7 座桥在河岸和岛上散步。有个人提出一个问题：一个步行者怎样才能不重复、不遗漏地一次走完 7 座桥，最后回到出发点。后来，数学家欧拉把它转化成一个几何问题——笔画问题（图 10-1）。1736 年，29 岁的欧拉向圣彼得堡科学院递交了《哥尼斯堡的七座桥》的论文，在解答问题的同时，开创了数学的一个新的分支——图论与几何拓扑，也由此开启了数学史上的新历程。

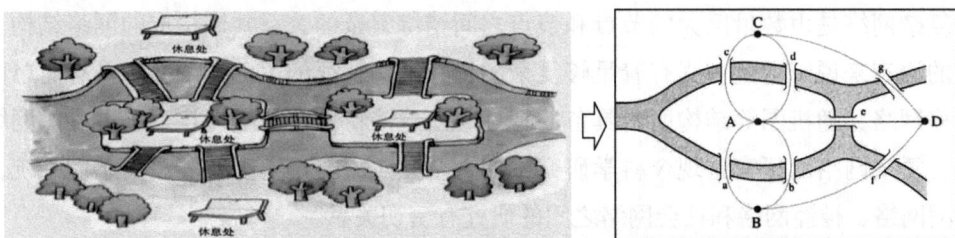

图 10-1 格尼斯堡七桥问题

后续对复杂网络的研究主要由哈佛大学一批研究社会网络分析的学者推动。社会网络分析于 20 世纪 30 年代由社会心理学家雅各布·莫雷诺创立，由社会学、经济学研究者发扬光大，包括 Henderson 和 Homans 等（林顿·弗里曼，2008）。社会网络是指社会个体成员之间因为互动而形成的相对稳定的社会体系，或者说社会网络是社会行动者及其相互关系的集合。社会网络常用图来表示，图中的节点表示实体（Entity）或行动者（Actor），而边表示它们之间的社会关系。在社会网络中，一个节点可以是个体、团队、组织、企业、国家等实体。两个节点之间的连接关系可以是朋友关系、同事关系、同学关系、企业之间的商业关系、种族信仰关系、团队之间的协作或共同成员关系等。社会网络分析研究作为社会研究的一种方法，具有 4 个典型特征：结构性思想、系统的关系数据、图形、数学或计算模型，但这个时期的样本量往往不大，在第四个特征上表现也不明显。

复杂网络较有代表性的研究开始于 1960 年左右。1959 年，数学家 Erdös 和 Rényi 提出 ER 随机图模型，发现随机网络许多重要的性质是随着网络规模的增大突然涌现的。ER 随机图理论为图类的阈函数和巨大分支涌现的相变等提供了研究网络的一种重要的数学理论。1967 年，Milgram 做了"小世界实验"，后来被称为六度分隔理论，即平均只要通过 5 个人，你就能与世界任何一个角落的任何一个人发生联系。但 Milgram 的数据量较小，而且实验中出现不少邮件在传递过程丢失的情况，这就使得其结论的可信度大打折扣，所以很多人对六度分隔理论半信半疑，直到后来对互联网上的大规模社交数据的研究证实了这一理论的正确性。1973 年，Granovetter 提出弱连接理论，发现当人们找工作的时候，经常是依靠认识的人的介绍，然而有趣的现象是，那些关系紧密的朋友（强连接）反倒没有那些关系一般的，甚至只是偶尔见面的朋友（弱连接）更能够发挥作用。因此，"认识"经常比"熟知"更有价值，新的发明、新的产品往往要通过弱连接才能最大程度地推广出去。ER 随机图在提出后几乎成为复杂网络研究的基本模型。很快，研究者发现现实网络计算的结果与 ER 随机图并不相符。1998 年，Watts 和 Strongatz 在 *Nature* 杂志上发表论文，描述了图从规则网络到随机网络的转变，提出了小世界（Small World）网络模型（又称为 WS 模型），指出现实世界中的网络具有高的聚类特性和短的平均路径长度的特征。Newman 和 Watts 随后改进了 WS 模型，提出了 NW 小世界模型，他们用随机化加边代替了随机化重连，从而避免了产生孤立节点的可能。令 p 为随机网络节点连接的概率，N 节点数，那么当 p 足够小、N 足够大时，NW 小世界网络本质上等同于 WS 小世界网络。1999 年，Barabasi 和 Albert 在 *Science* 上发表论文，指出许多现实世界中的复杂网络的连接度分布具有某种幂指数的形式，并测出万维网的直径是 18.59。由于幂律分布没有明显的特征长度，因此该类网络被称为无尺度（Scale-free）网络或无标度网络。在此基础上，Barabasi 和 Albert 建立了基于增长（Growth）和择优连接（Preferential Attachment）机制的 BA 模型，并给出了数值解和解析解。现实世界中许许多多的复杂网络，如 WWW、Internet、科研合作网、无线通信网络、科学文献索引系统、电力网络、生物神经网络、社会关系网等，都是小世界或无尺度类型的网络。

10.2　复杂网络的基本概念

复杂网络是一个跨学科的研究，吸引了来自社会学、计算机科学、物理学、数学、生物学等领域的专家学者投入其中进行研究。不同领域的学者为了方便交流，逐渐形成了共同认可的基本概念，包括度和度分布、聚集系数、组元和元组、最短路径、介数、核数等。

（1）度和度分布

网络中节点 i 的度（degree）定义为与该节点连接的其他节点的数目。1 个节点的度越大就意味着这个节点在某种意义上越"重要"。对于有向图来说，节点的度分为入度和出度，其中一个节点的入度是其他节点连接到（指向）该节点的边的数目，出度则是该节点连接到（指向）其他节点的边的数目。显然，对于有向图来说，1 个节点的度等于它的入度和出度的和。

网络的平均度是指网络中所有节点的度的和的平均值，一般记作 $<k>$。度分布函数 $p(k)$ 则是指随机选定节点的度恰好为 k 的概率，实际上就是具有 k 个连接的节点占全部网络节点的比例。对于随机网络，因为连接具有随机性，所以节点的度（连接数）应该接近于网络的平均度 $<k>$。然而大量的实际网络的度分布是幂律分布，如 WWW、代谢网络、电话呼叫网络等，并没有平均度，所以被称为 Scale-Free（SF）网络或无标度网络（李勇，2005）。

（2）聚集系数

聚集系数（Clustering Coefficient）也被称为群聚系数、集群系数，是用来描述一个图中的顶点之间结集成团的程度的系数。节点 v 的聚集系数反映了它的邻居节点间关系的密切程度，即它的邻居节点存在关系（边）的情况。通俗地说，聚集系数反映了"你的朋友的朋友也可能是你的朋友"。

由于聚集系数表示了节点的紧邻之间也是紧邻的程度，因此在社会学领域的研究者称它为网络密度。整个网络的网络密度被定义为节点聚集系数的平均值。对于随机网络，整个网络的密度等于节点间的连接概率。Watts 和 Strogatz 首次提出，许多实际网络的聚集系数远大于相同节点数的随机网络，即许多实际网络趋于具有集团的特性，像人的社会关系网络一样。

（3）组元与元组

许多复杂网络并不是一个连通网络，即它们由多个连通网络构成。组元（Component）是指网络中连通的 1 个子网络。1 个顶点所属的组元是指从此顶点出发沿着有图中边所构成的路径可以到达的顶点集合。有向图要复杂一些，它的一个顶点有入组元和出组元。其中，入组元是指沿着有向图中边所构成的路径能够到达该顶点的集合，而出组元则是指从该顶点出发沿着图中的边所构成的路径可以到达的顶点的集合。

在复杂网络分析中，二元组和三元组是经常被提到的基本概念。其中，二元组（Dyad）由两个行动者及他们之间的关系组成，这是研究关系模式的基本单位。行动者是社会学学者研究复杂网络对节点的另一种称呼。二元组分析注重一对活动者之间联系的属性，如联系是否是双向作用的（Reciprocated）及某几种特定类型的联系是否会同时存在。三元组（Triad）是由 3 个行动者及他们之间的关系组成，对于有向图来说，它分为无向三元组和有向三元组。显然，复杂网络中三元组的概念与知识图谱中是不同的。平衡理论（Balance Theory）提出和激发了许多三元组分析相关的问题，其中特别有意义的是三元组是否是可传递的（Transitive）及平衡的（Balanced）（肖韬，2004）。

二元组和三元组分析是复杂社会网络中进行群组分析的常用概念。此外，还有子群（Subgroup）和群体（Group）两个常用的概念。其中，子群是指由所有活动者的任意大小的子集（Subset）及它们之间的关系构成的集合，而群体是一群活动者及它们的关系构成的集合。

（4）最短路径

两个节点的最短路径（Shortest path）是指它们之间边数最少的路径。最短路径的长度称为两点间的距离，用 d_{ij} 表示。注意，两个顶点之间的最短路径可能且经常不止 1 条。

网络的平均路径长度（一般记为 L）又称为特征路径长度，是指所有节点对之间的距离的平均值。平均路径长度反映了节点对之间的平均距离，同时反映了网络的尺寸，因此也被称为网络直径。复杂网络中的小世界现象是网络有小的平均路径长度和高的聚集系数的结果，即同时具备短路径长度和高聚集系数的网络才是小世界的。小世界特性常与疾病、谣言或数据在网络中的传播和传输问题有关，而这些问题在一些场景中常常是很关键的问题。

（5）介数

介数（Betweenness）反映了节点或边的作用和影响力。其中，点介数是指网络中通过该节点的最短路径的条数；边介数是指网络中通过该边的最短路径的条数。介数越大，说明经过该节点（边）的最短路径越多。在信息传播过程中，通过该节点（边）的信息量就越大，于是就越容易发生拥塞。研究表明，节点介数与度之间有很强的相关性，不同类型的网络，其介数分布也大不一样。

如果一对节点间共有 B 条不同的最短路径，其中有 b 条经过节点 i，那么节点 i 对这对节点的介数的贡献为 b/B。把节点 i 对所有节点对的贡献累加起来再除以节点对总数，就可得到节点 i 的介数。类似地，边的介数定义为所有节点对的最短路径中经过该边的数量比例。

（6）核数

度可以衡量一个节点的重要性，然而度只能刻画节点周围很局部的特征，远远不能描述一个节点在传播动力学中的重要性。因此，Kitsak 等（2010）提出可以用节点的核数（Coreness）来更好地度量节点的重要性。一个节点的核数就是网络在进行 k 核分解（k-core decomposition）时的 k-shell 指数，即一个图的 k- 核就是反复去掉图中度小于等于 k 的节点后所剩余的子图。

对于一个网络，0 核是原图；1 核就是去掉所有孤立点的图；2 核就是先去掉所有度小于 2 的点，然后在剩下的图中再去掉度小于 2 的点，依此类推，直到不能去掉为止；3 核就是先去掉所有度小于 3 的点，然后在剩下的图中再去掉度小于 3 的点，依次类推，直到不能去掉为止……一个节点的核数定义为这个节点所在的最大核的阶数——如一个节点最多在 5 核而不在 6 核中，这个节点的核数 =5。

若一个节点存在于 k- 核，而在（$k+1$）- 核中被去掉，则此节点核数为 k。所有度为 1 的节点的核数必为 0。节点核数中的最大值称为网络图的核数。节点核数可以表明节点在核中的深度。即便一个节点的度数很高，它的核数也可能很小。例如，包含 N 个节点的星型网络的中心节点的度数为 $N-1$，但它的核数为 0。

10.3　复杂网络的分类

按照网络中节点度分布的随机程度，可以将复杂网络分为规则网络、小世界网络和随机网络（图 10-2）。

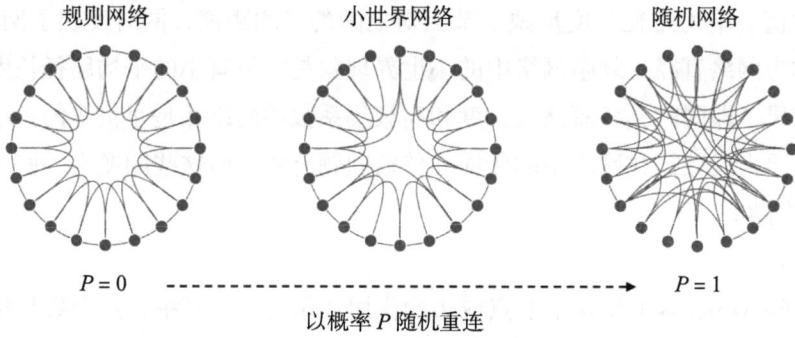

图 10-2　规则网络、小世界网络和随机网络

（1）规则网络

规则网络具有平均路径长且聚集系数大的特点。规则网络的度分布是单点分布，即节点取某个确定度的概率为 1，可看作为 δ 分布。图 10-3 展示了节点度为 3 的规则网络。

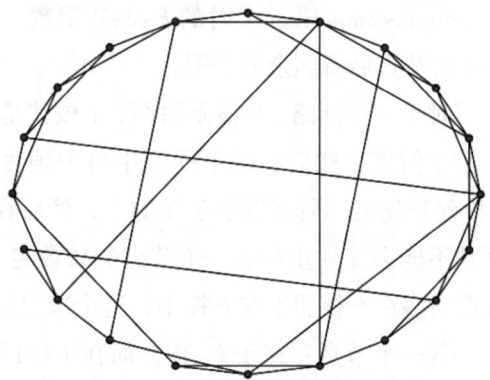

（2）小世界网络

小世界网络同时具有小的平均最短路径长度和大的聚集系数。小世界网络的度分布接近于泊松分布。有两类最为经典的小世界网络模型，一类是 Watts 和 Strogatz 于 1998 年提出的，被称为 WS 网络；另一类是 Newman 和 Watts 于 1999 年提出的，被称为 NW 网络。NW 小世界网络模型中用随机化加边代替了随机化重连，从而避免了产生孤立节点的可能。即 p 随机网络节点连接的概率，N 为节点数，当 p 足够小、N 足够大时，NW 小世界网络本质上等同于 WS 小世界网络（图 10-4）。

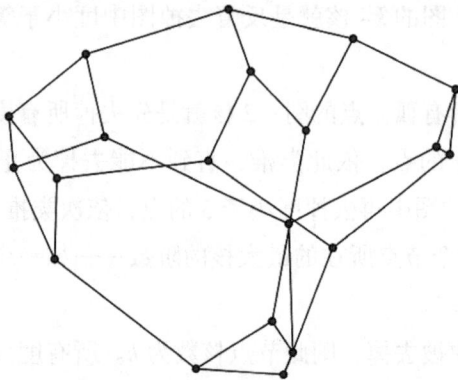

图 10-3　节点度为 3 的规则网络　　　　图 10-4　WS 小世界网络示例

（3）随机网络

随机网络具有平均路径短且聚集系数小的特点。有两类经典的随机网络，一类是由 Erdos 和 Renyi 于 1960 年提出的 ER 网络，虽然它的平均最短路径长度小，但是聚集系数却非常小。ER 网络度分布为泊松分布。另一类是由 Barabasi 和 Albert 于 1999 年提出的 BA 网络，又被称为随机生长网络模型，其度分布为幂律分布。BA 网络常常是无尺度（Scale-free）网络。幂律分布的网络由于没有明显的特征长度，因此是无尺度的。无尺度

网络常被简称为"SF 网络",它的平均路径短,聚集系数有大有小。

复杂网络还可以分为社会网络、技术网络和生物网络(吕琳媛,2013)。其中,社会网络描述的是人与人之间的直接关系,如社会合作网络、朋友网络、信息网络、通信网络、社会接触网络等;技术网络是一种人造的网络系统,如万维网和互联网、电力网络、交通网络等;生物网络描述了生物系统组成部分之间关系,既有宏观的生物体之间的关系,也有微观的细胞或基因之间的关系,如食物链网络、基因调控网络、代谢网络、信号传导网络、蛋白质相互作用网络、神经网络等。

复杂网络按领域可以分为社会网、生物网、信息网络、技术网络、交通运输网等。其中,社会网的例子有演员合作网、友谊网、姻亲关系网、科研合作网、Email 网等;生物网的例子有食物链网、神经网、新陈代谢网、蛋白质网、基因网络等;信息网络的例子有 WWW、专利使用网、论文引用网、计算机共享网等;技术网络的例子有电力网、Internet、电话线路网;交通运输网的例子有航线网、铁路网、公路网、自然河流网等。

需要说明的是,以上分类从不同角度对复杂网络进行了分类,帮助我们更好地理解网络,但它们都不是完备的。还有很多网络,如河道形成的网络、语义网络等,很难令人信服地归入上述某类中。

10.4 复杂网络的分析指标

网络分析法有两种不同的取向:第一种取向是以社会计量学的方法进行社会心理学的小群体研究,以林顿·弗里曼的研究为代表;第二种取向是以网络作为社会结构来看待社会网络对个人行为的影响,以格兰诺维特、林南等的研究为代表(聂磊,2011)。传统的社会网络结构分析主要关注某个节点或某类节点出发的网络结构特征,而对复杂网络的结构分析则主要关注统计分析下的结构特征(杨波,2007)。

10.4.1 传统社会学研究下的网络结构测度指标

传统社会网络分析多采用调查问卷的方法搜集数据,所构建的网络规模通常较小,所以可以对网络中的个体节点或边做深入的属性分析。下述的测度指标是对社会网络分析中采用的基本网络结构测度指标的总结。

(1)社会距离测度

社会距离测度指标主要包括节点的自我中心距离(Eccentricity)和网络直径(Diameter)两个指标。

①节点的自我中心距离等于此节点与网络中其他节点之间最短路径的最大值。以信息传播研究为例,自我中心距离越大的节点,从它所发出的信息要在网络中传播,其失真的可能性越大。

②网络直径等于网络中所有节点的自我中心距离的最大值，即网络中节点之间最短路径的最大值。网络直径在信息传播研究中也具有重要价值，它从网络整体的角度衡量了信息在网络中传播的失真程度。

（2）连通性测度

连通性测度指标主要包括节点的可达性（Reachability）和网络的连通性指标。

①节点的可达性是网络中与该节点有路径相连的节点的数目。节点的可达性刻画了此节点与网络中其他节点之间联系的难易程度，可达性强的节点在信息、资源的扩散中的作用也重要。

②常用的衡量网络连通性的定量指标包括为使网络不连通所需删除的节点或边的最少数目，或者网络中连通组元的数目和规模。

（3）中心性分析

中心性分析是复杂网络分析特别常用的一类指标，包括程度中心性（Degree Centrality）、亲近中心性（Closeness Centrality）、居间中心性（又称介中性，Betweenness Centrality）、信息中心性（Information Centrality）、特征向量中心性（Eigenvector Centrality）、子图中心性（Subgraph Centratity）、PageRank 等。这里仅以无向图为例，简要介绍一下程度中心性、亲近中心性、居间中心性和特征向量中心性 4 个常用的中心性分析指标。

1）程度中心性

程度中心性又称度中心性，它是衡量节点在网络中的重要性的一个指标。节点的度中心性是由节点的度数来反映。若用 Γi 表示节点 i 的邻居节点，a_{ij} 是网络邻接矩阵中对应节点 i 和 j 的元素的值，则节点 i 的度中心性指标 $deg(i)$ 定义为

$$deg(i) = \sum_{j \in \Gamma i} a_{ij}。 \tag{10-1}$$

程度中心性指标可以帮助人们发现网络中的"名人"。图 10-5 展示了一个无向无权图中节点 A 和 G 的程度中心性指标值。显然，按照程度中心性指标，节点 G 要比节点 A 更重要一些。

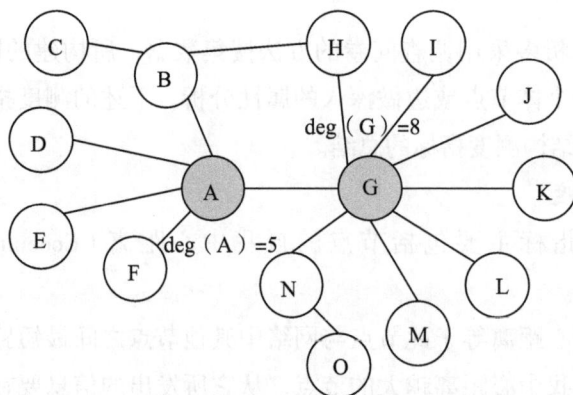

图 10-5 节点 A 和 G 的程度中心性指标值

2）亲近中心性

亲近中心性是以距离为基础来衡量一个节点的中心程度。节点与网络中其他节点的最短距离之和越小，则此节点的中心性越高。对于一个具有 N 个无向无权图来说，记 d_{ij} 为节点 i 和 j 的最短距离，则节点 i 的亲近中心性定义为

$$CC_i = \frac{N-1}{\sum_{1 \leqslant j \leqslant N} d_{ij}} 。 \qquad (10\text{-}2)$$

亲近中心性可以发现网络中的"八卦传播者"。亲近中心性高的节点，从该节点出发的信息更容易到达网络中的其他节点。

3）居间中心性

居间中心性又称介中性，衡量了一个节点的中介价值。出现在许多其他节点间最短路径上的节点有较高的中介中心性分数。记 $g_{jk}(i)$ 表示节点 j 和 k 之间通过节点 i 的最短路径的条数，则节点 i 的居间中心性定义为

$$BC_i = \sum_{j<k} \frac{g_{jk}(i)}{g_{jk}} 。 \qquad (10\text{-}3)$$

居间中心性可以发现网络的传播瓶颈或社群桥梁或跨界者。这是因为一个领域（区域）的信息要向另一个领域（区域）进行传播，居间中心性高的节点常是必经之处。

虽然度中心性高的节点有较高的居间中心性，但是在一个网络中，度中心性高的节点不一定是居间中心性高的节点。如节点 A 的度为 6，而节点 H 的度为 3，但节点 H 具有较高的居间中心性，因为 A–G 向 I、J 传播信息必须通过 H（图 10-6）。

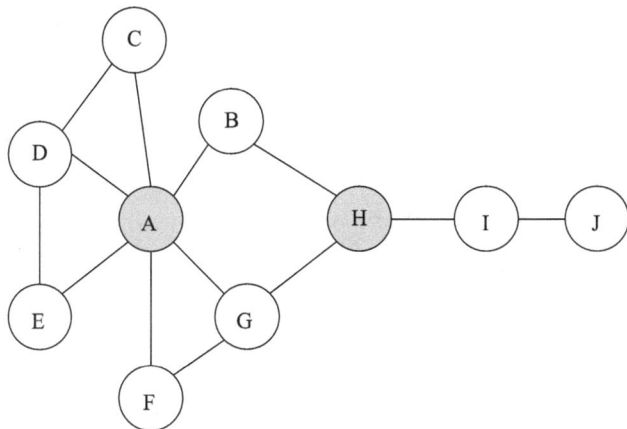

图 10-6　度中心性和居间中心性

4）特征向量中心性

特征向量中心性定义为网络邻接矩阵 A 的主特征向量。特征向量中心性不仅考虑了节点的邻居节点数量，还考虑了节点的邻居节点质量。权值高的节点对其所指向的节点的贡献要高于权值低的节点。因此，特征向量中心性是将节点度的数量和质量综合起来评价节点在网络中的重要性。在网络的邻接矩阵 A 中，$a_{ij} = 0$ 表示节点 i 和 j 之间不存在

边连接，$a_{ij} = 1$ 则表示节点 i 和 j 之间存在边连接，记 λ 为 A 的最大特征值，且最大特征值所对应的特征向量为（e_1，e_2，$\cdots$，e_n），则节点 i 的特征向量中心性为

$$EVC_i = \lambda^{-1} \sum_{j=1}^{n} a_{ij} e_j。 \qquad (10\text{-}4)$$

特征向量中心性可以发现社交网络中的"幕后大佬"，即"那些在社交网络中沉默却拥有极大权利的人物"。

（4）结构洞分析

结构洞（Structural Hole）理论首先是由美国社会学家 Ronald Burt 1992 年在《结构洞：竞争的社会结构》（Structural Holes：The Social Structure of Competition）一书中提出的。Burt 把结构洞定义为"非冗余联系之间的分割"，分析怎样的网络结构能够给网络行动者更多的利益和回报。因此，结构洞就是社会网络中的"空隙"，即社会网络中某个或某些个体和有些个体发生直接联系，但与其他个体不发生直接联系或关系间断（Disconnection）的现象，从网络整体看，好像网络结构中出现了"洞穴"，即结构洞（梁鲁晋，2011），如图 10-7（a）所示。图 10-7（b）和图 10-7（c）展示了两个简单的、仅包含 3 个节点的网络，图 10-7（b）是全连通网络，图 10-7 中每个个体所获得的信息基本上是对等的、重复的，不存在结构洞；而图 10-7（c）中的 B 和 C 之间没有直接联系，它们必须通过节点 A 才能建立联系，相对于节点 B 和 C，A 具有明显的竞争优势，它可以通过占据两个没有直接联系的行动者之间的中心位置而获利，在这种情况下，可以说 A 具有一个结构洞 BC。

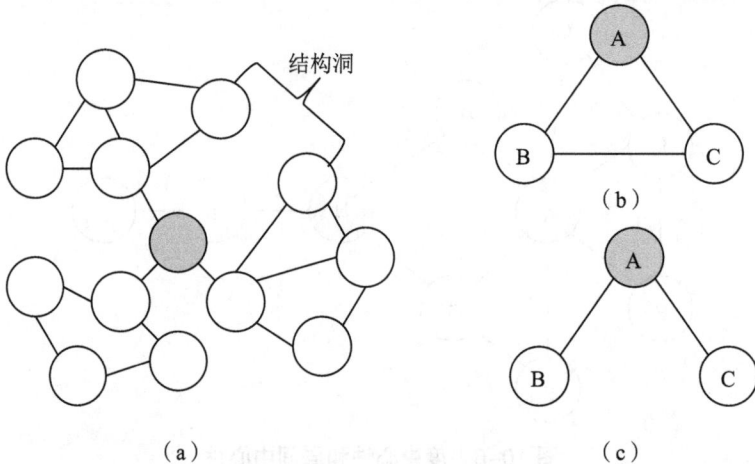

图 10-7　结构洞示例

Burt 指出结构洞是社会网络中普遍存在的现象。个人在网络的位置比关系的强弱更为重要，个人在网络中的位置决定了他的信息、资源和权力。在存在结构洞的网络中，占据中心位置的个体可以获得更多、更新的非重复信息，并且具有保持信息和控制信息两大优势。因此，个人或组织要想在竞争中保持优势，就必须建立广泛的联系，同时占

据更多的结构洞，掌握更多的信息。Burt 将上述思想定量化，提出了有效规模、效率、网络约束系数、等级 4 个指标来测度考虑当结构洞存在的情况下节点的网络关联特征。

1）有效规模

节点的有效规模等于该节点的个体网络规模减去网络的冗余度（Redundancy），等于网络中的非冗余因素。有效规模越大，则可能拥有的结构洞越多。记网络 G 的邻接矩阵为 $A = (a_{ij})_{N \times N}$，定义强度矩阵为 $W = (w_{ij})_{N \times N}$，其中 $w_{ij} = a_{ij} / \sum_j a_{ij}$。则定义节点 i 的有效规模（Effective Size）为

$$ES_i = \sum_j \left[1 - \sum_k w_{ik} m_{jk} \right] 。 \tag{10-5}$$

其中，$m_{jk} = w_{jk} / max_s(w_{js})$，它是节点 j 与 k 关联的边际强度。$\sum_k w_{ik} m_{jk}$ 反映了 i 与 j 的关联相对于 i 与其他节点关联的冗余部分。

2）效率

节点 i 的效率（Efficiency）被定义为节点的有效规模占节点规模（节点度）的比例。

3）网络约束系数（Network Constraint Index）

网络约束系数测量了节点在网络中拥有的运用和控制结构洞的能力。该系数越高，结构洞越少，网络闭合性越高。以交易关系网络为例，其基本思想是：如果节点 i 的潜在交易伙伴中每一个都至少有一个除 i 之外的潜在交易伙伴，则 i 开发结构洞获取优势的机会将受到限制；而如果它们都没有除 i 之外的其他的可替代交易伙伴，则它们都不能够约束 i 的行为。基于上述思想，定义网络约束系数的公式为

$$CI_i = \sum_j CI_{ij} = \sum_j \left(w_{ij} + \sum_k w_{ik} w_{kj} \right)^2 。 \tag{10-6}$$

在上式中，w_{ij} 和 $\sum_k w_{ik} w_{kj}$ 分别反映了节点 i 和 j 的直接网络约束与间接网络约束。间接网络约束也被称为社会协调度（Social Cohension）。

4）等级

等级（Hierarchy）反映了节点 i 从其邻居节点上所承受的约束来自单个节点的程度。若该值较小，则表明约束来自某个节点的集中压力；反之，则表明约束来自节点的平均压力。等级指标的计算公式为

$$H_i = \frac{\sum_j \left(\dfrac{CI_{ij}}{CI_i / N} \right) ln \left(\dfrac{CI_{ij}}{CI_i / N} \right)}{NlnN} 。 \tag{10-7}$$

（5）结构同型分析

结构同型分析通过测度节点的相似程度，对网络中的众多节点进行分类或分群，同类或同群的节点即具有在给定相似性定义意义上的同型结构。同型结构分析的基础是节点相似性测度，它是基于节点之间的关联关系而进行的，因此也称为节点的结构相似性

测度，它们衡量了节点占据同样的网络位置的程度。

常用的节点相似性测度指标，包括匹配比例、Hamming 距离、Pearson 相关系数、Euclidean 距离。

其中，匹配比例法和 Hamming 距离法对于无权网络很适用。该方法首先通过比较两个节点的行（或）列向量，找出其中值相等（匹配）的分量个数。然后，计算两个节点的匹配比例，即将实际匹配的分量个数除以最大可能匹配的分量个数作为两个节点的相似程度。显然，匹配比例越高，两个节点的相似程度也越高。与匹配比例法不同，Hamming 距离法则是从两个节点关联的差异性角度来计算它们的相似度的。Hamming 距离等于为使两个节点的行（列）向量相同，所需要更改的分量个数。

Pearson 相关系数和 Euclidean 距离更适合有向网络和加权网络。其中，Pearson 相关系数也称为 Pearson 积矩相关系数（Pearson product-moment correlation coefficient），是一种常见的线性相关系数，其定义为

$$S_r(i,j) = \frac{\sum_{k \neq i,j}(a_{ki}-\bar{a_{.I}})(a_{kj}-\bar{a_{.J}}) + \sum_{k \neq i,j}(a_{ik}-\bar{a_{I.}})(a_{jk}-\bar{a_{J.}})}{\sqrt{\sum_{k \neq i,j}(a_{ki}-\bar{a_{.I}})^2 + \sum_{k \neq i,j}(a_{ik}-\bar{a_{I.}})^2}\sqrt{\sum_{k \neq i,j}(a_{kj}-\bar{a_{.J}})^2 + \sum_{k \neq i,j}(a_{jk}-\bar{a_{J.}})^2}} \quad (10-8)$$

Pearson 相关系数的取值范围为 [-1，1]。特别地，相关系数为 -1，表示两个节点与其他节点的关联状态是完全相反的；相关系数为 0，表示两个节点的关联状态不相关；相关系数为 1，表示两个节点具有相同的关联状态，即它们是结构同型的。

欧几里得距离测度有向图节点相似性的计算公式为

$$S_d(i,j) = \sqrt{\sum_{k \neq i,j}[(g_{ki}-g_{kj})^2 + (g_{ik}-g_{jk})^2]} \quad (10-9)$$

欧几里得距离计算的节点相似度取值范围为 $[0，\sqrt{2(N-2)}]$，距离值越小，表明两个节点的相似程度越高。

（6）小团体分析

小团体分析主要测度网络中群体的结构形态。从各种形态网络子结构的数目、规模和连接性角度进行的小团体分析能够为了解和预测诸如信息传播、群体冲突等在内的网络整体的可能行为提供很多见解，也有助于个体在网络中的定位。网络中最简单的小团体是存在相邻边的两个节点，即二元组（Dyad）。

小团体的分析有两种方法，分别为自底向上和自顶向下。

在自底向上的小团体分析方法中，从节点度角度定义的小团体的方法有 k-plex 和 k-core，从距离角度定义的小团体的方法有 n-cliques、n-clan 和 n-club。这些小团体的定义如下。

① k-plex：一个包含 G_n 个节点的小团体，其中的每个节点都至少与该团体中的其他 G_n-k 个节点关联。

② k-core：指一个包含 G_n 个节点的小团体，其中的每个节点都至少与该团体中的其他 k 个节点关联。

③ n-cliques：是指小团体内每两个节点之间的距离小于等于 n，团体内两个节点之间的最短路径上的节点可以是整个网络中的节点，而非仅限于是团体成员。

④ n-clan：是指小团体内每两个节点之间的距离小于等于 n，但团体内两个节点之间的最短路径上的节点仅限于是团体成员。

⑤ n-club：是指小团体的直径小于等于 n。

自顶向下小团体分析方法主要有组元、λ 集合和 blocks。

①组元：组元是指网络中最大连通的子图。

②λ 集合：其内部任意的两个节点，要使它们之间无路径相连，所需删除的边条数都要高于使该小团体内部任意一节点与外部一节点之间无路径相连所需删除的边条数。

③ Blocks：Blocks 的定义则与割点相关。割点是指删除后使得网络被分割为两个不连通部分的节点。这也指示了网络诸多节点中的弱点处。被割点分割开的子图被称为 block。

网络密度是在小团体分析中常用的结构测度指标。它反映了网络或团体中节点关系的紧密程度。通常，社会网络中紧密团体的行为与稀疏团体的行为有很大的差别。网络密度定义为网络中实际存在的边数与可能存在的边数的比值。对于有 N 个节点和 M 条边的网络，若其是无向网络，则其密度为 $2M/N(N-1)$；若其是有向网络，则其密度为 $M/N(N-1)$。

基于网络密度，EI 指数（Krackhardt & Stern 1988）可以测度一个大的网络（或大团体）中的小团体现象是否严重，其定义为小团体密度或大团体密度。在一个企业的社会关系网络中，若 EI 指数高，则往往意味着公司中的小团体结合紧密、容易图谋小团体的私利，进而损害整个公司的利益。

10.4.2　复杂网络研究下的网络结构测度指标

近年来，随着计算机和互联网的发展，可以搜集大容量的数据来构建规模非常巨大的网络。虽然传统的网络结构测度指标仍然适用，但对于大规模网络结构做节点和边的深度分析变得困难，因此对含有大量节点的网络的统计属性进行研究就变得非常必要。与社会网络分析关注个案研究不同之处在于对复杂网络结构研究，发现其结构特征的共性，可以推动复杂网络模型和网络上动力学过程的深入发展。

（1）平均最短距离

平均最短距离（Mean Geodesic Distance）是复杂网络结构分析中常用的一个指标。对于无向网络，可以采用节点对之间的最短距离之和除以节点对之间的可能总边数 $[N(N-1)/2]$ 作为平均最短距离，但由于无路径连接节点对之间的最短距离为 ∞，因此更为合理的平均最短距离定义（Newman，2003）为

$$l = (\frac{1}{N(N-1)/2} \sum_{i>j} d_{ij}^{-1})^{-1} 。 \tag{10-10}$$

复杂社会网络的研究显示，它们均呈现较小的平均最短距离，即具有小世界特性。例如，IMD 电影演员合作网络的平均最短距离在 3.48 ~ 4.54，Kiel 大学 Email 联系网络为 4.95，MATH 数学家、SPIRES 高能物理学家、NCSTRL 计算机科学家合作网络的平均最短距离分别是 9.5、4、9.7，Fortune1000 公司董事网络为 4.6 等。

（2）聚集系数

节点的聚集系数反映了其邻居节点间关系的密切程度。在简单图中，设节点 v 的邻集为 $N(v)$，令 $|N(v)| = k_i$，则节点 v 的聚集系数定义为这 k_i 个节点之间存在的边数 E_i 与总的可能边数 $k_i(k_i-1)/2$ 之比，即

$$C_i = \frac{E_i}{k_i(k_i-1)/2} 。 \tag{10-11}$$

由节点的聚集系数可以定义网络的聚集系数。网络聚集系数反映了网络节点间联系的密切程度，体现了网络的凝聚力。网络的聚集系数 C（$0 \leqslant C \leqslant 1$）是所有节点 i 的聚集系数 C_i 的平均值，即

$$C = \frac{1}{N} \sum_i c_i 。 \tag{10-12}$$

$C = 0$，表明网络中所有节点都是孤立点；$C = 1$，表明网络中任意节点间都有边相连。

许多大规模的实际网络都具有明显的聚集效应。事实上，在很多类型的网络（如社会关系网络）中，节点 A 的邻居节点 B 和 C 同时也是邻居的概率会随着网络规模的增加而趋向于某个非零常数，即当 $N \to \infty$ 时，$C = O(1)$。这意味着这些实际的复杂网络并不是完全随机的，而是在某种程度上具有类似于社会关系网络中"物以类聚，人以群分"的特性。Newman 和 Park 2003 年的研究发现，在相同的度分布下，具有小世界特性的复杂社会网络比随机网络的聚集水平高出很多。例如，IMD 电影演员合作网络的聚集系数是 0.79，而对应的随机网络的聚集系数为 2.7×10^{-4}；Kiel 大学 Email 联系网络的聚集系数为 0.16，其对应的随机网络为 4.82×10^{-5}；MATH 数学家、SPIRES 高能物理学家、NCSTRL 计算机科学家合作网络的聚集系数分别为 0.59、0.726、0.496，对应的随机网络的聚集系数为 5.4×10^{-5}、0.003、3.9×10^{-4}。然而，很多非社会网络的聚集水平一般不会超过对应的随机网络。显然，高聚集性是复杂社会网络表现出来的一个重要结构特征。

（3）节点度分布和度指数

节点度分布 $p(k)$ 是指网络中度为 k 的节点的个数占网络节点总数的比例，即在网络中随机选取 1 个节点，它的度为 k 的概率。在实际复杂网络中应用该指标来测度网络结构时，常常采用对节点度的累加分布图的方法。有以下 3 种典型的节点度分布形式。

①幂律（Power Law）度分布：表现为 $p(k) \sim k^{-\alpha_p}$，$\alpha_p > 0$ 为度指数（Degree Exponent）。

该分布的累加分布在双对数坐标下呈直线。

②指数分布：表现为 $p(k) \sim e^{-k/K}$，$K > 0$ 为度指数。该分布的累加分布在半对数坐标（纵轴为对数坐标）下呈直线。

③带指数截断的幂律分布：表现为 $p(k) \sim e^{-ap}e^{-k/K}$ 科学家之间合作关系的论文合著网络有很多属于此。

（4）同配系数

同配性（Assortativity）用作考察度值相近的节点是否倾向于互相连接。同配性与度相关性（Degree Correlation）有关。度相关性在统计学意义上刻画了高度数节点是倾向于与其他度数高的节点连接，还是倾向于与度数低的节点连接。

如果总体上度数高的节点倾向于连接其他度数高的节点，那么称该网络是度正相关，或同配的；如果总体上度数高的节点倾向于连接度数低的节点，那么就称网络是度负相关或异配的。

同配系数（Assortativity Coefficient）是一种基于"度"的皮尔森相关系数，用来度量相连节点对的关系。如果皮尔森相关系数 r 为正值代表具有相同度的节点之间有某种协同关系，r 为负值则表示具有不同度数的节点间有某种联系。通常来说，r 的值在 –1 到 1 之间，r 为 1 表示网络具有很好的同配模式，为 0 表示网络是非同配的，为 –1 则表示该网络是度负相关的或异配的。

（5）介数分布和负载量指数

介数分布（betweenness distribution）基于网络节点的介中性。记节点的介中性为 b，则介数分布 $p(b)$ 表示网络介中性为 b 的节点占网络中节点总数的比例。实际复杂网络的介数分布通常呈现幂律分布的特征，表现为 $p(b) \sim k^{-ab}$。由于介中性反映了网络中一个节点承载信息量的多少，因此幂指数 α_b 也被称为负载量指数（Load Exponent）。根据负载量指数，复杂网络可以分为两类，分别为 $\alpha_b = 2.2$ 和 $\alpha_b = 2.0$，反映了无标度网络的脆弱类别。相对而言，类型为后者的网络比前者更脆弱。

（6）群结构测度

相关研究证明，群结构（Community Structure）在社会网络中普遍并清晰的存在。这种群结构的内部节点联系紧密，而与外部节点联系较为松散，可以通过复杂网络的社区发现算法来检测出来。主要的社区发现算法有层次聚类算法、Girvan-Newman 算法（GN 算法）、Modularity 最大化算法、基于派系的算法等。前 3 种算法发现的社区是不交叠的，即一个节点只可能属于一个社区，而第 4 种算法可以发现交叠社区。上述方法均是基于节点相似划分社区的，Evans 和 Lambiotte 首先从边相似性上提出了对网络中的边进行划分，以挖掘网络中节点的交叠的功能模块结构（Evans，2009）。随后 Ahn 等进一步发展了这种基于边相似性的聚类分析方法（Ahn，2010）。复杂网络中的群通常有一些实际意义，例如，科学合作网络中发现的群可能是具有相同研究兴趣的学者组成，企业员工交际网络中发现的非正式团体的群可能为组织成功管理带来帮助。

群规模分布（Community Size Distribution）是在群识别信息基础上定义的一个群结构测度指标（Guimera et al.，2003；Arenas et al.，2004）。记群规模分布为 $p(s)$，它表示网络中规模为 s（包含 s 个节点）的群的个数占群总数的比例。实际分析中常考察累积群规模分布为

$$P(s)=\sum_{s'\geq s}P(s')。 \tag{10-13}$$

Arenas 等（2004）基于 GN 算法考察了一些社会网络的累积群规模分布，发现均呈现幂律形式 $p(s)\sim k^{-\alpha_s}$。例如，URV Email 联系网络和 Red Hot 爵士音乐家合作网络的群规模分布的幂指数为 -0.48；FisEs 统计物理学家合作网络和 arXiv math-ph 科研合作网络的群规模分布的幂指数为 -1.07；而 arXiv hep-lat、gr-qc、quant-ph 这 3 个科研合作网络则呈现两标度特征，度小于 60 的节点的群规模分布的幂指数为 -0.97，而度大于 60 的节点的群规模分布的幂指数为 -0.54。

（7）网络自相似测度

系统的自相似性是指某种结构或过程的特征从不同的空间尺度或时间尺度来看都是相似的，或者某系统或结构的局域性质或局域结构与整体类似（李佳佳，2010）。复杂网络自相似性测度主要有 Horton-Strahler 指数和自相似指数两种测度方法。

1）Horton-Strahler 指数

Horton-Strahler 指数先由 Horton 在研究河流网络时提出，后经 Strahler 修改确定。利用 GN 算法得到的二叉树包含了网络结构的全部信息。定义二叉树的叶子节点 HS 指数为 1，对任意一个分支，其两枝的 HS 指数分别的 i_1 和 i_2，则此分枝的 HS 指数 i 为

$$i=\begin{cases} i_1+1, & i_1=i_2 \\ \max(i_1,i_2), & i_1\neq i_2 \end{cases}。 \tag{10-14}$$

令 HS 指数为 i 的分枝个数为 M_i，定义分叉率 $B_i=M_i/M_{i+1}$，则二叉树被称为拓扑自相似的，如果对任意 i，则都有 $B_i\approx B$ 成立。事实上，此时整个二叉树可以被视为是由 B 个子二叉树构成的，子树又是由 B 个更小的具有相似结构的子二叉树构成的。

2）自相似指数

Song（2005）利用分形几何理论，基于盒子覆盖方法研究了复杂网络的自相似。如果网络自相似，则下式成立：

$$N_B(l_B)\sim l_B-d_B。 \tag{10-15}$$

式中，$N_B(l_B)$ 表示覆盖整个网络所需的线性尺度为 l_B 的盒子的最小个数。分维 d_B 即为自相似指数（Self-similar Exponent）。d_B 值越大，说明网络越复杂。

（8）模体测度

在对实际网络的结构研究中发现，一些子图在实际网络中出现的频率远比在这些实

际网络的随机网络中高，文献中称这些子图为网络模体，其定义如下（Milo et al 2002）：给定网络 G，与它具有相同的节点度序列的随机网络记为 G'，若子图 MG 被称为模体（motif），当其满足：

$$P\left(N_{MG}\left(G'\right) \geqslant N_{MG}\left(G\right)\right) \leqslant P_0。 \qquad (10\text{-}16)$$

式中，$N_{MG}\left(G\right)$ 是子图 MG 在网络 G 中出现的次数；P_0 是阈值，一般取 0.01。

给定模体 MG 的重要性（significance）的测度为

$$Z_{MG} = \frac{N_{MG}(G) - <N_{MG}(G')>}{\sigma_{MG}(N_{MG}(G'))}。 \qquad (10\text{-}17)$$

由于对应于给定网络 G 的随机网络 G' 不止一种情况，$<N_{MG}\left(G'\right)>$ 给出了多次情况下的平均值，$\sigma_{MG}(N_{MG}(G'))$ 为标准差。在实际运用时，需排除网络规模的影响，采用相对测度：

$$SP_{MG} = \frac{Z_{MG}}{\left(\sum Z_{MG}^{2}\right)^{1/2}}。 \qquad (10\text{-}18)$$

网络模体受到研究者关注原因在于，它们通常与某些功能的实现存在紧密联系。例如，在神经元网络中，节点为神经元，边为神经元之间的突触连接，某些模体被证实在从感觉神经元到运动神经元的信息处理中起关键作用。而更一般地，一些构成闭回路的模体对网络上的信息传播起着重要作用，如社会网络分析中广泛关注的传递型三元组。

（9）互惠性分析

互惠性（Reciprocity）是有向网络中自底向上的网络小团体分析的重要指标，包括二元组方法和边方法（Hanneman & Riddle，2005）。

1）二元组方法

二元组方法是从网络中成对的二元节点组出发，考察存在互惠型关系的节点对的比例。对于有 N 个节点的网络，$M_{A \leftrightarrow B}$ 为互相有边指向的节点对的个数，$M_{A \rightarrow B}$ 为仅有一方指向另一方的节点对的个数，则互惠性定义为

$$R = \frac{M_{A \leftrightarrow B}}{\text{节点对的所有可能数目}} = \frac{2M_{A \leftrightarrow B}}{N(N-1)}。 \qquad (10\text{-}19)$$

或者

$$R = \frac{M_{A \leftrightarrow B}}{M_{A \rightarrow B} + M_{A \leftrightarrow B}}。 \qquad (10\text{-}20)$$

这种计算方法实际就是计算双向边数 $L\leftrightarrow$ 占总边数 L 的比例。Garlaschelli 和 Loffredo

（2004）认为此互惠性计算公式存在不足之处，主要在于它仅为相对值，故而不能对不同网络进行比较，并且未排除自环存在的影响。它们定义的互惠性公式为

$$R_d = \frac{\sum_{i \neq j}(a_{ij} - \overline{a})(a_{ji} - \overline{a})}{\sum_{i \neq j}(a_{ij} - \overline{a})^2}。 \qquad (10-21)$$

式中，$\overline{a} = \dfrac{L}{N(N-1)}$ 是有向边密度。

若 $R_d > 0$ 表示给定网络中双向边出现的机会高于其相应的随机网络，则称为网络具有互惠性；反之，则称为反互惠性或非互惠性。

2）边方法

边方法是从节点间关系出发，考察在所有可能的边中构成互惠型结构的边比例，互惠性定义为

$$R = \frac{2M_{A \leftrightarrow B}}{M_{A \to B} + 2M_{A \leftrightarrow B}}。 \qquad (10-22)$$

分母有向边数量。

（10）加权网络结构分析

大多数复杂网络结果分析的统计指标研究针对的是无权的复杂网络，它们是研究加权复杂网络的基础。Barrat 等（2004）研究了加权的世界航空网和科研合作网络，通过引入边权重和节点强度的概念，提出了加权网络的统计指标。

1）边权重和节点强度测度

给定赋权网络 G，其邻接矩阵为 $A = (a_{ij})_{N \times N}$，其边权重矩阵为 $W = (w_{ij})_{N \times N}$，则节点 i 的强度（strength）定义为

$$s_i = \sum_{j=1}^{N} a_{ij} w_{ij}。 \qquad (10-23)$$

节点强度分布 $p(s)$ 表示任意取网络中一节点，其强度为 s 的概率。对 arXiv cond-mat 科研合作网络的分析表明，节点强度分布呈现重尾特征（存在一定数目的高强度节点），但其幂律特征不及世界航空网明显。

2）加权聚集系数

在无权网络聚集系数定义的基础上，Barrat 将边权重和节点强度引入对网络中三角形结构密度的考察，定义局部的加权聚集系数（Weighted Clustering Coefficient）为

$$c_i^w = \frac{1}{s_i(k_i - 1)} \sum_{j,k} \frac{(w_{ij} + w_{ik})}{2} a_{ij} a_{ik} a_{jk}。 \qquad (10-24)$$

该加权聚集系数不仅考虑了节点 i 的邻居中形成闭合三角形的数目，还考虑了构成三角形的边权重相对节点强度的大小。在此基础上，可以定义网络的加权聚集系数 C^w，

节点度为 k 的节点平均加权系数 $C^w(k)$。记无权网络的聚集系数为 C，则其可能大于也可能小于网络的加权聚集系数 C^w。若 $C^w > C$，则网络中三角形更可能是由更高权重的边形成；反之，网络中三角形可能是由低权重的边形成的。

3）加权度相关性

给定度为 k 的节点 i，Barrat（2004）定义了其邻接点的加权平均度数（The weighted average nearest-neighbors degree）为

$$k_{nn,i}^w = \frac{1}{s_i} \sum_{j=1}^{N} a_{ij} w_{ij} k_j。 \tag{10-25}$$

在采用该指标对实际网络分析时，如果结果为 $K_{nn,i}^w > K_{nn,i}$，表明在高度数倾向于和高（低）度数节点关联之外，这些关联的权重也倾向于较高；反之，表明这些关联的权重倾向于较低。对科研合作网络的分析表明其属于前者类型。

10.5　常用的分析工具

为了帮助研究者开展复杂网络的研究，一些机构开发了相应的软件分析工具，代表性的有 Pajek、UCINET、Gelphi、NetworkX、iGraph 等。以下分别对它们进行简要的介绍。

（1）Pajek

Pajek 是一个大型复杂网络分析工具，由 Andrej Mrvar 和 Vladimir Batagelj 等于 1996年开发。该软件可以免费获取，但限于非商业运用。Pajek 是用于研究目前所存在的各种复杂非线性网络的有力工具，它在 Windows 环境下运行，可用于上千乃至数百万个节点大型网络的分析和可视化操作，突破了很多网络分析软件只能处理较小规模数据的瓶颈。最新版本的 Pajex3XL 则可以处理十几亿个节点。它可以从大规模网络中提取出若干小网络，以便于使用经典算法实现更细致的研究，并通过强大的可视化功能将网络及分析结果展示出来。

Pajek 可以直接定义一个小网络，也可以导入多种格式的外部数据生成网络。Pajek 可以进行一般的聚类、因子分析、核分析、中心性分析、结构洞分析、差异性分析等，可以展示簇之间的关系。除普通网络（有向、无向、混合网络）外，Pajek 还支持多关系网络，2-mode 网络（二分图或二值图，即网络由两类异质结点构成），以及时序性网络（动态图，即网络随时间演化的图）。

（2）UCINET

UCINET 软件是由加州大学欧文（Irvine）分校的一群网络分析者编写的。现在对该软件进行扩展的团队是由斯蒂芬·博加提（Stephen Borgatti）、马丁·埃弗里特（Martin Everett）和林顿·弗里曼（Linton Freeman）组成的。该软件是目前广为人知，也是使用

较多的网络分析软件，下载安装后可以免费使用 60 天（胡长爱，2010）。

　　UCINET 网络分析集成软件包括一维与二维数据分析的 NetDraw，还有正在发展应用的三维展示分析软件 Mage 等，同时集成了 Pajek 用于大型网络分析的 Free 应用软件程序。利用 UCINET 软件可以读取文本文件、KrackPlot、Pajek、Negopy、VNA 等格式的文件。它能处理 32 767 个网络节点。当然，从实际操作来看，当节点数在 5000 ~ 10 000 时，一些程序的运行会很慢。

　　UCINET 的社会网络分析法包括社团发现和区域分析、中心性分析、个体网络分析和结构洞分析等。另外，该软件包有很强的矩阵分析功能，如矩阵代数和多元统计分析。它包含为数众多的基于过程的分析程序，如聚类分析、多维量表、二模标度（奇异值分解、因子分析和对应分析）、角色和地位分析（结构、角色和正则对等性）和拟合中心 – 边缘模型，以及中位数、标准偏差、回归分析、方差分析、自相关、QAP 矩阵相关、回归分析、t 检验等简单统计到拟合基于置换的 $p1$ 模型在内的多种统计程序。它是目前较为流行的，也是容易上手、适合新手的社会网络分析软件。

　　（3）Gephi

　　Gephi 是一款开源、免费、跨平台的基于 JVM 的复杂网络分析软件，其主要用于各种网络和复杂系统，动态和分层图的交互可视化与探测开源工具，可运行在 Windows、Linux 及 Mac OS 系统上。

　　Gelphi 的主要特征包括：由内置快速的 OpenGL 引擎提供支持，Gephi 能够利用非常大的网络推送信封，可视化网络多达 100 万个元素，所有元素都会实时运行，如布局、过滤器、拖动；简单易于安装和使用，以可视化为中心的 UI，像 Photoshop 的图形处理一样；支持模块化扩展 Gephi 及插件开发，该架构构建在 Netbeans 平台之上，可以通过精心编写的 API 轻松扩展或重用。

　　Gephi 支持探索性数据分析、链接分析、社交网络分析、生物网络分析等。Gelphi 支持节点度（度 / 出度 / 入度）、介数中心度、亲密中心度、特征向量中心度、节点 PageRank 值、离心度、聚类系数、最短路径等节点和边的分析，支持平均度、平均加权度、网络直径、网络半径、平均路径长度、图密度、平均聚类系数等网络整体的分析，支持模块化（把度相同的节点归类）、连接组件（基于节点连通关系，根据连接关系对节点归类）等小团体分析。

　　（4）NetworkX

　　NetworkX 是一个基于 Python 语言的软件包，专门为创建和操纵复杂网络，研究复杂网络的结构、动态特性和功能特点而设计。NetworkX 由 Aric Hagberg 等人开发，可以免费获得和使用。不像上述工具提供了菜单等交互界面，方便用户使用，使用 NetworkX 需要 Python 语言编程基础，对用户来说，有一定的门槛，但它是少数专门为复杂网络设计的软件之一，可以在 Windows、Linux、Mac OS 系统上运行，也为复杂网络分析提供了更灵活的支持。

　　NetworkX 的主要特征包括：支持无向图（Graphs）、有向图（Digraphs）、多重图

（Multigraphs）；提供许多标准的图算法；提供网络结构分析和多种分析指标；提供经典图、随机图、合成网络（Synthetic Networks）的生成；节点类型可以是任何事物，如文本、图像、XML 记录等；边可以包含任意的数据，如权重、时间序列等；开源、支持BSD 许可证；经过良好的测试，有超过 1800 个单元测试，覆盖了 90% 以上的代码；受益于 Python 语言特性，可以快速实现原型，支持多平台。

在网络分析上，NetworkX 可以进行最短路径计算、广度优先聚类、同构分析、社团发现、个体网络分析、差异性分析、中心性分析等。中心性分析包括节点介数、边介数、度、接近度等。

（5）iGraph

iGraph 也是一个专门为网络分析设计的工具，但它设计的重点在于效率、轻便和易于使用上，可以处理百万级节点的网络（取决于机器内存）。与 NetworkX 一样，iGraph 也是开源的，不同点在于 iGraph 提供了 R 和 C 语言程序包，以及 Python 与 Ruby 语言扩展，可以采用 R，Python，Mathematica 与 C/C++ 编程使用。

iGraph 的功能主要有：网络可视化；最小生成树，网络流等传统图论算法；节点数、边数、网络密度、网络直径、聚类系数、中心性分析等主要的复杂网络统计分析指标；随机网络模型、网络处理（如 k-cores，PageRank，betweenness，motifs 等）、网络最短路径、社区发现算法等复杂网络处理算法。

10.6　大数据图计算框架介绍

随着信息技术和互联网的快速发展，各类网络的规模越来越大。例如，Google 公司于2012 年发布的知识图谱包含 5 亿个节点和 10 亿多条边，形成巨型的知识网络；微博、微信、Facebook、Twitter 等社交网络上的用户每天都产生数亿条评论、转发，形成巨型的社交网络；作为电商平台，淘宝上数亿个买家和卖家每天产生数百亿次交易行为，包括浏览、收藏、购买等，构成多个巨型的行为网络。万物互联时代（物联网时代）即将来临，未来的巨型网络将是常态。这些巨型网络的出现带来了一个重要的问题，那就是它们常常难以采用1 台计算机来存储、处理，如何对这些巨型网络中包含的信息进行处理、挖掘有价值的知识将是各类组织未来需要面临的一个很大挑战。而图计算框架正是解决这一问题的主要工具。

以下重点介绍图计算框架的存储模型、计算模型，以及主要的图计算框架。

（1）图计算框架的分布式存储模型

由于巨型图体量太大，难以存储在单台计算机中，因此必须设计一种能够存放这种巨型图的分布式存储方案。边切分和点切分是解决 1 个巨型图存储在多台计算机问题的两种方法。图 10-8 展示了它们的区别。

边切分（Edge Cut）　　　　点切分（Vertex Cut）

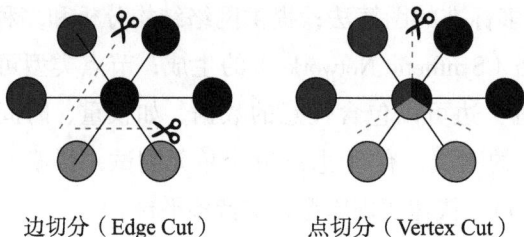

图 10-8　边切分与点切分的区别

（资料来源：网络）

对于边切分（Edge Cut）来说，巨型图的每个节点只存储1次，即只在1台计算机上保存，但是有的边会被打断，即一条边可能在两台或多台计算机上存储。采用边切分的优点在于节省存储空间，而缺点在于，对于图进行基于边的计算时，若一条边的两个顶点分配到了不同机器上，则要跨机器进行通信传输数据，内网通信流量大。

而对于点切分（Vertex Cut）来说，每个边都只存储1次，即都只会出现在1台计算机上，而一个节点则可能存储在多台计算机上。采用点切分的优点在于它可以大幅降低内网通信量，而缺点在于增加存储开销，同时会引发数据同步问题。

这里通过一个简单的示意图来对比一下点切分和边切分。1个具有A、B、C、D 4个节点和AB、BC、CD 3条边的网络存储在3台机器上的情况。图10-9（a）是采用边切分，3条边分别存储在两台计算机上，这样边的总数目由原来的3条，变成了6条，多了一倍，额外增加5个节点副本。图10-9（b）是采用点切分，节点B和C被存储在两台机器上，而A、D被存储在一台机器上，这样边的数目还是3个，只多了两个节点的副本。

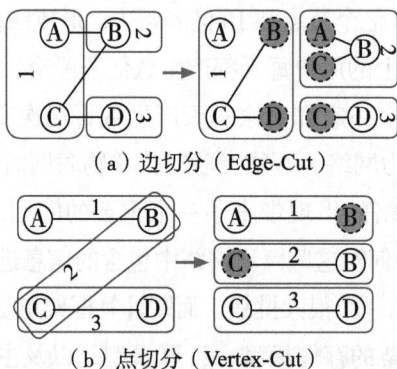

（a）边切分（Edge-Cut）

（b）点切分（Vertex-Cut）

图 10-9　点切分和边切分的存储需求对比

（资料来源：网络）

一般来说，网络中边的数量要远大于节点的数量，因此按边切分将会带来存储和计算上的不均衡。实际的巨型图常常是幂律分布的，采用边切分更会加剧这种情况。例如，Alta Vista WebGraph 有 14 亿个节点、66 亿条边，只有一个邻居的节点的数目超过了 10^8

个，而且 1% 的节点连接了整个图 50% 的边（图 10-10）。

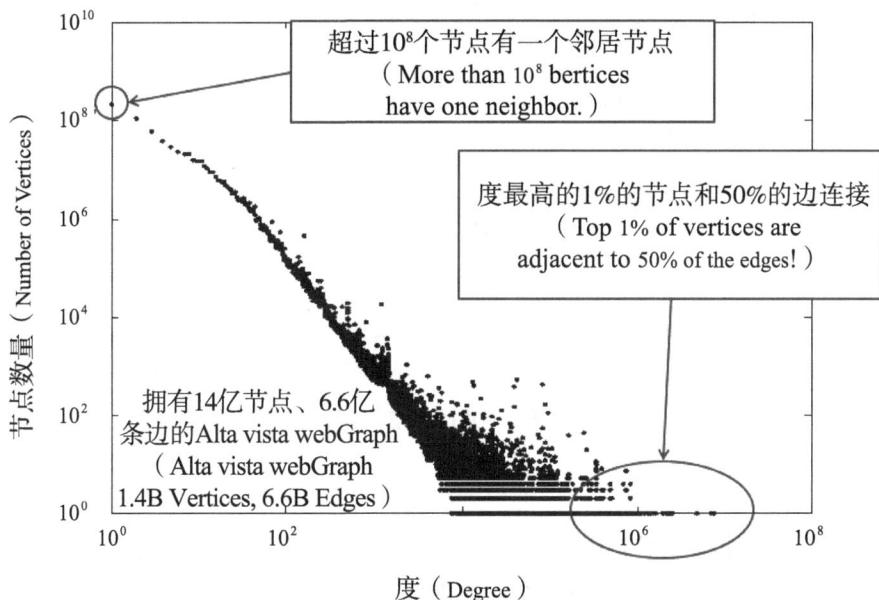

图 10-10 巨型图的度的幂律分布

（资料来源：网络）

因此，点切分成为现代图计算框架的标配，原因主要基于以下两点。

①磁盘价格的持续下降，使得存储空间不是大问题，但计算机通信网络中内网通信资源并没有取得突破性进展，因此内网带宽更宝贵，时间比磁盘空间更珍贵。

②在当前应用场景中，绝大多数网络是"无尺度网络"，遵循幂律分布，边切分使得高"度"点所相连的边大多数会被分配到不同机器上，使得内网带宽更加捉襟见肘。

（2）图计算框架的 BSP 并行计算模型

巨型图体量巨大，需要考虑并行计算才能达到较好的处理速度。目前的图计算框架基本上都是遵循 BSP 计算模式。BSP 全称为 Bulk Synchronous Parallell，由哈佛大学的 Leslie Valiant 和牛津大学的 Bill McColl 提出。一个 BSP 程序同时具有水平和垂直两个方面的结构。从垂直上看，一个 BSP 程序由一系列串行的全局超步（Superstep）组成，这种结构类似于一个串行程序结构（图 10-11）。从水平上看，每一个超步由并发计算、通讯、栅栏（Barrier）同步 3 个步骤组成。同步完成标志着该一个超步的完成，以及下一个超步的开始。BSP 计算模式首先进行本地计算，然后进行全局的通信，最后进行全局的栅栏同步。

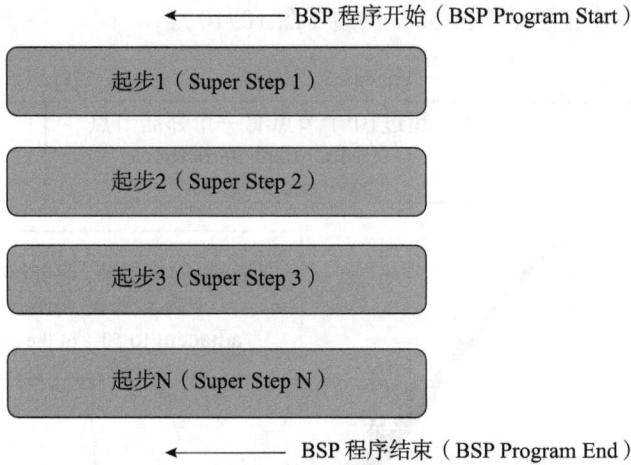

图 10-11　BSP 并行算法的串行程序结构

（资料来源：网络）

BSP 最大的好处是编程简单，而其问题在于一些情况下 BSP 运算的性能非常差。因为有一个全局 Barrier 的存在，所以系统速度取决于最慢的计算，把木桶原理体现无遗。此外，很多现实生活中的网络是符合幂律分布的，也就是顶点、边的分布是很不均匀的，因此在这种情况下，BSP 的木桶原理导致了性能问题会得到放大。

基于 BSP 模式，图计算框架中目前有两种比较成熟的并行图计算模型：Pregel 模型和 GAS 模型。

Pregel 借鉴 MapReduce 的思想，提出"像顶点一样思考（Think Like A Vertex）"的图计算模式，让用户无须考虑并行分布式计算的细节，只需要实现一个顶点更新函数，让框架在遍历顶点时进行调用即可。这个模型虽然简洁，但是缺陷比较明显。由于现实中的巨型图的节点度分布一般是幂律分布，对于邻居数很多的节点，它需要处理的消息非常庞大，难以被并发处理，因此在这个模式下，很容易发生假死或者崩溃。

相比于 Pregel 模型的消息通信范式，GAS 模型更偏向共享内存风格。它允许用户的自定义函数访问当前节点的整个邻域，可以抽象成 Gather、Apply、Scatter 这 3 个阶段，因而常被简称为"GAS"。相应用户需要实现的 3 个独立的函数：gather、apply 和 scatter。由于 gather/scatter 函数是以单条边为操作粒度，那么在并行计算时，对于一个节点的众多邻边，可以分别由相应的 worker 独立地调用 gather/scatter 函数。这一设计主要是为了适应点分割的图存储模式，从而避免 Pregel 模型会遇到的问题。

（3）主要的大数据图计算框架

为了更好地处理巨型图，也因为巨型图处理技术在未来面临的巨大市场机会，一些研究机构或世界知名的互联网公司纷纷开发了图计算框架，如 Google 公司的 Pregel、卡内基梅隆大学（CMU）开发的 GraphLab、加州大学伯克利分校（UC Berkeley）开发的 GraphX、Facebook 开发的 Giraph、Twitter 公司开发的 Cassovary、Microsoft 开发的 Trinity。

分布式图计算框架的目的，就是将对于巨型图的各种操作，包装为简单的接口，让分布式存储、并行计算等复杂问题对上层透明，从而使得复杂网络和图算法的工程师，可以更加聚焦在图相关的模型设计和使用上，而不用关心底层的分布式细节。基于图的计算框架的共同特点是抽象出了一批 API 来简化基于图的编程，这往往比一般的 data-parellel 系统的性能高出很多倍。以下重点介绍 GraphLab 和 GraphX 两个图计算框架。

1）GraphLab

GraphLab 是一个基于图像处理模型的开源图计算框架，由卡内基梅隆大学（CMU）的 Select 实验室在 2010 年提出。同年，GraphLab 基于最初的并行概念实现了 1.0 版本，在机器学习的流处理并行性能方面得到很大的提升，并引起业界的广泛关注。2012 年，GraphLab 升级到 2.1 版本，进一步优化了其并行模型，尤其对自然图的并行性能得到显著改进。GraphLab 最初采用边切分存储方式。2013 年，将存储方式变为点切分。其实，GraphLab 是一个机器学习框架，实现了非常多的机器学习算法。GraphLab 提供了一个完整的平台，让机构能使用可扩展的机器学习系统进行大数据分析，该平台客户包括 Zillow，Adobe，Zynga，Pandora 等，它们从其他应用程序中抓取数据，通过推荐系统、情感及社交网络分析系统等将大数据理念转换为可以使用的预测应用程序。我们说的 GraphLab 图计算其实是指 PowerGraph。PowerGraph 采用 C++ 语言开发，不仅通信开销小，而且运行时间短，对高维度点有很强的健壮性，它被集成到 GraphLab 后，只是 GraphLab 一个主要的底层框架。

2012 年，GraphLab 研发的带头人卡洛斯·古斯特林加入了华盛顿大学的团队。亚马逊创始人杰夫·贝索斯（Jeff Bezos）向古斯特林及其妻子艾米丽·福克斯（Emily Fox）的机器学习项目提供了 200 万美元的资助。古斯特林随后将开源项目从学校分离，成立了公司 GraphLab。根据 linkedIn 上的个人信息，他现在仍然是华盛顿大学的"亚马逊机器学习教授"。在分拆一年后，GraphLab 完成了 675 万美元的 A 轮融资，投资方是西雅图领先的风投公司 Mandrona Venture Group，以及硅谷风投公司 NEA。2015 年 1 月，该公司又获得了 1850 万美元的投资，并改名为 Dato，以显示在大数据时代，该计算框架不仅可以建立图表模型，还能够分析和处理数据。几周后，这一新名称遭到了数据备份和恢复服务公司 Datto 的投诉，而两家公司围绕公司名称展开了拉锯战。最终，Dato 改名为 Turi。2016 年，Turi 被苹果公司收购，收购价格为 2 亿美元。因此，可以说 GraphLab 现在是苹果公司控制的一个图计算框架。Turi 帮助开发者在应用中加入机器学习和人工智能技术。该公司的产品包括 Turi 机器学习平台、GraphLab Create 和 Turi Distributed，以及 Turi 预测服务。这些产品可以帮助不同规模的企业更好地利用数据。具体使用场景包括推荐引擎、反欺诈、预测用户数变化、情绪分析及用户分类等。

2）GraphX

GraphX 是大数据平台 Spark 中的一个组成部分。最初，Spark 0.5 中提供了小面包圈（Bagel）的小模块，类似 Pregel 的功能（仅为实验功能）。Spark 0.8 中开始设立独立图计算模块，借鉴了 GraphLab，被命名为 GraphX。在 GraphX 设计的时候，点切分和 GAS 技术都已经成熟，因此 GraphX 一开始就站在了巨人的肩膀上，并在设计和编码中，针对这些问题进行了优化，在功能和性能之间寻找最佳的平衡点。在 Spark 0.9 中，GraphX 模块被正式集成到主干版本（alpha 版本），已经可以开始进行试用，从此小面包圈 Bagel 告别舞台。在 Spark 1.0 中，GraphX 正式投入生产使用。由于 Spark GraphX 的底层是基于 Spark 来处理的，因此它天然就是一个分布式的图处理系统。Spark 平台提供的对图计算和图挖掘简洁易用且丰富多彩的接口极大地方便了人们对分布式图处理的需求。Graph X 提供的图计算算法主要有：PageRank 算法、连通组元（Connected components）、标签传播（Label propagation）、奇异值分解（SVD++）、强连通组元（Strongly connected components）、三元组计数（Triangle count）、最短路径等。

本章思考题

1. 简述对复杂网络技术的认识和理解。

2. 简述复杂网络的主要类别。

3. 简述复杂网络分析的主要指标。

4. 自学复杂网络分析工具并简述其特点。

5. 简述对大数据图计算框架中并行计算和分布式存储的认识。

第 11 章　神经网络技术

> 神经网络技术是一种重要的机器学习技术，尤其是近年来得到广泛重视的深度学习技术，它可以看作多层神经网络的一种，在很多方面取得了显著的优势。神经网络技术有着广泛的用途，可用于自动标引、实体抽取、关系抽取、事件抽取、知识融合、知识推理等，是知识库构建和应用的基础技术。

神经网络技术，尤其是近年来兴起的深度学习技术是一种"联结主义"的人工智能技术，它可以帮助人们从数据中发现新的知识。

11.1　神经网络基本原理

人工智能有三大学派，分别是符号主义学派、联结主义学派和行为主义学派（陈文伟，2016）。符号主义学派认为思维的基元是符号，思维过程即符号运算；智能的核心是知识，利用知识推理进行问题求解，其代表性成果是专家系统。联结主义学派认为智能活动的基元是神经细胞，智能活动过程是神经网络的状态演化过程，智能活动的基础是神经细胞的突触联结机制，智能系统的工作模式模仿人脑模式，其代表性成果是神经网络 MP 模型、Hopfield 网络、BP 神经网络等。行为主义学派认为智能行为的基础是"感知 – 行动"的反应机制，智能系统的智能行为，在与周围环境的信息交互与适应过程中不断进化和体现，其代表性成果是布鲁克斯演示的新型智能机器人。

神经网络是联结主义的代表。它模拟人脑中神经元的工作原理，通过学习过程来实现有用的计算。人脑的神经元一般包括树突、细胞体、轴突、突触 4 个部分（图 11–1）。

其中，树突的神经纤维一般较短，而分支很多，是神经元接收信息的输入单元；细胞体对接收的、来自树突的信息进行处理；轴突一般有较长的神经纤维，是神经元发出信息的输出单元；突触是一个神经元的轴突末端与另一个神经元的树突之间密切接触的部分，轴突的输出信号是否能发送给树突受突触控制。经过突触的神经元冲动（输出）的传递是有方向性的，不同的突触进行的冲动传递的效果不一样，有的使后一个神经元产生兴奋，有的使其受到抑制。每个神经元可有 $10 \sim 10^4$ 个突触。这表明大脑是一个广泛连接的复杂网络系统。

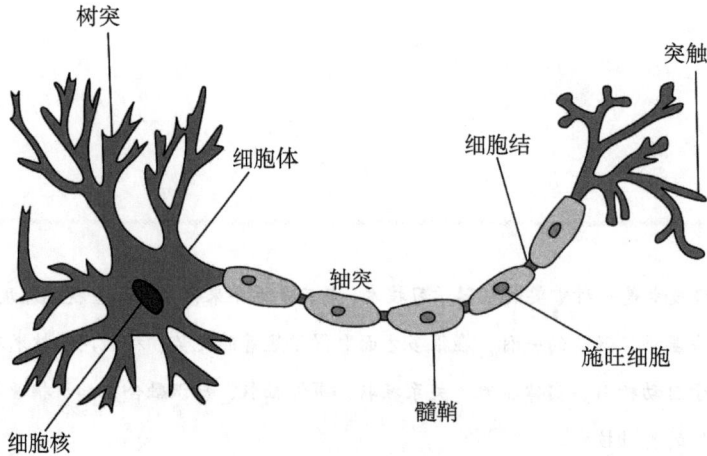

图 11-1　人脑的神经元

（资源来源：网络）

神经元具有以下 3 个性质：①多输入单输出；②突触具有加权的效果；③信息进行传递；④信息加工是非线性的。

计算机领域的神经网络的规范化名称是人工神经网络（Artificial Neural Network，ANN）。它模拟人脑神经元活动的过程，包括对信息的加工、处理、存储、搜索等过程。ANN 不能对人脑进行逼真描述，但它是人脑的某种抽象、简化和模拟。ANN 中一个神经元的典型构造如图 11-2 所示。

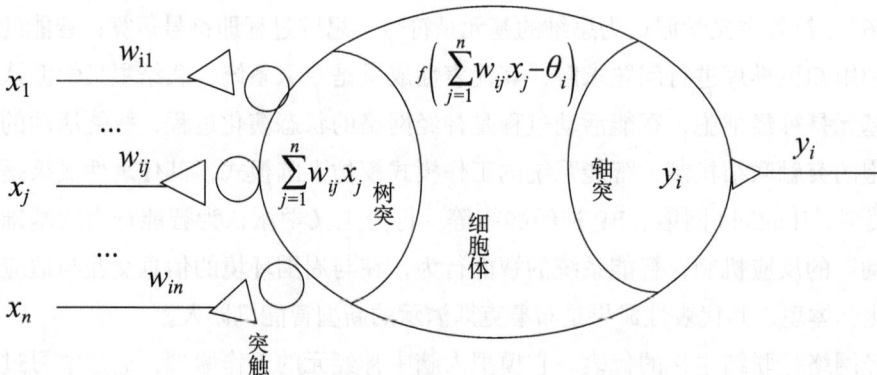

图 11-2　ANN 中一个神经元的典型构造

其中，x_1，x_2，$\cdots$ x_n 为输入；y_i 为该神经元的输出；w_{ij} 为外面神经元与该神经元的连接强度（权），θ 为阈值或偏置（bias），$f(X)$ 为该神经元的激励函数（也称为激活函数、作用函数或转移函数）。激励函数一般是非线性函数。常用的激励函数有线性函数（Linear Function）、斜面函数（Ramp Function）、阈值函数（Threshold Function）、ReLU 函数、S 形函数（Sigmoid Function）、双极 S 形函数等。图 11-3 展示了 ReLU、sigmoid、tanh 这 3 种常用的激励函数的表达式及其图形。

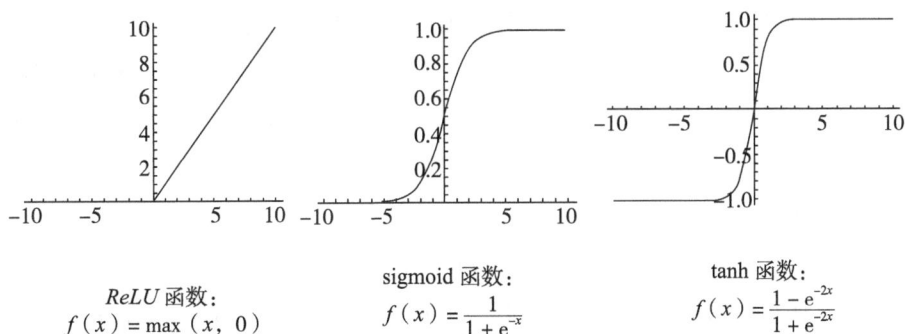

ReLU 函数：
$$f(x) = \max(x, 0)$$

sigmoid 函数：
$$f(x) = \frac{1}{1+e^{-x}}$$

tanh 函数：
$$f(x) = \frac{1-e^{-2x}}{1+e^{-2x}}$$

图 11-3　ReLU、sigmid、tanh 3 种常用的激励函数的表达式和图形

神经网络是通过大量连接的神经元来实现学习和预测的。一般的神经网络包含输入层、隐藏层和输出层，不同层的神经元之间是全连接的。每个神经元通过某种特定的激励函数计算处理来自其他相邻神经元的加权输入值。如果不用激励函数，其实相当于激励函数是 $f(x)=x$，那么每一层节点的输入都是上层输出的线性函数，在这种情况下很容易验证，无论神经网络有多少层，输出都是输入的线性组合，与没有隐藏层效果相当，这种情况就是原始的感知机（Perceptron）神经网络，这种神经网络的逼近能力相当有限。正因为这一原因，激励函数一般选择非线性的函数，这样深层神经网络表达能力就更加强大（不再是输入的线性组合，而是几乎可以逼近任意函数）。

11.2　神经网络的发展历史

神经网络的发展经历了"三起两落"[①]。其每次兴起都为人工智能的研究带来很大的冲击。现在是第三次兴起和发展中，这次出现的神经网络被称为"深度学习"神经网络。一段时间内深度学习风靡全球，甚至有被"神化"的嫌疑。

（1）神经网络的第一次兴起

神经网络最初作为一个计算模型的理论，于 1943 年由科学家 Warren McCulloch 和 Walter Pitts 提出，因此被称为 MP 模型。每个神经元的状态 S_i（$i=1$，2，$\cdots$，n）只取 0 或 1 为结果，分别代表抑制与兴奋。每个神经元的状态由 M-P 方程决定：

---

① 本节内容根据旅居硅谷的王川的博客资料及其他相关资料整理而来。

$$S_i = f\left(\sum_j w_{ij}S_j - \theta_i\right), \qquad i = 1, 2, \cdots, n。 \tag{11-1}$$

其中，w_{ij}（$i \neq j$）是神经元之间的连接强度，它是可调实数，由学习过程来调整。θ_i 是阈值，激励函数 $f(x)$ 是一个阶梯函数，它的输出是 0 或 1。

美国康奈尔大学教授 Frank Rosenblatt 于 1957 年就职于 Cornell 航空实验室（Cornell Aeronautical Laboratory）时提出了感知器（Perceptron）模型。这个模型是第一次用算法来精确定义的神经网络，也是第一个具有自组织、自学习能力的数学模型，还是日后许多新的神经网络模型的始祖。在人工神经网络领域中，感知器也被指为单层的人工神经网络，以区别于较复杂的多层感知器（Multilayer Perceptron）。Rosenblatt 乐观地预测，感知器最终可以"学习、做决定、翻译语言"。感知器的技术提出后，在 20 世纪 60 年代一度走红，美国海军曾出资支持这种技术的研究，期望它"以后可以自己走、说话、看、读、自我复制、甚至拥有自我意识"。

"人工智能之父"马文·明斯基（Marvin Minsky）对感知器模型提出了质疑。Rosenblatt 认为感知器将无所不能，而 Minsky 则认为它的应用有限。虽然 Rosenblatt 和 Minsky 是间隔一级的高中校友，但是两个人还是在感知器的问题上展开了长时间的激辩。1969 年，Marvin Minsky 和 Seymour Papert 出版了新书《感知器：计算几何简介》。他们在书中论证了感知器模型的两个关键问题。

第一，单层的神经网络无法解决不可线性分割的问题，典型的例子如异或门 XOR Circuit（通俗地说，异或门是指两个输入如果是不同的，如一个为 0，另一个为 1，则输出为 1。两个输入如果是相同的，如两个均为 1，则输出为 0）。

第二，更致命的问题是，当时的计算机完全没有能力完成神经网络模型所需要的超大的计算量。

虽然 Rosenblatt、Minsky 及 Papert 等人在当时已经了解到多层神经网络能够解决线性不可分的问题，但他们未能及时推广感知机学习算法到多层神经网络上。此后的十几年，以神经网络为基础的人工智能研究进入低潮，相关项目长期无法得到政府经费支持，这段时间被称为业界的核冬天。Rosenblatt 则没有见证日后神经网络研究的复兴。1971 年，他在 43 岁生日时，不幸在海上开船时因事故而丧生。

（2）神经网络的第二次兴起

1970 年，当神经网络研究的第一个寒冬降临时，日后成为"神经网络之父、深度学习鼻祖"的 Geoffrey Hinton 在英国的爱丁堡大学刚刚获得心理学的学士学位，这时他才 23 岁。Hinton 的父亲 Howard Everest Hinton 是一位英国昆虫学家，喜欢研究甲壳虫，他用事实证实了大陆漂移学说的正确性。

分布式表征和反向传播两个概念影响了 Hinton，也使得神经网络研究开始复苏。

分布式表征（Distributed Representation）是神经网络研究的一个核心思想。它是指，大脑对于事物和概念的记忆，不是存储在某一个单一的地点，而是像全息照片一样，分布式地存储在一个巨大的神经元的网络里。因此，当人们表达一个概念的时候，不是用单个神经元一对一地存储定义。概念和神经元是多对多的关系，一个概念可以用多个神经元共同定义来表达，同时一个神经元也可以参与多个不同概念的表达。分布式表征和传统的局部表征（Localized Representation）相比，存储效率要高很多。因此，线性增加的神经元数目，可以表达指数级增加的大量不同概念。分布式表征的另一个优点是，即使局部出现硬件故障，信息的表达也不会受到根本性的破坏。分布式表征理念让 Hinton 顿悟，使他此后 40 多年来，一直在神经网络研究的领域里坚持下来而没有退缩。在本科毕业后，Hinton 选择继续在爱丁堡大学读研，把人工智能作为自己的博士论文研究方向。

反向传播是神经网络中另一个重要概念。传统的感知器用所谓的"梯度下降"算法纠错时，时间复杂度和神经元数目的平方成正比。当神经元数目增多时，庞大的计算量是当时的硬件无法胜任的。1986 年，Hinton 和 David Rumelhart 合作在自然杂志上发表的论文，"Learning Representations by Back-propagating errors"，第一次系统地、简洁地阐述反向传播算法在神经网络模型上的应用。反向传播算法把纠错的运算量下降到和神经元数目成正比，有效降低了计算的时间复杂度。Hinton 通过在神经网络里增加一个隐藏层（Hidden Layer），同时也解决了感知器无法解决的异或门（XOR Gate）难题。使用了反向传播算法的神经网络，在做诸如形状识别之类的简单工作时，效率比感知器大大提高。

在神经网络的第二次兴起中，Yann Lecun 提出了日后被广泛应用的卷积神经网络模型。Yann Lecun 于 1987 年在法国获得博士学位后，曾追随 Hinton 教授到多伦多大学做了一年博士后的工作，随后搬到新泽西州的贝尔实验室继续研究工作。1989 年，他发表了论文《反向传播算法在手写邮政编码上的应用》，采用美国邮政系统提供的近万个手写数字的样本来训练神经网络系统，训练好的系统在独立的测试样本中，错误率只有 5%。Yann Lecun 进一步运用一种称为"卷积神经网络"（Convoluted Neural Networks）的技术开发出商业应用软件，用于读取银行支票上的手写数字，这个支票识别系统在 20 世纪 90 年代末占据了美国接近 20% 的市场。

就在神经网络再一次表现出很好的效果时，与 Yann Lecun 同在贝尔实验室的苏联移民 Vladmir Vapnik 提出的支持向量机（Support Vector Machine，SVM）算法再一次将神经网络的研究带入第二个寒冬。支持向量机表面上与神经网络没有关系，但它本质上是一个双层的神经网络系统。支持向量机算法是一种精巧的分类算法，最早由 Vapnik 在 1963 年提出。SVM 的理论能利用支持向量很好地解决基本的线性分类。在数据样本线性不可分的时候，它使用"核机制"（Kernel Trick）的非线性映射算法，将线性不可分的样本转化到高维特征空间（High-dimensional Feature Space），使其线性可分。SVM 作为一种分类算法，从 20 世纪 90 年代初开始在图像和语音识别上找到了广泛的用途。在手写邮政编码的识别问题上，SVM 技术不断进步，1998 年就把错误率降到低于 0.80%，2002 年更是将错误率降到了 0.56%，这远远超越同期传统神经网络算法的表现。SVM 技术在图像和语音识别方面的成功，使得神经网络的研究重新陷入低潮。

神经网络除了效果不如 SVM，在实践应用中还面临着两个突出的问题：一个是算法经常停止于局部最优解，而不是全局最优解；另一个是算法的训练时间过长时，会出现过度拟合（Overfit）问题，把噪声当作有效信号。此外，神经网络存在速度特别慢的问题。20 世纪 90 年代，一个简单的神经网络在数据训练时往往要花费几天甚至几周的时间。而 SVM 理论上更加严谨完备，结果重复性好，上手简单，因此得到当时主流学术界的追捧。这时的学术界的共识是：多层神经网络的计算模型实践效果不好，完全没有前途。

（3）神经网络的第三次兴起

神经网络在第二次兴起后很快进入第二次寒冬，几乎受到当时主流学术界的集体抛弃，采用神经网络发表论文和申请项目都变得极为困难，以至于 Hinton 在 2004 年申请加拿大先进研究院（Canadan Institue oF Advanced Research，CIFAR）时不得不采用深度学习（Deep Learning）这一日后广为人知的新概念。可以说，如果没有 CIFAR 的资金支持，那么人类在人工智能的研究上可能还会在黑暗中多摸索几年。

传统神经网络在实践中面临的第一个问题就是速度慢，训练一次需要很长时间。这个问题很快被中国台湾的黄仁勋克服，从而间接带动了神经网络的再一次兴起。黄仁勋于 1993 年从斯坦福大学毕业后不久，创立了英伟达（NVIDIA）公司。1999 年，NVIDIA 发明了图像处理器（Graphics Processing Unit，GPU）。一个 GPU 往往包含几百个算术逻辑单元（Arithmetic Logic Unit，ALU），并行计算能力极高。而神经网络的计算工作，本质上就是大量的矩阵计算的操作，因此特别适合使用 GPU。2007 年，NVIDIA 推出 CUDA（Compute Unified Device Architecture）并行计算软件开发接口，使得开发者可以更方便地使用 GPU 开发应用软件。从此，来自 GPU 的计算能力解决了传统神经网络的速度慢的问题，推动了深度学习的研究和发展。

除了计算速度的因素，传统神经网络的反向传播算法在捉虫（查找问题）时极为困难，一个根本的问题是所谓的梯度消失问题（Vanishing Gradient Problem）。这个问题在 1991 年被德国学者 Sepp Hochreiter 第一次清晰提出并阐明原因。简单地说，就是当成本函数（cost function）从输出层反向传播时，每经过一层，梯度衰减速度极快，学习速度变得极慢，神经网络很容易停滞于局部最优解而无法自拔。2006 年，Hinton 和合作者发表论文 "A fast algorithm for deep belief nets"（深信度网络的一种快速算法），采用限制玻尔兹曼机（RBM）从输入数据中进行预先训练，寻找发现重要的特征，对神经网络连接的权重进行有效的初始化。经过 RBM 预先训练初始化后的神经网络，再用反向传播算法微调，效果就好多了。RBM 相当于两层网络，同一层神经元之间不可连接（所以叫"限制"）。在 Hinton 的论文里，经过 6 万个 MNIST 数据库（手写体图像数据库）的图像训练后，对于 10 000 个测试图像的识别错误率最低降到了 1.25%。虽然这还不足以让主流学术界改变观点，但深度学习的发展已经见到一丝曙光。Hinton 后来指出，深度学习的突破，除了计算能力的大幅度提高，聪明有效地对网络链接权重的初始化也是一个重要原因。

神经网络计算另一个常为人诟病的问题，是过度拟合（Overfitting）问题。一个模型好坏的试金石，不在于和现有数据的拟合度，而在于它是否可以在全新的情况和数据面前，做出正确的判断和预测。2012 年，Hinton 教授发表论文"Improving neural networks by preventing co-adaptation of feature detectors"，采用了一种新的称为"丢弃"（Dropout）的算法来解决过度拟合的问题。丢弃算法的思路非常简单，就是在每次训练过程中，为每个神经元设置一定的"丢弃"几率（如 50%）。当一个神经元被"丢弃"时，训练算法会假装它不存在，计算中忽略不计。使用丢弃算法的神经网络，被强迫用不同的、独立的神经元的子集来接受学习训练。这样训练的网络更健壮，避免了陷入过度拟合的问题，不会因为外在输入的很小变化，导致输出效果的很大差异。论文结果显示，使用丢弃算法后，在诸如 MINST，TIMID，CIFAR-10 等多个经典语音和图像识别的问题中，神经网络在测试数据中的错误率，相对于经典的深度学习算法下降了 10% ~ 30%，获得了较好的效果。

在解决了算力、梯度消失、局部最优、过拟合等问题后，神经网络开始表现出了优异的效果。2009 年，斯坦福大学的 Rajat Raina 和吴恩达合作发表论文"用 GPU 进行大规模无监督深度学习"（Large-scale Deep Unsupervised Learning using Graphic Processors），在一个 4 层、1 亿个参数的深度网络上，使用 GPU 把程序运行时间从几周降到一天。2010 年，瑞士学者 Dan Ciresan 和合作者发表论文"又深又大又简单的神经网络在手写数字识别上表现出色"（Deep Big Simple Neural Nets Excel on Handwritten Digit Recognition），把训练神经网络的图像，刻意通过旋转、放大、缩小和弹性形变等方式进行改变，以获得更大规模的训练数据。他们除了在 GPU 上执行反向传播计算获得高于 CPU 40 倍的速度，在一个 6 层、1200 万个参数的神经网络模型上将图像识别的错误率降到了 0.35%。2012 年，斯坦福大学的黎越国（Quoc Viet Le）等发表论文"用大规模无监督学习建造高层次特征"（Building High-level Features Using Large Scale Unsupervised Learning），使用了一个 9 层、网络参数数量高达 10 亿的神经网络，在 ImageNet 图像数据库里，面对 22 000 个不同类别、1400 万个图像中，分类识别正确率达到了 15.80%，远高于之前 9.30% 的结果。

2009 年，普林斯顿大学计算机系的华人学者李飞飞团队发表了论文"ImageNet: A large scale hierarchical image database"，推出了第一个超大型图像数据库，供计算机视觉研究者使用，并从 2010 年开始，举办了以 ImageNet 为基础的大型图像识别竞赛。2010 年竞赛的冠军是 NEC 和伊利诺伊大学香槟分校的联合团队，他们用支持向量机（SVM）技术将分类识别的错误率降低到 28%。2011 年竞赛的冠军采用一种与 SVM 技术类似的 Fisher Vector 算法，将错误率降到了 25.70%。2012 年，Hinton 教授和他的 2 个研究生 Alex Krizhevsky、Illya Sutskever 将卷积神经网络用到 ImageNet 上，提出 AlexNet 模型，使用了丢弃（Dropout）算法和修正线性单元（ReLU）激励函数，将识别错误率降低到 15.30%，而传统方法的错误率高达 26.20%，以无可争辩的优势获得冠军。这是神经网络 20 多年来第一次在图像识别领域，毫无疑义地大幅度挫败了别的技术，包括 SVM。这一结果让研究者们认识到深度学习的强大威力，以至于此后竞赛排名靠前的团队均采用了深度学习方法（山世光，2016）。2013 年的竞赛冠军将错误率进一步降低到 11.50%。2014 年，竞赛的冠军提出 VGG 深度学习模型，将错误率降到了 7.40%。2015 年，来自微软亚洲研究、由 4 位华人学者组成的 MSRA（MicroSoft Research Asia）团队，提出深度残差网络模型 ResNet，将识别错误率降低到了 3.57% 的新低，这个数字已经低于一个接受良好培训的正常人的大约 5% 的错误率，这一结果标志着计算机第一次在图像识别能力上超越人类。

2016 年，人工智能之父 MIT 教授 Marvin Minsky 去世。这标志着人工智能一个旧时代的结束，也标志着一个新时代的开始。自此，深度学习几乎成为人工智能的代名词。2016 年，Google 在 Nature 上撰文称基于深度学习的 AlphaGo 机器人在 2015 年 10 月，连续 5 局击败欧洲冠军、职业二段樊辉。这是人类历史上机器第一次击败职业围棋选手，而此前很多人都认为计算机不可能在围棋上击败人类。计算机的这一胜利，距离 1997 年 IBM 计算机击败国际象棋世界冠军已有近 20 年。2018 年 3 月 27 日，2018 年图灵奖出炉，该奖项被授予为深度学习领域做出杰出贡献的 3 名科学家，他们分别是：蒙特利大学的教授 Yoshua Bengio，创办了一家人工智能公司，名为 "Element AI"；Google 工程师和多伦多大学教授 Geoffrey Hintion；Facebook 的首席人工智能科学家和纽约大学教授 Yann LeCun。

11.3 主要的神经网络模型

11.3.1 前馈网络

前馈网络可以分为单层前馈网络和多层前馈网络。单层网络是最简单的神经网络，源节点构成输入层，直接投射到神经元的输出层（计算层）。因为这种神经网络的输入层不参与计算，所以一般不把输入层作为一层计算（西蒙·海金，2015）。

多层前馈网络中各个神经元按接受信息的先后分为不同的组（图 11-4）。每一组可以看作一个神经层。每一层中的神经元接受前一层神经元的输出，并输出到下一层神经元。整个网络中的信息是朝一个方向传播，没有反向的信息传播。这种网络只在训练过程会有反馈信号，而在预测过程中数据只能向前传送，直到到达输出层，层间没有向后的反馈信号，因此被称为前馈网络。在前馈神经网络中，各神经元分别属于不同的层。每一层的神经元可以接收前一层神经元的信号，并产生信号输出到下一层。第 0 层叫输入层，最后一层叫输出层，中间层叫隐藏层。

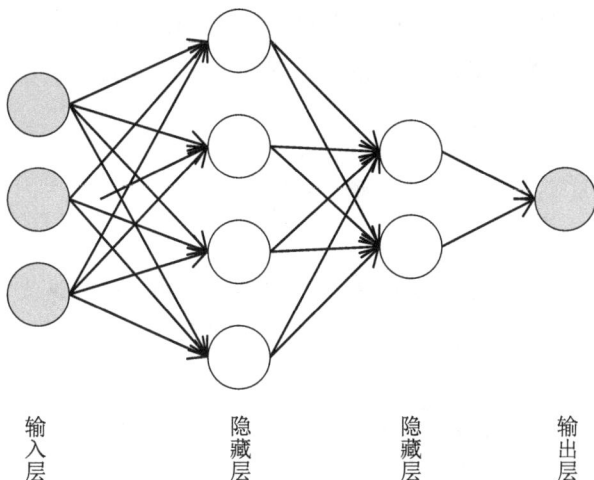

输入层　　　隐藏层　　　隐藏层　　　输出层

图 11-4　多层前馈神经网络

前馈神经网络主要有 MP 模型、感知器模型、BP 神经网络、径向基神经网络、卷积神经网络。

（1）MP 模型

心理学家 McCulloch 和数学家 Pitts 于 1943 年提出 MP 神经网络模型，从而开创了人工神经网络研究的时代。他们通过 MP 模型提出了神经元的形式化数学描述和网络结构方法，证明了单个神经元能执行逻辑功能。MP 是所有人工神经元中第一个被建立起来的神经网络模型，在多个方面都显示出生物神经元所具有的基本特性。其主要特点如下。

①每个神经元都是一个多输入、单输出的信息处理单元，其激励函数是一个阶跃函数，即输出要么是 0，要么是 1。

②神经元输入分兴奋性输入（状态为 1）和抑制性输入（状态为 0）两种类型。

目前其他形式的人工神经元大多数都是在 MP 模型的基础上经过不同的修正，改进变换而发展起来的。因此，MP 人工神经元是整个人工神经网的基础。MP 模型可实现分类、模式识别等。

（2）感知器

1958 年，Frank Rosenblatt 提出一种具有单层计算单元的神经网络，称为感知器（Perceptron），也叫做 Rosenblatt 感知器。Rosenblatt 感知器是第一个具有完整算法描述的神经网络学习算法，是可用于线性可分模式分类的、最简单的神经网络模型。感知器由一个具有可调突触权值和偏置的神经元组成，能够在有限步迭代后收敛。感知器的局限性在于只能解决线性可分的分类模式问题，其激励函数因使用阈值函数，输出值只有两种取值（-1/1 或 0/1），且感知器的学习算法只对单层有用。

对 Rosenblatt 单层感知器的改进成为多层感知器（Multilayer Perceprons，MLP）（图 11-5）。在单层感知器基础上，采用多层网络结构，即在输入层和输出层之间增加隐含层，构成多层感知器。多层感知器克服了单层感知器的缺陷，可用于解决线性不可分模式的分类问题、非线性函数逼近问题。MLP 的主要特点如下。

①同一层神经元间无连接；②相邻两层神经元之间全连接；③信息传递有方向性；④隐藏层和输出层都是全连接层。

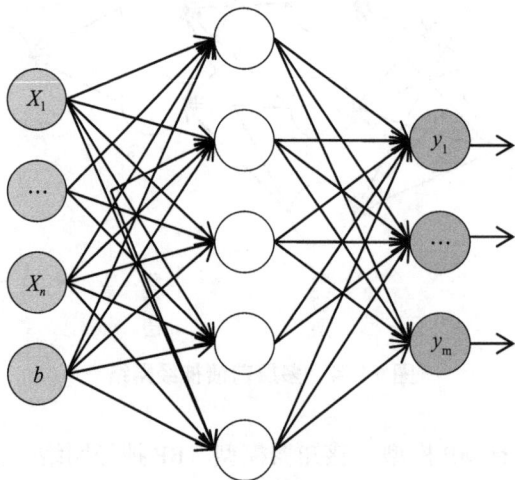

图 11-5　多层感知器模型

MLP 主要应用于模式识别、图像处理、函数逼近、优化计算、最优预测和自适应控制等领域。其局限性在于，由于存在多层的网络结构，而且难以确定隐含层输出的期望输出值，因此无法直接对中间的隐层利用损失来进行参数更新，使得参数训练难度大。日后的改进是采用 BP 误差反向传播算法作为 MLP 权值训练算法。

（3）BP 神经网络

BP 神经网络于 1986 年由 Rumelhart 和 McCelland 为首的科学家小组提出，它是一种按误差反向传播算法（Error Back Propagation，BP）训练的多层前馈网络。BP 算法用于训练多隐层神经网络，通过对网络的连接权值进行调整，使得调整后的网络对任一输入都能得到所期望的输出，从而使得求解具有非线性学习能力的多层感知机成为可能。BP 网络的信息传播包括正向传播（Forward Propagation）和反向传播（Backward Propagation）两个过程。其中，正向传播也称前向传播，就是沿着从输入层到输出层的顺序，依次计算并存储模型的中间变量（包括输出）；反向传播依据微积分中的链式法则，沿着从输出层到输入层的顺序，依次计算并存储目标函数有关神经网络各层的中间变量及参数的梯度。BP 算法直到今天仍在广泛应用，它已经成为训练多层神经网络的标准算法。1989 年，Hornik 等从理论上证明了多层感知机可以逼近任意复杂的函数，进一步激励了非线性感知机的发展。

BP 网络的主要优点是：具有极强的非线性映射能力，以及具有对外界刺激和输入信息进行联想记忆的能力。BP 网络的主要缺点有：①收敛速度慢，一般通过加动量算法、牛顿法（采用二阶导数信息进行权值调整）、变步长算法等改进；②易陷入局部极小点，可通过竞争 BP 算法、模拟退火方法等改进；③泛化能力有限；④经常遭遇过拟合，可采取"早停"策略改进，使用训练集用来计算参数，验证集用来估计误差。若训练集误差降低、但验证集误差升高，则停止训练。

（4）径向基神经网络

1989 年，受感受野（Receptive field）理论的启发，Moody 和 Darken 等提出径向基函数（Radial Basis Function，RBF）神经网络。RBF 为 3 层结构：输入层、隐含层和输出层，隐单元采用径向基函数。径向基函数为局部分布的、中心径向对称的、非负衰减的非线性函数。径向基函数的合理选择是关键。RBF 主要应用于函数或信号逼近、数据或图形压缩、模式识别、非线性系统建模、软测量技术、机械故障信号的分析和处理等。表 11-1 展示了 BP 神经网络和 RBF 神经网络的对比。

表 11-1　BP 神经网络和 RBF 神经网络对比

神经网络	BP 神经网络	RBF 神经网络
对生物神经系统的模拟	采用同一 Sigmoid 函数，网络特性主要由权值变化表征	隐单元均采用径向基函数，但有不同的中心和宽度，对输入的反应有不同的兴奋程度
网络结构与表达能力（均为多层前馈型）	较难实现训练目标，需增多单元及隐层	层数相同的前提下，表达能力较强
训练算法	采用 BP 算法，经典的常为梯度算法，虽有较多改进，大多收敛较缓慢且易陷于局部极小解	训练可分为两段，各自都能快速化
逼近方式	全局逼近：学习速度慢，泛化性能较难调整	局部逼近：学习速度快，泛化性能较好

RBF 网络的缺点有：①解释性差；②数据不充分时无法工作；③难以确定隐藏层节点数、节点中心和宽度；④优选过程出现数据病态现象等。

（5）卷积神经网络

卷积神经网络（Convolutional Nerual Network，CNN）是受生物学上感受野的机制而提出。经典的 CNN 由输入层、卷积层（Convolution Layers）、下采样层（也称池化层）（Pooling）、全连接层、输出层组成，卷积层和池化层一般会取若干，采用卷积层和池化层交替设置（图 11-6）。

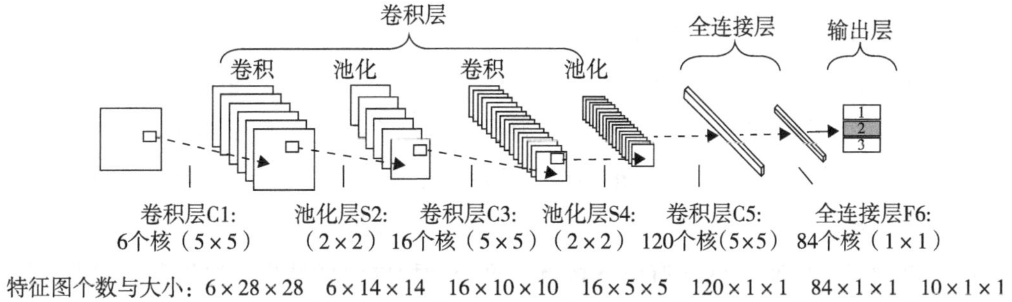

图 11-6　经典的卷积神经网络

（资料来源：网络）

输入通常是一个矩阵。输入通过卷积核（Filters）处理后，一般再经过多个卷积层和池化层提取到多种特征后，最后通过全连接层对提取到的特征进行分类。卷积神经网络主要使用在图像和视频分析的各种任务上，如图像分类、人脸识别、物体识别、图像分割等，其准确率一般也远远超出了其他神经网络模型。近年来，卷积神经网络也广泛地应用到自然语言处理、推荐系统等领域。

CNN 网络的主要特点包括：卷积层中的神经元与其输入层中的特征面进行局部连接；卷积层中的权值共享使网络中可训练的参数变少，降低了网络模型复杂度，使得网络更易于训练，同时减少过拟合，具有较好的泛化能力；使用池化操作使模型中的神经元个数大大减少，对输入空间的平移不变性具有更好的鲁棒性；模型可以采用较深的层数，增加特征面数目。深度越深、特征面数目越多，网络表达能力越强。

使用 CNN 网络的主要难点在于：对于某个任务，很难确定使用的网络结构、层数、每层使用的神经元数量，同时需要较多的经验选择合理的参数值（如学习率等）；若训练集与测试集的分布不一致，则 CNN 较难获得好的识别结果；如何针对更大规模数据、更深结构网络设计高效的数值优化、并行计算方法和平台。

卷积神经网络近些年发展非常迅速，应用非常广阔。图 11-7 为卷积神经网络近几年发展的大致轨迹（吴茂贵，2020）。

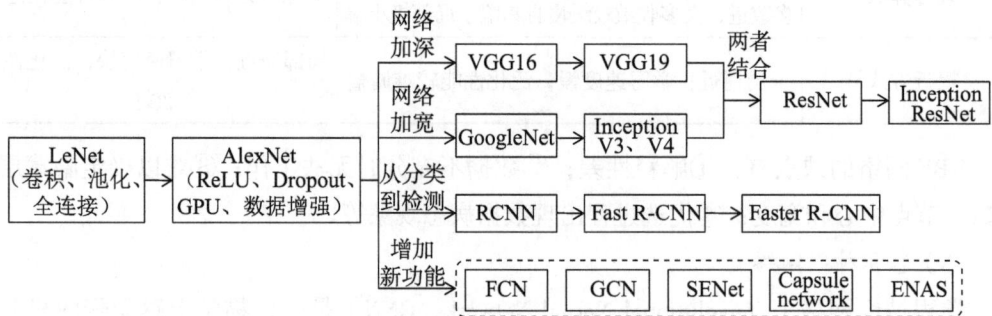

图 11-7　卷积神经网络近几年发展的大致轨迹

[资料来源：吴茂贵（2020）]

以下简要介绍几种典型的 CNN 网络。

1）LeNet5（手写字体识别模型）

1998 年，Yann LeCun 发表的论文 "Gradient-Based Learning Applied to Document Recognition" 提出 LeNet5 神经网络模型（图 11-8），成为现代 CNN 的雏形。基于 LeNet-5 的手写数字识别系统在 20 世纪 90 年代被美国很多银行使用，用来识别支票上面的手写数字。LeNet5 模型结构为 "输入层—卷积层—池化层—卷积层—池化层—全连接层—全连接层—输出层" 的串链模式。LeNet5 网络有以下特点：每个卷积层包括卷积、池化和非线性激励函数 3 部分；使用卷积提取空间特征；采用降采样（Subsample）的平均池化层（Average Pooling）；使用双曲正切（Tanh）的激活函数；最后采用 MLP 作为分类器。在没有 GPU、

CPU 速度缓慢的情况下，LeNet5 利用卷积、参数共享、池化等操作提取特征，避免了大量的计算成本，最后再使用全连接神经网络进行了分类识别。

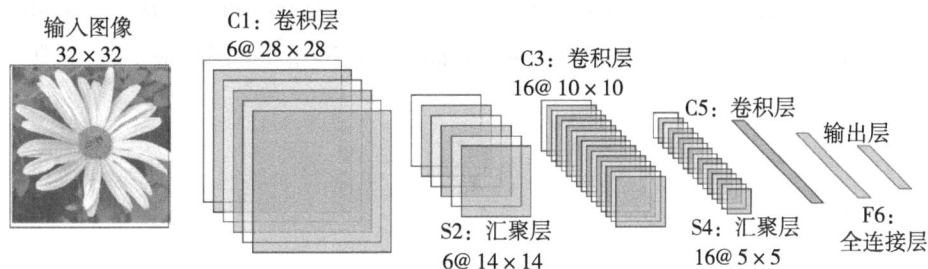

图 11-8　LeNet 5 神经网络模型

（资料来源：网络）

2）AlexNet

2012 年，Krizhevsky 等人在论文 "ImageNet Classification with Deep Convolutional Neural Networks" 中提出 AlexNet 神经网络。AlexNet 是第一个使用了很多现代深度卷积网络的一些技术方法的卷积网络模型，赢得了 2012 年 ImageNet 图像分类竞赛冠军（图 11-9）。Alexnet 为 8 层深度网络，包含 5 层卷积层和 3 层全连接层。AlexNet 网络特点有：输入图像为 3 通道 224×224 大小，网络规模远大于 LeNet；每个卷积层包括卷积、池化和 ReLu 激励函数 3 部分；采用双 GPU 卡两路训练结构，分布处理输入图像上下部分，并行加速训练，大大降低了训练时间；成功使用 ReLu 作为激活函数，替代了之前普遍采用的饱和型非线性激励函数（如 sigmoid、tanh 等），解决了网络较深时的梯度弥散问题，实践表明 ReLu 这样的非饱和型激活函数有利于更快速地收敛，大大减少了训练时间；使用数据增强、dropout 和 LRN 层来防止过拟合，增强模型的泛化能力；使用数据增强来提高模型准确率。

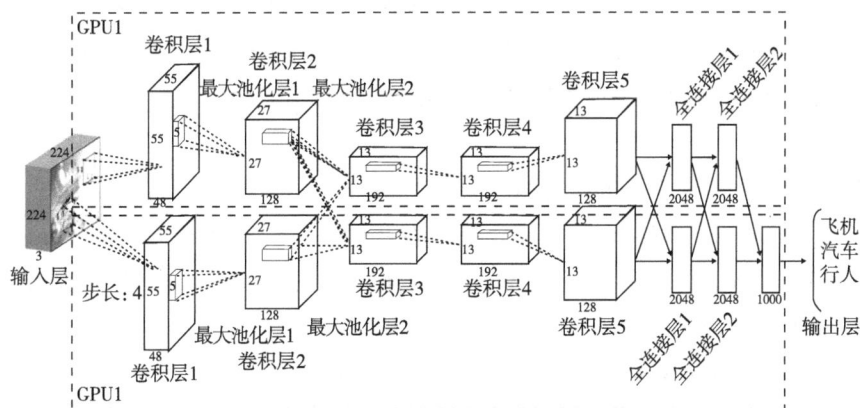

图 11-9　AlexNet 卷积网络模型

（资料来源：网络）

3）Inception 网络

在卷积网络中，如何设置卷积层的卷积核大小是一个十分关键的问题。在 Inception 网络中，1 个卷积层包含多个不同大小的卷积操作，称为 Inception 模块。Inception 网络是由有多个 inception 模块和少量的汇聚层堆叠而成的。Inception 网络最早的 V1 版本就是非常著名的 GoogLeNet（图 11-10）。

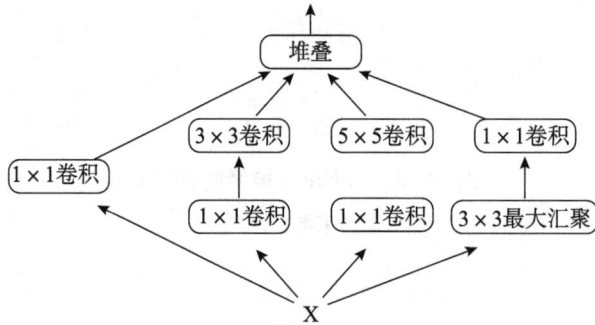

图 11-10　Inception v1 的模块结构

（资料来源：网络）

Inception 历经了多个版本的发展，不断趋于完善，比较有代表性的有 Inception V3 网络。

V1 采用了模块化的 Inception 结构，方便增添和修改。虽然它最后采用了 average pooling（平均池化）来代替全连接层，将准确率提高了 0.60%，但在最后还是加了一个全连接层实现对输出的灵活调整。V1 网络中依然使用了 Dropout，额外增加了两个辅助的 softmax 层用于向前传导梯度（辅助分类器）以避免梯度消失。

V2 针对"如何在不增加过多计算量的同时提高网络的表达能力"的问题，提出了修改 Inception 的内部计算逻辑，采用比较特殊的"卷积"计算结构的解决方案。

V3 采用分解（Factorization）卷积，既可以加速计算，又可以将 1 个卷积拆成 2 个卷积，使得网络深度进一步增加，同时增加了网络的非线性（每增加一层都要进行 ReLU）。V3 采用了多层的小卷积核来替换大的卷积核，以减少计算量和参数量，并保持感受野不变。

V4 主要利用残差连接（Residual Connection）来改进 V3 结构。ResNet 结构大大地加深了网络深度，极大地提升了训练速度，性能也有提升。

4）VGGNet

2014 年，牛津大学计算机视觉组（Visual Geometry Group）和 Google DeepMind 公司的研究员一起研发出了 VggNet，相关介绍发表在论文"Very Deep Convolutional Networks for Large-Scale Image Recognition"中。VGGNet 取得了当年 ImageNet 挑战赛（ILSVRC2014）比赛分类项目的第二名和定位项目的第一名。

VGG 可以看作加深版本的 AlexNet，它探索了卷积神经网络的深度与其性能之间的关系，成功地构筑了 16 ~ 19 层深的卷积神经网络（当时是一种很深的网络），证明了增加网络的深度能够在一定程度上影响网络最终的性能，使错误率大幅下降，同时拓展性又很强，迁移到其他图片数据上的泛化性也非常好。VGG 使用了较小的 3×3 卷积核，因为

两个 3×3 的感受野相当于一个 5×5，使得参数量更少，之后的网络大都遵循这个范式。VGG 的卷积采样间隔为 1×1，Max Pooling 间隔为 2×2，随着层数的增高，卷积核的数目从 64 个逐渐增加到了 512 个。

5）GoogLeNet

2014 年，GoogLeNet 团队提出了 Inception 网络结构来搭建一个稀疏性、高计算性能的网络结构（图 11-11）。GoogLeNet 由 9 个 Inception V1 模块和 5 个汇聚层及其他一些卷积层和全连接层构成，总共为 22 层网络。为了解决梯度消失问题，GoogLeNet 在网络中间层引入两个辅助分类器来加强监督信息。不像 VGGNet 从网络深度入手，GoogleNet 是从网络宽度入手，它的每个单元有许多层并行计算。

GoogLeNet 和 VGG 是 2014 年 ImageNet 挑战赛（ILSVRC14）的双雄，GoogLeNet 获得了第一名、VGG 获得了第二名，这两类模型结构的共同特点是层次更深了。VGG 继承了 LeNet 及 AlexNet 的一些框架结构，而 GoogLeNet 则做了更加大胆的网络结构尝试，虽然深度只有 22 层，但大小却比 AlexNet 和 VGG 小很多。GoogleNet 参数为 500 万个，AlexNet 参数个数是 GoogleNet 的 12 倍，VGG 参数又是 AlexNet 的 3 倍，因此在内存或计算资源有限时，GoogleNet 是比较好的选择。从模型结果来看，GoogLeNet 的性能更加优越。

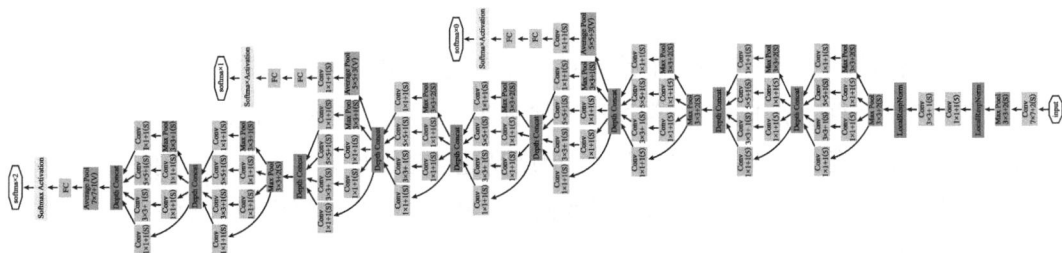

图 11-11　GoogleNet 网络模型

（资料来源：网络）

需要注意的是，VGG 和 GoogleNet 均采用了卷积层紧跟卷积层的做法，而不是一定要卷积和 pooling 交替出现。VGG 和 GoogleNet 均表明更深的网络对分类、识别等视觉任务更有利。

6）ResNet 残差网络

2015 年，一群 80 后的中国学者组成的 MSRA（MicroSoft Research Asia）团队提出 ResNet（Deep Residual Network）网络，把深度学习进行图像识别的效果推到一个全新的高度：机器识别图像的效果第一次超越受过良好训练的正常人的识别能力。MSRA 成员有微软亚洲研究院的何恺明和孙健、西安交通大学的张翔宇、中国科学技术大学的任少庆。

MSRA 团队在研究一个图像识别的经典问题 CIFAR-10 的时候，发现一个 56 层的简单神经网络，识别错误率反而高于一个 20 层的模型。也就是说，随着网络深度增加，机器学习的效率反而下降。为了解决有效信息在层层传递中衰减的问题，MSRA 团队尝试了一种称为"深度残差学习"（Deep Residual Learning）的算法。"深度残差学习"的概念，借鉴了图像识别中的"残差向量"的概念。所谓"深度残差算法"，就是把神经网络一层层之间的非线性转换问题，变成一个所谓的"相对于本体的残差转换"（Residual mapping with respect to identity）的问题。在实践中，ResNet 使用所谓"跳跃链接"（Shortcut Connection）的方法，把底层的输出值每隔几层跳跃直接传递成更高层的输入，如图 11-12（a）所示，这样有效的信息不会在深层网络中被淹没。每个残差单元结构（Building Block）的输出是输入信号 x 和卷积层输出 $F(x)$ 的叠加。

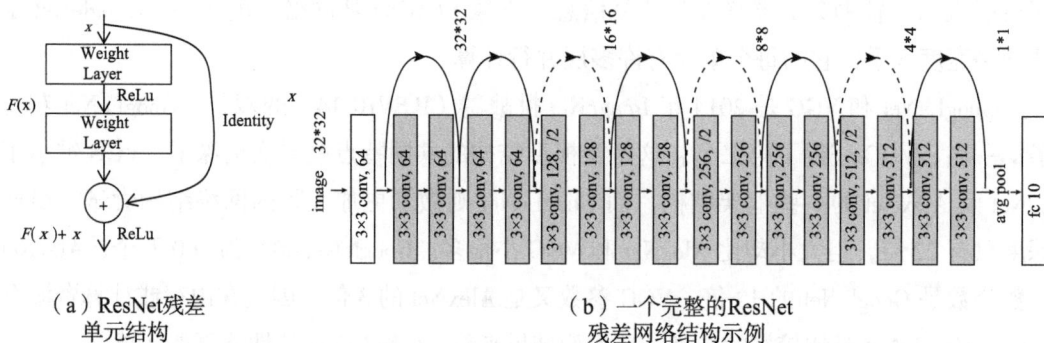

（a）ResNet 残差单元结构　　（b）一个完整的 ResNet 残差网络结构示例

图 11-12　ResNet 残差单元结构

残差网络本质上就是将很多个残差单元串联起来构成的一个非常深的网络，如图 11-12（b）所示，通过给非线性的卷积层增加直连边的方式来提高信息的传播效率。通过引入残差、Identity 恒等映射，相当于一个梯度高速通道，可以更容易地训练，避免梯度消失的问题。所以 ResNet 可以训练很深的网络。MSRA 团队的深度残差学习模型，使用了深达 152 层的神经网络。残差单元由多个级联的（等长）卷积层和一个跨层的直连边组成，再经过 ReLU 激活后得到输出。MSRA 网络在 Top 5 的图像识别错误率创造了 3.57% 的新低，远远好于同期的其他模型，而且这个数字已经低于一个接受良好训练的正常人的大约 5% 的错误率。更有意思的是，MSRA 计算模型的复杂度实际上还不到 2014 年获奖团队 VGGNet 的 19 层神经网络的 60%，而且没有使用前几年极为流行的丢弃（Dropout）算法。

ResNet 后来的改进版本即恒等映射深度残差网络，去掉了 building block 中的 ReLU 操作，使得不同层 building block 中的残差项可加，网络的深度可以达到 1001 层，在 CIFAR-10 数据集上取得了 4.62% 的分类错误率（山世光，2016）。

11.3.2　反馈网络

与前馈网络不同，反馈网络中神经元不仅可以接收其他神经元的信号，也可以接收自己的反馈信号（图 11-13）。反馈网络中的神经元具有记忆功能，在不同的时刻具有不同的状态。反馈神经网络中的信息传播可以是单向传递或双向传递。

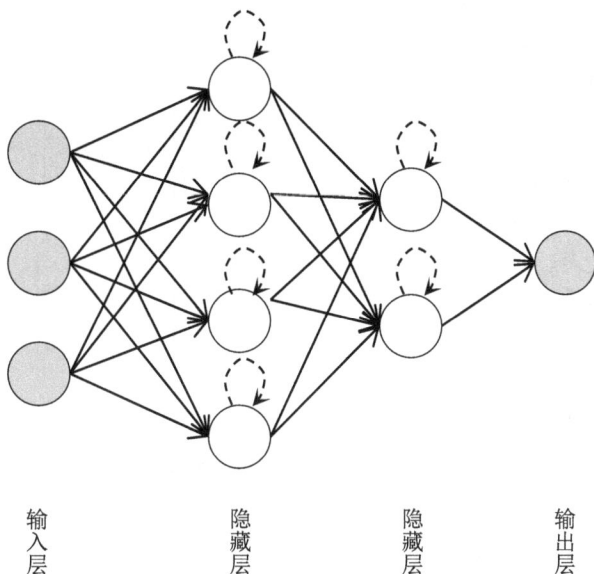

图 11-13 反馈网络

（1）Hopfield 网络

Hopfield 网络是一种单层反馈神经网络，是由美国加州理工学院物理学家 J.J.Hopfield 教授于 1982 年提出的。它也是神经网络发展历史上一个重要的里程碑。Hopfield 网络是一种结合存储系统和二元系统的神经网络。它保证了向局部极小的收敛，但收敛到错误的局部极小值（Local Minimum），而非全局极小（Global Minimum）的情况也可能发生。

Hopfield 网络的一个功能是可用于联想记忆，其即是联想存储器。它的主要特点如下。

第一，反馈性神经网络可以用离散变量也可以用连续变量，考虑输出与输入在时间上的延迟，需要用动态方程（差分方程或微分方程）来描述神经元和系统的数学模型。

第二，前馈神经网络采用误差修正法，计算速度一般比较慢，收敛速度也慢，而 Hopfield 反馈型神经网络主要采用 Hebb 规则（指两个神经元之间同时处于兴奋状态时，它们之间的连接应加强），一般情况下收敛速度很快。它与电子电路存在对应关系，使得该网络易于理解和易于硬件实现。

第三，Hopfield 神经网络也具有类似于前馈神经网络的应用，而在优化计算方面的应用更加显示出 Hopfield 神经网络的特点。联想记忆和优化计算是对偶的，当用于联想记忆时，通过样本模式的输入来给定网络的稳定状态，经过学习求得突触权重值；当用于优化计算时，以目标函数和约束条件建立系统的能量函数，确定突触权重值，网络演化到稳定状态，既是优化问题的解。

Hopfield 网络分为离散型（Discrete Hopfield Neural Network，DHNN）和连续型（Continues Hopfield Neural Network，CHNN）两种网络模型（图 11-14）。离散型适用于联想记忆，连续型适合处理优化问题。

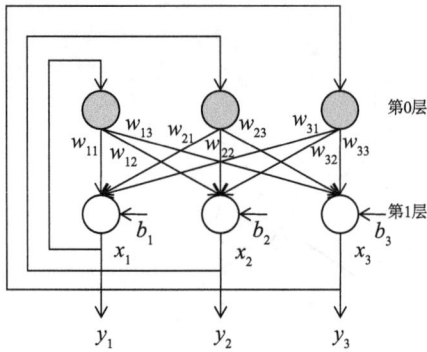

（a）离散Hopfield网络　　　　　　　　　（b）连续Hopfield网络

图 11-14　Hopfield 网络

1）离散 Hopfield 神经网络

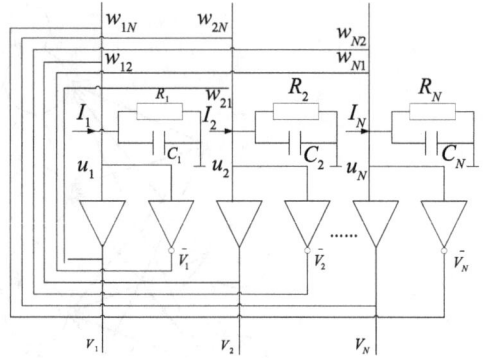

DHNN 是一个具有 n 个神经元节点的单层网络。每个神经元的输出均连接到其他神经元的输入。每个节点都可以处于一种可能的状态（代表激活状态的 1，非激活状态的 –1 或 0），而各节点没有自反馈。DHNN 可以采用串行，也可以采用并行的工作方式。当采用串行（异步）工作方式时，在任一时刻，只有某一神经元（随机的或确定的选择）变化，而其他神经元的状态不变。当采用并行（同步）工作方式时，在任一时刻，部分神经元或全部神经元的状态同时改变。

DHNN 在进行联想记忆时，首先通过一个学习训练过程确定网络中的权系数，使所记忆的信息在网络的 n 维超立方体的某一个顶角的能量最小。当网络的权系数确定之后，只要向网络给出输入向量，这个向量可能是局部数据，即不完全或部分不正确的数据，但是网络仍然产生所记忆的信息的完整输出。

2）连续 Hopfield 神经网络

CHNN 是由一些简单的电子线路连接起来实现的。每个神经元均具有连续时间变化的输出值。应用 CHNN 来解决优化计算问题的一般步骤如下。

①分析问题：网络输出与问题的解相对应。

②构造网络能量函数：使其最小值对应问题最佳解。

③设计网络结构：由能量函数和网络稳定条件设计网络参数，得到动力学方程。

④硬件实现或软件模拟。

（2）循环神经网络 RNN

循环神经网络（Recurrent Neural Network，RNN）是一类具有短期记忆能力的神经网络，用于解决训练样本输入是连续的序列、且序列的长短不一的问题，例如，输入句子的前面部分，让 RNN 预测句子中其后的下一个词是什么。在循环神经网络中，神经元不仅可以接受其他神经元的信息，也可以接受自身的信息，形成具有环路的网络结构。每一时刻的输出都跟当前时刻的输入和上一时刻的输出有关。循环神经网络要求每一个时刻都有一个输入，但不一定每个时刻都需要有输出。循环神经网络通过使用带自反馈的神经元，能够处理任意长度的时序数据。

　　RNN 具体的表现形式为：网络会对前面的信息进行记忆并应用于当前输出的计算中，即隐藏层之间的节点不再无连接，而是有连接的，并且隐藏层的输入不仅包括输入层的输出，还包括上一时刻隐藏层的输出。图 11-15 是 RNN 网络的经典结构 Elman，其中，U 是输入层到隐藏层的权重矩阵，V 是隐藏层到输出层的权重矩阵，W 是状态（隐藏层）到隐藏层的权重矩阵。RNN 的输入层、隐藏层、输出层与传统的神经网络类似，但存在自循环 W 是其重要特点，这个自循环直观理解是隐藏层的神经元之间有关联，这是传统的神经网络和卷积神经网络所没有的。

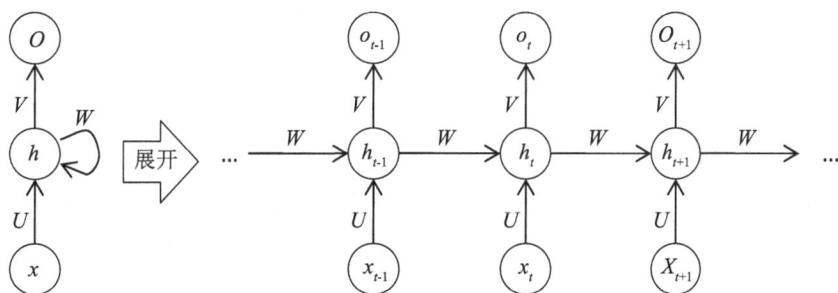

图 11-15　RNN 网络的经典结构 Elman

　　若把隐藏层进一步细化，则可以得到如图 11-16 所示的结构。

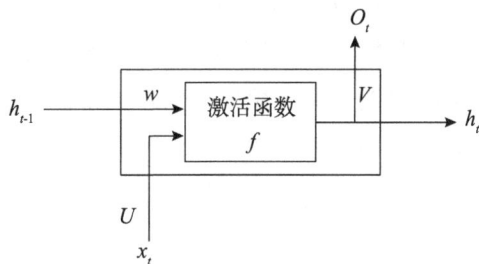

图 11-16　RNN 使用单层的全连接结构

　　可以看出，Elman 循环神经网络共享参数的方式是各个时间节点对应的 W、U、V 都是不变的，这个机制像 CNN 网络的过滤器（卷积核）机制一样，通过这种方法实现参数共享，同时大大降低参数量（吴茂贵，2020）。这个网络在每一时间都有相同的网络结构。假设输入 x 为 n 维向量，隐藏层的神经元个数为 m 个，输出层的神经元个数为 r 个，则 U 的大小为 $n \times m$ 维；V 的大小是 $m \times r$ 维；W 是上一次隐藏层的状态 h_{t-1} 作为这一次输入到隐藏层的权重矩阵，大小为 $m \times m$。h_t 是时刻 t 隐藏层的状态，它是网络的记忆，其计算公式为 $h_t = f(Ux_t + Wh_{t-1})$，即时刻 t 隐藏层的状态取决于上一时刻的状态和本次的输入，它可以捕获之前所有时刻发生的信息。o_t 是时刻 t 的输出，例如，要预测句子的下一个词，可以采用 softmax 将它转变为词汇表中的概率向量，即 $o_t = \text{softmax}(Vht)$。

循环神经网络可以分为简单循环神经网络（Simple Recurrent Network，SRN）、长短期记忆网络（Long Short-Term Memory，LSTM）、门控循环单元（Gated Recurrent Unit，GRU）网络、堆叠循环神经网络（Stacked Recurrent Neural Network，SRNN）、双向循环神经网络（bidirectional recurrent neural network，Bi-RNN）。RNN 已经被广泛应用在语音识别、语言模型及自然语言生成等任务上。其主要应用领域包括语言建模和文本生成、机器翻译、语音识别、生成图像描述（是 CNN 和 RNN 相结合的作用，CNN 做图像分割，RNN 用分割后的数据重建描述）、视频标记等。RNN 中的 LSTM 模型近年来在知识抽取或信息系统的智能化管理中发挥了较大的作用，例如，马建霞（2020）利用 Bi-LSTM+CRF 从文本中抽取脆弱生态治理技术、实施地点、实施时间等命名实体，并分析相关态势；陈潇君（2018）使用 LSTM 设计并实现的深度机器学习系统，可以辅助医疗质量监控，医院运营管理，医疗辅助诊断，创新推进了医院智能化管理，取得了较好的应用效果。以下主要介绍 RNN。

1）简单循环网络

简单循环网络是只有一个隐藏层的神经网络。在一个两层的前馈神经网络中，连接存在相邻的层与层之间，隐藏层的节点之间是无连接的，而简单循环网络增加了从隐藏层到隐藏层的反馈连接。

循环神经网络的参数学习可以通过随时间反向传播算法来学习。随时间反向传播算法即按照时间的逆序将错误信息一步步地往前传递。当输入序列比较长时，会存在梯度爆炸和梯度消失问题（Vanishing and Exploding Gradient Problem）。梯度消失让人们难以知道参数朝哪个方向移动能改进成本函数（代价函数），而梯度爆炸会让学习过程变得不稳定。这使得简单循环神经网络只能学习到短期的依赖关系，而很难建模长距离的依赖关系。为了解决记忆容量问题和长期依赖问题，人们对循环神经网络进行了改进，其中最有效的改进方式是引入门控机制，通过门控来控制信息的累积速度，包括有选择地加入新的信息，并有选择地遗忘之前累积的信息。这一类网络被称为基于门控的循环神经网络（Gated RNN）。两种典型的基于门控的循环神经网络分别是：长短期记忆（LSTM）网络和门控循环单元（GRU）网络。

2）长短期记忆网络

长短期记忆网络是循环神经网络的一个变体，可以有效地解决简单循环神经网络的梯度爆炸或消失问题。LSTM 网络由 Hochreiter 和 Schmidhuber 于 1997 年提出。在传统的RNN 中，循环模块一般由一个简单的激活层构成；而 LSTM 同样具有 RNN 的链式结构，区别在于它的循环模块包含 4 个神经网络层，它们以特定的方式相互作用（图 11-17）。LSTM 对 RNN 的主要改进在以下两个方面。

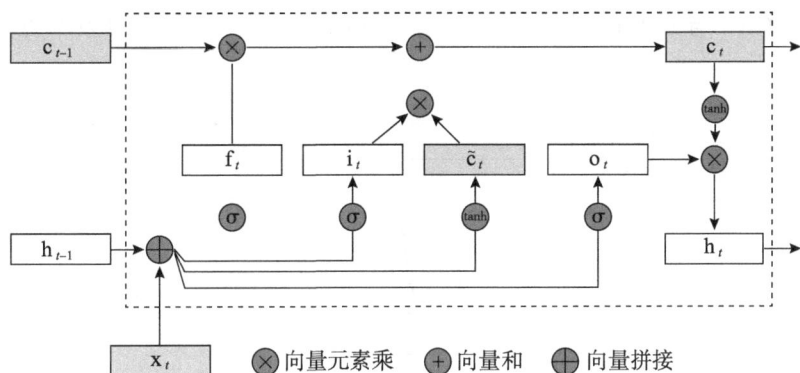

图 11-17　LSTM 循环单元结构

（资料来源：网络）

①新的内部状态

LSTM 网络引入一个新的内部状态（Internal State）c_t，即循环单元模块的内部状态，专门进行线性的循环信息传递，同时（非线性）输出信息给隐藏层的外部状态 h_t。在每个时刻 t，LSTM 网络的内部状态 c_t 记录了到当前时刻为止的历史信息。

②门机制

LSTM 网络引入门机制（Gating Mechanism）来控制信息传递的路径。LSTM 可以通过门限结构向单元状态中添加或移除信息。该操作可由一个 sigmoid 神经网络层和点乘运算实现，输出 0 ~ 1 的数值，用于描述信息通过的程度，0 表示全部拒绝，1 表示全部接受。引入的 3 个门为遗忘门（Forget Gate）、输入门（Input Gate）和输出门（Output Gate）。其中，遗忘门决定了上一时刻的单元状态 c_{t-1} 有多少保留到当前时刻 c_t，输入门决定了当前时刻网络的输入 x_t 有多少保存到单元状态 c_t。输出门用来控制单元状态 c_t 有多少输出到 LSTM 的当前输出值 h_t。

LSTM 计算过程为：首先，利用上一时刻的外部状态 h_{t-1} 和当前时刻的输入 x_t，通过向量拼接作为输入，计算出 3 个门（遗忘门 f_t、输入门 i_t、输出门 o_t）及候选状态 $\tilde{c}_t$，一般 3 个门采用 Sigmoid 激活函数，而候选状态采用 tanh 激活函数；其次，结合遗忘门 f_t 和输入门 i_t 来更新记忆单元 c_t，记忆单元 c_t 的计算是上一时刻记忆单元状态向量 c_{t-1} 与当前时刻遗忘门的结果向量的元素乘积，加上当前时刻输入门的结果向量与当前时刻候选状态 $\tilde{c}_t$ 的元素乘积；最后，结合输出门 o_t，将内部状态的信息传递给外部状态 h_t，h_t 的计算是记忆单元 c_t 经过 tanh 激活函数后与输出门的结果向量的元素乘积。

3）门控循环单元

门控循环单元网络是一种比 LSTM 网络更加简单的循环神经网络。GRU 网络引入门机制来控制信息更新的方式。在 LSTM 网络中，输入门和遗忘门是互补关系，用两个门比较冗余。GRU 将输入门与和遗忘门合并成 1 个门：更新门（Update Gate）。同时 GRU 不引入额外的记忆单元，直接在当前状态 h_t 和历史状态 h_{t-1} 之间引入线性依赖关系

（图 11-18）。GRU 与 LSTM 相比，在实际应用中的差异不大，但计算效率更高，占用内存也相对较少。

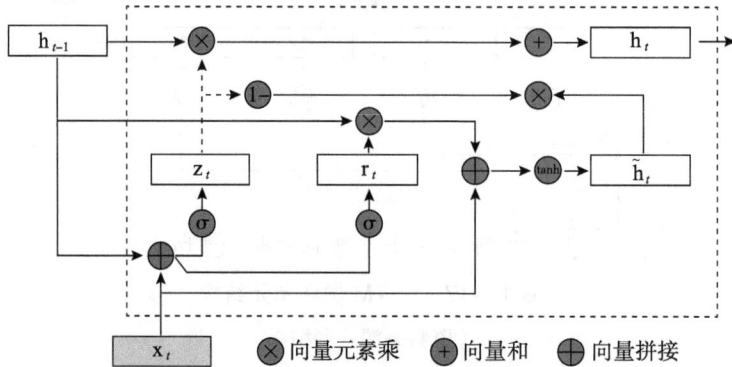

图 11-18　GRU 循环单元结构

（资料来源：网络）

4）堆叠循环神经网络

除了 LSTM 和 GRU，还可以通过增加循环神经网络的深度，从而增强循环神经网络的能力。增加循环神经网络的深度主要是增加同一时刻网络输入到输出之间的路径，如增加隐状态到输出，以及输入到隐状态之间的路径的深度。

一种常见的做法是将多个循环网络堆叠起来，称为堆叠循环神经网络（图 11-19）。一个堆叠的简单循环网络（Stacked SRN）也称为循环多层感知器（Recurrent Multi-Layer Perceptron，RMLP）。

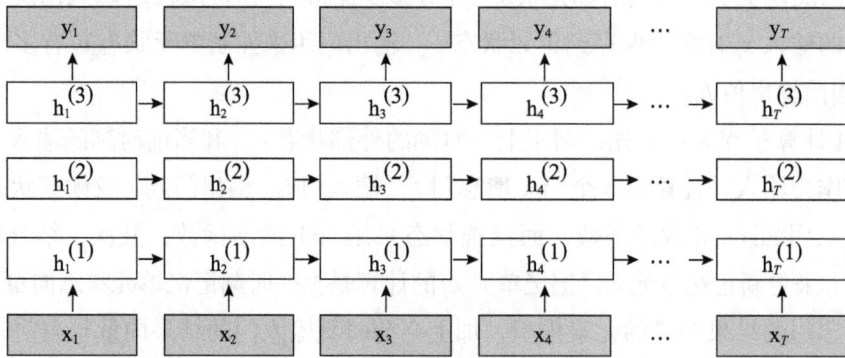

图 11-19　堆叠循环神经网络

（资料来源：网络）

5）双向循环神经网络

双向循环神经网络（图 11-20）由 Schuster、Paliwal 于 1997 年首次提出，和 LSTM 的提出时间是同年。Bi-RNN 由两层循环神经网络组成，它们都连着输出层，而且输入相同，只是信息传递的方向不同，如双向的 LSTM 被称为 Bi-LSTM。普通的 RNN 可以处理不固定长度时序数据，但无法利用未来信息。而 Bi-RNN 同时使用时序数据输入历史及未来数据，时序相反的两个循环神经网络连接同一输出，输出层可以同时获得历史和未来信息。已有不少研究证明，利用 Bi-RNN 能提高模型效果。

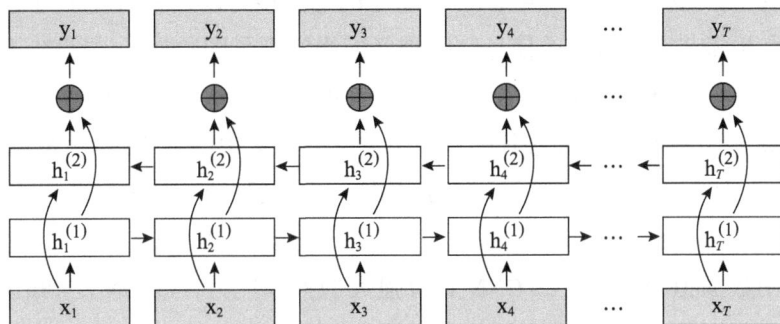

图 11-20 双向循环神经网络

（资料来源：网络）

（3）递归神经网络

递归神经网络（Recursive Neural Network，RecNN）是循环神经网络在有向无循环图上的扩展。递归神经网络的一般结构为树状的层次结构，图 11-21（a）展示了一般结构的 RecNN，它有 3 个隐藏层 h_1、h_2 和 h_3。h_1 由两个输入 x_1 和 x_2 计算得到；h_2 由另外两个输入层 x_3 和 x_4 计算得到；h_3 由两个隐藏层 h_1 和 h_2 计算得到。当递归神经网络的结构退化为线性序列结构，即图 11-21（b）时，递归神经网络就等价于简单循环网络。

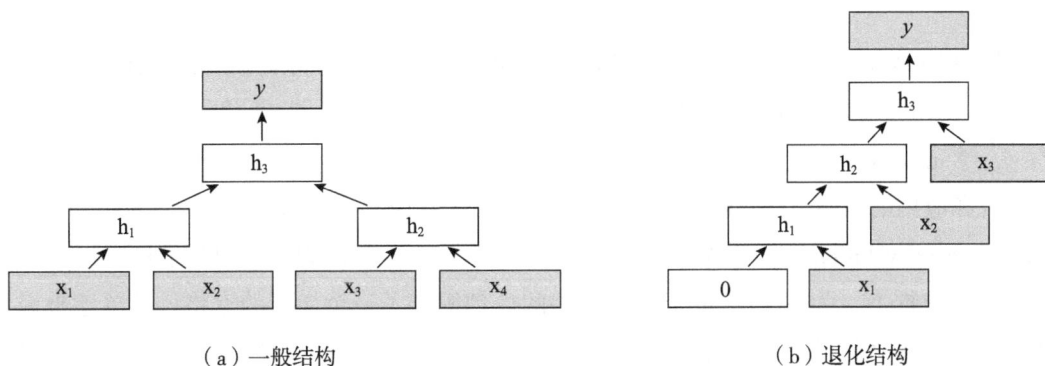

（a）一般结构　　　　（b）退化结构

图 11-21 递归神经网络

（资料来源：网络）

递归神经网络主要用来建模自然语言句子的语义。给定一个句子的语法结构（一般为树状结构），可以使用递归神经网络来按照句法的组合关系来合成一个句子的语义。句子中每个短语成分可以在细分成一些子成分，即每个短语的语义都可以由它的子成分语义组合而来，并进而整合成整句的语义。

11.3.3 图网络

图网络（Graph Network，GN）是定义在图结构数据上的神经网络。图中每个节点都由一个或一组神经元构成（图11-22）。节点之间的连接可以是有向或无向的。每个节点可以收到来自相邻节点或自身的信息。图神经网络实现了图数据与深度学习技术的有效结合，其相关应用和研究已经拓展到了相对广泛的领域，从视觉推理到开放的阅读理解问题，从药物分子的研发到5G芯片的设计，从交通流量预测到3D点云数据的学习，该项技术都展示出了极其重要且极具渗透的应用能力，这种能力将为产业界带来极高的应用价值。纵观GNN的各类应用，GNN表现出3个显著优势（刘忠雨，2020）：① GNN具有强大的图数据拟合能力；② GNN具有强大的推理能力；③ GNN与知识图谱结合，可以将先验知识以端对端的形式高效地嵌入学习系统中。

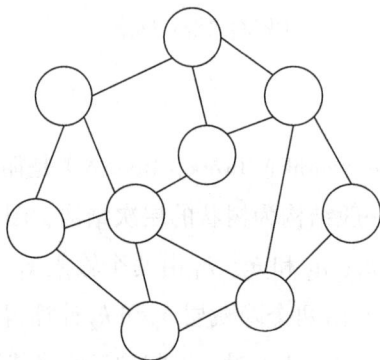

图 11-22　图网络

图网络是前馈网络和记忆网络的泛化，包含很多不同的实现方式，如图卷积网络（Graph Convolutional Network，GCN）[Kipf and Welling, 2016]、消息传递网络（Message Passing Neural Network，MPNN）[Gilmer et al., 2017]。其中图卷积神经网络是目前得到广泛研究和应用的网络。图卷积网络是由Thomas Kpif在论文"Semi-supervised classification with graph convolutional networks"中提出的。它将深度学习中常用于图像的卷积神经网络应用到图数据上，为图（Graph）结构数据的处理提供了一个崭新的思路。简单地来说，图卷积神经网络就是其研究的对象是图数据，研究的模型是卷积神经网络。GCN模型具备深度学习的3种性质：层级结构、非线性变换（增加模型的表达能力）、端对端训练。图卷积神经网络同时也具有卷积神经网络的性质：局部参数共享、感受域正比于层数。

GCN的本质目的是提取拓扑图的空间特征。主要有两类，一类是基于空间域或顶点域 vertex domain（Spatial Domain）的，另一类是基于频域或谱域 spectral domain 的。通俗地解释，空域可以类比到直接在图片的像素点上进行卷积，而频域可以类比到对图片进行傅里叶变换后，再进行卷积。GCN有4个主要特征：GCN是对卷积神经网络在graph domain上的自然推广；能同时对节点特征信息与结构信息进行端对端学习，是目前对图数据学习任务的最佳选择；图卷积适用性极广，适用于任意拓扑结构的节点与图；在节点分类与边预测等任务上，GCN 在公开数据集上效果要远优于其他方法。

11.3.4　其他模型

这里主要介绍玻尔兹曼机、受限玻尔兹曼机。

（1）玻尔兹曼机

玻尔兹曼机（Boltzmann Machine）可以看作一个随机动力系统（Stochastic Dynamical System），每个变量的状态都以一定的概率受到其他变量的影响（图 11-23）。

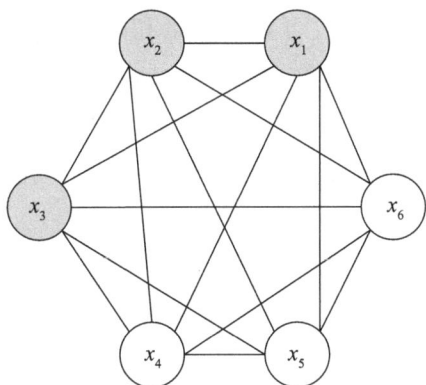

图 11-23　一个包含 3 个可观测变量和 3 个隐变量的玻尔兹曼机

玻尔兹曼机可以用概率无向图模型来描述。一个具有 K 个节点（变量）的玻尔兹曼机满足以下 3 个性质。

①每个随机变量是二值的，所有随机变量可以用一个二值的随机向量 $X \in \{0, 1\}^K$ 来表示，其中可观测变量表示为 V，隐变量表示为 H。

②所有节点之间是全连接的。每个变量 X_i 的取值依赖于所有其他变量 $X_{\backslash i}$。

③每两个变量之间的相互影响（$X_i \to X_j$ 和 $X_j \to X_i$）是对称的。

玻尔兹曼机可以用来解决两类问题：一类是搜索问题。当给定变量之间的连接权重时，需要找到一组二值向量，使得整个网络的能量最低。另一类是学习问题。当给定一组部分变量的观测值时，计算一组最优的权重。

（2）受限玻尔兹曼机

受限玻尔兹曼机（Restricted Boltzmann Machine，RBM）是一个二分图结构的无向图模型（图 11-24）。受限玻尔兹曼机中的变量也分为隐藏变量和可观测变量，这两组变量分别用可观测层和隐藏层来表示。同一层中的节点之间没有连接，而不同层一个层中的节点与另一层中的所有节点连接，这和两层的全连接神经网络的结构相同。

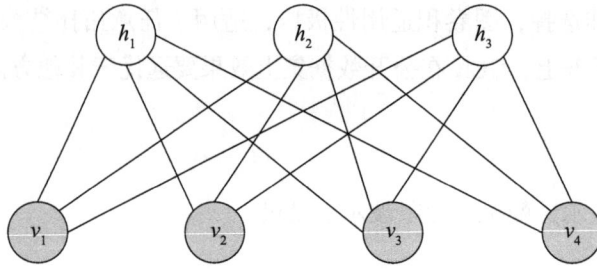

图 11-24　受限玻尔兹曼机

常见的受限玻尔兹曼机有 3 种：①"伯努利 – 伯努利"受限玻尔兹曼机（BernoulliBernoulli RBM，BB-RBM），可观测变量和隐变量都为二值类型的受限玻尔兹曼机；②"高斯 – 伯努利"受限玻尔兹曼机（GaussianBernoulli RBM，GB-RBM），假设可观测变量为高斯分布，隐变量为伯努利分布；③"伯努利 – 高斯"受限玻尔兹曼机（BernoulliGaussian RBM，BG-RBM），假设可观测变量为伯努利分布，隐变量为高斯分布。

本章思考题

1. 简述神经元的基本原理。

2. 列举主要的神经网络模型。

3. 简述前馈网络的主要类型和特点。

4. 简述反馈网络的主要类型和特点。

5. 简述图网络的主要特点。

第12章 推荐系统

> 推荐系统是一个实用性很强的知识管理技术，它采用"推"的方式向用户主动提供知识服务，而信息检索是一种"拉"的方式被动向用户提供知识服务。通过信息检索和推荐系统两种技术，知识库可以满足普通用户对知识库的大多数访问需求。

随着信息技术和互联网的发展，人们逐渐从信息匮乏的时代走入信息过剩的时代。一方面，信息提供者让自己生产的信息受到广泛关注、到达目标用户是一件困难的事情；另一方面，信息用户从大量的信息中找到自己感兴趣的内容也是一件非常困难的事情（项亮，2021）。推荐系统（Recommender System，RS）主要用于将合适的内容或产品以个性化方式推荐给合适的用户，以便增强用户的整体体验。推荐系统是实现知识推送的重要技术，可以弥补搜索引擎及检索工具中查全率有余、查准率不足的问题，智能化地理解用户的信息需求，提高用户的检索效率，将用户所需的知识主动推送给用户（赵民，2016）。

12.1 推荐系统概述

推荐系统可用于多个方面，如零售商品、工作、联系人或好友、电影、音乐、视频、书籍、文章、广告等。推荐系统最重要的作用是推荐的产品或内容是用户可能喜欢但没有发现的。

推荐系统已经被广泛应用于多个领域。推荐系统在一些公司或平台的应用情况有：淘宝和 Amazon 的商品推荐、微信和 Facebook 的好友推荐、LinkedIn 的"你可能认识的人"、豆瓣和 Netflix 的电影推荐、YouTube 的视频推荐、Spotify 的音乐推荐、Coursera 的课程推荐等。推荐系统在零售业务中可以为企业提供的一些好处主要包括：提升收益、由用户做出的正面评论及评分、提升意向达成率等。

为了更好地说明和理解推荐系统，这里来看一个人们经常遇到的网页推荐广告的大致过程。当加载网页的时候，是谁来决定人们会看到什么广告呢？其中有一个非常复杂的过程。杰瑞·卡普兰在《人工智能时代：人机共生下财富、工作与思维的大未来》的第四章"机器魔鬼引燃众神之怒"中形象地描述了网页广告推荐的过程，很好地说明了推荐系统的作用（杰瑞·卡普兰，2016）。

案例：网页广告推荐的过程

当你加载含有广告的页面时，一场蔚为壮观的"战斗"就打响了，各式各样的合成智能开始互相厮杀。上百个事物进程在互联网中激烈地搜寻你最近的行为细节，估算你被其中一家广告商影响的可能性，并参与了一场瞬息之间完成的电子拍卖，拍品是让某件商品给你留下印象的权利。最终竞出者的广告会出现在你的计算机屏幕上。

在互联网发展的早期，有人机智地发现网页上的图片可以只包含 1 个像素，而这个像素对你来说是不可见的，为什么要展示一个你看不见的像素呢？这就是目的。你虽然看不到，但是这个像素可能来自任何地方，具体来说就是来自一个想要记录你在何时、何地访问该网页的人。

为什么你访问的网站会愿意让他的第三方合作方来记录你的信息呢？原因很简单，他会因此而受益。有时网站会因此而获得有价值的信息：这些组织会根据收集的数据做出很多关于访问者的人口特征和个人特征的统计，但是在更多的情况下，你访问的网站想要在未来当你离开之后，仍然向你展示广告，而第三方储存丰厚的跟踪数据恰恰能够帮助该网站实现这一愿望。

如果你最近因某个商品而访问了 1 个网页，但是最终没有购买，如某种型号的跑鞋，那么当你近期再次看到展示该产品的广告，就更可能会有所响应，问题在于一旦你离开了卖家的网站，这些跑鞋的制造商就没有机会再和你沟通。所以这个时候在计算机中存储的 cookie 的那些组织就有了用武之地。当你在别的地方出现，如在预订晚餐的网站出现，他们就会认出你就是上周寻找鞋的那个人，然后他们就会向你展示广告，用你感兴趣的内容提醒你。这种形式叫做重定向，是当今最有价值的网上广告形式之一。

除了几家最大、最成功的网站，向独立广告主售卖广告位是完全不切实际的行为。甚至向代表了很多广告主的中间商售卖广告位也是一场噩梦。复杂的电子广告交易所已经出现，它们的作用是基于实际价格进行拍卖，而拍品就是在你加载的页面上静悄悄地展示广告的权利，网站的运营者只是把自己可用的广告空间目录交付给广告交易所，随后中间商也会参与进来，游戏就开始了。

资料来源：杰瑞·卡普兰（2016）

　　从技术上看，推荐系统有 5 种类型：①基于流行度的推荐系统、②基于内容的推荐系统、③基于协同过滤的推荐系统、④基于关联规则挖掘的推荐系统、⑤混合推荐系统（普拉莫德·辛格，2020）。

12.2　基于流行度的推荐系统

　　基于流行度的推荐系统是基于大多数用户的购买、浏览、收藏、下载等行为来推荐产品或内容的。推荐可以利用的参数有：下载次数、浏览次数、购买次数、评分最高、分享次数、收藏次数等。例如，根据浏览次数向用户推荐 top 5 的产品。该类推荐系统的结果对每个用户都是相同的，并不会生成具有相关性的结果，并非是高度个性化的。

12.3　基于内容的推荐系统

　　基于内容的推荐系统是基于用户过去的喜好向他们推荐产品信息（条目）的。该类推荐系统一般将条目（item）表示为若干属性，并为每一个具体的产品或内容条目的属性赋予适当的属性值。它的基本思想是，计算任意两个条目之间的相似度，并且基于用户的喜好资料向用户推荐与其过去喜好相似度高的条目。

　　例如，现有电影数据的条目矩阵示例如表 12-1 所示。

表 12-1　电影数据的条目矩阵示例

电影 ID	惊悚	艺术	喜剧	动作	戏剧	商业
2310	0.01	0.30	0.80	0	0.50	0.90
2631	0	0.45	0.80	0	0.50	0.65
2444	0.20	0	0.80	0	0.50	0.70
2974	0.60	0.30	0	0.60	0.50	0.40

　　有了条目矩阵后，可以根据用户观看、评分或收藏的条目资料，形成反映用户喜好的用户资料。形成用户资料的一种方法是将所有条目资料的属性值的平均值作为用户的喜好。当然也可以采用属性值的标准值、加权值等。例如，用户 user1 观看了电影 2310 和 2631，则采用平均值方法形成该用户的喜好特征向量（表 12-2）。

表 12-2　用户的喜好特征向量计算

特征	惊悚	艺术	喜剧	动作	戏剧	商业
user1	（0.01+0）/2 = 0.005	（0.30+0.45）/2 = 0.375	（0.80+0.80）/2 = 0.8	（0+0）/2 = 0	（0.50+0.50）/2 = 0.5	（0.90+0.65）/2 = 0.775

得到用户的喜好特征向量后，就可以利用欧氏距离来计算用户喜好特征向量与条目向量的距离，根据距离向用户 user1 推荐其未看过的电影 2444 和 2974。一般来说，欧氏距离越近的电影条目与用户喜好的相似度越高。也可以计算用户资料向量与条目资料向量的余弦相似度来计算相似性，根据相似性结果来向用户推荐。

基于内容的推荐系统的优点主要有：可以利用用户的历史数据，与其他用户无关；推荐系统背后的基本原理容易理解；可以基于用户历史数据和喜好向用户推荐新的和未知的条目。其缺点主要有：条目资料可能失之偏颇或无法反映准确的属性值，从而造成不正确的推荐；推荐结果依赖于用户的历史数据，而不会考虑用户新的兴趣。

12.4　基于协同过滤的推荐系统

基于协同过滤（Collaborative Filtering，CF）的推荐系统在进行推荐时不需要产品或内容的条目属性或描述，它是基于用户的交互行为进行推荐。交互行为可以采用评分、购买、耗时、分享等进行衡量。

CF 类推荐系统是基于"信任朋友"的道理进行推荐。在现实中，人们观看电影、购买图书、到餐厅吃饭、旅行等往往会咨询朋友的看法。协同过滤推荐背后的道理正基于此。协同过滤推荐的关键任务在于找出最类似于被推荐者的用户，将这些相似用户（朋友）喜欢的产品或内容作为推荐结果。

在 CF 推荐系统中，每个用户都可以通过一个向量表示，这个向量包含了用户与条目交互的反馈值。根据用户与条目的交互可以构建用户条目矩阵。

用户条目矩阵的行是推荐系统的用户，列是所有推荐商品或内容的条目，行列交叉处的值反映了用户与条目的交互情况。一般情况下，条目数量非常大，而用户往往只关注少数的条目，因此，形成的用户条目矩阵往往很稀疏。表 12-3 是一个有 4 个用户和 m 个条目的用户条目矩阵。

表 12-3　一个有 4 个用户和 m 个条目的用户条目矩阵

用户 ID	条目 1	条目 2	…	条目 m
1434	1	4	…	–
2622	–	3	…	1
2447	1	4	…	2
5956	–	2	…	–

用户条目矩阵中的值通常就是基于用户与特定条目的交互而推导出来的反馈值。用户条目矩阵可以考虑两类反馈：显式反馈、隐式反馈。

（1）显式反馈

显式反馈来自用户与条目进行交互并且已经体验过条目特性之后给予条目的评分。

评分有以下类型：按 1 ~ 5 的等级进行评分、向他人推荐的简单评分项（是、否或绝不）、收藏条目（是与否）。显式反馈数据噪声较少，但往往数量非常有限，因为实际中大量的用户常常不会给出评分。

（2）隐式反馈

隐式反馈主要是从用户的线上活动中、基于用户与条目的交互推断出来的，不是用户对条目喜好的直接反馈。例如，用户对某商品进行了长时间的浏览，并将其放入购物车。隐式反馈的挑战在于，由于包含了大量的噪声数据，因此影响了推荐结果的准确性。

协同过滤推荐系统有两类主要的类型：基于最邻近的协同过滤推荐系统、基于潜在因子的协同过滤推荐系统。

（1）基于最近邻的协同过滤推荐系统

其工作原理分为两步：第一步，查找与活动用户（尝试向其推荐的用户）一样喜欢或不喜欢相同产品的最相似用户来找出活动用户的 K- 最近邻；第二步，预测出活动用户喜欢某个特定产品的评分或可能性。可以使用欧氏距离或余弦相似度来找出相似的用户，也可以采用 Jaccard 指标。以 Jaccard 为例来说明，其计算公式为

$$sim(x, y) = \frac{|R_x \cap R_y|}{|R_x \cup R_y|}。 \tag{12-1}$$

其中，分子是两个用户共同喜欢（评分）的条目数量，分母是他们喜欢（评分）的条目总数量。假设共有 5 个用户，希望找出与活动用户（1434）最近邻的两个用户进行推荐，如表 12-4 所示。

表 12-4 用户条目矩阵示例（基于最近邻的协同过滤推荐系统）

用户 ID	条目 1	条目 2	条目 3	条目 4	条目 5	条目 6
1434	1	4	–	–	5	–
2622	–	3	3	–	–	1
2447	1	4	1	–	5	2
5956	–	2	–	–	5	–
2645	1	4	–	3	3	–

对于第一个用户和第二个用户，他们感兴趣的条目共 5 个，分别为条目 1、条目 2、条目 3、条目 5 和条目 6；他们共同感兴趣的条目有 1 个（条目 2），因此他们的 Jaccard 指数为

$$sim(1434, 2622) = \frac{1}{5} = 0.2。$$

同理可以计算出活动用户 1434 与其他用户的相似度评分如下（表 12-5）。

表 12-5 用户相似度计算示例

–	1434
2622	0.200
2447	0.600
5956	0.677
2645	0.750

对全部的 *Jaccard* 指数进行排序，排在最前面的两个近邻用户是第 5 个用户（2645）、第 4 个用户（5956）。因为 *Jacard* 指数在计算时没有考虑反馈值，而只考虑是否评分，可能存在最邻近两个用户实际并不相似的情况，例如，两个用户做了相同条目的评分，但一个评分高，另一个评分低。在这个例子中，在考虑反馈值的情况下，与活动用户最近的是第 3 个用户 2447，但它并未进入 top 2。因此，要解决这个问题，可以采用其他指标来计算最近邻，如欧几里得距离、余弦相似度等，但这可能面临缺失值问题。

用户条目矩阵中的缺失值可以采用以下方法处理：将缺失值替换为 0；或将缺失值替换为用户的平均评分。这样，共同条目的评分越类似，邻居与活动用户的距离越近。

上述内容展示了获取活动用户最近邻用户的过程。实际上，基于最近邻的协同过滤推荐有两种类型。一种是基于用户的 CF，关键在于找出 K 最近邻用户；另一种是基于条目的 CF，关键是找出 K 最近邻条目。

对于基于用户的 CF，在获得活动用户的最近邻用户后，可以采用最近邻用户喜欢的条目评分的加权平均值作为推荐给活动用户的评分。例如，在表 12-4 "用户—条目" 的例子中，因为活动用户已有对条目 1、条目 2 和条目 5 的评分，而条目 3 和条目 6 因为没有最近邻用户的评分记录而无法推荐，因此，可以按照第 4 个用户和第 5 个用户对条目 4 的评分均值（0+3）/2 = 1.5 推荐条目 4。

对于基于条目的推荐，首先要获取活动用户的最近邻条目。例如，在表 12-4 "用户—条目" 的例子中，活动用户 1434 喜欢条目 1、条目 2、条目 5，根据条目 1 为活动用户推荐他没有关注的条目 3、条目 4、条目 6。分别计算条目 1 与这些条目之间的相似度或距离，然后选择 top 2 进行推荐。例如，采用 *jaccard* 指标，根据 "用户—条目" 表，可以计算出条目 1 与条目 3、条目 4、条目 6 的相似度值（表 12-6）。

表 12-6 条目相似度计算举例

—	条目 1
条目 3	1/4 = 0.25
条目 4	1/3 = 0.33
条目 6	1/4 = 0.25

若选择 top 2 进行推荐，因为条目 3 和条目 6 的 *Jaccard* 指数相同，则可选择条目 4，以及条目 3 或条目 6。

（2）基于潜在因子的协同过滤推荐

该方法同样基于用户条目矩阵为用户进行推荐，但不同于最近邻协同过滤的找出最近邻和预测评分的推荐步骤，而是尝试将用户条目矩阵分解为两个潜在因子矩阵，计算两个潜在因子矩阵的点乘得出原始的用户条目矩阵。

例如，一个用户条目矩阵 A 为 3×4 的矩阵，其中用户数为 3，条目数为 4：

$$A = \begin{pmatrix} 1 & 2 & 3 & 5 \\ 2 & 4 & 8 & 12 \\ 3 & 6 & 7 & 13 \end{pmatrix}。$$

A 可以分解为以下两个矩阵 $X3 \times 2$ 和 $Y2 \times 4$ 的乘积：

$$A = \begin{pmatrix} 1 & 3 \\ 2 & 8 \\ 3 & 7 \end{pmatrix},$$

$$Y = \begin{pmatrix} 1 & 2 & 0 & 2 \\ 0 & 0 & 1 & 1 \end{pmatrix}。$$

矩阵 X 和 Y 分别被称为用户潜在因子矩阵、条目潜在因子矩阵。用户潜在因子矩阵包含映射到这些潜在因子的所有用户；类似地，条目潜在因子矩阵包含列中映射到每一个潜在因子的所有条目。

求潜在因子的过程可以采用交替最小二乘法（Alternating Least Squares，ALS）。分解方式为：用户对任意条目的评分是用户潜在因子值和条目潜在因子值的乘积。分解目标为：最小化整个用户条目矩阵评分及预测条目评分的误差平方和。

协同过滤算法的优点主要有两点：①不需要条目的内容信息，并且可以基于有价值的用户条目交互进行推荐；②能够提供基于其他用户的个性化体验。其缺点主要有 4 点：①冷启动问题：如果用户没有条目交互的历史数据，那么无法计算其 K- 最近邻，因此无法做出推荐；②缺失值：一般来说，条目数量很大，有些条目可能永远没有评分，因此不会获得推荐；③无法推荐新的或未评分的条目；④准确率差：基于潜在因子的 CF 的效果一般不会太好，因为许多组成部分是持续变化的。

12.5　基于关联规则的推荐系统

推荐系统按照数据源大致可以分为基于顾客评分 / 评价和基于顾客购买历史两类（赵艳霞，2006）。前者因为收集评分数据需要顾客一些额外的配合，在实际中有一定的难度，而且推荐结果不一定客观，因为不少情况下顾客的评分与其当时的心情或环境有关，所以评分不能保证反映了顾客真实的兴趣。基于顾客购买历史数据的推荐，能较好地反映顾客的真实偏好，而且能动态地把客户兴趣变化反映到推荐结果中。

基于关联规则的推荐是根据历史数据统计不同规则项（商品）之间的关系，根据客户已经购买的商品记录向他推荐他可能还会购买的商品。关联规则又称购物篮分析（Market Basket Analysis），挖掘的规则形如：$X \rightarrow Y$，表示 X 事件发生后，Y 事件会有一定概率发生，这个概率是通过历史数据统计而来的。关联规则的目的在于发现一个数据集中项之间的关系，以支持度和置信度表明关系的强弱。支持度反映在历史数据中发现该规则的频繁程度，置信度说明当 X 为真时，Y 也为真的频繁程度。例如，购买鞋的顾客，可能也会买袜子，这里的 X 是购买鞋，Y 是购买袜子，若支持度为 15%，则表示同时购买了鞋和袜子的顾客有 15%；若置信度为 85%，则表示在所有购买了鞋的顾客中，有 85% 的顾客也购买了袜子。一般需要设置最小支持度和最小置信度，以挖掘出有意义的规则。

关联规则的发现算法有：Aprior，ApriorTid，DHP，Tree Projection，FP-tree 等。关联规则的挖掘可以分为两个子问题：①在事务数据库中找出所有满足最小支持度要求的频繁项集；②利用频繁项集生成所有关联规则，根据最小置信度选择强关联规则作为输出。在获得强关联规则后，就可以根据顾客购物车和历史购物记录生成推荐商品。然而，基于关联规则的推荐系统常常会被购买频率比较高的商品愚弄，例如，纸巾是大多数顾客经常购买的商品，因此生成的强关联规则不少会包含纸巾，这样当推荐系统关注某个商品，并查看那些一起经常购买的商品时会经常出现纸巾，这样的推荐结果难以让追求个性化的用户满意。解决这个问题的一个办法是引入提升度指标（钱俊松，2017）。提升度的定义为

$$\text{提升度 } (X \rightarrow Y) = P(Y|X)/P(Y)。 \tag{12-2}$$

其中，$P(Y)$ 是所有记录中包含 Y 的比例，而 $P(Y|X)$ 就是交易中满足 X 条件下包含 Y 的比例，其实就是规则的置信度。使用提升度作为衡量关联规则的标准可以避免推销热销商品。对于热门商品，$P(Y)$ 和 $P(Y|X)$ 都很大，因此如果提升度接近于 1，该关联规则就会被认为价值不大。

基于内容的推荐系统和基于协同过滤的推荐系统主要是利用客户对不同商品的偏好计算活动用户与商品之间的相似性，或者计算活动用户与最近邻用户的相似性，或者计算客户偏好商品与最近邻商品之间的相似性来进行推荐的，本质上是基于客户评分／评价进行推荐，显然这类推荐系统需要客户直接或间接的配合，然而商品之间是有关联的，基于关联规则的推荐系统就是利用这种关联来进行推荐的。

12.6 混合推荐系统

混合推荐系统是组合多个不同类型的推荐系统进行推荐，可以利用不同推荐系统的

优点，克服单个推荐系统的缺点。

　　构建混合推荐系统一种方式是构建多个单独的推荐系统，向用户推荐之前合并他们推荐的结果。例如，构建一个基于内容的推荐系统和一个基于协同过滤的推荐系统，然后合并它们的推荐结果给用户。

　　构建混合推荐系统另一种方式是将一种推荐系统的结果输入另一种推荐系统，以便向用户提供更好的推荐。例如，将基于内容的推荐系统的结果作为基于协同过滤的推荐系统的输入。当然，也可以反过来，将基于协同过滤的推荐系统的输出作为基于内容的推荐系统的输入。

　　混合推荐还包括使用其他类型的推荐系统来增强推荐的效果，例如，使用基于人口统计信息的推荐系统、基于知识图谱的推荐系统等。混合推荐系统已经成为各行各业的业务信息系统不可或缺的一部分，被用来帮助这些业务信息系统的用户找到合适的内容或消费合适的产品，因此衍生出大量的价值。

本章思考题

1. 列举推荐系统的主要类型。
2. 简述基于流行度的推荐系统的特点。
3. 简述基于内容的推荐系统的特点。
4. 简述基于协同过滤的推荐系统的特点。
5. 简述基于关联规则的推荐系统的特点。

展望篇

不要依据过去来策划未来。 　　　　　　　　　　——埃德蒙·伯克

　　本篇对知识管理的未来环境进行了展望。面对向未来的不确定性，知识型员工和知识型企业均需要未雨绸缪，做好知识管理，这样才能更好地生存和发展。

第13章 知识管理的未来展望

> 这不是结束，甚至不是结束的开始，而可能是开始的结束。This is not the end. It is not
> even the beginning of the end. But it is，perhaps，the end of the beginning.
>
> ——丘吉尔
>
> 一个志在有大成就的人，他必须……知道限制自己；反之，那些什么事都想做的人，其
> 实什么事都不能做，而终归会失败。
>
> ——黑格尔
>
> 知识经济可能只是开始。面对未来，个人和组织都要转变观念，做好知识管理。

现代智人的祖先第一次走出非洲时，被强大的尼安德特人击败，不得不退回非洲。但等智人第二次走出非洲后，智人似乎开了"天眼"，不仅轻松地击败尼安德特人，还迅速地走遍全世界，占领了地球上的每一个角落，现在正在一步步向其他星球进发。是什么赋予智人强大的能力？与其说是人类的语言或组织能力，不如说是知识。因为从本质上来说，和其他动物相比，只有智人才能将创造的知识一代代传承下去，让后人可以"站在巨人的肩膀上看得更远"。通过知识的积累，智人有了强大的能力，变得越来越聪明。

智人发展到今天，先后创造了辉煌的农业文明和工业文明。文明的发展最初很缓慢，之后逐渐加速。农业革命演进了几千年，工业革命从18世纪60年代发展到今天，只有短短的200多年，但已经经历了机械化、电气化、自动化这3个阶段，现在正在走向智能化，创造的文明成果远远超过了农业革命的总和。文明的发展和知识的创造、积累是相伴而生的一个过程。文明的加速是知识指数效应的一种外在表现。

伴随着互联网的高速发展，知识产业似乎已经达到非常繁荣的程度。那么，知识经济是否终结了？人们是否进入了一个新的时代？从当前知识经济发展情况看，这可能只是开始，远未到考虑结束的时点。正如丘吉尔所说的，"这不是结束，甚至不是结束的开始，而可能是开始的结束"。一方面，人类还有大量未知的领域需要探索或突破，如深海、深地、深空，大脑和生命复杂性的认识等；另一方面，从知识管理或知识工程的角度看，知识的大爆炸引发了知识管理的浪潮，我们只是刚刚解决了知识管理中的初步问题，对大数据中的知识提炼、整合、挖掘、分析等还存在诸多没有解决的难点，还远未能自如地"操纵"知识为人类服务。例如，知识的表示和存储只是近似地、部分地解决了从"人脑"到"电脑"的过程，而从"电脑"再到"人脑"的过程还需要新的技术突破。

13.1 未来知识管理环境

13.1.1 知识数量迅速增大、知识更新速度不断加快

知识经济时代的一个典型特征是知识爆炸，即知识的数量以几何级数增长。据《中国教育报》报道，19 世纪初期，人类的知识以每 50 年翻一番的速度增长。到了 20 世纪初，这一速度变成每 10 年翻一番。20 世纪 80 年代，人类的知识每 3 年翻一番。20 世纪末，人类文明发展的前 4900 年所积累的文献资料，还没有现在 1 年的文献资料多。进入 21 世纪，知识老化速度不断加快。学科与学科之间的界限不断突破，渗透和融合不断进行，大量的边缘学科和交叉学科不断涌现。到目前为止，仅自然科学的类别就已超过 2000 门。每个人每天只有 24 小时，面对如此多的知识量，即便每天不吃不喝，一辈子能学到的知识也不过是沧海一粟。

知识更新速度在加快。联合国教科文组织（UNESCO）的数据显示，19 世纪，知识更新周期为 50 年（以一个领域知识更新 20% 为一个知识更新周期），第二次世界大战时为 15 年，20 世纪 90 年代为 3 ～ 4 年。到 2050 年，一个人现在拥有的知识可能只有那时知识的百分之一。如果一个人在 1955 年大学毕业，可以不用学习而在 1995 年左右安全退休。但如果在 1995 年大学毕业，只要 5 年时间不学习，那么便跟不上时代（田志刚，2010）。学习型组织的提出者彼得·圣吉曾说："一个人学习过的知识，如果每年不能更新 7% 的话，那么这个人便无法适应社会的变化（陈力行，2005）。"因此，现代人单纯靠学校里学习到的知识来安稳地度过一生是不可能的。这就要求每一个人必须终身学习。

迅速增长的知识量和快速的更新速度伴随着知识类型的增多。承载知识的载体不再以纸质图书为主，而是以文本、图像、语音等多种媒体数据的知识库形式存在。这实质上是知识大数据的产生。知识大数据的产生对知识管理的技术提出了更高的要求，如何快速地获取、加工、存储、检索、分析、更新是知识管理面临的一个大挑战。

13.1.2　就业人口快速向第三产业迁移

从人类产业发展情况来看人口迁移的趋势，人口在不断地进行从第一产业到第二产业，再到第三产业的迁移。伴随着人口的迁移，体力优势者渐渐让位于脑力优势者，知识缺乏者越来越难以和知识丰富者竞争，女性在各行各业开始对男性的主导权提出了挑战。最初，大量的人口聚集在第一产业，农业容纳了大量的劳动力，男性因为体能优势而在社会中处于相对的支配地位，然而，现有这种情况已经出现了逆转，女性因为拥有知识而不再处于从属地位。从人类历史来看，几乎每一次产业革命都伴随着新技术的突破和人口的迁移。工业革命之后，大量的人口开始从第一产业向第二产业、第三产业迁移、聚集。未来，随着机器设备的自动化和智能化，越来越多的机器人将取代了产业工人，第二产业的就业人口将很可能进一步出现明显的下降，越来越多的人口开始向第三产业聚集。

以中国的三次产业人口迁移数据来说明这个大趋势。《2011 年度人力资源和社会保障事业发展统计公报》显示，2011 年末全国就业人员 76 420 万人，其中城镇就业人员 35 914 万人。在全国就业人员中，第一产业就业人员占 34.8%；第二产业就业人员占 29.5%；第三产业就业人员占 35.7%。《2020 年度人力资源和社会保障事业发展统计公报》显示，2020 年年末全国就业人员 75 064 万人，其中城镇就业人员 46 271 万人。在全国就业人员中，第一产业就业人员占 23.6%；第二产业就业人员占 28.7%；第三产业就业人员占 47.7%。10 年内，第一产业就业人口比例下降了 11.2%，第二产业就业人口比例下降了 0.8%，而第三产业就业人口比例增加了 12%。图 13-1 显示了 2011—2020 年 3 个产业就业人口的变化趋势。第一产业和第二产业均出现下降趋势，相对第一产业而言，第二产业下降幅度较小。第三产业出现较大的增幅，近 10 年已成为吸纳就业的主力，而在 2000 年，第三产业就业人口比例仅为 27.5%，远低于第一产业的 50%。

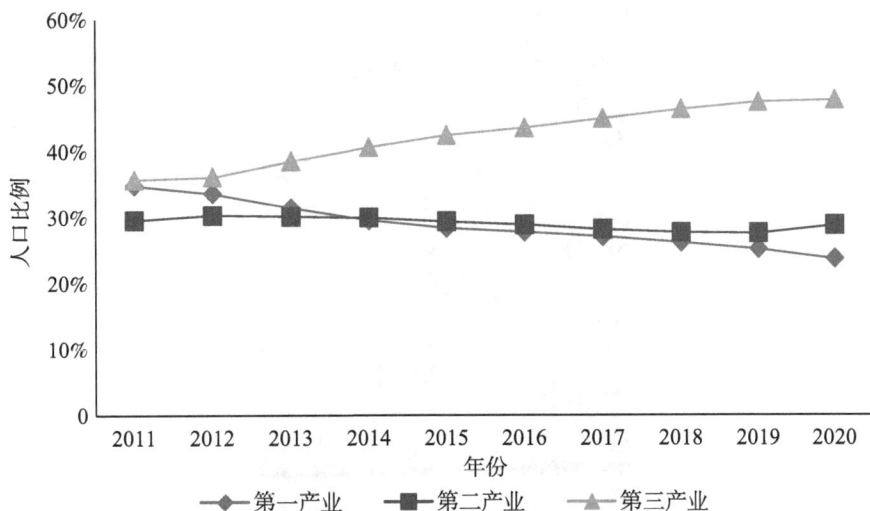

图 13-1　2011—2020 年 3 个产业就业人口的变化趋势

相对于传统的农业和工业来说，第三产业更需要拥有知识的人才。因此，伴随着这种迁移，知识产业空前繁荣，出现了越来越多的从事知识产品相关的知识工人（Knowledge Worker）。这些知识产品与之前产品最大的不同，在于它的无形性及寄生性，在很多情况下，人们能感觉到它们的存在，但无法通过感觉器官感受到它们。这些知识工人也与过去从事体力劳动的农民、工人、商贩等不同，他们是掌握和运用符号、利用知识或信息工作的人。知识工人这一概念由管理学家德鲁克于 1959 年在《明天的里程碑》中提出。知识工人的特征主要有 6 点：①较高的个人素质；②很强的自主性；③有很高价值的创造性劳动；④劳动过程难以监控；⑤劳动成果难以衡量；⑥强烈的自我价值实现愿望。知识工人大致包括：市场分析师、工程师、产品开发人员、资源计划者、研究员、法律顾问等。

产业人口的迁移和知识工人的出现为知识管理提出了另一个挑战。一方面，对于第一产业和第二产业，伴随着从业人口的大量减少，如何利用现代科技知识稳步提高农业和工业产品的数量和质量，满足人类生存、发展的需要是需要解决的一个问题。另一方面，如何运用知识管理理论提高知识工人的效率和创造性是需要解决的另一个问题。

13.1.3　自动化和机器换人趋势加速

随着自动化和智能化的推进，越来越多的机器人出现在人们的生活和工作中，机器是否会取代人类是一个需要考虑的问题。机器人是融入了人类知识、能够代替人类劳动的机器。未来，机器人甚至能够代替人们进行思考和决策等高级的智力劳动。2017 年 10 月 23 日的《纽约客》封面文章漫画"人类未来只能给机器人打下手？"描绘了这样一幅未来图景（图 13-2）：一个满脸胡须的年轻乞丐坐在未来的曼哈顿街上乞讨，身旁的机器人向他手里的杯子里投掷螺丝和螺帽，他身旁的小狗也满怀惊讶和担忧地看着旁边走过的机器狗（储丽，2017）。

图 13-2　《纽约客》封面文章配图

　　这幅漫画对应的封面文章名为《黑暗工厂：欢迎来到未来机器人帝国》（Dark Factory）。作者走访美国多个地区和中国上海，与流水线工人、机器人科学家、企业家等人交谈。他发现，目前越来越多的工作正在被机器人取代，而且科学家还在研发更加智能的机器人。十几年前，工业机器人只是人类劳动者的帮手，协助工人完成生产任务，但如今机器人淘汰了不少工人，剩下的人类工人也只能从属于机器人，出现了"人肉机器人"，即按照严格自动化步骤劳动的工人，这些工人在帮助机器干活。例如，在生产线上，电钻都是计算机控制的机械臂掌握的，工人只需把机械臂拉到正确的位置，让机械臂钻孔。

　　自动化的采用更是出现了所谓的"黑灯工厂"。黑灯工厂是 Dark Factory 的直译，即智慧工厂。这些工厂几乎没有工人，所有的加工、运输、检测等操作都是由机器或者其他高科技设备按照一定的程序要求自行完成，整个生产无须人工操作，因此完全可以在无灯情况下生产。黑灯工厂的 5 个主要特点如下。

　　（1）系统具有自主能力：它可以收集和理解来自外部世界和自身的信息，并利用这些信息分析、判断和规划自己的行为。

　　（2）整体可视技术的实践：结合信号处理、推理预测、仿真和多媒体技术，现实生活中的设计和制造过程将在现实中得到拓展。

　　（3）协调性、重组性及扩充性：系统中的每一个群体都可以根据自己承担的工作任务形成最佳的系统结构。

　　（4）自我学习及维护能力：通过系统自学习功能，可以在制造过程中对数据库进行补充和更新，自动执行故障诊断，通过故障排除和维护或通知来执行系统。

　　（5）人机共存系统：人机之间存在合作关系，在不同层次上相互补充。

　　在产业升级和效率提升的背景下，工业机器人及自动化产业趋势向好。根据国际机器人联盟（IFR）的数据，世界工业机器人产业发展迅猛，2013—2019 年全球工业机器人年均增速为 16.7%，2019 年全球工业机器人新增 38.1 万台，总存量已接近 270 万台。全球工业机器人应用呈现出以下典型特征：多数经济发达国家的人口结构变动导致了"机器换人"，工业机器人应用加快了资本深化（邓仲良，2021）。例如，20 世纪 90 年代，全球最大的办公家具制造商 Steelcase 公司在美国有上万名工人，旗下有 7 家工厂都设置在密歇根州第二大城市大急流城（Grand Rapids）附近。那时的工厂里挤满了工人，生产座椅、文件柜、办公桌、会议桌等办公家具。从打磨木材、给木料上漆到组装钢铁部件，都由工人们手工完成。但今天，该公司在密歇根州只留下了 2 家工厂，合计雇用工人不足 2000 人。公司在美国境内还有 1 家工厂，开在亚拉巴马州城市雅典（Athens），它也只有 1000 名全职员工。

　　不仅美国或西方发达国家存在机器换人的情况，中国因为长期实行的独生子女政策加剧了劳动力短缺，愿意从事制造业的人越来越少，机器换人更是不少制造型企业的必然选择。根据 IFR 统计，2018 年，工业机器人在中国销量为 15.4 万台，市场体量达到了 62.3 亿美元，折合人民币约为 430 亿元，销量占到了全球市场的 37%。制造业机器换人在中国的空间广阔，预计未来年化需求有望达到 18.6 万台。机器换人也让有些制造业企业感受到采用机器人带来的优势。例如，徐州重型机械有限公司一条能够兼容 18 道工序、生产 20 多种产品的智能生产线上，1 名工人就可以控制 10 台机器；2020 年，当别的工厂因为疫情还在为工人不足而烦恼时，它还继续生产；宝钢位于宝山基地的冷轧热镀锌智能车间是一座 24 小时运转却不需要多人值守的"黑灯工厂"，在 200 米长的生产线上，仅有 2 名工人流动检视，12 台智能机器人承担了所有的"危、脏、难"工作，每天 10 万吨成品钢卷的调运全部由无人吊机负责完成。

未来，随着机器人入住工厂和制造领域，大量的人类不得不离开制造领域，进入第三产业，从事服务领域。这就注定了未来的服务业将会大幅增长，第三产业也将成为增加和吸纳就业的最重要产业，承担起稳定社会的重任。人们对机器换人的这种趋势情绪复杂。一方面，机器人和自动化让劳动更简单，人类不需要从事一些"危、脏、难"的工作；另一方面，机器换人也淘汰了更多工人，自动化让工人的工资缩水，导致贫富差距加大，进一步对国内政治及国际形势带来影响。过去几十年，经济学家曾普遍认为，技术进步让劳动者增加的就业机会和失去的机会同样多，但近些年的研究开始得出截然不同的结论。麻省理工学院经济学家戴维·奥托尔（David Autor）指出："不是工作或者就业岗位本身快要没有了，而是如果靠自身劳动，那些技能水平比较低的人可能就无法挣到足够收入，负担得起像样的生活。这点我们已经目睹了。"

自动化对任何一个行业的影响都是巨大的，自动化正从工业生产走向城市商业领域。自动化的影响是广泛的，而不仅是蓝领的工作。现在，农业领域、商业领域的机器人也在替换一些人类的岗位，发挥出人类难以替代的作用。例如，农业领域的施肥机器人、除草机器人、采摘机器人、分拣机器人等，商业领域的智能客服机器人、送餐机器人、清洁机器人、巡检机器人、物流配送机器人等。随着技术的发展，有些机器人更是以"虚拟化"的形式出现在人们的工作或生活中。2021 年 12 月 30 日，一张万科集团董事会主席的微信朋友圈图片在社交平台引发热议。图片内容显示，这是祝贺万科员工崔筱盼获得了 2021 年万科总部优秀新人奖（图 13-3）。该消息引发网友热议的原因在于，所称赞的女员工并不是真人，而是万科的首位数字化员工，是一个虚拟人。据悉，崔筱盼于 2021 年 2 月 1 日正式"入职"万科。在系统算法的加持下，她很快学会了人类在流程和数据中发现问题的方法，以远高于人类千百倍的效率在各种应收或逾期提醒及工作异常侦测中大显身手，并发邮件提醒各部门的同事。而在其经过深度神经网络技术渲染的虚拟人物形象辅助下，她催办的预付应收逾期单据核销率达到 91.44%。万科的很多员工也是后来才知道，原来这个与自己沟通了多次的员工竟然只是虚拟人。

图 13-3　虚拟人获得 2021 年万科总部优秀新人奖

自动化和机器换人趋势的加速给知识管理提出了两个挑战。一个挑战是如何把人和机器的能力结合起来，创造一种人机结合的知识管理模式，达到"人机共赢"，使得人机协作既可以发挥出员工更高的生产力，在机器协助下提高人的能力，让资本愿意雇用知识型员工，又可以发挥机器人的特长，把一些低价值的工作交给机器人，或者让机器人协助完成更高难度的项目。另一个挑战是如何发挥出人的智慧、创造力和不同于机器人的聪明才智，开发出更有价值的知识产品，帮助机器人提高能力，让人类有更多闲暇的时光享受美好的生活。

13.1.4　新兴技术的涌现为知识管理提出更高要求

技术是指将基本知识转换为实际应用的过程。美国宾夕法尼亚大学沃顿商学院的研究团队认为，新兴技术是建立在科学基础上的革新，它能创立一个新行业或改变某个旧行业，具有较大的颠覆性和不确定性特征（吴东，2005）。其中的颠覆性表现在它可以改变企业价值链结构，改变竞争规则，改变原来的基础结构、能力、思维模式，颠覆一个行业的生存方式等；不确定性包括市场、技术、管理的高度不确定和极度的模糊性，而技术高度不确定性又包含了新兴技术的科学基础、新兴技术的技术应用、新兴技术研发是否成功、新兴技术研发成功的时间及新兴技术的商业化能否成功不确定等几层含义。近年来，新兴技术不断涌现，如大数据、云计算、物联网、人工智能、区块链、数字孪生、元宇宙等，深刻地改变了组织的战略规划、采购、生产、运营、物流等管理过程，对组织的知识管理提出了更高的要求。

新兴技术是在第四次工业革命的大背景下兴起的、具有突出创新性的、很可能对未来产业发展乃至经济—社会结构都产生巨大影响的技术。与传统技术和高技术相比，新兴技术具有 3 个明显不同的特征（张乐，2021）：①"新"，其在时间和内容上都是以往社会未曾出现过的，创新特质明显；②"兴"，此类技术具有正在兴起、不断涌现的特征，很多技术还正处于不断探索和发展之中；③"颠覆性"，从前景来看，这些技术可能会创造一大批新行业或者改变一些传统行业，甚至从根本上重塑商业模式、经济结构、生活方式并改变社会的发展轨迹。

新兴技术涵盖的范围非常广泛，而且不断有更多的技术被创造出来，因此很难对新兴技术做一个很好的分类。《第四次工业革命：行动路线图》一书较好地将新兴技术分为4类：①拓展的数字技术（如量子计算技术、区块链技术、物联网）；②改变物理世界的技术（如人工智能、先进材料、3D打印和无人载具）；③改变人类自身的技术（如基因生物技术、神经技术、虚拟现实与增强现实技术）；④整合环境的技术（如新能源技术、地球工程和空间技术）（克劳斯·施瓦布，2018）。这些新兴技术涉及人类的生物结构、智能、经验和生存环境等关键环节，一旦发展成熟，将会产生难以估量的深远影响。

新兴技术的涌现显然对知识管理提出了更高的要求，对知识管理提出了两个严峻的挑战。一个挑战是如何准确地识别和预测新兴技术，降低新兴技术带来的不确定性，及时研发新兴技术或相关产品、应用新兴技术来适应其带来的颠覆性变化，占领市场先机，提高组织自身的韧性和竞争能力；另一个挑战是如何将新兴技术应用于知识管理自身，实现知识管理自身的变革，解决知识管理面临的一系列新问题。例如，互联网上大量异构、多模态、碎片化的数据如何实时融合、体系化，以服务于组织的学习和创新、机会发现等管理活动；知识如何在物理空间和数字空间畅通无阻地流动、自组织，更有效地降低能源和物质的消耗，极大地丰富知识的使用。

13.2　个人生存之道

在这飞速变革的知识经济时代里，个人发展越来越依赖于个人竞争力，而组织效率和竞争力的提升、组织的可持续发展很大程度上源于个体的竞争力。而个人竞争力的源泉是个人知识力，即个人的知识学习、保存、共享、使用和创新的能力（田志刚，2010）。那么个人如何进行知识管理？个人知识管理都需要哪些技能呢？个人如何做才能更好地适应这个时代呢？

工业革命后出现了产业工人，他们往往依靠生产线上的体力劳动获取收入；而知识经济时代出现了知识工人，他们则需要依靠知识来获取收入。著名管理大师彼得·德鲁克在其1966年出版的著作《卓有成效的管理者》提出Knowledge Worker的概念，它其实就是知识工人的意思，但一些学者不愿意将它与传统工业生产线上的产业工人类比，而将它翻译为知识工作者。这主要是因为知识工作者是指那些主要工作内容为处理信息和知识，并在工作中利用信息和知识的人，以区别于原来的产业工人。彼得·德鲁克在1999年出版的《21世纪的管理挑战》进一步提出"21世纪，无论商业机构还是非商业机构，其最宝贵的资产都将是它们的知识工作者和知识工作者的生产率"，这为个人提出了一系列的知识管理问题：如何才能提高自己处理信息和知识的能力；如何才能更好地学习而不至于落伍；如何更好地保存信息和知识，才能保证在自己需要的时候找到；如何传递信息和知识，才能让别人知道自己知道，从而赢得更多机会；如何使用自己的知识才能提升个人价值；如何创造新知识并转化为实践，才能使自己成为行业或领域的引领者等。

13.2.1　个人知识管理的内涵

在知识大爆炸时代，人们获取信息越来越容易，但获取知识越来越困难。同时，机器智能的出现和发展，大量重复性、机械性的工作被机器取代。在这样的背景下，如何做好个人知识管理，能够很好地在职业生涯中生存和发展，是每一个现代人在这个时代必须面临的一个命题。一方面，"为学日益，为道日损，损之又损，以至于无为，无为而无不为"[①]，了解个人知识管理的真谛，才不会出现"乱花渐欲迷人眼，浅草才能没马蹄"[②]；另一方面，如何不断自我超越，做到"日起有功、日新其德、日增其慧"，实现终身学习，使自己的知识和能力不断提高。知识管理对个人的现实意义在于它可为个人建立专业知识和实践能力不断提高的基石，从而为个人能力和事业的可持续发展打下坚实的基础。

个人知识管理（Personal Knowledge Management，PKM）是用计算机技术、通信技术和网络技术帮助个人有效地管理飞速增长的信息，是把个人认为最重要的且将成为个人知识库的信息进行整合的框架，它为那些零散的、随机的信息转换成可被系统利用的和可扩展的个人知识提供了一种策略（王鉴，2005）。个人知识管理的核心有两个：①将个人的隐性知识明晰化，一方面将获取的数据和信息进行深度加工、分析和综合，形成可直接用于解决问题和决策的知识；另一方面使知识能更清晰、更明确地表达或更容易理解、查找和利用；②使个人和其他人更好地共享已有的知识，并使知识能更快地传递到需要的地方，更有效地将思想转化为行动。

从知识的角度，个人知识管理要管理的知识包括逐步深化的 6 个层次（甘永成，2003）：①客观事物的知识（Know what）；②技能和能力知识（Know how）；③规律和原理知识（Know why）及社会关系知识（Know who）；④交流、传递隐性知识（Mentor）；⑤以网页、文章等形式传播知识（Publish）；⑥知识创新（Innovation）。

从个人知识管理的内容层次上看，个人知识管理包含以下 3 个层次（陈力行，2005）。

（1）管理已有知识

无论个人或组织，都需要对已经获得的知识进行管理。实际上，人们在很久以前就

---

① 出自《道德经》。
② 出自唐代诗人白居易的《钱塘湖春行》。

已经不自觉地进行个人的知识管理。只是知识经济时代的发展使得人们对知识越发重视，自觉的个人知识管理也就提到日程上来了。

（2）学习新知识

通过各种途径学习新知识，吸取和借鉴别人的经验、优点和长处，弥补自身思维和知识缺陷，不断建构自己的知识特色，是个人知识管理的重要要求。个人做好知识管理的主要方式之一就是学习。个人学习不要仅限于在正式学习环境（如学校、教室、有组织的培训与 E-Learning 计划、脱产培训等）中学习显性知识，还要在非正式学习环境中观察别人的做法、向别人请教、试误法（Trail and Error method）或与行家在一起工作等学习隐性知识。Capital Works 调查了数百位知识型员工，统计出他们获得知识的途径及各途径所占的比重（图 13-4）。

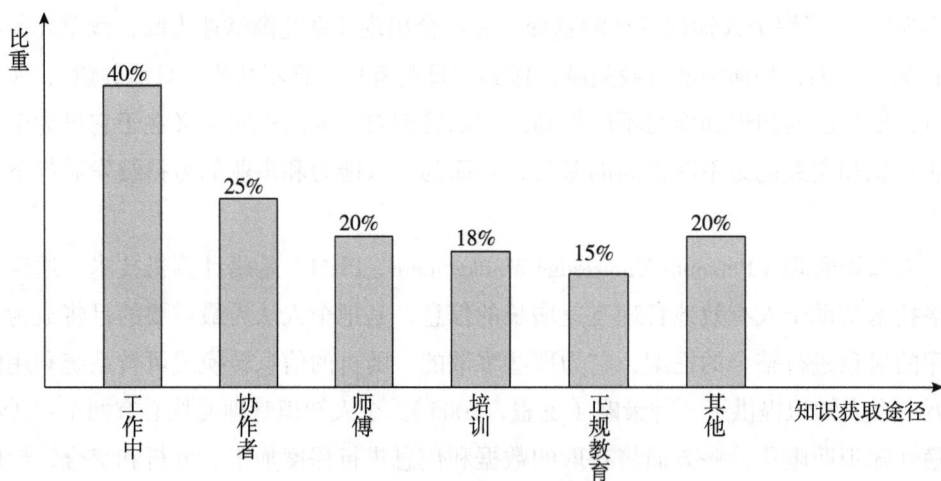

图 13-4　不同学习方式的作用

[资料来源：廖开际（2014）]

由此可见，一个人在正式学习环境中获得的知识非常有限。人在其一生中习得的知识有 80%，甚至更大的比重来自非正式学习，而且人们在工作中习得的知识有 80% 来自非正式学习（廖开际，2014）。不仅如此，非正式学习与隐性知识管理有密切的联系。非正式学习环境是知识创新、隐性知识验证、传播与管理的天然土壤。其原因有以下两方面。

一方面，隐性知识不能用文字完整表达，通过示范、行为，适当的场景、共同的实践最有利于隐性知识的传播和发展。

另一方面，在非正式学习环境中，人们在工作或消遣的同时有意或无意地共同完成体验和认知过程，这与隐性知识要求的传播、发展环境相合。

个人学习不仅要掌握知识，还要培养能力和创造力。知识和能力既有联系，又有区别。能力是在掌握和运用知识的过程中逐步形成和发展起来的，有一些能力是学到并加以应用的隐性知识。但是能力不像知识那样可以一直在积累和丰富，而是在一生的某一个阶段发展得比较快，而后就发展得缓慢起来，甚至会减退。能力的发展比知识的获得困难得多。

（3）创造新知识

创造新知识就是利用自己所掌握的知识，以及长期以来形成的观点、思想与别人的思想精华，去伪存真，实现隐含知识的显性化，创新出新的知识。做好个人知识管理最重要的就是整合自己的信息资源，通过知识创新提高个人的竞争力。

个人知识管理是一个非常重要但目前又未被人们足够重视的领域。个人知识管理不但局限于商业和工作任务，而且包括个人兴趣、爱好、家居、家庭和休闲活动。掌握个人知识管理技巧，建立和不断完善个人知识系统结构，从而获得生存和发展的能力，将成为 21 世纪重要的理念与行动。

13.2.2　个人知识管理需要掌握的技能

Paul A. Dorsey 教授指出 PKM 在实际操作过程中，涉及创建、分类、索引、检索（搜索）、分发及重新使用某项知识的价值评估。其中，7 项知识管理的技巧与方法是 21 世纪的知识型员工所必须的，可以概括为：检索信息、评价或评估信息、组织信息、分析信息、表达信息、保证信息安全和信息协作（Dorsey，2004）。

（1）检索信息（Retrieval Information）

在检索信息时，首先要确定个人的信息需求和信息来源，选择合适的信息检索技巧方法。在个人知识管理中，检索信息的技能既包括技术要求很低的问题和回答的技能，也包括利用更复杂的信息检索技术，如充分利用因特网上的搜索引擎、电子图书馆的数据库和其他相关数据库等查找信息的技能。为了充分掌握检索信息的技巧，个人有必要充分掌握搜索的概念、布尔逻辑、逼近搜索实践等。

（2）评价或评估信息（Evaluating Information）

评价或评估信息技巧不但指可以判断信息的质量，而且指能决定信息与自己遇到的问题的相关程度。评价或评估信息没有必要采用计算机机制来实现。虽然因特网上的搜索引擎已经实现了最原始的评估功能，提供了粗略的相关度，但是在当今信息过剩的环境下，信息评估的技能对个人越来越重要。评估主要从可信度、准确度、合理性及相关支持等方面来进行。可信度一般根据作者的可信度、质量保证依据、元信息等来判定。准确度可从时间界限、综合全面性、信息面向的对象及其使用目的、合理性等方面来确定。相关支持则是指从信息文本的索引目录、参考文献等来判断。

（3）组织信息（Organizing Information）

组织信息，需要过滤无用和相关度不大的信息资源，有效地存储信息，建立信息之间的联系，方便以后的查找和使用。这种技巧会牵涉用不同的工具把各种信息组织起来。在手工操作环境下，人们用文件夹、抽屉和其他比较原始的方法来组织信息；在现代高科技环境下，人们则使用电子文件夹、关联数据库和网页来组织信息，更有效的方法是使用专门的知识管理软件来管理信息资源。有效组织信息的原则是：无论环境怎样，组织起来的信息都应该便于有效的利用。

（4）分析信息（Analyzing Information）

分析信息包括对大量的信息进行分析、归纳、综合，从中得出有价值的知识或有用的结论。常用的分析信息的方法是开发和应用模型（通常是定量的），通过大量的数据分析得出信息间的关系，从而实现知识的迁移与转化。电子数据表、统计软件和数据挖掘软件等提供了分析信息的工具或方法。但在建立各种分析软件的模型的工作中，人的因素还是最重要的。

（5）表达信息（Presenting Information）

表达信息的过程也是个人隐性知识向显性知识转化的过程。个人知识在交流、共享中得到升华。表达信息的关键在于听众。分析后得到的新知识只有通过交流才能传播和共享。信息的表达，无论通过 PowerPoint、网站还是通过文本，大部分的工作都应该围绕如何让他人理解、记住和能与自己的互动上。许多有关网站风格和网站设计的论文中经常有关于如何更好地表达信息的论述。

（6）保证信息安全（Securing Information）

虽然保证信息安全的技能与个人知识管理中其他6种技能有所不同，但这并不表示它不重要。保证信息安全涉及开发与应用各种保证信息的秘密、质量、安全存储的方法和技巧。常用到的密码管理、重要文档备份、档案管理、加密技术、病毒防护和存取访问控制权限等都是保证信息安全常用的方法。

（7）信息协作（Collaborating Around Information）

信息技术的发展对组织和部门的协同工作提供了强有力的支持。如通过小组或团队的形式组织学生进行学习，教师与学生、学生与学生在讨论与交流的基础上对一些要解决的问题进行协同工作，交流和共享彼此的观点和知识。有效利用这些技术不但要求会使用这些工具，而且要求充分理解有效协同工作的各种原则和内在内容。目前的协作工具一般包括电子邮件、电子公告牌、多媒体会议系统、在线数据库、协作文档编辑、远程协作学习系统、虚拟教室等。

以上7种个人知识管理技巧实际上是处理日常工作中"知识维度"的一系列连续的动作和操作，并可以根据需要相互结合，选择使用。例如，人们可能会在对信息进行评估后才发现仍然需要检索一些信息。

瑞士 Open Connect AG 公司的知识管理主管 Hyams 教授认为，除了以上7种技巧，个人知识管理的内容还应该包括时间管理、基础设施、组织性工作等方面的技能，具体指时间控制；工作空间舒适度；快速阅读、备注和研究；备案和文档管理；信息设计（哪些信息有用，哪些信息无用）；有目的的写作；知识或信息处理设施（通常指 PC 等 IT 设备）；知识或信息过滤技能。

13.2.3　个人知识管理的实施

在现实中，人们一般都会"自发地"整理相关的知识资源以便自己使用，这只是"原始的"个人知识管理。个人知识管理是一个连续的过程，它是对个人知识的有计划、有系统的管理（王鉴，2005）。要做好个人知识管理，首先要确定自己的目的和方向，要按一定的步骤或流程或来进行个人知识管理。

（1）确定自己的目的和方向

要进行个人知识管理，首先要根据个人需要，明确自己运用知识的目的是什么，然后选择一个方向，并聚焦到这个方向上学习、建立自己的知识体系。目的或方向的确定要综合考虑组织和个人的需要、自身的优势和劣势。虽然一个人可以有多个目标或方向，但是由于一个人的能力和时间有限，在确定一生或一段时间内的目标和方向时必须学会做减法，找到与自己契合度高的一个细分领域，这个领域最好也是自己感兴趣和有优势的领域，而不是什么都想要、什么都想学。正如黑格尔所说："一个志在有大成就的人，他必须……知道限制自己；反之，那些什么事都想做的人，其实什么事都不能做，而终归会失败。"

若不考虑组织需要，则作为个人来讲，选择目标和方向考虑的 4 个因素如下（田志刚，2010）。

1）你的价值观是什么

价值观是指个人对客观事物（包括人、物、事）及对自己的行为结果的意义、作用、效果和重要性的总体评价，是人的动机和行为模式的统帅。不同人有不同的价值观。一个人的价值观是从出生开始，在家庭和社会的影响下逐渐形成的。具有不同价值观的人会产生不同的态度和行为。价值观是相对稳定，但在特定的环境下又是可以改变的。常见的价值观有重视家庭、社会交际、社区公益事业、专业和事业发展、金钱或财富的获取、内心和精神的修养、智力提升等。例如，若一个人的价值观是重视家庭，那么在事业和家庭之间选择时，他会选择家庭。

2）你的个人目标是什么

个人目标是受价值观影响的。一个人的目标有长期目标和短期目标，一般来说，长期目标是稳定的，需要拆分为一个个短期目标。一个个短期目标的实现是实现长期目标的途径。其实，无论长期目标，还是短期目标，都是要付诸实践去完成的。它们的不同点就在于：短期目标更侧重做事，长期目标更侧重意义。例如，长期目标是成为一个受学生欢迎的大学老师，那么短期目标就可以分解为提升自己的专业能力、提升自己的语言能力、提升自己的科研能力等一个个短期目标。《当下的力量》的作者埃克哈特·托尔在其新作《新世界：灵性的觉醒》中认为，一个人的目标有内在目标和外在目标（埃克哈特·托尔，2008）。内在目标与一个人的本体有关，而且是最主要的；外在目标与一个人的作为有关，而且是次要的。外在的目标会随着时间而改变，也会因人而异。而所有个体的内在目标都是一样的，就是觉醒，实则是追求人性的圆满。找到自己的内在目的，并且活出和它的一致性，是一个人成就外在目的的一个重要基础。它也是真正成功的基础。

3）你的性格是什么

常言道：江山易改，本性难移。你的性格是外向的还是内向的，很大程度上影响了你的选择。例如，如果你性格外向、善于与人沟通，那么你适合做一个管理人员、公关人员或营销人员，但一般不适合从事技术性很强、规矩原则性很强的职业，如质量监督、法务、科研、工程技术类等。为了更深入地了解自己，也可以参加一些心理学上比较公认的性格测试，如 MBTI 职业性格测试（Myers-Briggs Type Indicator）。MTBI 理论认为，每个人都会沿着自己所属的性格类型发展出个人行为、技巧和态度，每一种性格类型都有自己的优势和缺陷，也都存在着自己的潜能和盲点。MBTI 性格测试可以用于个人职业发展、团队发展等。

4）你的优势是什么

每个人都有自己的优势。虽然学习过程中常需要弥补自己的劣势或短板，这也是获得好的综合成绩的方法，但是发现、经营自己的优势或长板才是参加工作后取得成功的重要法门。然而，了解自己的优势并不容易。从心理学上讲，你眼中的自己和别人眼中的自己是不同的，而从人的社会性角度而言，可能别人眼中的你才是真正的自己，他们可能更能说清楚你的优势。了解自己优势的一个方法是选择 10 个最熟悉你的人，包括你的家庭成员、朋友、工作同事、上司、老师等，然后征求他们对你的认识。注意的是，这里征求的是他们眼中你最优秀的部分，并要求他们用例子来证明他们的观点，而不是他们对你的意见和建议，也不是讨论你的不足。

通过以上因素的考虑，选择一个自己感兴趣的细分领域就容易多了。在选定一个细分专业领域后，就要朝着这个方向下功夫，通过不断努力完善自己在这个方面的知识体系，通过不断的学习和知识积累，让知识的指数效应发挥作用，"静待花开"，成为所在社区或组织中这个方面的"权威"。有学者曾说："要引人敬意，就要研究一个非常专业的领域，在那个领域中，你是顶尖的，至少是中国前 10 名，这样无论任何时候你都有话说，有事情可做。我原来想成为中国研究英语的前 100 名，但后来发现根本不可能。所以我背单词，用一年的时间背诵了一本英语词典，成为中国单词专家，现在我出版的红宝书系列从初中到 GRE 词汇有十几本，年销量达 100 万册，稿费比我正式工作的收入都高很多。"一个普通人虽然做不到中国的前 10 名，但在自己所在的单位、社区、行业等做到细分专业领域的前几名甚至第一名还是有很大可能性的。

（2）个人知识管理的步骤

在确定知识管理的方向后，就可以按照一定的步骤进行管理的实施。一般来说，可以按照以下 7 个步骤进行（王众托，2016）。

1）对个人的知识需求进行分析

知识型员工的知识需求一方面决定于他在组织中的岗位需求、分工协作、人际关系等要素，另一方面决定于他的职业规范、兴趣爱好及环境需要等。知识需求还要综合考虑他的当前需求和远期需求，考虑到未来进一步发展的需要。在了解知识需求后，就可以对自己在工作和学习中所要掌握和应用的知识资源进行具体的分析，从而确定相关知识的专业类别和每个知识类别下的知识要素类型。知识的专业类型一般包括商务类、管理类和技术类等。知识的要素类型包括事实知识、原理知识、技能知识、人力知识等。

2）对所需知识进行收集

个人知识的获取，其实是个人学习知识、积累经验的过程。学习是个人获取知识的主要方法。通过学习，个人可以系统掌握一些显性的知识，然后利用这些知识指导实践。在明确了知识需求后，需要从各方面收集知识。收集知识的主要途径有以下 4 个方面。

①知识可以通过正式的教育或培训获取。例如，学校中的课堂学习、继续教育、业务或技能培训等。

②从各种书籍、报刊、文档、新闻媒体中学习。这在过去是主要的知识来源，现在仍然是知识的主要来源之一。

③从互联网上获取知识。互联网是一个庞大的知识库，可以获取各种类型的知识，特别是最新的知识。搜索引擎技术为普通人获取知识提供了有力的手段。

④通过人际关系获得前 3 个方面难以或无法获得的知识，其中最主要的是工作经验、个人体悟等隐性知识。除了隐性知识，人际关系常常可以为知识获取提供一些线索。

在知识经济时代，个人知识的学习是一个无止境的过程，需要保持终身学习。

3）进行知识的组织和存储

个人知识的积累是不断进行的，很难一次性获得某个领域全部的知识，而且知识是不断发展和演化的，这就需要将不同时间学习的知识进行组织整理，使其归类和系统化。可以参照图书馆文献的分类法，建立起自身的知识分类和编码准则，方便知识的查找、组织、整理和利用。

不同时期得到的知识经过组织和整理，还要采用有效的方式和工具加以存储。个人知识存储的前提是知识的编码化，通过编码化使知识便于保存、查找、积累、公开和交流，并能够通过信息手段快速传递。传统知识存储的方法有记笔记，现在可以通过电子化手段，如磁盘文件、数据库等来实现存储。

4）进行知识集成和新知识的获得

知识经过存储和组织后只是解决了知识的方便获取问题，还需要根据个人的特定需要，挑选出所需的知识加以集成，形成整体，以解决实际问题。在解决具体问题的过程中，当发现知识不足且无法获取时，还需要通过知识的发现和创新，获取新知识。在解决问题的实践中形成的隐性知识，以及培训、阅读等方面获得的隐性知识也要及时显性化并集成到个人知识体系中，这是通过总结、反思、提炼、优化等手段使个人知识体系化、提高个人知识技能的重要方法。

5）进行知识的交流和共享

知识在交流中可以得到升华，促进个人真正掌握知识，也是个人共享知识和获取增量知识的途径。知识也只有在交流中才能得到发展，也只有通过交流使用，才能从知识中派生出新的知识。个人应转变观念，克服交流知识降低自己优势的心理障碍，主动进行知识的交流和共享。知识交流不仅要与具有相同知识结构的人交流，还要和具有不同知识结构的人交流，这样可以从不同知识结构和知识领域内获取灵感和启发，完善自己的知识体系。

6）进行知识的利用

知识只有在利用中才能创造价值，不能利用的知识对个人和组织都是没有价值的。知识的利用就是知识的实践过程。知识实践和学习对个人知识管理同等重要。宋人陆游在《冬夜读书示子聿》中说："纸上得来终觉浅，绝知此事要躬行"，就是教导人们实践知识的重要性。知识利用的过程既是知识发挥价值的过程，也是深入理解所掌握知识的过程。

7）对知识管理不断进行评估

评估就是结合自己的工作和学习，对已有知识的使用效果进行评价，对实践中有效的知识要加以坚持和完善，对不正确的知识要进行纠正和改进，对所存储的过时的和无用的知识加以归档或清除。评估既要评估自身的知识状况，也要了解外部新知识的状况，为开启新学习提供指导。

13.3 组织生存之道

知识由于取代了农业时代的土地、劳动力和工业时代的资本、设备，而成为 21 世纪组织最重要的核心竞争能力和战略资源。在这种情况下，传统的工商企业必须通过转型才能适应这种演化。向知识型企业转型、拥抱知识经济时代几乎是传统工商企业不得不做的选择。然而，由于知识不容易被模仿且具有高附加值，是否能通过新知识的规划和应用，将传统实体导向的投资方式通过外包逐渐释放出，并将资本转移到知识与信息密集的投资层面，对传统工商企业是一个很大的挑战。因此，传统资本及劳动密集型的产业都面临极大的转型压力，这种经营模式的整体转变将成为企业在知识经济时代最为困难和风险最高的一个层次。

13.3.1 推动企业向知识型企业转型

随着知识经济的不断推进，越来越多的传统企业不得不思考变革之路，以便提高自身的知识管理能力，更好地适应未来的不确定性。其根本要点是推动企业向知识型企业转型。那么了解什么是知识型企业、知识型企业的特点变得非常重要。

13.3.1.1 实体型企业与知识型企业

企业可以分为实体型企业（Physical Company）和知识型企业（Knowledge Company）两种。但随着知识经济的不断深化，很多现代企业并不能简单地归类于这两类企业的一种，因为它们兼具这两类企业的特征。

实体型企业具有土地、厂房、设备、劳动力、工具等实体资产，其价值链的重点在于产品的开发、制造、生产、配送和原材料的后勤管理，并专注于建立最佳等级的制造流程，属于价值网络中的供应链。

知识型企业是指以知识为基础的企业，即以知识为主要投入要素，围绕知识创新为目的，对知识或信息进行生产、存储、使用或传播的经济组织，是相对于传统工业制造企业和服务型企业而言的新型企业，是知识经济重要的微观基础（杨运杰，2007）。

知识型企业的3个主要特点如下。

（1）知识型企业一般不在有形资产上进行大量的投资，其产品的制造和后勤管理主要外包给实体型企业，其价值链活动偏向于需求链导向的市场战略、产品设计、市场营销、客户关系管理、价值网络管理等处于"微笑曲线"两端的活动，

（2）知识型企业附加值能力及价值创造的潜力都较高。

（3）知识型企业的核心能力较难模仿。知识型企业的知识常表现为隐藏在企业文化和员工的脑海中的隐性知识，如团队精神、协调沟通能力、顾客关系能力、与上下游企业关系的建立和掌握能力等，难以具体说明，较为抽象和复杂。这种核心能力大都是组织日积月累后形成的，它很难像实体设备、生产线、信息技术等易于模仿学习。

13.3.1.2　知识型企业分类

研究者对知识型企业的认识是多元的。以下列举了一些典型的认识：知识型企业是指运用新知识、新技术、创造高附加值产品的企业；进行企业知识管理、重视创新研发和学习的企业；以知识产权战略和知识发展战略及知识运营作为主要发展战略的企业；以知识服务为导向，充分利用和组合国际国内现有成熟技术和管理工具，通过知识服务、创新和各种经营模式达到高附加值的知识产业，创造高附加值的产品和品牌及重视无形资产的企业；以高新技术和现代服务咨询业等知识产业为重点发展的企业。

从知识与资本在知识型企业中的作用和地位来看，知识型企业可以分为以下4个类型："工业化"知识公司、高科技制造业公司、咨询公司、资本运作公司（杨运杰，2007）（图13-5）。

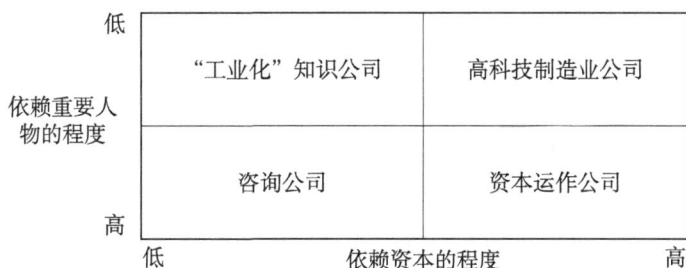

图13-5　知识型企业的分类

知识型企业发展到一定程度就会将企业隐性的知识通过"工业化"的生产方式转变

为显性知识，如员工手册、操作系统、顾客关系维护准则等，这样公司就可以雇用一些专业知识相对较弱的员工，让他们从事一些程序化的工作。如会计师事务所、专业期刊出版社就是典型的"工业化"知识公司。

"工业化"知识公司与资本结合演化为高科技制造业公司，这类企业实质上是传统制造业通过知识资本化转变而来的知识型企业。

咨询公司是最为典型的知识型企业，它与资本的结合可能会演变为资本运作公司（如房地产公司、股票经纪公司和投资公司等）。

对知识型企业的界定还存在种种误区，最为典型的是将知识型企业等同于高新技术企业或风险企业。造成这种认识误区的根本原因在于没有认识到知识在企业中可以有多种表现形式。从知识与资本关系的角度来看，知识型企业的知识至少有两种表现形态：知识与资本的分离、知识与资本的融合。在知识与资本分离时，人们很容易根据企业的知识含量、知识在企业中的作用来界定一个企业是否为知识型企业。而在知识与资本融合时，人们则很难判断一个企业是否为知识型企业。一般来说，高新技术企业被认为是知识型企业，这是因为，对这些企业来说，知识和资本是分离的，而且知识的确是这些企业最核心、最主要和不可替代的生产要素。然而，现在有一些已经成功转型、实现知识资本化、将知识作为发展源泉的工商企业却常被误解为属于实体型企业，如英国石油、丰田企业、塔塔钢铁等。因此，判断一个企业是否为知识型企业不能根据它是否为高新技术企业，而要看它是不是真正"以知识为基础"，将知识作为主要的生产要素。

13.3.1.3　知识型企业的特点

与传统的工商企业相比，知识型企业具有以下方面的特征。

（1）知识成为企业最重要的生产要素

这是知识型企业区别于传统工商业企业的根本特征。正如管理大师彼得·德鲁克在《后资本主义社会》一书中写的："在这样的社会里，知识就是个人的乃至整个经济的首要资源。土地、劳动和资本并没有消失，但它们是次要的。"知识管理大师卡尔·艾瑞克·思威比也认为，知识型企业和传统工业企业、服务业企业的区别根本在于企业核心的转变；所有企业都是金融资本、个人资本和结构资本的组合，传统的工业企业主要依靠金融资本，传统服务业企业主要依靠结构资本，而一个纯粹的知识型企业则主要依靠个人资本。

（2）知识创新是知识型企业发展的原动力

在知识经济时代，谁在技术或市场上领先，谁先制定了游戏规则，谁就能迅速成长。例如，在计算机操作系统软件领域，微软公司的产品在稳定性和安全性方面历来都不是最好的，但由于客户最早使用的是微软的系统，因而即使其他产品性能更为优越，也很难使客户改变他们的使用习惯。而在互联网时代，Yahoo公司改变了微软公司的游戏规则，最早建立门户网络，免费为用户提供信息内容服务，由此确立了在门户网站的霸主地位。到了搜索引擎时代，Google公司以机器人搜索引擎替代了Yahoo的目录式搜索引擎，让用户更容易找到所需的信息，从而确定了其在搜索引擎中的领先地位。在消费需求个性化的时代，市场竞争日趋细化，产品的生命周期越来越短，知识型企业只有持续创新才有生存的空间。

（3）知识型的员工成为企业的主要资产

在传统的工业企业或服务业企业中，员工是作为企业的一项成本开支，而在知识型企业中，员工则成为企业一项重要的资产和价值主体，拥有更多的剩余价值的索取权和话语权。资产的一个重要特性是在可预见的未来能够为企业带来现金流入。一般来说，知识型的员工具有出色的认知、推理和判断能力，能够给公司提供生产、销售和应用知识的方法，帮助公司获得成功。此外，知识型员工能够持续地获得知识和将知识资源转化为价值，并且在知识难以获得或不充分时，具有创新和寻求替代的能力。因此，知识型的员工成为企业的主要资产。

（4）产品知识化及客户导向

知识型企业生产的产品具有较高的知识含量，甚至可能完全知识化或数字化，如软件产品、研究报告、设计方案、问题的解决方案等。与传统的工业企业不同的是，知识型企业的产品具有较高的消费者参与度，消费者的意愿往往决定了产品的最终形态，知识型企业的产品不可能再采用传统的产品导向，而只能采取客户导向。

（5）企业组织结构的扁平化和管理的人性化

知识型组织一般不采用机械式的官僚型组织结构，而是采用高度灵活性与适应能力的组织结构，能快速感知外部环境的变化，及时调整经营模式和战略。管理学大师彼得·德鲁克在 1988 年发表的《新型组织的出现》论文中指出，在由专家构成的知识型企业中，管理层级将减少一半，管理人员将减少 2/3，工作将由跨部门的专家小组来完成，协调与控制将更多地依赖员工的自律意识。此外，知识型组织必须善用信息技术支持组织的知识分享、协作、创新，对员工充分的授权，让拥有丰富知识的员工可以自我管理。

此外，Liebowiz 和 Beckrnan（1998）认为，知识型组织的价值观方面具备以下两个典型特征。

（1）价值观和经营理念方面

知识型组织是市场驱动和面向客户的，要传递最大价值给客户并提升客户的满意度和忠诚度。知识型组织通过内部、外部的标杆学习和最佳实践的定义和转移，追求完美的文化与信念，使得任何作业的执行都能达到最佳实践的境界。

知识型组织必须具有学习型组织的特色，全体员工具有强烈的自我超越和转变心智模式的信念，整个组织必须具备不断学习和系统思考的能力、改善组织文化的动力和居安思危的危机意识。知识型组织的文化不以年薪职位评定员工的价值，而是尊崇有丰富专业知识并乐于分享知识的员工。

（2）组织具备的重要能力方面

知识型组织必须具备丰富的知识基础和学习创新的动机与组织文化，具有知识创造、存储、分享与转移的能力，具有高效率的学习及创新能力。知识型组织必须倡导主动、冒险、积极的创业家精神，具备领导产业的信念和能力，致力于成为一个新典范、新产品流程的创造者，而不是一个消极的跟随者。

知识型组织必须创造一个良好的、有利于知识管理的文化、领导和信息技术支持环境，拥有更高水平的专业技能与知识，成为产业知识管理的标杆企业。知识型组织必须能够利用知识强化组织的核心能力，以此激发知识更大的杠杆效应，提升组织更高水平的绩效。

13.3.2 设计面向知识管理的组织模式

传统企业向知识型企业转型需要做的重要工作之一是进行组织变革，设计一套面向知识管理的组织模式。

13.3.2.1 设计原则

面向多变的环境，企业必须做出组织变革才能适应基本趋势。组织结构设计需遵循以下5个原则（廖开际，2014）。

（1）以核心能力为中心的原则

核心能力是现代企业确立竞争优势的基础，组织的结构要有利于核心能力的获取与保持，要有利于核心能力在竞争中发挥作用。当组织在与外界进行信息交流、建立知识联盟等具体运作中，组织的设计要能让其核心能力成为中心。

（2）组织灵活性原则

组织的设计要具有灵活性，能因应环境变化做出及时的反应，保持自身的竞争能力，避免被市场淘汰。

（3）知识价值最大化原则

组织的设计要把知识作为组织运作的关键资源，要考虑知识的价值能否有效地实现，能否把知识的潜能最大地发挥出来。

（4）最少层级原则

传统组织的官僚层级制虽然权力、责任清晰，但过多的层级使得无法实现知识的自由流动和共享，也无法培育起知识导向型公司文化，它是知识管理的桎梏。因此，组织的设计应避免官僚层级制的缺点，遵循最少层级原则。

（5）组织可塑性原则

传统的组织结构往往过于稳定而缺乏可塑性，使得组织在遇到外部环境的变化时，难以及时调整内部结构、把握机会或应对威胁。因此，组织的设计要保持一定的可塑性。

13.3.2.2 主要的组织形式

传统工商时代企业采用的直线制组织模式给企业推行知识管理带来了很大的障碍，突出表现在：高度阶层化和中央集权带来了过分标准化和组织僵硬化，高度分工和专业化限制了知识型员工的能动性和创造性，刚性管理体制限制了知识的自由流动和共享，不利于建立知识导向型公司文化。在知识经济时代，面向知识管理的组织模式有组织虚拟化、组织柔性化、组织扁平化、组织网络化等形式（廖开际，2014）。

（1）组织虚拟化

组织虚拟化是组织为了抓住机遇，将不同地区的现有资源迅速组合成一种没有围墙、超越空间约束、靠信息网络手段联系和统一指挥的经营实体，以最快的速度推出高质量、低成本的产品或服务（王众托，2016）。应用虚拟组织，企业可以把内外的知识资源组合起来，形成企业的竞争优势，做到"不为我所有，但为我所用"。这里的虚拟，并不是不真实，而是说尽管没有明确属于同一个企业的组织形式，但在现实中还是可以达到一个完整企业同样的效果。虚拟组织中实体之间的关系有合作、合资、战略联盟、外包、转包、协议合作、特许经营等。

虚拟组织的形成可以采取以下 4 种措施。

1）组织的虚拟化

组织虚拟化是指根据需要通过信息网络将分布于不同地点的资源联结起来。它的组织方式灵活，有了任务，就组织拥有不同优势的企业形成一个团队，任务完成即解散，有了新项目再按新要求组合。

2）功能的虚拟化

这种类型的虚拟组织，自身只有核心功能或关键功能，而借助外部企业实现没有的功能。例如，某公司将生产功能委托给代工厂，自身专注于知识密集而附加值高的设计与营销。功能虚拟化是虚拟企业的精髓。

3）人力资源的虚拟化

这是指企业根据自身的人力资源情况和任务需求，把组织内外的相关人员通过信息网络组织起来、协同工作，充分发挥各方面人员的知识优势。

4）地域的虚拟化

这是指企业利用信息网络克服空间障碍，将功能分布在不同地点，但整体上是一个完整的组织。例如，将产品研发、设计、制造、服务分布在不同国家或地方，形成位于世界各地或不同区域的产品研发中心、产品制造中心、顾客服务中心等。

虚拟组织的主要特点有专长化、合作化和分散化。专长化是指虚拟组织只保留自己的核心专长和相应的功能，而将其他非专长的功能舍弃。专长化避免了资源在某些情况下的过剩或闲置，提高了资源利用效率。合作化是指虚拟组织必须利用外部市场资源，或与其他能形成互补关系的组织合作，才能达到自身的目标。合作化可以降低新产品开发与生产的成本和风险。分散化是指虚拟组织在空间上不是集中的、连续的，它的功能和资源是以离散的状态分布在不同的地方。分散化有助于利用异地优势的资源达成自身的目标。

（2）组织柔性化

组织的柔性化是指企业具备参与国际竞争力，对意外的变化不断做出反应，以及适时根据可预期变化的意外结果迅速进行调整的能力。实现组织的柔性化，在组织内部以组织可塑性为基础，这样就对外部环境变化有了较强的灵活反应的能力。柔性组织设计基于3种能力：①组织内部的跨业务单位的网络；②用价格、市场或像市场一样的机制来协调大量以赢利为中心的单位；③与合作伙伴的外部联络网络。

典型的柔性化组织结构有多级结构和二元性结构两种。在多级结构中，各业务单元是相对独立的单位，它们相互之间组成联盟，彼此相互依赖，在关键技术和难题的解决上相互帮助。二元性结构是指能够将稳定性与柔性相结合的组织系统，可以分为两部分。一部分是稳定性的部分，相当于一般标准结构中的基础性组织单元，它为整个组织各个业务单元之间的联系提供了一种机制，让雇员有较强的稳定感；另一部分是柔性部分，由公司成立的项目组和多功能群体组成，其成员来自各个不同的操作单位，使得集中处理关键任务成为可能，而不会导致部门的混乱。

（3）组织扁平化

组织扁平化是指组织管理层级的扁平化，即通过减少管理层次、扩大管理幅度，使得组织的运营变得更加灵活和敏捷，达到管理效率和效能的提高。在传统的等级制管理中，管理幅度一般为6～8人，造成管理层次过高，对外部环境的变化反应迟钝，信息传递链条过长还会导致信息失真，而通过组织扁平化，管理幅度可以增加到10～12人，甚至更多。

组织扁平化需要信息技术的应用、组织员工独立工作能力的提高两个前提条件。信息技术的应用使得组织各个部门、各个岗位可以由一个系统的信息网络紧密联系起来，使得企业的每一个员工都能通过网络系统获得企业内与自己业务相关的信息，普通员工能够直接与最高管理层进行沟通。组织的扁平化意味着管理者要向员工全面授权，对员工的独立工作能力提出了要求。在这样的组织中，普通员工与管理者之间的关系更为直接，下级管理者与上级管理者之间关系由传统的被动执行者和发号施令者的关系转变为一种新型的团队成员之间的关系。

（4）组织网络化

组织网络化是指组织内部的网络制运作。层级制组织形式的基本单元是在一定指挥链条上的层级，而网络制组织形式的基本单元是独立的经营单位。网络化组织通过使各组织单元之间的连接度最大化，而为知识共享提供最佳的知识组织结构支持。组织结构的网络化有两个基本特点：第一，用特殊的市场机制代替行政机制来联结各个经营单位之间及与公司总部之间的关系，这种市场机制通过以资本投放为基础的包含产权转移、人员流动和较为稳定的商品买卖关系在内的全方位的市场关系实现；第二，在组织结构网络化的基础上形成了强大的虚拟功能。通过这种虚拟功能，企业可以利用外部资源和力量获得如设计、生产和营销等具体的功能，但并不一定拥有与上述功能对应的实体组织。

13.3.2.3　知识管理人员配置

组织推行知识管理，除需要适合知识管理需求的组织结构之外，还需要专门负责知识管理业务的部门和相关的人员，包括知识管理高层组织、知识管理基层组织、知识中心和相关的角色（廖开际，2014）。

知识管理的高层组织是指在公司最高领导层设置全面负责和指导公司知识管理活动的领导机构，通行的做法是建立专门的委员会、成立相应的职能机构、任命相应的负责知识管理的高层领导人，即知识领导。知识领导常见的头衔是知识总监或知识经理。知识总监这一职位的设立意味着知识管理已正式成为公司的一项重要管理内容。知识总监的关键职责是创建知识管理基础设施（包括培训知识库、图书馆、数据仓库、研究组及与外部学术组织的联系），培育知识导向型的组织文化，并使上述两项产生效益。

知识管理的基层组织可按部门知识经理制、多功能领导制两种思路进行配置。部门知识经理制是在公司各业务部门设置部门知识经理职位。部门知识经理在人事关系上属于各业务部门、受所在业务部门经理的领导，业务上受公司知识总监的指导。多功能领导制有两种模式，一种是将知识管理工作交由具有知识管理经验和技能的部门领导人、部门的知识管理专家共同担任；另一种是将知识总监办公室直属的知识管理专家派往各业务部门，在知识总监和业务部门经理的共同领导下开展知识管理工作。

为了有效地在全公司范围内推行知识管理，公司还应为知识总监和各级部门知识经理配备足够的知识管理专业人员，协助公司知识总监和部门知识经理处理知识管理的诸多业务性问题。这些知识管理业务人员分布于公司知识管理职能部门或各业务部门的知识管理办公室。知识管理专业人员有知识管理战略专家、知识传递专家、知识网络经理、知识管理员、知识工程师、知识分析员、高级知识管理工程师、知识记者或知识编辑等角色。

知识中心是一些知识型公司的典型配置，它归属知识总监的直接领导。知识中心应配备足够的知识管理专家和信息管理专家，承担一种综合性的职能。中心工作人员既是知识管理人员、图书馆员，又是项目管理人员。他们关注的焦点应该是促进高质量的知识在组织内自由流动，组织知识资源的有效标引与存储，并协助进行知识研究，针对员工需求提供各种知识服务。中心工作人员不但建立各种正式的知识共享与检索规则，而且在充分考虑各种优先次序和透明度的基础上提供相应的知识共享程序。

13.3.3 培养组织的持续竞争优势

培养组织的持续竞争优势，就是要通过知识管理战略，将组织内外部有价值的知识视为最重要的资源，通过一系列策略和方法来实现有效管理，从而提高组织知识创新能力，形成并保持组织的核心竞争力。知识经济时代的组织需要根据组织战略需要，充分利用各种知识资源，培育持续的竞争优势。

可通过美国西南航空公司的案例来直观了解该公司是如何利用知识管理战略来培养持续竞争优势，从而达到长期盈利的目标的。

案例：美国西南航空公司如何能够连续 47 年盈利？

美国西南航空公司（简称"西南航空"）从诞生之日起，就不断经历着各种事关生死的大危机，如 1979 年的石油危机、1982—1983 年的经济危机、1990—1994 年的经济危机、2001 年的"911 事件"、2008 年的金融危机、2019 年的波音 737MAX 事件等，但神奇的是，其每次都能逆风增长。其中，"911 事件"给美国航空业带来了灾难性的影响，航空业面临生死危机。然而，西南航空在恐怖袭击发生后以最快的速度实现了正常运营，它没有效仿其他航空公司的减薪和裁员策略，而是喊出了"不裁员、不降薪、顾客无条件退票"的口号。在整个行业大幅亏损的情况下，西南航空在 2001 年竟然实现了赢利，而且从 2001—2007 年保持了连续赢利的纪录，这一成就在美国航空业中是绝无仅有的。更令人惊讶的是，西南航空利用其他航空公司减少航线、缩减运力的机会，开辟了新的航线，提高了市场份额，在危机中实现了逆势增长。

追求利润最大化是西南航空自成立以来就一直长期坚持的基本原则，这一原则简单、清晰、持久，而且在公司内部得到了广泛宣传，每一个西南航空的员工都深刻理解公司的经营之道。追求"利润最大化"并不是"追求利润率最高"，这是完全不同的经营思维。西南航空不追求净利润率最高，而是将净利润率控制在一个合理的范围之内，以保证能够吸引更多的顾客乘坐飞机，增加市场份额。另一方面，西南航空又长期推广成本节约措施，提高全体员工的成本控制意识，从不放松对成本的控制。正是在这一精神的指引下，西南航空创造了从 1971—2019 年长达 47 年连续赢利的神话，营业收入和净利润年复合增长率分别为 21.3% 和 23%，目前已成为世界第三大航空公司。

为了达到公司长期盈利的目标，西南航空公司选择了只有一种机型、只飞国内航班的策略，而且西南航空的航班没有头等舱、商务舱、经济舱之分，所有座位都一样。不仅如此，乘客登机后自己按区域挑选座位，而且行李托运和机票改签都是免费的。运营初期，西南航空单程票价最低只有 20 美元，乘坐飞机不再是少数富人的权利。低廉的票价让普通人也拥有了乘坐飞机的机会。因为西南航空只飞短途，专飞各个中小型城市，停靠机场也多半是小型机场，机场费和其他航空公司相比就少很多。西南航空只采用单一机型——波音 737 机型，除了因为 737 机型已经经过长期的使用被证明是牢靠和耐用的机型、载客量也适合需要外，最大的优点是可以有效地利用学习曲线来控制成本。因为只采用一个机型，飞机零配件的库存管理比多机型简单，飞机维修和养维护的经验也容易流程化和系统化，就连飞行员和空服员的培训、调班都简单得多，而且公司通过知识和经验的不断积累节约了管理和调度成本，降低了事故率。

资料来源：曹仰锋（2020）

从战略管理的视角来看，组织的持续竞争优势来源于资源优势和核心竞争能力两个方面（廖开际，2014）。

（1）资源优势

资源是组织在向社会提供产品或服务的过程中能够实现组织战略目标的各种要素的

组合。它是组织所控制的所有资产、能力、组织过程、组织特质、信息、知识等等，是由组织为了提升自身的效率和效益而用来创造并实施战略的基础。组织的资源可以分为物质资本资源、人力资本资源及组织资本资源。其中，物质资本资源一般以实物形式存在，如设备、厂房、机器、建筑物、交通运输设施等，它在传统的产业经济中占有主导地位；人力资本资源是指体现在劳动者身上的资本资源，如劳动者的知识技能、文化技术水平与健康状况等；组织资本资源是指企业内部管理经验的积累而形成的资本资源，是依靠人力资本所形成的资源，包括企业的一般管理经验、产业特殊性的管理经验、非管理的劳动力资本。随着知识经济的到来和发展，人力资本资源无论在数量上还是收益上，都远远超过物质资本资源。

组织依靠资源优势获得持续竞争优势的理论的核心思想认为，组织的资源差异会导致竞争优势的差异，组织的竞争优势取决于其拥有的有价值资源。企业可以立足于市场，主要依赖的是组织所拥有的对手不易获得、不易转移与模仿的优势资源。知识管理以提升企业内部资源的"能力"为核心。由于只有与组织预期业务和战略最相匹配的资源才具有价值，因此，一个组织要获得最优绩效，就必须对资源进行鉴别、培育、保护与配置，开发出一系列独特的具有竞争力的资源并将其配置到拟定的战略中。知识管理战略思考的问题主要包括以下 3 个方面。

①目前组织投资的知识管理资源能否产生竞争价值。

②目前所投资的知识管理资源能否产生产品或服务的差异性。

③目前所投资及深入经营的知识管理是否是对方难以模仿且不易取得的。

识别企业具有持续竞争优势的资源的过程如图 13-6 所示。

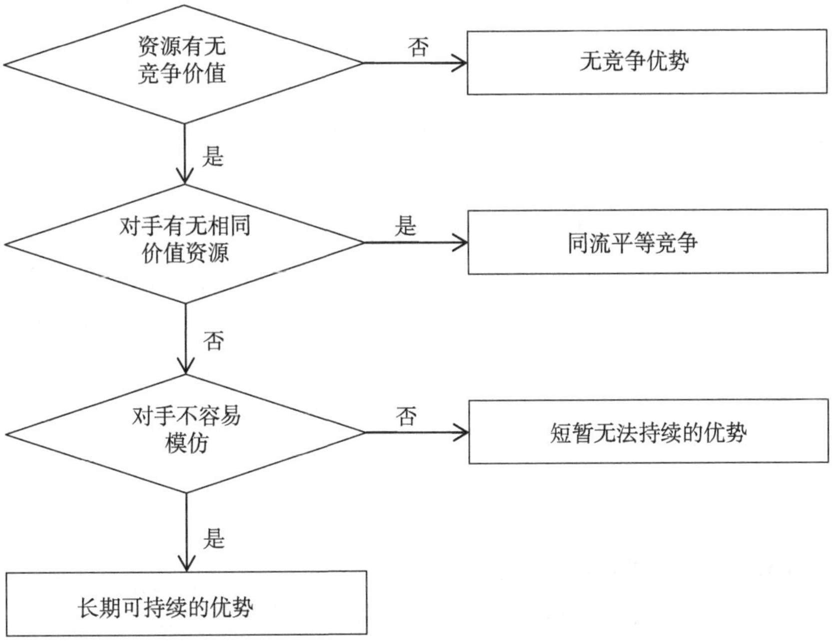

图 13-6 识别企业具有持续竞争优势的资源的过程

（2）核心竞争能力

组织的核心竞争能力是指组织能力中的核心部分，即能为组织在市场竞争中创造竞争优势，进而使组织获得超额利润的能力。核心竞争能力的理论最早由哈默和普拉哈拉德于 1990 年在《组织核心竞争能力》一文中提出。该理论认为，组织的竞争优势来自组织的核心竞争能力，是组织在市场竞争中成功的源泉。市场竞争表面上是产品或服务的竞争，本质上却是企业核心能力的竞争。因此组织要充分重视核心竞争能力的培育，以获得可持续竞争优势，从而实现组织的可持续成长。

一般认为，核心竞争能力具有以下 6 个特点。

①核心竞争能力是一种知识、技术、资源、流程和管理文化的组合，是一种综合能力，而非单一资源。

②有长期演化能力。

③在产业中居支配领先地位。

④数目有限。

⑤能产生支持其他资源的杠杆作用。

⑥能产生客户价值。

核心竞争能力的主要特征有5个：价值性、异质性、难以复制性、不可交易性、难以替代性。

（3）知识是组织的资源优势与核心竞争能力

在知识经济时代，知识已成为组织的资源优势与核心竞争能力。主要原因有 5 点：①知识有竞争价值，可以形成竞争优势；②知识较难模仿；③知识是一种绩效，而非单一产品或功能；知识能力是弹性、长期积累且具演化及成长的特性；④知识能产生杠杆作用以支持其他资源，知识能协调、整合组织各种重要的资源，形成优势能力；⑤知识有先占优势，符合报酬递增法则（Law of Increasing Returns）：知道得愈多，学得愈快、愈多；知道得愈多，愈有机会与新知识产生绩效。

从基于知识的企业观看，知识与基于知识的技能是企业可持续竞争力和核心 竞争力的根本源泉，是企业持续成长的动力和保证，企业现有的知识存量、创造和转换新知识的能力决定了企业发现市场机会和配置资源的能力，企业核心竞 争力是企业内部的知识汇总。因此，企业的可持续竞争优势和核心竞争力是基于知识的优势和能力，企业的边界和规模是企业知识拥有的函数（慕继丰，2002），企业可以将知识创造和知识管理纳入企业战略，将知识管理融入企业管理过程，实施知识管理战略，为企业赢得持续竞争优势。

本章思考题

1.简述对未来知识管理环境的认识。

2.谈谈个人在面对未来知识管理环境如何才能更好地生存和发展。

3.结合所在单位的情况，谈谈组织在面对未来知识管理环境如何才能更好地生存和发展。

参考文献

[1] AHN Y Y, BAGROW, J, LEHMANN S. Link communities reveal multiscale complexity in networks[J]. Nature, 2010, 466: 761 - 764.

[2] ALAN T. Out of Africa again and again[J].Nature, 2002, 416（6876）: 45–51.

[3] DAI SUY, YOU RH, LU ZY, et al. FullMeSH: improving large-scale MeSH indexing with full text[J]. Bioinformatics, 2020, 36（5）: 1533 - 1541.

[4] DORSEY P. What is PKM? – Overview of personal knowledge management [EB/OL].（2004–09–09）[2021–12–09]. http: //www.sacw.cn/What%20is%20PKM.html.

[5] EARL M J. Knowledge management strategies: toward a Taxonomy[J]. Journal of Management Information Systems, 2001, 18（1）: 215–233.

[6] EVANS T S, LAMBIOTTE R. Line graphs, link partitions and overlapping communities[J]. Physical Review E Statistical Nonlinear & Soft Matter Physics, 2009, 80: 016105.

[7] GOLD A H, MALHOTRA A, SEGARS A H. Knowledge management: an organizational capabilities perspective[J]. Journal of Management Information Systems, 2001, 18（1）: 185–214.

[8] HAMAD M. Valuation of intellectual capital based on Baruch lev's knowledge capital earnings method[J]. Annals of Faculty of Economics, 2019, 1: 134–145.

[9] KIM J H, KANG I H, CHOI K S. Unsupervised named entity classification models and their ensembles [C] //Proceedings of the 19th International Conference on Computational Linguistics Coling, Taiwan, China, 2002: 446–452.

[10] KITSAK, M, GALLOS, L K, Havlin S, et al. Identification of influential spreaders in complex networks. Nature Physics, 2010, 6（11）: 888–893.

[11] KUMARI A, SAHARAN T. Organisational culture as a stimulant to knowledge management practices: an empirical analysis on Indian real estate companies[J]. International Journal of Knowledge and Learning, 2021, 14（4）: 360–384.

[12] L J, C W, W Y, et al. Deep learning for extreme multi-label text classification[C]//Association for Computing Machinery. Proceedings of the 40th International ACM SIGIR Conference, Tokyo, Japan, 2017: 115–124.

[13] MARTIN FRICKE. The knowledge pyramid：the DIKW hierarchy[J]. Knowledge Organization，2019，46（1）：33-46.

[14] PASBAN M，NOJEDEH S H. A Review of the Role of Human Capital in the Organization[J]. Procedia – Social and Behavioral Sciences，2016，230：249-253.

[15] POLANYI M. The tacit dimension[M] //Laurence Prusak. Knowledge in Organisations，Butterworth–Heinem ann，1977：135-146.

[16] PRAHALAD C，HAMEL G. The core of the competence of the corporation[M] //Michael H. Zack. Knowledge and Strategy，Butterworth-Heinemann，1999：41-59.

[17] QUINTAS P，LEFRERE P，JONES G. Knowledge management：a strategic agenda[J]. Long Range Planning，1997，30（3）：385-391.

[18] REBECCA M. Henderson and Kim B. Clark. Architectural innovation：the reconfiguration of existing product technologies and the failure of established firms [J]. Administrative Science Quarterly，1990，35（1）：9-30.

[19] SIVRI S D，KRALLMANN H. Process-oriented knowledge management within the product change systems of the automotive industry[J]. Procedia Engineering，2015，100：1032-1039.

[20] SUBHASH ASANGA ABHAYAWANSA. A review of guidelines and frameworks on external reporting of intellectual capital[J]. Journal of Intellectual Capital，2014，15（1）：100-141.

[21] TSENG S M. The effects of information technology on knowledge management systems[J]. Expert Systems with Applications，2008，35（1-2）：150-160.

[22] XUN G，JHA K，ZHANG A. MeSHProbeNet-P：Improving Large-scale MeSH Indexing with PersonalizableMeSH Probes[J] ACM Transactions on Knowledge Discovery from Data，2021，15（1）：1-14.

[23] YIKILMAZ B. Personal knowledge management[M] //Connect With Your Management On-The-GO. Switzerland，Peterlang，2021：97-113.

[24] 爱德华·德博诺. 六顶思考帽：如何简单而高效地思考 [M]. 马睿，译. 北京：中信出版集团，2016.

[25] 爱德华·威尔逊. 知识大融通：21 世纪的科学与人文 [M]. 梁锦鋆，译. 北京：中信出版集团，2016.

[26] 托尔. 新世界：灵性的觉醒 [M]. 张德芬，译. 海口：南方出版社，2008.

[27] 彼得·莫维尔. 万物互联 [M]. 北京：电子工业出版社，2018.

[28] 彼得·圣吉. 第五项修炼 [M]. 北京：中信出版集团，2018.

[29] 阿西莫夫. "飓风（hurricane）"缘起 [J]. 卞毓麟，唐小英，译. 科技术语研究，2006，8（1）：54.

[30] 蔡齐祥，曹丽燕，赵永强. 创造力经济的内涵与外延 [J]. 科技管理研究，2008，28（2）：16-17，30.

[31] 曹俊德."三圈理论"的核心思想及决策方法论意义 [J]. 国家行政学院学报，2010（1）：37-41.

[32] 曹树金，陈桂鸿，陈忆金. 网络舆情主题标引算法与实现 [J]. 图书情报知识，2012,（1）：52-59，73.

[33] 常春. 信息组织 [M]. 北京：科学技术文献出版社，2019.

[34] 车燕燕. 知识产权资本化的金融创新产品研究：以深圳市南山区知识产权期权基金的风控机制探讨为例 [D]. 长春：吉林大学，2020.

[35] 陈白雪，宋培彦. 基于用户自然标注的 TF-IDF 辅助标引算法及实证研究 [J]. 图书情报工作，2018，62（1）：132-139.

[36] 陈博，陈建龙. 基于文本挖掘和可视化技术的主题自动标引方法：以《英雄格萨尔》为例 [J]. 现代情报，2019，39（8）：45-51，102.

[37] 陈方丽，慕继丰. 信息技术在企业知识管理过程中的作用 [J]. 经济管理，2003（22）：36-41.

[38] 陈力行. 论个人知识管理 [J]. 情报科学，2005，23（7）：1072-1075.

[39] 陈强强. 基于机器学习的中文书目自动分类的研究 [D]. 北京：北方工业大学，2018：24-36.

[40] 陈文伟. 知识工程与知识管理 [M]. 2 版. 北京：清华大学出版社，2016.

[41] 陈潇君，孙炳伟，苟建平. 深度机器学习辅助医院智能化管理 [J]. 中国现代医学杂志，2018，28（8）：125-128.

[42] 陈颖坚. 阿吉里斯：最后一位管理学大师 [J]. 管理学家（实践版），2014（2）：75-79.

[43] 陈友庆，王文娟，许江. 90 后知识型员工的激励策略研究 [J]. 教育生物学杂志，2021，9（4）：286-290.

[44] 陈远南，宋玲，郭家义. 知识管理技术体系研究 [J]. 图书馆理论与实践，2007（2）：49-52.

[45] 陈志新. 标引语言和标引方法基础教程 [M]. 北京：北京师范大学出版社，2010.

[46] 成甲. 好好学习：个人知识管理精进指南 [M]. 北京：中信出版集团，2017.

[47] 程显毅，朱倩，王进. 中文信息抽取原理及应用 [M]. 北京：科学出版社，2010.

[48] 储丽. 人类未来只能给机器人打下手吗 [J]. 徽商，2017（11）：14-15.

[49] 崔树银，任浩. 流程导向知识管理的策略研究 [J]. 科学管理研究，2006，24（5）：76-79.

[50] 大卫·麦克雷尼. 达克效应：需要警惕的 48 种错误思维 [M]. 北京：中国青年出版社，2021.

[51] 戴军，韩振. 面向知识密集型团队的 HRM 实践与团队创新绩效的关系 [J]. 企业经济，2021，40（12）：111-118.

[52] 戴维民. 信息组织 [M]. 3 版. 北京：高等教育出版社，2014.

[53] 邓仲良，屈小博. 工业机器人发展与制造业转型升级：基于中国工业机器人使用的调查 [J]. 改革，2021（8）：25-37.

[54] 丁芹. 基于格式语义格的自动标引和词相似度计算 [J]. 情报理论与实践，2004，27（4）：363-366.

[55] 邓依依，邬昌兴，魏永丰，等. 基于深度学习的命名实体识别综述 [J]. 中文信息学报，2021，35（9）：30-45.

[56] 方妍 . 美国历史上最严重的十大飓风 [J]. 生命与灾害，2012（11）：14–15.

[57] 冯新翎，何胜，熊太纯，等 . "科学知识图谱"与"Google 知识图谱"比较分析：基于知识管理理论视角 [J]. 情报杂志，2017，36（1）：149–153.

[58] 傅翠晓，钱省三，陈劲杰 . 面向知识产品的生产管理系统框架 [J]. 科技进步与对策，2009，26（10）：109–113.

[59] 傅余洋子 . 基于 LSTM 模型的中文图书分类研究 [D]. 南京：南京大学，2017.

[60] 甘永成 . E-learning 环境下的个人知识管理 [J]. 中国电化教育，2003，（6）：20–24.

[61] 淦未宇，徐细雄，易娟 . 基于社会偏好的知识型员工激励系统研究 [J]. 工业工程，2011，14（4）：82–86.

[62] 高李政，周刚，罗军勇，等 . 元事件抽取研究综述 [J]. 计算机科学，2019，46（8）：9–15.

[63] 高强，游宏梁 . 事件抽取技术研究综述 [J]. 情报理论与实践，2013，36（4）：114–117，128.

[64]（英）麦基翁 . 精要主义 [M]. 邵信芳，译 . 杭州：浙江人民出版社，2016.

[65] 龚敏卿，肖岳峰 . 开放式创新研究述评 [J]. 科技管理研究，2011，31（8）：12–15，19.

[66] 郭华，宋雅雯，曹如中，等 . 数据、信息、知识与情报逻辑关系及转化模型 [J]. 图书馆理论与实践，2016（10）：43–46，51.

[67] 郭利敏，刘炜，吴佩娟，等 . 机器学习在图书馆应用初探：以 Tensorflow 为例 [J]. 大学图书馆学报，2017，35（6）：31–40.

[68] 刘迁，焦慧，贾惠波 . 信息抽取技术的发展现状及构建方法的研究 [J]. 计算机应用研究，2007，24（7）：6–9.

[69] 国务院发展研究中心课题组 . 认识人口基本演变规律促进我国人口长期均衡发展 [J]. 管理世界，2022，38（1）：1–19，34.

[70] 郭喜跃，何婷婷 . 信息抽取研究综述 [J]. 计算机科学，2015，42（2）：14–17，38.

[71] 哈佛商业评论 . VUCA 时代，想要成功，这些原则你一定得明白 [M/OL]. 杭州：浙江出版集团数字传媒有限公司，2018 [2019-06-17] https：book. qq. com/book-chapter/22973728?g_f=5000001.

[72] 海斯 J A. 自适应软件开发 [M]. 钱玲，等译 . 北京：清华大学出版社，2003.

[73] 赫尔南多·德·索托 . 资本的秘密 [M]. 王晓东，译 . 南京：江苏人民出版社，2001.

[74] 和金生，熊德勇 . 知识管理应当研究什么 [J]. 科学学研究，2004，22（1）：70–75.

[75] 何盛明 . 财经大辞典 [M]. 北京：中国财政经济出版社，1990.

[76] 侯汉清，薛春香 . 用于中文信息自动分类的《中图法》知识库的构建 [J]. 中国索引，2005（3）：31–36.

[77] 侯汉清，薛鹏军 . 基于知识库的网页自动标引和自动分类系统的设计 [J]. 大学图书馆学报，2004（1）：50–55.

[78] 胡长爱，朱礼军 . 复杂网络软件分析与评价 [J]. 数字图书馆论坛，2010（5）：33–39.

[79] 胡翠红 . 知识管理技术成熟度模型的研究 [J]. 情报杂志，2006，25（8）：67–68.

[80] 胡汉辉 . 西方知识资本理论及其运用 [J]. 经济学动态，1998（7）：40–45.

[81] 胡玉龙，陈琳．广东省防御强台风"妮妲"主要措施及启示 [J]. 广东水利电力职业技术学院学报，2016，14（4）：16-19.

[82] 胡志刚，王贤文，刘则渊．库恩《科学革命的结构》被引50年 [J]. 自然辩证法通讯，2014（4）：5-5.

[83] 霍海涛，汪红艳，夏恩君．企业知识资本评估研究综述 [J]. 商业时代，2007（9）：46-47，34.

[84] 黄恒琪，于娟，廖晓，等．知识图谱研究综述 [J]. 计算机系统应用，2019，28（6）：1-12.

[85] 黄利梅．企业知识型员工激励边际递减效用的优化策略探究 [J]. 技术经济与管理研究，2018(1)：20-23.

[86] 黄秋风，唐宁玉．内在激励 VS 外在激励：如何激发个体的创新行为 [J]. 上海交通大学学报（哲学社会科学版），2016，24（5）：70-78.

[87] 黄荣怀，郑兰琴．隐性知识及其相关研究 [J]. 开放教育研究，2004，10（6）：49-52.

[88] 黄卫国，宣国良．如何定义知识工作者 [J]. 科技管理研究，2007，27（5）：195-197.

[89] 黄昭．经济起飞理论简析 [D]. 北京：北京大学，2008.

[90] 吉雨．技术创新是座金矿：IBM 知识产权创收10亿美元 [J]. 电脑知识与技术，2001（7）：17.

[91] 蒋翠清，杨善林．知识创新与企业知识资产形成机理研究 [J]. 中国科技论坛，2006（5）：82-86.

[92] 蒋景媛．知识资本评估：难点与根源 [J]. 首都师范大学学报（社会科学版），2008（1）：125-130.

[93] 姜猛．基于深度学习的中文信息抽取研究 [D]. 贵阳：贵州大学，2019.

[94] 杰瑞·卡普兰．人工智能时代：人机共生下财富、工作与思维的大未来 [M]. 杭州：浙江人民出版社，2016.

[95] 克劳斯·施瓦布，尼古拉斯·戴维斯．第四次工业革命（实践版）·行动路线图：打造创新型社会 [M]. 世界经济论坛北京代表处，译．北京：中信出版集团，2018.

[96] 克莱顿·克里斯坦森．颠覆性创新 [M]. 北京：中信出版集团，2019.

[97] 柯平．论知识管理 [J]. 郑州大学学报（哲学社会科学版），2001，34（6）：132-136.

[98] 柯平，赵益民．从关键词与高频词的相关度看自动标引的可行性 [J]. 情报科学，2009，27（3）：326-328，333.

[99] 李保利，陈玉忠，俞士汶．信息抽取研究综述 [J]. 计算机工程与应用. 2003（10）：1-5，66.

[100] 李冬梅，张扬，李东远，等．实体关系抽取方法研究综述 [J]. 计算机研究与发展，2020，57（7）：1424-1448.

[101] 李方方．知识服务型组织隐性知识资源供需匹配研究 [D]. 郑州：郑州大学，2021.

[102] 李纲，戴强斌．基于词汇链的关键词自动标引方法 [J]. 图书情报知识，2011（3）：67-71.

[103] 李广建，陈瑜，张庆芝．新中国70年现代图书情报技术研究与实践 [J]. 图书馆杂志，2019，38（11）：4-20.

[104] 李海生.知识管理技术与应用 [M].北京：北京邮电大学出版社，2012.

[105] 李佳佳.复杂网络的自相似性研究 [D].西安：西安理工大学，2010.

[106] 李建中.知识主导型企业文化模型初探 [J].科技与管理，2007（5）：43-46.

[107] 李金华.网络研究三部曲：图论、社会网络分析与复杂网络理论 [J].华南师范大学学报（社会科学版），2009（2）：136-138.

[108] 李亮.知识地图：知识管理的有效工具 [J].情报理论与实践，2005，28（3）：233-237.

[109] 李录.文明、现代化、价值投资与中国 [M].北京：中信出版集团，2020.

[110] 李素建，王厚峰，俞士汶，等.关键词自动标引的最大熵模型应用研究 [J].计算机学报，2004，27（9）：1192-1197.

[111] 李文心.基于知识图谱的企业合作决策支持方法 [D].南京：南京航空航天大学，2019.

[112] 李湘东，廖香鹏，黄莉.LDA 模型下书目信息分类系统的研究与实现 [J].现代图书情报技术，2014（5）：18-25.

[113] 李艳霞，柴毅，胡友强，等.不平衡数据分类方法综述 [J].控制与决策，2019，34（4）：673-688.

[114] 李毅，熊阳武.知识管理、激励与组织学习 [J].南开管理评论，2001，4（3）：33-35.

[115] 李勇.复杂网络理论与应用研究 [D].广州：华南理工大学，2005.

[116] 梁春华，李彩玲，刘晓瑜，等.情报研究定义公式的探讨：从安达信咨询公司知识管理公式推衍 [J].情报理论与实践，2019，42（3）：17-19，84.

[117] 梁鲁晋.结构洞理论综述及应用研究探析 [J].管理学家（学术版），2011,（4）：52-62.

[118] 廖开际.知识管理原理与应用 [M].2 版.北京：清华大学出版社，2014.

[119] 林顿·弗里曼.社会网络分析发展史 [M].张文宏，刘军，王卫东，译.北京：中国人民大学出版社，2008.

[120] 林晓月.借非遗之风创新品牌 [EB/OL].（2022-3-11）[2022-3-24]. http：//www.modernweekly.com/lead/37828.

[121] 刘炳荣.近海及登陆台风对广东省沿海地区风雨的影响 [D].北京：中国科学院大学，2018.

[122] 刘诗白.知识产品价值的形成与垄断价格 [J].社会科学研究，2005（3）：36-42.

[123] 刘思锋.管理预测与决策方法 [M].4 版.北京：科学出版社，2020.

[124] 刘晔.组织文化和领导风格视角下的高校知识管理研究 [J].管理学刊，2013，26（1）：51-54.

[125] 刘颖，李静霞.网络信息组织与发现的有力工具：Dublin Core [J].图书馆建设，2002（1）：33-35.

[126] 刘永芳.管理心理学 [M].北京：清华大学出版社，2008.

[127] 刘忠雨，李彦霖，周洋.深入浅出图神经网络 [M].北京：机械工业出版社，2020.

[128] 娄策群.信息管理学基础 [M].2 版.北京：科学出版社，2020.

[129] 罗利华，高小惠.知识资本视域下瞪羚企业成长力评价与影响因素研究 [J].科技管理研究，2021，41（12）：49-56.

[130] 吕琳媛，周涛.链路预测 [M].北京：高等教育出版社，2013.

[131] 马费成.信息资源开发与管理 [M].2 版.北京：电子工业出版社，2014.

[132] 马建霞，袁慧，蒋翔.基于 Bi–LSTM+CRF 的科学文献中生态治理技术相关命名实体抽取研究 [J].数据分析与知识发现，2020，4（2）：78–88.

[133] 马俊生.论新生代知识型员工的激励与管理 [J].山东社会科学，2016（2）：183–187.

[134] 马张华.信息组织 [M].3 版.北京：清华大学出版社，2008.

[135] 马仲良.《Z 理论》一书简介 [J].中外企业文化，1996（3）：21–22.

[136] 慕继丰，张炜，陈方丽.建立企业竞争优势的知识管理框架 [J].决策借鉴，2002，15（4）：17–22.

[137] 倪佳慧.企业技术创新双翼：知识产权和资本运作：第 15 届中国科技法论坛研讨综述 [J].科技与法律，2017（2）：78–84.

[138] 倪捷.知识管理理论与应用 [D].上海：上海财经大学，2002.

[139] 聂磊."结构洞"理论分析：解析《结构洞：竞争的社会结构》[J].群文天地，2011（16）：280–281.

[140] OECD.以知识为基础的经济 – 经济合作与发展组织 1996 年年度报告 [J].中国工商管理研究，1998,（7）：59–63.

[141] 彭敏瑞，赵璞.美国应对飓风"哈维"及对我国防台风工作的启示 [J].中国防汛抗旱，2017，27（6）：131–133.

[142] 普拉莫德.辛格.PySpark 机器学习、自然语言处理与推荐系统 [M].蒲成，译.北京：清华大学出版社，2020：91–114.

[143] 齐振兴，朱必祥.组织文化、知识管理与零售企业创新绩效分析 [J].商业经济研究，2020(21)：122–125.

[144] 七田真.右脑革命 [M].傅珉，译.上海：学林出版社，2005.

[145] 戚啸艳，胡汉辉.西方知识资本理论研究的新进展 [J].经济学动态，2004（5）：71–74.

[146] 钱俊松，冷文浩.基于关联规则的个性化推荐系统设计与实现 [J].福建电脑，2017，33（10）：96–98.

[147] 乔·蒂德，约翰·贝赞特.创新管理 [M].6 版.陈劲，译.北京：中国人民大学出版社，2020.

[148] 任伶，张少杰，李首博.开放式创新中的开放性探析 [J].现代管理科学，2013（8）：21–23.

[149] 塞德希尔·穆来纳森，埃尔德·沙菲尔.稀缺：我们是如何陷入贫穷和忙碌的 [M].魏薇，龙志勇，译.杭州：浙江人民出版社，2018.

[150] 山世光，阚美娜，刘昕，等.深度学习：多层神经网络的复兴与变革 [J].科技导报，2016，34（14）：60–70.

[151] 沈水荣.现代知识资源开发产业的兴起与传统出版社的发展 [J].现代出版，2013（5）：10–14.

[152] 施荣明.知识工程与创新 [M].北京：航空工业出版社，2011.

[153] 宋紫峰.对知识资本研究进展的总结及认识 [N].中国经济时报，2014–5–22（5）.

[154] 搜狐网. 别在金矿上种卷心菜 [EB/OL].（2016-7-7）[2021-4-28]. http：//www.sohu.com/ a/102118668_409218.

[155] 孙雄勇. 中图分类法体系下的自动分类研究 [C]. 第四届全国信息检索与内容安全学术会议论 文集（上）. 北京：中国中文信息学会，2008：604-609.

[156] 苏新宁. 面向知识服务的知识组织理论与方法 [M]. 北京：科学出版社，2015.

[157] 唐绍欣，刘文. 西方知识资本理论述评 [J]. 经济科学，1999（2）：98-103.

[158] 唐晓波，翟夏普. 基于本体和 Word2Vec 的文本知识片段语义标引 [J]. 情报科学，2019，37（4）： 97-102.

[159] 田志刚. 你的知识需要管理 [M]. 沈阳：辽宁科学技术出版社，2010.

[160] 童洪志，方祯云. 基于 Z 理论高校创新人才培养研究 [J]. 继续教育研究，2010（4）：148-150.

[161] 温芽清. 知识产品生产机制探析 [J]. 河北经贸大学学报，2007，28（2）：13-18.

[162] 王传栋，徐娇，张永. 实体关系抽取综述 [J]. 计算机工程与应用，2020，56（12）：25-36.

[163] 王昊奋，漆桂林，陈华钧. 知识图谱：方法、实践与应用 [M]. 北京：电子工业出版社，2019.

[164] 王洪，贾惠波，徐端颐. 基于中文学术期刊人工标引的自动分类新算法 [J]. 现代图书情报技 术，2002（1）：59-62.

[165] 王平. 国内外流程导向的企业知识管理研究综述 [J]. 情报资料工作，2009（1）：109-111.

[166] 王希泉. 东方管理视角下企业团队领导对知识共享的影响 [J]. 中国商论，2021（5）：123-124.

[167] 王新. 基于神经网络的文献主题国别标引方法研究 [J]. 数字图书馆论坛，2019（7）：39-47.

[168] 王兴成. 企业知识资本管理与知识库建设 [J]. 科学学研究，2000（3）：81-84.

[169] 王雪松，丁久辉. 情报学方法论与波普尔"三个世界"理论的研究综述 [J]. 情报探索，2011 （3）：17-19.

[170] 王鉴，左美云. 论个人知识管理 [C]. 中国信息经济学会论文集，2005：357-362.

[171] 王征. 北京烤鸭与麦当劳：中国传统餐饮业管理模式的文化特色与发展方向 [J]. 中外企业文 化，1999，(5)：42-43.

[172] 王众托. 知识系统工程 [M]. 2 版. 北京：科学出版社，2016.

[173] 汪国风. 狩猎者的艺术：克罗马农人史前文化考察 [J]. 经济社会史评论，2010（1）：169-181.

[174] 魏瑾，李伟华，潘炜. 基于知识图谱的智能决策支持技术及应用研究 [J]. 计算机技术与发展， 2020，30（1）：1-6.

[175] 魏强. 知识管理中的知识创新 [EB/OL].（2007-10-24）[2021-4-22]. http：//www.kmpro.cn/html/ resource/manufacturer/3239.html.

[176] 维申·拉克雅礼. 生而不凡：迈向卓越的十个颠覆性思维 [M]. 陈能顺，译. 北京：机械工业出 版社，2018.

[177] 吴东，张徽燕. 论新兴技术对企业管理的影响及对策 [J]. 科技与管理，2005，7（1）：67-69.

[178] 吴军. 智能时代 [M]. 北京：中信出版集团，2016.

[179] 吴军. 世界科技通史 [M]. 北京：中信出版集团，2019.

[180] 吴军. 信息传 [M]. 北京：中信出版集团，2020.

[181] 吴军. 智能时代：大数据与智能革命重新定义未来 [M]. 北京：中信出版集团，2021.

[182] 吴茂贵，郁明敏，杨本法，等. Python 深度学习：基于 PyTorch[M]. 北京：机械工业出版社，
2019.

[183] 武玫，杨德华. 知识管理的实质和知识管理系统的发展 [J]. 计算机应用研究，2004（3）：1-5.

[184] 西蒙·海金. 神经网络与机器学习 [M]. 申富饶，徐烨，郑俊，等，译. 北京：机械工业出版
社，2015.

[185] 项亮. 推荐系统实践 [M]. 北京：人民邮电出版社，2021.

[186] 项威，王邦. 中文事件抽取研究综述 [J]. 计算机技术与发展，2020，30（2）：1-6.

[187] 萧莉明，于宽，蔡珣. 一种基于 Bayes 分类器的中文期刊自动分类系统 [J]. 现代情报，2007（4）：
146-147，150.

[188] 肖韬. 社会网络发现综述 [J]. 软件学报，2004，15（1）：1-7.

[189] 肖雯，李鑫. 大数据时代数字资源的主题标引研究 [J]. 图书馆理论与实践，2016,（11）：67-
70.

[190] 肖仰华. 知识图谱概念与技术 [M]. 北京：电子工业出版社，2021.

[191] 谢红玲，奉国和，何伟林. 基于深度学习的科技文献语义分类研究 [J]. 情报理论与实践，
2018，41（11）：149-154.

[192] 谢康，吴清津，肖静华. 企业知识分享学习曲线与国家知识优势 [J]. 管理科学学报，2002，5
（2）：14-21.

[193] 谢犁. 知识型员工工作动机与工作生活质量关系研究 [D]. 成都：西南财经大学，2008.

[194] 行金玲. 浅议知识型员工的激励与管理 [J]. 重庆工学院学报，2002，16（5）：77-79.

[195] 熊彼特. 经济发展理论 [M]. 郭武军，吕阳，译. 北京：华夏出版社，2015.

[196] 徐勇军，陈祖芬，朱兰兰，等. 对中国惠普知识管理的思考 [J]. 情报杂志，2006,（2）：67-69.

[197] 颜光华，李建伟. 知识管理绩效评价研究 [J]. 南开管理评论，2001，4（6）：26-29.

[198] 杨波. 复杂社会网络的结构测度与模型研究 [D]. 上海：上海交通大学，2007.

[199] 杨萌，张云中. 知识地图、科学知识图谱和谷歌知识图谱的分歧和交互 [J]. 情报理论与实践，
2017，40（5）：122-126，121.

[200] 杨敏，谷俊. 基于 SVM 的中文书目自动分类及应用研究 [J]. 图书情报工作，2012，56（9）：
114-119.

[201] 杨文彩，易树平，张晓冬，等. 知识工作者工作效率影响因素及其作用机理分析 [J]. 重庆大学
学报（自然科学版），2006，29（7）：10-14.

[202] 杨运杰. 论知识型企业的性质 [J]. 财经问题研究，2007,（8）：84-89.

[203] 阳煜华，仇军. 知识管理在奥运会管理实践中的阐发：以"奥运会知识转让"为例 [J]. 首都体
育学院学报，2013，25（5）：396-400，406.

[204] 姚威，储昭卫，胡顺顺. TRIZ 真的是创新"点金术"吗：对浙江省 TRIZ 应用效果的分析 [J].

科技进步与对策，2022，39（4）：10–19.

[205] 叶莎莎. 企业知识资本的评价研究 [D]. 北京：中国科学技术信息研究所，2007.

[206] 野中郁次郎，詹正茂. 知识创造型企业 [J]. 商业评论，2007（8）：134–145.

[207] 野中郁次郎，竹内弘高. 创造知识的企业：领先企业持续创新的动力 [M]. 吴庆海，译. 北京：人民邮电出版社，2019.

[208] 衣芳.《中分表（2 版）》主题标引若干问题分析 [J]. 神州，2019，（12）：235.

[209] 尤瓦尔·赫拉利. 未来简史 [M]. 林俊宏，译. 北京：中信出版集团，2017.

[210] 余丰. 专利摘要的信息抽取研究 [D]. 北京：北京理工大学，2006.

[211] 于志安. 知识资本评估与管理实证分析 [D]. 上海：同济大学，2000.

[212] 曾鸣. 智能商业 [M]. 北京：中信出版集团，2018.

[213] 翟海潮. 创业者管理修炼：我这 20 年的奋斗感悟 [M]. 北京：机械工业出版社，2015.

[214] 章成志. 自动标引研究的回顾与展望 [J]. 现代图书情报技术，2007，（11）：33–39.

[215] 章成志. 基于集成学习的自动标引方法研究 [J]. 情报学报，2010，29（1）：3–8.

[216] 张福学，董向荣. 国外知识资本理论研究进展 [J]. 2002，25（1）.

[217] 张海涛. 领导风格与组织文化协同对组织创新气氛的作用：以湖北文化产业企业为例 [J]. 中国科技论坛，2016（7）：68–72.

[218] 张静. 自动标引技术的回顾与展望 [J]. 现代情报，2009，29（4）：221–225.

[219] 张乐. 新兴技术风险的挑战及其适应性治理 [J]. 上海行政学院学报，2021，22（1）：13–27.

[220] 张玲玲，汪寿阳. 业务流程导向的知识管理：流程与知识，最佳实践的传承途径 [M]. 北京：科学出版社，2010.

[221] 张文齐. 对知识资本研究进展的总结及认识 [N]. 中国经济时报，2014–5–22（5）.

[222] 张秀兰. 从 AACR1 到 RDA：《英美编目条例》的修订发展历程 [J]. 图书馆建设，2006（2）：44–47.

[223] 张旭. 达克效应：越外行，越自信 [J]. 人力资源，2021（15）：94–96.

[224] 张亚莉，何光辉，张海鑫. 颠覆性技术团队中领导风格对项目绩效的影响 [J]. 科技管理研究，2022，42（3）：127–134.

[225] 张滢. 论企业知识产权的资本运作 [J]. 广东科技，2009（11）：91–92.

[226] 张智为. 全球科技巨头 IBM 专利组合与历年 IP 收入案例分析 [J]. 中国发明与专利，2019，16（2）：11–15.

[227] 赵丹. 基于句法分析的主题标引规则分析 [D]. 太原：山西大学，2017.

[228] 赵海霞，李磊，吴信东，等. 面向知识图谱的信息抽取 [J]. 数据挖掘，2020，10（4）：282–302.

[229] 赵军. 知识图谱 [M]. 北京：高等教育出版社，2018.

[230] 赵民. 基于流程的知识工程与创新 [M]. 北京：航空工业出版社，2016.

[231] 赵山，罗睿，蔡志平. 中文命名实体识别综述 [J]. 计算机科学与探索，2022，16（2）：296–

304.

[232] 赵西萍，张长征，张伟伟. 企业知识管理影响因素概念模型研究 [J]. 研究与发展管理，2004，16（3）：53–57，68.

[233] 赵艳霞，梁昌勇. 基于关联规则的推荐系统在电子商务中的应用 [J]. 价值工程，2006，25（5）：82–85.

[234] 赵旸，张智雄，刘欢，等. 基于BERT模型的中文医学文献分类研究 [J]. 数据分析与知识发现，2020，4（8）：41–49.

[235] 珍妮·厄格洛. 好奇心改变了世界：月光社与工业革命 [M]. 北京：中国工人出版社，2020.

[236] 甄翌. 企业知识管理若干问题研究 [D]. 长沙：湖南师范大学，2003.

[237] 郑晨. 知识资本价值评估中收益分成率的测算研究 [D]. 南昌：江西财经大学，2020.

[238] 郑少宇，滕飞，马征，等. 支持临床决策的医学知识图谱的构建与应用 [J]. 重庆医学，2021，50（1）：163–166.

[239] 郑也夫. 文明是副产品 [M]. 北京：中信出版集团，2015.

[240] 中国科学技术信息研究所. 汉语主题词表. 工程技术卷 [M]. 北京：科学技术文献出版社，2014.

[241] 周洺杰. 基于集成学习的中文书目自动分类研究 [D]. 西安：西安电子科技大学，2019：29–55.

[242] 周宁. 信息组织 [M]. 4版. 武汉：武汉大学出版社，2019：32.

[243] 周倩，高岩，陈其云. 数字经济浪潮下我国数据资源发展展望 [J]. 中国电信业，2022（2）：22–26.

[244] 周三多，陈传明，刘子馨，等. 管理学：原理与方法 [M]. 7版. 上海：复旦大学出版社，2018.

[245] 周文杰. 知识资源的序化与数字人文的结构化知识资源基础：基于知识地图和认知结构学说的解析 [J]. 情报资料工作，2020，41（6）：79–87.

[246] 朱春燕，孙林岩，汪应洛. 组织文化和领导风格对知识管理的影响 [J]. 管理学报，2010，7（1）：11–16.

[247] 煮酒说史. 俄国花百万英镑只从英国买回两个字 [J]. 人生与伴侣：综合版，2019（3）：1.

[248] 宗同堂，李福安，邓光君. 我国高铁产业与汽车产业发展的比较分析及其启示 [J]. 中国商论，2018（26）：162–163.

[249] 左美云，许珂，陈禹. 企业知识管理的内容框架研究 [J]. 中国人民大学学报，2003，（5）：69–76.

➡ 后　记

　　我从 2016 年开始在中国科学技术信息研究所承担硕士研究生知识管理课程的教学任务，迄今已经 5 年多了。在讲授这门课程的过程中，我通过阅读大量的资料、吸收前人的观点，从对知识管理粗浅的认识到深入的理解，逐渐形成一些自己的看法和思路，这些促使我下决心来撰写一本教材，把这些观点总结、整理出来。

　　2017 年，一位同事曾找到我，提出一起编写一本有关知识管理的教材，我欣然同意。当时我刚完成两次知识管理课程的教学任务，虽然在教学中增加了一小部分自己思考的内容，但在教学内容主体上还只是把选定教材中的知识咀嚼和吸收后，转述给了同学们，没有形成一些深刻的认识，不知道该如何编写这本教材更好些。因此这位同事的提议就没有得到落实。

　　2020 年年初，当我准备撰写这本有关知识管理的教材时，提出动议的那位同事已经调离中国科学技术信息研究所，去了一所大学工作。我们虽然在研究生答辩会、专家评审会等场合见过几次面，但没有就这个话题再次深谈或讨论。当我决定动笔时，我也没有联系这位同事，主要原因是我还没有真正地构思好写作的整体框架，不好进行分工撰写，便只能按照自己的思路慢慢梳理，因此，很多想法是在写作过程中才形成或完善的，也有一些想法是写作中通过进一步学习才完成的。

　　在本书写作过程中，我多年未发作的干眼症复发了，影响了这本书的写作进度。最初计划在 2021 年 5 月完成初稿，但不得不一拖再拖。我一度想放弃写作，但最终还是坚持下来。干眼症是现代人常见的一种疾病，不过大多数人不严重，不需要特殊治疗，只要注意用眼、休息就可以了。但我的干眼症是重度的，泪液分泌试验（Schirmer）显示我一只眼睛的泪液分泌量几乎为 0，这不是短暂休息就能解决的。重度干眼症是内伤，在发作时，外人看不出来异常，但患者感觉眼珠和眼眶疼痛难忍，眼珠似乎都转不动，是无法利用电脑长时间工作的。为此，我到首都医科大学附属北京世纪坛医院做了泪小管栓塞术，用人工泪液辅助缓解症状，但效果并不明显，于是又到中国中医科学院西苑医院做了长时间的针灸和中药治疗。治疗虽然使我的干眼症症状得以减轻和缓解，但若看电脑和手机时间稍长，仍然会感到眼睛干涩、疼痛难忍。可以说，这本书大部分的写作是伴随着我干眼症治疗的过程完成的。

　　《生而不凡：迈向卓越的十个颠覆性思维》中说"写作如同蝴蝶破茧的前夕，缓慢而痛苦"[①]。编写图书是一个艰苦的过程，但也是一个知识创造的过程。若按野中郁次郎的知识创造理论来讲，这个过程是一个隐性知识显性化的过程。在编写之初，我确定了两个基本的目标，一个是怎么把现有知识管理的理论分类或体系化，让读者更容易理解各门各派的知识管理理论及知识管理的真谛；另一个是如何把我对知识管理的思考和认识体系化，形成一点"与众不同"的内容，让我在学习知识管理中形成的一些理念能上升到"道"的层面，形成一些改变读者思维模式、影响学生或读者一生工作和生活的内容。但这谈何容易？直到完成书稿，我重新审视这两个目标，感觉实际与初衷的距离还有十万八千里。

　　因此，这本书也许只能达到完成一本教材编写的目的。话虽如此，这本书还是力所能及地介绍了近几年知识管理的新理论和新方法，并在最后对未来的知识管理环境进行了展望。本书与前人研究一个重要的不同之处是，本书特别强调对知识特性和知识效应，尤其是知识效应的理解，我认为这是做好知识管理的关键。与前人研究另一个重要的不同之处是，本书从知识创新视角和信息技术视角介绍了知识管理，为了解知识管理中的创新特点、创新途径及最新的知识管理技术提供了一点见解。虽然本书没有特意撰写个人知识管理，但其中不少理念也适合个人的知识管理，一些观点也许能为规划职业生涯、适应知识经济时代发展变化提供些许借鉴。但愿读者看后有一点点收获，我也就心安了，也不枉读者花费宝贵的个人时间来阅读。

　　尽管我们在编写此书过程中力求严谨，但受个人能力、时间所限，本书难免存在不足，恳请读者批评指正。有任何咨询、批评、建议，都可以发邮件给我，联系邮件为bithhq@163.com。

　　最后，对在本书编写过程中支持我的同事和家人表示真诚的感谢！

韩红旗

2021 年 12 月于北京

---

　　① 维申·拉克雅礼. 生而不凡：迈向卓越的十个颠覆性思维 [M]. 陈能顺，译. 北京：机械工业出版社，2018：120.